普通高等教育“十一五”国家级规划教材

中国科学技术大学数学教学丛书

微积分(下册)

(第二版)

谢盛刚　李　娟　陈秋桂　编

科学出版社

北　京

内 容 简 介

本书第一版分上、下两册，分别于 2004 年、2005 年出版，作为教材使用效果良好，并被选为普通高等教育“十一五”国家级规划教材. 第二版书仍然分为上、下两册. 上册主要内容包括极限与连续、一元函数的微分学、不定积分、定积分、常微分方程和实数集的连续性. 下册包括无穷级数、多元函数的微分学、重积分、曲线积分和曲面积分、广义积分和含参变量的积分、Fourier 分析. 本书基础理论完整严密，论述简明扼要，同时又避开了枝节问题的干扰，使重点突出、主线清晰.

本书适合理工科大学一年级本科生使用.

图书在版编目（CIP）数据

微积分(下册)/谢盛刚，李娟，陈秋桂编. —2 版. —北京：科学出版社，2011
普通高等教育“十一五”国家级规划教材・中国科学技术大学数学教学丛书
ISBN 978-7-03-029850-8

I. 微… II. ①谢… ②李… ③陈… III. 微积分-高等学校-教材 IV. O172

中国版本图书馆 CIP 数据核字(2010) 第 259383 号

责任编辑：张中兴 王国华／责任校对：陈玉凤
责任印制：张 伟／封面设计：耕者设计工作室

科学出版社 出版
北京东黄城根北街 16 号
邮政编码：100717
http://www.sciencep.com
北京建宏印刷有限公司印刷
科学出版社发行 各地新华书店经销
*
2004 年 7 月第 一 版 开本：B5(720 × 1000)
2011 年 1 月第 二 版 印张：18 1/2
2024 年 7 月第十七次印刷 字数：365 000

定价：45.00 元

(如有印装质量问题，我社负责调换)

《中国科学技术大学数学教学丛书》编委会

目　　录

第7章　无穷级数

无穷级数是数值计算及表示函数的一个重要工具. 本章将介绍: 数项级数的基本概念、性质和收敛的判别法; 一类重要的函数项级数 —— 幂级数的性质; 函数项级数一致收敛的判别法, 及其逐项求极限、逐项积分及逐项微商等问题.

§7.1　数项级数

7.1.1　无穷级数及其收敛性

设有数列 $\{a_n\}$, 把它的项依次相加, 得形式的和式

$$\sum_{n=1}^{\infty} a_n = a_1 + a_2 + \cdots + a_n + \cdots, \tag{7.1.1}$$

称为无穷级数, 其中 a_n 称为级数的通项. 由于一个级数是无穷多项累加, 所以实际上是一个极限过程. 一个合理的算法应是先算出前 n 项的和

$$S_n = a_1 + a_2 + \cdots + a_n,$$

再求 $\{S_n\}$ 的极限. 由此就产生了下面的定义.

定义 7.1.1　$S_n = a_1 + a_2 + \cdots + a_n$ 称为级数 (7.1.1) 的第 n 个部分和. 如果 $\{S_n\}$ 收敛于 $S\,(\lim S_n = S)$, 则称级数 (7.1.1) 收敛, S 称为级数的和, 并记

$$\sum_{n=1}^{\infty} a_n = S.$$

如果 $\{S_n\}$ 没有极限, 则称级数 (7.1.1) 发散.

可见讨论无穷级数的敛散性就是讨论它的部分和数列 $\{S_n\}$ 的敛散性.

例 7.1.1　讨论等比级数

$$\sum_{n=0}^{\infty} q^n = 1 + q + q^2 + \cdots + q^n + \cdots \tag{7.1.2}$$

的敛散性.

解　1° 当 $|q| < 1$ 时,

$$S_n = 1 + q + q^2 + \cdots + q^{n-1} = \frac{1-q^n}{1-q} \ \to\ \frac{1}{1-q};$$

2° 当 $|q|>1$ 时,

$$S_n=\frac{1-q^n}{1-q}\ \to\ \infty;$$

3° 当 $q=1$ 时,

$$S_n=n\ \to\ +\infty;$$

4° 当 $q=-1$ 时,

$$S_n=\frac{1-(-1)^n}{2}.$$

综上所述, 等比级数 (7.1.2) 仅当 $|q|<1$ 时收敛, 其和为 $\dfrac{1}{1-q}$.

例 7.1.2 讨论级数

$$\sum_{n=1}^{\infty}\ln\frac{n+1}{n} \tag{7.1.3}$$

的敛散性.

解 由于

$$\begin{aligned}S_n&=(\ln 2-\ln 1)+(\ln 3-\ln 2)+\cdots+(\ln(n+1)-\ln n)\\&=\ln(n+1)\ \to\ +\infty,\end{aligned}$$

所以级数 (7.1.3) 是发散的.

因为 $\sum\limits_{n=1}^{\infty}a_n$ 收敛就是其部分和数列 $\{S_n\}$ 收敛, 由极限的 Cauchy 判则就可以得到级数收敛的 Cauchy 判则.

定理 7.1.1(Cauchy 判则) 级数 $\sum\limits_{n=1}^{\infty}a_n$ 收敛的充分必要条件是: $\forall\ \varepsilon>0$, $\exists\ n_0\in\mathbf{N}$, 使得当 $n>n_0$ 时, 不等式

$$|a_{n+1}+a_{n+2}+\cdots+a_{n+p}|=|S_{n+p}-S_n|<\varepsilon$$

对 $\forall\ p\in\mathbf{N}$ 成立.

证 $\sum\limits_{n=1}^{\infty}a_n$ 收敛 $\Leftrightarrow$ $\{S_n\}$ 为 Cauchy 列 $\Leftrightarrow \forall\ \varepsilon>0, \exists\ n_0\in\mathbf{N}$, 当 $n>n_0$ 时, 不等式

$$|a_{n+1}+a_{n+2}+\cdots+a_{n+p}|=|S_{n+p}-S_n|<\varepsilon$$

对 $\forall\ p\in\mathbf{N}$ 成立. □

例 7.1.3 证明级数 $\sum\limits_{n=1}^{\infty}\dfrac{1}{n^2}$ 收敛.

证

$$\begin{aligned}&\left|\frac{1}{(n+1)^2}+\frac{1}{(n+2)^2}+\cdots+\frac{1}{(n+p)^2}\right|\\<&\frac{1}{n(n+1)}+\frac{1}{(n+1)(n+2)}+\cdots+\frac{1}{(n+p-1)(n+p)}\\=&\frac{1}{n}-\frac{1}{n+p}<\frac{1}{n},\end{aligned}$$

因此, 对 $\forall\varepsilon>0$, 取 $n_0=\left[\frac{1}{\varepsilon}\right]$, 当 $n>n_0$ 时,

$$\left|\frac{1}{(n+1)^2}+\frac{1}{(n+2)^2}+\cdots+\frac{1}{(n+p)^2}\right|<\varepsilon$$

对 $\forall p\in\mathbf{N}$ 均成立, 由 Cauchy 判则得知级数 $\sum\limits_{n=1}^{\infty}\frac{1}{n^2}$ 收敛.

例 7.1.4 证明调和级数 $\sum\limits_{n=1}^{\infty}\frac{1}{n}$ 发散.

证 令 $p=n$

$$\left|\frac{1}{n+1}+\frac{1}{n+2}+\cdots+\frac{1}{2n}\right|\geqslant\frac{1}{2n}+\frac{1}{2n}+\cdots+\frac{1}{2n}=\frac{1}{2}.$$

上式对 $\forall n\in\mathbf{N}$ 都成立, 所以级数 $\sum\limits_{n=1}^{\infty}\frac{1}{n}$ 发散.

7.1.2 收敛级数的性质

下面证明收敛级数的一些简单性质.

定理 7.1.2 若级数 $\sum\limits_{n=1}^{\infty}a_n$ 收敛, 则 $\lim a_n=0$.

证 设 $\sum\limits_{n=1}^{\infty}a_n=S$, 即有

$$\lim S_n=S.$$

由于 $a_n=S_n-S_{n-1}$, 故

$$\lim a_n=\lim(S_n-S_{n-1})=\lim S_n-\lim S_{n-1}=0.$$ □

例如 $\sum\limits_{n=1}^{\infty}(-1)^n$ 发散, 因为 $\lim(-1)^n$ 不存在. 又如 $\sum\limits_{n=1}^{\infty}n\sin\frac{1}{n}$ 发散, 因为 $\lim n\sin\frac{1}{n}=1\neq0$.

必须注意, $\lim a_n = 0$ 并不能保证 $\sum\limits_{n=1}^{\infty} a_n$ 收敛. 例如在例 7.1.4 中, $\lim \dfrac{1}{n} = 0$, 但级数 $\sum\limits_{n=1}^{\infty} \dfrac{1}{n}$ 发散.

由于级数是有限和的极限, 所以由有限和的有关运算性质并取极限就得到下面的定理.

定理 7.1.3　若 $\sum\limits_{n=1}^{\infty} a_n$ 和 $\sum\limits_{n=1}^{\infty} b_n$ 都收敛, α, β 为常数, 则 $\sum\limits_{n=1}^{\infty} (\alpha a_n + \beta b_n)$ 也收敛, 并有

$$\sum_{n=1}^{\infty} (\alpha a_n + \beta b_n) = \alpha \sum_{n=1}^{\infty} a_n + \beta \sum_{n=1}^{\infty} b_n.$$

定理 7.1.4　在级数 $\sum\limits_{n=1}^{\infty} a_n$ 中改变有限项的值, 不影响级数的敛散性.

证　设 $\sum\limits_{n=1}^{\infty} b_n$ 是改变 $\sum\limits_{n=1}^{\infty} a_n$ 中有限项后得到的级数. 由于这两个级数只有有限多项不同, 故 $\exists\, k \in \mathbf{N}$, 使得 $a_n = b_n$ 对 $n \geqslant k$ 都成立. 记 $A_m = \sum\limits_{n=1}^{m} a_n$, $B_m = \sum\limits_{n=1}^{m} b_n$, 于是当 $m \geqslant k$ 时, 就有

$$A_m - B_m = A_k - B_k.$$

因此 $\{A_m\}$ 和 $\{B_m\}$ $\left(\text{即} \sum\limits_{n=1}^{\infty} a_n \text{ 和 } \sum\limits_{n=1}^{\infty} b_n \right)$ 有相同的敛散性. □

由定理 7.1.4 知, 若级数 $\sum\limits_{n=1}^{\infty} a_n$ 收敛, 和为 S, 则级数

$$a_{n+1} + a_{n+2} + \cdots \tag{7.1.4}$$

也收敛. 式 (7.1.4) 称为级数 $\sum\limits_{n=1}^{\infty} a_n$ 的第 n 个余项 (简称余项), 记为 r_n, 显然有 $r_n + S_n = S$, 即 $r_n = S - S_n$, 所以 r_n 表示以部分和 S_n 代替 S 时所产生的误差.

定理 7.1.5　若 $\sum\limits_{n=1}^{\infty} a_n$ 收敛, 则 $\lim r_n = 0$.

证明略. □

7.1.3　正项级数

如果 $a_n \geqslant 0$, 则称 $\sum\limits_{n=1}^{\infty} a_n$ 为正项级数.

由于正项级数的部分和数列 $\{S_n\}$ 是单调增加的, 故由数列极限的收敛性质可得下述定理.

定理 7.1.6 正项级数 $\sum\limits_{n=1}^{\infty} a_n$ 收敛的充分必要条件是它的部分和数列 $\{S_n\}$ 有界.

例 7.1.5 证明 $\sum\limits_{n=0}^{\infty} \dfrac{1}{n!}$ 收敛.

证 这是一个正项级数, 所以只需证明它的部分和有界. 事实上, 我们有

$$\begin{aligned} S_{n+1} &= 1+1+\frac{1}{2!}+\cdots+\frac{1}{n!} \leqslant 1+1+\frac{1}{1\cdot 2}+\frac{1}{2\cdot 3}+\cdots+\frac{1}{n(n-1)} \\ &= 2+\left(1-\frac{1}{2}\right)+\left(\frac{1}{2}-\frac{1}{3}\right)+\cdots+\left(\frac{1}{n-1}-\frac{1}{n}\right) \\ &= 3-\frac{1}{n}<3. \end{aligned}$$

因此, 由定理 7.1.6 可知级数收敛. 稍后, 我们将得知这个级数的和为 e.

定理 7.1.7(比较判别法) 设 $\sum\limits_{n=1}^{\infty} a_n$ 和 $\sum\limits_{n=1}^{\infty} b_n$ 是两个正项级数, 从某项开始有 $a_n \leqslant b_n$.

1° 若 $\sum\limits_{n=1}^{\infty} b_n$ 收敛, 则 $\sum\limits_{n=1}^{\infty} a_n$ 也收敛;

2° 若 $\sum\limits_{n=1}^{\infty} a_n$ 发散, 则 $\sum\limits_{n=1}^{\infty} b_n$ 也发散.

证 因为改变有限项的值不改变级数的敛散性, 故可以假定 $a_n \leqslant b_n$ 对所有的 $n \in \mathbf{N}$ 都成立. 于是对 $n \in \mathbf{N}$, 都有

$$\sum_{k=1}^{n} a_k \leqslant \sum_{k=1}^{n} b_k.$$

1° 若 $\sum\limits_{n=1}^{\infty} b_n$ 收敛, 则 $\sum\limits_{k=1}^{n} b_k$ 有界, 因而 $\sum\limits_{k=1}^{n} a_k$ 也有界, 所以 $\sum\limits_{n=1}^{\infty} a_n$ 收敛;

2° 若 $\sum\limits_{n=1}^{\infty} a_n$ 发散, 则 $\sum\limits_{k=1}^{n} a_k$ 无界, 因而 $\sum\limits_{k=1}^{n} b_k$ 无界, 所以 $\sum\limits_{n=1}^{\infty} b_n$ 发散. □

例 7.1.6 $\sum\limits_{n=1}^{\infty} \dfrac{1}{n^p}$ 称为 p 级数, 讨论它的敛散性.

解 当 $p \leqslant 1$ 时, 因为

$$\frac{1}{n^p} \geqslant \frac{1}{n},$$

故由例 7.1.4 和比较判别法可知, p 级数发散.

当 $p>1$ 时, 令 $p=1+\alpha\,(\alpha>0)$, 由微分中值定理可得

$$\frac{1}{n^{\alpha}}-\frac{1}{(n+1)^{\alpha}}=\frac{\alpha}{(n+\theta)^{\alpha+1}}>\frac{\alpha}{(n+1)^{p}},$$

其中 $0<\theta<1$. 由于正项级数

$$\sum_{n=1}^{\infty}\left(\frac{1}{n^{\alpha}}-\frac{1}{(n+1)^{\alpha}}\right)$$

收敛, 故由比较判别法可知, 当 $p>1$ 时, p 级数收敛.

例 7.1.7　证明 $\sum\limits_{n=2}^{\infty}\frac{1}{\ln n}$ 发散.

证　当 $n\geqslant 2$ 时, 总有

$$\ln n<n,$$

故

$$\frac{1}{\ln n}>\frac{1}{n}.$$

由例 7.1.4 和比较判别法可知 $\sum\limits_{n=2}^{\infty}\frac{1}{\ln n}$ 发散.

下面的定理 7.1.8 是比较判别法的极限形式.

定理 7.1.8　设 $\sum\limits_{n=1}^{\infty}a_n$ 和 $\sum\limits_{n=1}^{\infty}b_n$ 是正项级数, $\lim\frac{a_n}{b_n}=A$.

1° 若 $0<A<+\infty$, 则 $\sum\limits_{n=1}^{\infty}a_n$ 与 $\sum\limits_{n=1}^{\infty}b_n$ 同敛散;

2° 若 $A=0$, 则当 $\sum\limits_{n=1}^{\infty}b_n$ 收敛时, $\sum\limits_{n=1}^{\infty}a_n$ 也收敛;

3° 若 $A=+\infty$, 则当 $\sum\limits_{n=1}^{\infty}b_n$ 发散时, $\sum\limits_{n=1}^{\infty}a_n$ 也发散.

证　1° $\exists\, n_0\in\mathbf{N}$, 当 $n>n_0$ 时, 有

$$\left|\frac{a_n}{b_n}-A\right|<\frac{A}{2},$$

即有

$$\frac{A}{2}b_n<a_n<\frac{3A}{2}b_n.$$

如果 $\sum_{n=1}^{\infty} b_n$ 收敛, 则由上面右半不等式可知 $\sum_{n=1}^{\infty} a_n$ 也收敛; 如果 $\sum_{n=1}^{\infty} b_n$ 发散, 则由上面左半不等式可知, $\sum_{n=1}^{\infty} a_n$ 也发散.

2° 由于 $\lim \frac{a_n}{b_n} = A = 0$, 故 $\exists\, n_0 \in \mathbf{N}$, 当 $n > n_0$ 时, 有

$$0 \leqslant \frac{a_n}{b_n} < 1,$$

即有

$$a_n < b_n.$$

故当 $\sum_{n=1}^{\infty} b_n$ 收敛时, $\sum_{n=1}^{\infty} a_n$ 也收敛.

3° 由于 $\lim \frac{a_n}{b_n} = A = +\infty$, 故 $\exists\, n_0 \in \mathbf{N}$, 当 $n > n_0$ 时, 有

$$\frac{a_n}{b_n} > 1,$$

即有

$$a_n > b_n.$$

所以当 $\sum_{n=1}^{\infty} b_n$ 发散时, $\sum_{n=1}^{\infty} a_n$ 也发散. □

例 7.1.8 证明 $\sum_{n=1}^{\infty} \frac{n+3}{\sqrt{(n^2+1)(n^3+2)}}$ 收敛.

证 由

$$\frac{n+3}{\sqrt{(n^2+1)(n^3+2)}} \sim \frac{1}{n^{3/2}}$$

及

$$\sum_{n=1}^{\infty} \frac{1}{n^{3/2}}$$

的收敛性, 可知原级数收敛.

例 7.1.9 证明 $\sum_{n=1}^{\infty} \sin \frac{1}{n}$ 发散.

证 由

$$\sin \frac{1}{n} \sim \frac{1}{n}$$

及调和级数发散, 可知原级数发散.

定理 7.1.9 (Cauchy 判别法) 设 $\sum_{n=1}^{\infty} a_n$ 是正项级数.

1° 若从某项起有 $\sqrt[n]{a_n} \leqslant q < 1$, 则 $\sum_{n=1}^{\infty} a_n$ 收敛;

2° 若有无穷多个 n, 使得 $a_n \geqslant \alpha > 0$, 则 $\sum_{n=1}^{\infty} a_n$ 发散.

证　1° 不妨设对 $n \in \mathbf{N}$, 都有 $\sqrt[n]{a_n} \leqslant q < 1$, 也就是有

$$a_n \leqslant q^n.$$

故由 $\sum_{n=1}^{\infty} q^n$ 的收敛性及比较判别法可知 $\sum_{n=1}^{\infty} a_n$ 收敛.

2° 由于有无穷多个 n, 使得 $a_n \geqslant \alpha > 0$, 故 $\{a_n\}$ 不以零为极限, 所以 $\sum_{n=1}^{\infty} a_n$ 发散. □

定理 7.1.10 (Cauchy 判别法的极限形式)　设 $\sum_{n=1}^{\infty} a_n$ 是正项级数, $\lim \sqrt[n]{a_n} = q$.

1° 当 $0 \leqslant q < 1$ 时, $\sum_{n=1}^{\infty} a_n$ 收敛;

2° 当 $q > 1$ 时, $\sum_{n=1}^{\infty} a_n$ 发散.

证　1° 当 $0 \leqslant q < 1$ 时, 可取 $\varepsilon > 0$, 使得 $q + \varepsilon < 1$. 于是, $\exists\, n_0 \in \mathbf{N}$, 当 $n > n_0$ 时, 有 $\sqrt[n]{a_n} < q + \varepsilon < 1$. 故由定理 7.1.9 即知 $\sum_{n=1}^{\infty} a_n$ 收敛.

2° 类似可证. □

例 7.1.10　设 $0 < q < 1$, 求证: $\sum_{n=1}^{\infty} nq^n$ 收敛.

证　由于 $\lim \sqrt[n]{nq^n} = q < 1$, 故级数收敛.

例 7.1.11　证明 $\sum_{n=1}^{\infty} \frac{1}{2^n}\left(1+\frac{1}{n}\right)^{n^2}$ 发散.

证　由于 $\lim \sqrt[n]{\frac{1}{2^n}\left(1+\frac{1}{n}\right)^{n^2}} = \frac{\mathrm{e}}{2} > 1$, 故级数发散.

定理 7.1.11 (d'Alembert① 判别法)　设 $\sum_{n=1}^{\infty} a_n$ 是正项级数.

1° 若从某项起有 $\frac{a_{n+1}}{a_n} \leqslant q < 1$, 则 $\sum_{n=1}^{\infty} a_n$ 收敛;

① Jean Le Rond d'Alembert(1717—1783), 法国数学家、力学家、哲学家.

2° 若从某项起有 $\frac{a_{n+1}}{a_n} \geqslant 1$, 则 $\sum\limits_{n=1}^{\infty} a_n$ 发散.

证 1° 不妨设对 $n \in \mathbf{N}$, 都有 $\frac{a_{n+1}}{a_n} \leqslant q < 1$, 故有

$$\frac{a_2}{a_1} \leqslant q, \quad \frac{a_3}{a_2} \leqslant q, \ \cdots, \ \frac{a_n}{a_{n-1}} \leqslant q.$$

把这些不等式两端相乘, 就得到

$$a_n \leqslant \frac{a_1}{q} q^n.$$

由于 $\frac{a_1}{q}$ 是一个常数, 而 $\sum\limits_{n=1}^{\infty} q^n$ 收敛, 所以 $\sum\limits_{n=1}^{\infty} a_n$ 收敛.

2° 显然, 必有 $n_0 \in \mathbf{N}$, 使得当 $n \geqslant n_0$ 时, 有 $a_n > 0$ 及 $a_{n+1} \geqslant a_n$. 故当 $n \geqslant n_0$ 时, $a_n \geqslant a_{n-1} \geqslant \cdots \geqslant a_{n_0} > 0$, 即 $\{a_n\}$ 不以零为极限, 所以 $\sum\limits_{n=1}^{\infty} a_n$ 发散. □

用类似定理 7.1.10 的证明方法, 可以证明极限形式的 d'Alembert 判别法.

定理 7.1.12 (d'Alembert 判别法的极限形式) 设 $\sum\limits_{n=1}^{\infty} a_n$ 是正项级数, $\lim \frac{a_{n+1}}{a_n} = q$.

1° 当 $0 \leqslant q < 1$ 时, $\sum\limits_{n=1}^{\infty} a_n$ 收敛;

2° 当 $q > 1$ 时, $\sum\limits_{n=1}^{\infty} a_n$ 发散.

例 7.1.12 讨论 $\sum\limits_{n=1}^{\infty} n!\left(\frac{x}{n}\right)^n$ $(x \geqslant 0)$ 的敛散性.

解 因为

$$\lim \frac{a_{n+1}}{a_n} = \lim \frac{(n+1)!\left(\dfrac{x}{n+1}\right)^{n+1}}{n!\left(\dfrac{x}{n}\right)^n} = \lim \frac{x}{\left(1+\dfrac{1}{n}\right)^n} = \frac{x}{\mathrm{e}},$$

故当 $x > \mathrm{e}$ 时, 级数发散, 而当 $0 \leqslant x < \mathrm{e}$ 时, 级数收敛. 当 $x = \mathrm{e}$ 时, 由习题 1.1(B) 中的第 12 题可知 $n!\left(\frac{\mathrm{e}}{n}\right)^n > \left(\frac{n+1}{\mathrm{e}}\right)^n\left(\frac{\mathrm{e}}{n}\right)^n > 1$, 所以级数是发散的.

定理 7.1.13 (Cauchy 积分判别法) 设 $f(x)$ 在 $[1,+\infty)$ 上有定义, 在 $[1,+\infty)$ 上非负且单调递减, 则 $\sum\limits_{n=1}^{\infty} f(n)$ 与 $\int_1^{+\infty} f(x)\mathrm{d}x$ 同敛散.

证　由 $f(x)$ 的单调性可知, 当 $k \leqslant x \leqslant k+1$ 时, 有

$$f(k+1) \leqslant f(x) \leqslant f(k),$$

于是

$$f(k+1) \leqslant \int_k^{k+1} f(x)\mathrm{d}x \leqslant f(k).$$

将上述不等式对 $k=1,2,\cdots,n$ 相加, 就得知, 对 $\forall n \in \mathbf{N}$, 有

$$\sum_{k=2}^{n+1} f(k) \leqslant \int_1^{n+1} f(x)\mathrm{d}x \leqslant \sum_{k=1}^{n} f(k).$$

若 $\int_1^{+\infty} f(x)\mathrm{d}x$ 收敛, 则由上式左半边可知 $\sum\limits_{k=2}^{n+1} f(k)$ 有界, 因而 $\sum\limits_{n=1}^{\infty} f(n)$ 收敛. 若 $\int_1^{+\infty} f(x)\mathrm{d}x$ 发散, 则由上式右半边可知 $\sum\limits_{k=1}^{n} f(k)$ 无界, 故 $\sum\limits_{n=1}^{\infty} f(n)$ 发散. □

例 7.1.13　证明级数 $\sum\limits_{n=2}^{\infty} \dfrac{1}{n\ln^{\alpha} n}$ 当 $\alpha > 1$ 时收敛, 当 $\alpha \leqslant 1$ 时发散.

证　级数与积分 $\int_2^{+\infty} \dfrac{\mathrm{d}x}{x\ln^{\alpha} x}$ 同敛散, 而

$$\int_2^{+\infty} \frac{\mathrm{d}x}{x\ln^{\alpha} x} = \begin{cases} \dfrac{(\ln 2)^{1-\alpha}}{\alpha-1}, & \alpha > 1, \\ +\infty, & \alpha \leqslant 1, \end{cases}$$

故原级数当 $\alpha > 1$ 时收敛, 而当 $\alpha \leqslant 1$ 时发散.

7.1.4　交错级数

设 $a_n \geqslant 0$, 称级数 $\sum\limits_{n=1}^{\infty}(-1)^{n-1}a_n$ 或 $\sum\limits_{n=1}^{\infty}(-1)^{n}a_n$ 为交错级数.

定理 7.1.14(Leibniz)　设 $\{a_n\}$ 单调递减趋于零, 则级数 $\sum\limits_{n=1}^{\infty}(-1)^{n-1}a_n$ 收敛, 且和不大于 a_1.

证　因为 $\{a_n\}$ 单减趋于 0, 因而 $a_n \geqslant 0$, 由

$$S_{2n} = (a_1 - a_2) + (a_3 - a_4) + \cdots + (a_{2n-1} - a_{2n}) \geqslant 0$$

及

$$S_{2n} = a_1 - (a_2 - a_3) - \cdots - (a_{2n-2} - a_{2n-1}) - a_{2n} \leqslant a_1,$$

可知 $\{S_{2n}\}$ 单增有界, 所以数列 $\{S_{2n}\}$ 收敛. 设 $\lim S_{2n}=S$, 则 $S\leqslant a_1$.

又由 $a_n\to 0\quad(n\to\infty)$ 及

$$S_{2n+1}=S_{2n}+a_{2n+1},$$

可知, $\lim S_{2n+1}=S$, 所以

$$\lim S_n=S\leqslant a_1.$$

□

由定理 7.1.14 可知, 如果交错级数 $\sum\limits_{n=1}^{\infty}(-1)^n a_n\ (a_n\geqslant 0)$ 收敛, 则有余项估计

$$|r_n|\leqslant a_{n+1}.$$

级数 $\sum\limits_{n=1}^{\infty}(-1)^{n-1}\dfrac{1}{n}$ 满足定理 7.1.14 的条件, 故它是收敛的. 稍后, 我们将知道它的和是 $\ln 2$.

7.1.5 绝对收敛与条件收敛

称 $\sum\limits_{n=1}^{\infty}|a_n|$ 为 $\sum\limits_{n=1}^{\infty}a_n$ 的绝对值级数.

定理 7.1.15 如果 $\sum\limits_{n=1}^{\infty}|a_n|$ 收敛, 则 $\sum\limits_{n=1}^{\infty}a_n$ 也收敛.

证 显然有

$$|a_{n+1}+a_{n+2}+\cdots+a_{n+p}|\leqslant|a_{n+1}|+|a_{n+2}|+\cdots+|a_{n+p}|,$$

故由 $\sum\limits_{n=1}^{\infty}|a_n|$ 收敛及 Cauchy 判则就知道 $\sum\limits_{n=1}^{\infty}a_n$ 收敛. □

如果 $\sum\limits_{n=1}^{\infty}|a_n|$ 收敛, 则称 $\sum\limits_{n=1}^{\infty}a_n$ 绝对收敛, 此时显然有 $\left|\sum\limits_{n=1}^{\infty}a_n\right|\leqslant\sum\limits_{n=1}^{\infty}|a_n|$.

如果 $\sum\limits_{n=1}^{\infty}a_n$ 收敛, 但 $\sum\limits_{n=1}^{\infty}|a_n|$ 发散, 就称 $\sum\limits_{n=1}^{\infty}a_n$ 为条件收敛.

例 7.1.14 $\sum\limits_{n=1}^{\infty}\dfrac{\sin n}{n^2}$ 绝对收敛.

例 7.1.15 $\sum\limits_{n=2}^{\infty}\dfrac{(-1)^n}{n}$ 条件收敛.

习题 7.1 第 3 题说明无穷多个数的和收敛时与有限和一样, 满足结合律, 但无穷和不一定满足交换律, 下面的定理 7.1.16 和定理 7.1.17 给出了无穷级数满足交换律的条件.

定理 7.1.16 若 $\sum_{n=1}^{\infty} a_n$ 绝对收敛, 则任意改变求和次序后所得的新级数仍收敛, 并且其和不变.

证 先假定 $\sum_{n=1}^{\infty} a_n$ 是正项级数, 设 $\sum_{n=1}^{\infty} a_n = S, \sum_{n=1}^{\infty} a'_n$ 是 $\sum_{n=1}^{\infty} a_n$ 改变求和次序所得的新级数. 记

$$S'_m = \sum_{n=1}^{m} a'_n.$$

由于 $a'_1, a'_2, \cdots, a'_m$ 都是 $a_1, a_2, \cdots, a_n, \cdots$ 中的项, 所以必有

$$S'_m \leqslant S.$$

故 $\{S'_m\}$ 有界, 所以 $\sum_{n=1}^{\infty} a'_n$ 收敛, 并且有

$$S' = \sum_{n=1}^{\infty} a'_n = \lim S'_m \leqslant S.$$

反过来, $\sum_{n=1}^{\infty} a_n$ 也可以当成是 $\sum_{n=1}^{\infty} a'_n$ 改变求和次序得到的级数, 故又有

$$S \leqslant S'.$$

因此, 必有 $S = S'$.

一般地, 设 $\sum_{n=1}^{\infty} a_n$ 改变求和次序得到一个新的级数 $\sum_{n=1}^{\infty} a'_n$. 由于 $\sum_{n=1}^{\infty} |a_n|$ 收敛, 故可任意交换次序, 即有 $\sum_{n=1}^{\infty} |a'_n| = \sum_{n=1}^{\infty} |a_n|$. 所以 $\sum_{n=1}^{\infty} a'_n$ 绝对收敛.

令

$$b_n = \frac{|a_n| + a_n}{2}, \qquad c_n = \frac{|a_n| - a_n}{2},$$
$$b'_n = \frac{|a'_n| + a'_n}{2}, \qquad c'_n = \frac{|a'_n| - a'_n}{2},$$

则有

$$b_n = \begin{cases} 0, & a_n \leqslant 0, \\ a_n, & a_n \geqslant 0, \end{cases} \qquad c_n = \begin{cases} -a_n, & a_n \leqslant 0, \\ 0, & a_n \geqslant 0. \end{cases}$$

显然 $0 \leqslant b_n, c_n \leqslant |a_n|$, 故由比较判法可知 $\sum\limits_{n=1}^{\infty} b_n$ 和 $\sum\limits_{n=1}^{\infty} c_n$ 都是收敛的正项级数.

显然有

$$\sum_{n=1}^{\infty} a_n = \sum_{n=1}^{\infty} b_n - \sum_{n=1}^{\infty} c_n,$$

及

$$\sum_{n=1}^{\infty} a'_n = \sum_{n=1}^{\infty} b'_n - \sum_{n=1}^{\infty} c'_n.$$

由于 $\sum\limits_{n=1}^{\infty} b'_n$ 和 $\sum\limits_{n=1}^{\infty} c'_n$ 分别是收敛的正项级数 $\sum\limits_{n=1}^{\infty} b_n$ 和 $\sum\limits_{n=1}^{\infty} c_n$ 改变求和次序所得到的级数, 因而

$$\sum_{n=1}^{\infty} b'_n = \sum_{n=1}^{\infty} b_n, \qquad \sum_{n=1}^{\infty} c'_n = \sum_{n=1}^{\infty} c_n.$$

所以

$$\sum_{n=1}^{\infty} a'_n = \sum_{n=1}^{\infty} a_n.$$

□

推论 7.1.1 $\sum\limits_{n=1}^{\infty} a_n$ 绝对收敛的充分必要条件是 $\sum\limits_{n=1}^{\infty} b_n$ 和 $\sum\limits_{n=1}^{\infty} c_n$ 都收敛.

推论 7.1.2 $\sum\limits_{n=1}^{\infty} a_n$ 条件收敛, 则 $\sum\limits_{n=1}^{\infty} b_n$ 和 $\sum\limits_{n=1}^{\infty} c_n$ 都发散.

证 因为 $\sum\limits_{n=1}^{\infty} |a_n|$ 发散, 故 $\sum\limits_{n=1}^{\infty} b_n$ 和 $\sum\limits_{n=1}^{\infty} c_n$ 不能都收敛. 但由

$$\sum_{n=1}^{\infty} a_n = \sum_{n=1}^{\infty} b_n - \sum_{n=1}^{\infty} c_n$$

的收敛性可知 $\sum\limits_{n=1}^{\infty} b_n$ 和 $\sum\limits_{n=1}^{\infty} c_n$ 又不能一个收敛一个发散, 所以 $\sum\limits_{n=1}^{\infty} b_n$ 和 $\sum\limits_{n=1}^{\infty} c_n$ 都发散. □

绝对收敛级数的收敛是由于通项趋于零的速度足够快, 而条件收敛级数的通项趋于零的速度不够快, 但通过正负项相抵消造成了部分和的收敛.

作为对比, 我们叙述下面有趣的定理 (略去证明).

定理 7.1.17 设级数 $\sum\limits_{n=1}^{\infty} a_n$ 条件收敛, 则适当改变求和的次序可以使新级数

1° 收敛于给定的任意实数;

2° 发散于 $+\infty$;

3° 发散于 $-\infty$;

4° 有其他性态的发散性.

*7.1.6　一般项级数

如果一般项级数是条件收敛的, 那么就不能用正项级数的收敛判定准则, 下面我们给出两个判定任意项级数收敛的判定准则, 先引进一个重要公式.

定理 7.1.18 (Abel①分部求和公式)　记 $A_k = a_1 + a_2 + \cdots + a_k$, 则

$$\sum_{k=1}^{n} a_k b_k = A_n b_n - \sum_{k=1}^{n-1} A_k (b_{k+1} - b_k).$$

证　约定 $A_0 = 0$, 则有

$$\begin{aligned}\sum_{k=1}^{n} a_k b_k &= \sum_{k=1}^{n} (A_k - A_{k-1}) b_k = \sum_{k=1}^{n} A_k b_k - \sum_{k=1}^{n} A_{k-1} b_k \\ &= \sum_{k=1}^{n} A_k b_k - \sum_{k=1}^{n-1} A_k b_{k+1} = A_n b_n - \sum_{k=1}^{n-1} A_k (b_{k+1} - b_k).\end{aligned}$$ □

值得注意的是, 分部积分公式是分部求和公式的极限形式.

定理 7.1.19(Dirichlet 判别法)　如果级数 $\sum_{n=1}^{\infty} a_n b_n$ 满足下面两个条件:

1° 数列 $\{b_n\}$ 单调趋于零;

2° $S_n = a_1 + a_2 + \cdots + a_n$ 有界, 即 $|S_n| \leqslant M\ (n = 1, 2, \cdots)$;

则级数 $\sum_{n=1}^{\infty} a_n b_n$ 收敛.

证　设 $A_k = a_{n+1} + a_{n+2} + \cdots + a_{n+k}$, 则

$$|A_k| = |S_{n+k} - S_n| \leqslant 2M.$$

不妨设 $\{b_n\}$ 单减趋于 0, 则对 $\forall\, \varepsilon > 0$, $\exists\, n_0$, 当 $n > n_0$ 时, 有 $0 \leqslant b_n < \varepsilon$. 由 Abel 分部求和公式可知有,

$$\begin{aligned}&|a_{n+1} b_{n+1} + a_{n+2} b_{n+2} + \cdots + a_{n+p} b_{n+p}| \\ =&|b_{n+p} A_p - \sum_{k=1}^{p-1} A_k (b_{n+k+1} - b_{n+k})|\end{aligned}$$

① Niels Henrik Abel (1802—1829), 挪威数学家.

$$\leqslant M\left(b_{n+p}+\sum_{k=1}^{p-1}(b_{n+k}-b_{n+k+1})\right)=2Mb_{n+1}<2M\varepsilon$$

对一切 $p\in\mathbf{N}$ 均成立. 由 Cauchy 判则知级数 $\sum\limits_{n=1}^{\infty}a_nb_n$ 收敛. □

定理 7.1.20(Abel 判别法) 如果级数 $\sum\limits_{n=1}^{\infty}a_nb_n$ 满足下面两个条件:

1° 数列 $\{b_n\}$ 单调有界;

2° 级数 $\sum\limits_{n=1}^{\infty}a_n$ 收敛.

则级数 $\sum\limits_{n=1}^{\infty}a_nb_n$ 收敛.

证 因为 $\{b_n\}$ 单调有界, 所以一定收敛, 设 $\lim b_n=b$, 则数列 $\{b_n-b\}$ 单调趋于 0, 又

$$\sum_{k=1}^{n}a_kb_k=\sum_{k=1}^{n}a_k(b_k-b)+b\sum_{k=1}^{n}a_k,$$

由级数 $\sum\limits_{n=1}^{\infty}a_n$ 收敛及 Dirichlet 判别法, 可得级数 $\sum\limits_{n=1}^{\infty}a_nb_n$ 收敛. □

例 7.1.16 讨论 $\sum\limits_{n=1}^{\infty}\dfrac{\cos nx}{n}$ 的敛散性.

解 当 $x=2k\pi$ 时, 该级数就是调和级数, 故发散.

若 $x\neq 2k\pi$, 记

$$A_n=\cos x+\cos 2x+\cdots+\cos nx=\frac{\sin\left(n+\dfrac{1}{2}\right)x-\sin\dfrac{x}{2}}{2\sin\dfrac{x}{2}},$$

于是

$$|A_n|<\frac{1}{\left|\sin\dfrac{x}{2}\right|}.$$

故由 Dirichlet 判别法可知 $\sum\limits_{n=1}^{\infty}\dfrac{\cos nx}{n}$ 收敛.

类似可证级数 $\sum\limits_{n=1}^{\infty}\dfrac{\sin nx}{n}$ 在 $(-\infty,+\infty)$ 上处处收敛.

例 7.1.17 求证: $\sum\limits_{n=1}^{\infty}\dfrac{\cos n}{n}$ 条件收敛.

证　由例 7.1.16 可知 $\sum_{n=1}^{\infty}\frac{\cos n}{n}$ 收敛. 若它绝对收敛, 则由 $\cos^2 n \leqslant |\cos n|$ 可知

$$\sum_{n=1}^{\infty}\frac{\cos^2 n}{n}$$

也收敛, 我们有

$$\sum_{n=1}^{\infty}\frac{\cos^2 n}{n}=\frac{1}{2}\sum_{n=1}^{\infty}\left(\frac{1}{n}+\frac{\cos 2n}{n}\right).$$

由于级数 $\sum_{n=1}^{\infty}\frac{1}{n}$ 发散, 而级数 $\sum_{n=1}^{\infty}\frac{\cos 2n}{n}$ 收敛, 故左端级数不能收敛. 此矛盾说明

$$\sum_{n=1}^{\infty}\frac{|\cos n|}{n}$$

发散.

习　题　7.1

1. 证明下列等式:

(1) $\sum_{n=1}^{\infty}\frac{1}{(2n-1)(2n+1)}=\frac{1}{2}$;

(2) $\sum_{n=1}^{\infty}(\sqrt{n+2}-2\sqrt{n+1}+\sqrt{n})=1-\sqrt{2}$;

(3) $\sum_{n=1}^{\infty}\ln\frac{n(2n+1)}{(n+1)(2n-1)}=\ln 2$;

(4) $\sum_{n=1}^{\infty}\frac{2n+1}{n^2(n+1)^2}=1$.

2. 若 $\lim_{n\to\infty} na_n=a$, 且级数 $\sum_{n=1}^{\infty}n(a_n-a_{n+1})$ 收敛, 证明 $\sum_{n=1}^{\infty}a_n$ 收敛.

3. 设 $\sum_{n=1}^{\infty}a_n$ 收敛, 则求和满足结合律 (即在求和时可任意加括号).

4. 求下列极限 (其中 $p>1$):

(1) $\lim_{n\to\infty}\left[\frac{1}{(n+1)^p}+\frac{1}{(n+2)^p}+\cdots+\frac{1}{(2n)^p}\right]$;

(2) $\lim_{n\to\infty}\left(\frac{1}{p^{n+1}}+\frac{1}{p^{n+2}}+\cdots+\frac{1}{p^{2n}}\right)$.

5. 设 $\sum_{n=1}^{\infty}a_n$ 收敛, 证明 $\sum_{n=1}^{\infty}(a_n+a_{n+1})$ 也收敛; 试举例说明逆命题不成立; 证明若 $a_n>0$, 则逆命题成立.

6. 证明: 若级数 $\sum\limits_{n=1}^{\infty} a_n^2$ 和 $\sum\limits_{n=1}^{\infty} b_n^2$ 收敛, 则级数 $\sum\limits_{n=1}^{\infty} |a_n b_n|$, $\sum\limits_{n=1}^{\infty}(a_n+b_n)^2$, $\sum\limits_{n=1}^{\infty} \dfrac{|a_n|}{n}$ 也收敛.

7. 设正项级数 $\sum\limits_{n=1}^{\infty} a_n$ 收敛, 证明 $\sum\limits_{n=1}^{\infty} a_n^2$ 也收敛; 试问反之是否成立?

8. 证明: 若 $\lim\limits_{n\to\infty} na_n = a \neq 0$, 则级数 $\sum\limits_{n=1}^{\infty} a_n$ 发散.

9. 研究下列级数的敛散性:

(1) $\sum\limits_{n=1}^{\infty} \sqrt[n]{0.001}$;

(2) $\sum\limits_{n=1}^{\infty} \dfrac{1}{n\sqrt{n+1}}$;

(3) $\sum\limits_{n=1}^{\infty} \dfrac{1}{\sqrt{(2n-1)(2n+1)}}$;

(4) $\sum\limits_{n=1}^{\infty} \sin n$;

(5) $\sum\limits_{n=1}^{\infty} 2^n \sin\dfrac{\pi}{3^n}$;

(6) $\sum\limits_{n=1}^{\infty} \dfrac{1}{n\sqrt[n]{n}}$;

(7) $\sum\limits_{n=1}^{\infty} \arctan\dfrac{\pi}{4n}$;

(8) $\sum\limits_{n=1}^{\infty} \dfrac{n}{\left(n+\dfrac{1}{n}\right)^n}$;

(9) $\sum\limits_{n=1}^{\infty} \dfrac{1}{\left(2+\dfrac{1}{n}\right)^n}$;

(10) $\sum\limits_{n=1}^{\infty} \dfrac{1000^n}{n!}$;

(11) $\sum\limits_{n=1}^{\infty} \dfrac{(n!)^2}{(2n)!}$;

(12) $\sum\limits_{n=1}^{\infty} \dfrac{3+(-1)^n}{2^n}$;

(13) $\sum\limits_{n=1}^{\infty} \dfrac{\ln n}{\sqrt[4]{n^5}}$;

(14) $\sum\limits_{n=3}^{\infty} \dfrac{1}{n\ln n(\ln\ln n)^k}$;

(15) $\sum\limits_{n=1}^{\infty} \left(\cos\dfrac{1}{n}\right)^{n^3}$;

(16) $\sum\limits_{n=2}^{\infty} \left(\dfrac{an}{n+1}\right)^n \quad (a>0)$.

10. 设正项数列 $\{a_n\}$ 单调递减, 且 $\sum\limits_{n=1}^{\infty}(-1)^n a_n$ 发散, 试问 $\sum\limits_{n=1}^{\infty}\left(\dfrac{1}{a_n+1}\right)^n$ 是否收敛? 并说明理由.

11. 设 $a_n>0, a_n>a_{n+1}\,(n=1,2,\cdots)$, 且 $\lim\limits_{n\to\infty} a_n = 0$, 证明级数

$$\sum_{n=1}^{\infty}(-1)^{n-1}\frac{a_1+a_2+\cdots+a_n}{n}$$

是收敛的.

12. 证明: 如果 $\sum\limits_{n=1}^{\infty} a_n$ 和 $\sum\limits_{n=1}^{\infty} b_n$ 绝对收敛, 则 $\sum\limits_{n=1}^{\infty}(a_n+b_n)$ 绝对收敛.

13. 研究下列级数的条件收敛性与绝对收敛性:

(1) $\sum_{n=1}^{\infty}(-1)^n\left(\frac{2n+100}{3n+1}\right)^n$;

(2) $\sum_{n=1}^{\infty}\frac{(-1)^{\frac{n(n-1)}{2}}}{2^n}$;

(3) $\sum_{n=1}^{\infty}(-1)^n\frac{\sqrt{n}}{n+100}$;

(4) $\sum_{n=1}^{\infty}(-1)^{n-1}\sin\frac{1}{n}$;

(5) $\sum_{n=1}^{\infty}(-1)^{n-1}\frac{\ln n}{n}$;

(6) $\sum_{n=1}^{\infty}\frac{(-1)^{n-1}}{n^p}$;

(7) $\sum_{n=1}^{\infty}(-1)^n(\mathrm{e}^{\frac{1}{n}}-1)$;

(8) $\sum_{n=1}^{\infty}(-1)^n\left[\frac{1}{n}-\ln\left(1+\frac{1}{n}\right)\right]$;

(9) $\sum_{n=1}^{\infty}(-1)^n\left(1-\cos\frac{p}{n}\right)$;

(10) $\sum_{n=1}^{\infty}(-1)^n\left(1-\cos\frac{1}{n}\right)^p$.

14. 研究下列级数的敛散性:

(1) $\sum_{n=1}^{\infty}\frac{\sin nx}{n}$;

(2) $\sum_{n=2}^{\infty}\frac{\cos\frac{n\pi}{4}}{\ln n}$;

(3) $\sum_{n=1}^{\infty}\frac{\sin n}{\sqrt{n}}\left(1+\frac{1}{n}\right)^n$;

(4) $\sum_{n=1}^{\infty}(-1)^n\frac{n-1}{n+1}\cdot\frac{1}{\sqrt[100]{n}}$.

§7.2　幂级数和 Taylor 展式

7.2.1　函数列和函数项级数的收敛性

设

$$u_1(x),\ u_2(x),\cdots,u_n(x),\ \cdots \tag{7.2.1}$$

是定义在 E 上的一列函数. 若对 $x_0\in E$, $\{u_n(x_0)\}$ 收敛, 则称 x_0 是函数列 (7.2.1) 的收敛点. 函数列 (7.2.1) 的全体收敛点称为函数列 (7.2.1) 的收敛域. 若函数列 (7.2.1) 在 E 上每一点都收敛, 就称函数列 $\{u_n(x)\}$ 在 E 上收敛. 这时, x 和 $\lim\limits_{n\to\infty}u_n(x)$ 的对应关系确定 E 上的一个函数 $u(x)$, 称为 $\{u_n(x)\}$ 的极限函数, 记成

$$\lim_{n\to\infty}u_n(x)=u(x)\qquad(x\in E).$$

例 7.2.1　讨论 $\{x^n\}$ 的收敛性.

解　$\{x^n\}$ 在 $(-\infty,+\infty)$ 上有定义, 在 $(-1,1]$ 中收敛, 且有

$$\lim_{n\to\infty}x^n=\begin{cases}0, & -1<x<1,\\ 1, & x=1,\end{cases}$$

故函数列在 $(-1,1]$ 中收敛, 在其他点发散.

把函数列 (7.2.1) 的各项依次相加, 就得到 (由函数列 (7.2.1) 所确定的) 函数项级数

$$\sum_{n=1}^{\infty} u_n(x) = u_1(x) + u_2(x) + \cdots + u_n(x) + \cdots. \tag{7.2.2}$$

仿照数项级数, 可以定义函数项级数的收敛性, 记式 (7.2.2) 的第 $n\,(n=1,2,\cdots)$ 个部分和为

$$S_n(x) = u_1(x) + u_2(x) + \cdots + u_n(x), \tag{7.2.3}$$

则函数列 $\{S_n(x)\}$ 的收敛点 (域) 就称为级数 (7.2.2) 的收敛点 (域). 若函数列 $\{S_n(x)\}$ 在 I 上每一点都收敛, 则它的极限函数 $S(x)$ 就称为级数 $\sum\limits_{n=1}^{\infty} u_n(x)$ 的和函数, 并记成

$$S(x) = \sum_{n=1}^{\infty} u_n(x).$$

我们仍把 $r_n(x) = S(x) - S_n(x) = u_{n+1}(x) + u_{n+2}(x) + \cdots$ 称为式 (7.2.2) 的第 n 个余项, 在收敛域上有 $\lim\limits_{n\to\infty} r_n(x) = 0$.

例 7.2.2 讨论 $\sum\limits_{n=0}^{\infty} x^n$ 的收敛性.

解 $\sum\limits_{n=0}^{\infty} x^n$ 在 $(-\infty,+\infty)$ 上都有定义, 在 $(-1,1)$ 上收敛并有

$$\sum_{n=0}^{\infty} x^n = \frac{1}{1-x}.$$

而当 $|x| \geqslant 1$ 时, 级数发散.

7.2.2 幂级数的收敛半径

形如

$$\sum_{n=0}^{\infty} a_n(x-x_0)^n = a_0 + a_1(x-x_0) + a_2(x-x_0)^2 + \cdots + a_n(x-x_0)^n + \cdots. \tag{7.2.4}$$

的函数项级数称为幂级数, 下面将着重讨论 $x_0 = 0$ 即

$$\sum_{n=0}^{\infty} a_n x^n = a_0 + a_1 x + a_2 x^2 + \cdots + a_n x^n + \cdots \tag{7.2.5}$$

的情形, 因为只要将式 (7.2.5) 中的 x 换成 $x - x_0$ 就可得到式 (7.2.4).

幂级数 (7.2.5) 有显然的收敛点 $x=0$. 如果级数 (7.2.5) 有非零的收敛点, 则我们将证明 $\sum\limits_{n=0}^{\infty} a_n x^n$ 的收敛域是一个区间.

定理 7.2.1(Abel 引理)　1° 如果幂级数 (7.2.5) 在 $x_0(x_0 \neq 0)$ 处收敛, 则当 $|x|<|x_0|$ 时, 级数 (7.2.5) 绝对收敛.

2° 若幂级数 (7.2.5) 在 x_0 处发散, 则当 $|x|>|x_0|$ 时, 级数 (7.2.5) 发散.

证　1° 因为 $\sum\limits_{n=0}^{\infty} a_n x_0^n$ 收敛, 故 $\lim\limits_{n\to\infty} a_n x_0^n = 0$. 所以 $\{a_n x_0^n\}$ 有界. 设

$$|a_n x_0^n| < M \qquad (n=0,1,2,\cdots),$$

于是, 当 $|x|<|x_0|$ 时,

$$|a_n x^n| = |a_n x_0^n|\left|\frac{x}{x_0}\right|^n < M\left|\frac{x}{x_0}\right|^n.$$

由于 $\left|\dfrac{x}{x_0}\right|<1$, 故 $\sum\limits_{n=0}^{\infty}\left|\dfrac{x}{x_0}\right|^n$ 收敛, 所以 $\sum\limits_{n=0}^{\infty}|a_n x^n|$ 收敛. 即幂级数 (7.2.5) 绝对收敛.

2° 若级数 (7.2.5) 在 x_0 处发散, 如有 $|x_1|>|x_0|$ 使得 $\sum\limits_{n=0}^{\infty} a_n x_1^n$ 收敛, 则由刚才证明了的结论可知级数 (7.2.5) 在 $x=x_0$ 处收敛, 与假设矛盾. □

幂级数 (7.2.5) 在 $(-\infty,+\infty)$ 上的敛散有以下三种情形:

1° 仅在 $x=0$ 处收敛;

2° 在 $(-\infty,+\infty)$ 上处处收敛;

3° 有发散点和非零的收敛点.

定理 7.2.2　如果幂级数 (7.2.5) 有发散点和非零的收敛点, 则有正数 R, 使得级数 (7.2.5) 在 $(-R,R)$ 中绝对收敛, 而当 $|x|>R$ 时, 级数 (7.2.5) 发散.

证　设级数 (7.2.5) 的收敛域为 E. 由于级数 (7.2.5) 有发散点, 由定理 7.2.1 可知 E 是非空有界集, 故 E 有上确界 R. 又由于级数 (7.2.5) 有非零的收敛点, 所以 $R>0$. 对 $\forall\,|x|<R$, $\exists\, x_0\in E$, 使得 $|x|<|x_0|<R$, 由定理 7.2.1 可知级数在 x 绝对收敛, 即级数在 $(-R,R)$ 内绝对收敛. 类似可证, 当 $|x|>R$ 时, 级数发散. □

定理 7.2.2 的 R 称为级数 (7.2.5) 的**收敛半径**; $(-R,R)$ 称为级数的**收敛区间**. 如果级数 (7.2.5) 在 $x\neq 0$ 时都是发散的, 就说级数 (7.2.5) 的收敛半径为零. 如果级数 (7.2.5) 在 $(-\infty,+\infty)$ 上处处收敛, 就说级数 (7.2.5) 的收敛半径是 $+\infty$, 收敛区间是 $(-\infty,+\infty)$. 在收敛区间的端点处, 幂级数的敛散需要特别判断, 不能一概而论.

下面两个定理常用来计算幂级数的收敛半径.

定理 7.2.3 如果 $\lim\left|\dfrac{a_{n+1}}{a_n}\right| = L\,(0 \leqslant L \leqslant +\infty)$, 则幂级数 $\sum\limits_{n=0}^{\infty} a_n x^n$ 的收敛半径 $R = 1/L$.

证 由于

$$\lim_{n\to\infty}\left|\frac{a_{n+1}x^{n+1}}{a_n x^n}\right| = \lim_{n\to\infty}\left|\frac{a_{n+1}}{a_n}\right||x| = L|x|,$$

故由 d'Alembert 判别法 (定理 7.1.12) 可知, 当 $L|x| < 1$, 即 $|x| < R = 1/L$ 时, 幂级数 $\sum\limits_{n=0}^{\infty} a_n x^n$ 收敛; 而当 $|x|L > 1$, 即 $|x| > R$ 时, 幂级数发散. 所以, 级数的收敛半径为 R. □

定理 7.2.4 如果 $\lim \sqrt[n]{|a_n|} = L$, 则幂级数 $\sum\limits_{n=0}^{\infty} a_n x^n$ 的收敛半径 $R = 1/L$.

证 由于

$$\lim_{n\to\infty} \sqrt[n]{|a_n x^n|} = \lim_{n\to\infty} |x|\sqrt[n]{|a_n|} = |x|L,$$

故由 Cauchy 判别法 (定理 7.1.10) 就得到定理的结论. □

例 7.2.3 求级数 1° $\sum\limits_{n=1}^{\infty} n x^n$, 2° $\sum\limits_{n=0}^{\infty} \dfrac{x^n}{n!}$, 3° $\sum\limits_{n=1}^{\infty} n^n x^n$ 的收敛半径 R.

解 1° 由于 $\lim \sqrt[n]{n} = 1$, 故 $R = 1$;

2° 由于 $\lim \dfrac{n!}{(n+1)!} = \lim \dfrac{1}{n+1} = 0$, 故 $R = +\infty$;

3° 由于 $\lim \sqrt[n]{n^n} = \lim n = +\infty$, 故 $R = 0$.

例 7.2.4 求 $\sum\limits_{n=0}^{\infty} \dfrac{(2n)!}{(n!)^2} x^{2n}$ 的收敛半径.

解 本级数不含 x 的奇次幂, 不便使用上述定理, 但可直接使用 d'Alembert 判别法. 令

$$u_n = \frac{(2n)!}{(n!)^2} x^{2n},$$

则

$$\begin{aligned}\lim\left|\frac{u_{n+1}}{u_n}\right| &= \lim_{n\to\infty}\left|\frac{(2(n+1))!}{((n+1)!)^2} x^{2(n+1)} \cdot \frac{(n!)^2}{(2n)!}\frac{1}{x^{2n}}\right| \\ &= \lim_{n\to\infty} \frac{(2n+1)(2n+2)}{(n+1)^2}|x|^2 = 4|x|^2.\end{aligned}$$

所以, 当 $4|x|^2 < 1$ 即 $|x| < 1/2$ 时级数绝对收敛; 当 $4|x|^2 > 1$ 即 $|x| > 1/2$ 时, 级数发散. 故级数的收敛半径 $R = 1/2$.

定理 7.2.5 设 $\sum_{n=0}^{\infty} a_n x^n$ 的收敛半径 $R>0, \lim \sqrt[n]{|b_n|}=1$, 则 $\sum_{n=0}^{\infty} a_n b_n x^n$ 的收敛半径也为 R.

证 设 $\sum_{n=0}^{\infty} a_n b_n x^n$ 的收敛半径为 R'. $\forall\ |x|<R$, 取 $|x|<r<R$, 则有 $M>0$, 使 $|a_n r^n|<M$. 于是

$$|a_n b_n x^n| = |a_n r^n||b_n|\left|\frac{x}{r}\right|^n < M|b_n|\left|\frac{x}{r}\right|^n.$$

因为 $\lim \sqrt[n]{M|b_n|\left|\frac{x}{r}\right|^n} = \left|\frac{x}{r}\right| < 1$, 故由 Cauchy 判别法极限形式和比较判别法可知, $\sum_{n=0}^{\infty} a_n b_n x^n$ 绝对收敛, 由 x 的任意性可知 $\sum_{n=0}^{\infty} a_n b_n x^n$ 在 $(-R,R)$ 内绝对收敛, 所以 $R' \geqslant R$. 又因为 $\sum_{n=0}^{\infty} a_n x^n = \sum_{n=0}^{\infty} \frac{1}{b_n} a_n b_n x^n$ 及 $\lim \sqrt[n]{\frac{1}{|b_n|}}=1$, 可知 $R \geqslant R'$, 所以 $R=R'$. □

7.2.3 幂级数的性质

定理 7.2.6 设幂级数 $\sum_{n=0}^{\infty} a_n x^n$ 和 $\sum_{n=0}^{\infty} b_n x^n$ 的收敛半径分别为 R_1 和 R_2, 取 $R=\min\{R_1,R_2\}$, 则

$$\sum_{n=0}^{\infty}(\alpha a_n+\beta b_n)x^n = \alpha\sum_{n=0}^{\infty} a_n x^n + \beta\sum_{n=0}^{\infty} b_n x^n$$

在 $(-R,R)$ 中成立.

证 显然. □

定理 7.2.7 设幂级数 $\sum_{n=0}^{\infty} a_n x^n$ 收敛半径为 R, 给定 $0<r<R$, 则对 $\forall\ \varepsilon>0$, $\exists\ n_0 \in \mathbf{N}$, 当 $n>n_0$ 时,

$$|r_n(x)| = \left|\sum_{k=n+1}^{\infty} a_k x^k\right| < \varepsilon$$

对 $\forall\ x\in[-r,r]$ 均成立.

证 因为 $0<r<R$, 故 $\sum_{n=0}^{\infty} a_n r^n$ 绝对收敛, 由定理 7.1.5 知, 对 $\forall\ \varepsilon>0, \exists\ n_0 \in \mathbf{N}$, 当 $n>n_0$ 时,

$$\sum_{k=n+1}^{\infty} |a_k r^k| < \varepsilon,$$

于是, 当 $|x| \leqslant r$ 时,

$$|r_n(x)| = \left|\sum_{k=n}^{\infty} a_k x^k\right| \leqslant \sum_{k=n}^{\infty} |a_k x^k| \leqslant \sum_{k=n}^{\infty} |a_k r^k| < \varepsilon$$ □

定理 7.2.8 $\sum\limits_{n=0}^{\infty} a_n x^n$ 的收敛半径为 R, 则和函数 $S(x)$ 在收敛区间 $I = (-R, R)$ 内连续.

证 $\forall\, x_0 \in I$, 取 r 使 $|x_0| < r < R$, 由定理 7.2.7 可知,$\forall\, \varepsilon > 0, \exists\, n_0 \in \mathbf{N}$, 当 $n > n_0$, $|x| \leqslant r$ 时都有

$$\left|\sum_{k=n}^{\infty} a_k x^k\right| < \varepsilon.$$

又对给定的 $n_0, \sum\limits_{k=0}^{n_0} a_k x^k$ 是连续函数, 故 $\exists\, \delta > 0$, 当 $x \in U(x_0, \delta) \subset [-r, r]$ 时, 有

$$\left|\sum_{k=0}^{n_0} a_k x^k - \sum_{k=0}^{n_0} a_k x_0^k\right| < \varepsilon,$$

于是,

$$|S(x) - S(x_0)| \leqslant \left|\sum_{k=0}^{n_0} a_k x^k - \sum_{k=0}^{n_0} a_k x_0^k\right| + \left|\sum_{k=n_0+1}^{\infty} a_k x^k\right| + \left|\sum_{k=n_0+1}^{\infty} a_k x_0^k\right| < \varepsilon + \varepsilon + \varepsilon = 3\varepsilon.$$

因此, $S(x)$ 在 x_0 连续, 由 x_0 的任意性可知 $S(x)$ 在 I 中连续. □

在收敛区间端点, 我们有下面的定理.

定理 7.2.9 (Abel) 设 $S(x) = \sum\limits_{n=0}^{\infty} a_n x^n$ 的收敛半径 $R > 0$,

1° 如果 $\sum\limits_{n=0}^{\infty} a_n R^n$ 收敛, 则 $S(x)$ 在 R 左连续.

2° 如果 $\sum\limits_{n=0}^{\infty} a_n (-R)^n$ 收敛, 则 $S(x)$ 在 $-R$ 右连续.

证 因为 $\sum\limits_{n=0}^{\infty} a_n R^n$ 收敛, 由 Cauchy 准则知: $\forall\, \varepsilon > 0$, $\exists\, n_0 \in \mathbf{N}$, 当 $n > n_0$ 时, $\left|\sum\limits_{k=n+1}^{n+p} a_k R^k\right| < \varepsilon$ 对 $\forall\, p \in \mathbf{N}$ 皆成立.

对给定的 $n > n_0$, 令 $A_k = a_{n+1}R^{n+1} + \cdots + a_{n+k}R^{n+k}$, 则 $|A_k| < \varepsilon$. 当 $0 < x \leqslant R$ 时有

$$\begin{aligned}|S_{n+p}(x)-S_n(x)|&=\left|\sum_{k=n+1}^{n+p} a_k x^k\right|=\left|\sum_{k=1}^{p} a_{n+k}R^{n+k}\left(\frac{x}{R}\right)^{n+k}\right|\\&=\left|A_p\left(\frac{x}{R}\right)^{n+p}+\sum_{k=1}^{p-1}A_k\left[\left(\frac{x}{R}\right)^{n+k}-\left(\frac{x}{R}\right)^{n+k+1}\right]\right|\\&\leqslant|A_p|\left(\frac{x}{R}\right)^{n+p}+\sum_{k=1}^{p-1}|A_k|\left[\left(\frac{x}{R}\right)^{n+k}-\left(\frac{x}{R}\right)^{n+k+1}\right]\leqslant\varepsilon\left(\frac{x}{R}\right)^{n+1}\leqslant\varepsilon.\end{aligned}$$

令 $p\to\infty$ 可知, 当 $n > n_0, 0 < x \leqslant R$ 时,

$$|r_n(x)| < \varepsilon.$$

对给定的 $\varepsilon > 0$, 取定 $n > n_0, \exists\, \delta > 0$, 当 $0 < R - x < \delta$ 时

$$|S_n(x) - S_n(R)| < \varepsilon,$$

这时

$$|S(x) - S(R)| \leqslant |S_n(x) - S_n(R)| + |r_n(x)| + |r_n(R)| < 3\varepsilon.$$

故 $S(R-0) = S(R)$, 即 $S(x)$ 在 R 左连续.

2° 类似可证. □

定理 7.2.10 设 $S(x) = \sum\limits_{n=0}^{\infty} a_n x^n$ 的收敛区间为 $I = (-R, R)$, 则对任意 $x \in I$, 有

$$\int_0^x S(t)\mathrm{d}t = \sum_{n=0}^{\infty}\int_0^x a_n t^n \mathrm{d}t = \sum_{n=0}^{\infty}\frac{a_n}{n+1}x^{n+1}, \tag{7.2.6}$$

并且式 (7.2.6) 右端级数的收敛半径仍为 R.

证 给定 $|x| < R$, 取 $|x| < r < R$,

$$\begin{aligned}\int_0^x\left(\sum_{k=0}^{\infty}a_k t^k\right)\mathrm{d}t &= \int_0^x\left(\sum_{k=0}^{n}a_k t^k\right)\mathrm{d}t + \int_0^x r_n(t)\mathrm{d}t\\&=\sum_{k=0}^{n}\frac{a_k}{k+1}x^{k+1} + \int_0^x r_n(t)\mathrm{d}t\end{aligned}$$

由定理 7.2.7 可知, $\forall\, \varepsilon > 0$, $\exists\, n_0 \in \mathbf{N}$, 当 $n > n_0$ 及 $|t| \leqslant r$ 时,

$$|r_n(t)| = \left|\sum_{k=n+1}^{\infty} a_k t^k\right| < \varepsilon$$

成立.

故

$$\left|\int_0^x\left(\sum_{k=0}^{\infty}a_kt^k\right)\mathrm{d}t-\sum_{k=0}^{n}\frac{a_k}{k+1}x^{k+1}\right|\leqslant\int_0^x|r_{n+1}(t)|\mathrm{d}t<|x|\varepsilon.$$

所以, 在 $(-R,R)$ 中有

$$\int_0^x S(t)\mathrm{d}t=\sum_{n=0}^{\infty}\frac{a_n}{n+1}x^{n+1}.$$

由定理 7.2.5 可知式 (7.2.6) 右端级数的收敛半径仍为 R. □

定理 7.2.11 $S(x)=\sum\limits_{n=0}^{\infty}a_nx^n$ 在收敛区间 $I=(-R,R)$ 中可微, 并有

$$S'(x)=\sum_{n=1}^{\infty}na_nx^{n-1}, \tag{7.2.7}$$

且式 (7.2.7) 右端级数的收敛半径仍为 R.

证 设

$$g(x)=\sum_{n=1}^{\infty}na_nx^{n-1},$$

由定理 7.2.5 知其收敛半径为 R, 由定理 7.2.10 可知, 对 $x\in I$ 有

$$\int_0^x g(t)\mathrm{d}t=\sum_{n=1}^{\infty}a_nx^n=S(x)-S(0),$$

所以有

$$S'(x)=g(x)=\sum_{n=1}^{\infty}na_nx^{n-1}.$$ □

推论 7.2.1 $\sum\limits_{n=0}^{\infty}a_nx^n$ 的收敛半径是 R, 则和函数 $S(x)$ 在收敛区间 $(-R,R)$ 内任意阶可导, 且

$$S^{(k)}(x)=\sum_{n=k}^{\infty}n(n-1)\cdots(n-k+1)a_nx^{n-k}, \tag{7.2.8}$$

式 (7.2.8) 右端级数的收敛半径仍为 R.

推论 7.2.2 设 $S(x)=\sum\limits_{n=0}^{\infty}a_nx^n$ 的收敛区间为 $I=(-R,R)$, 则有

$$a_0 = S(0), \qquad a_n = \frac{S^{(n)}(0)}{n!}.$$

例 7.2.5　已知幂级数 $\sum\limits_{n=0}^{\infty} \frac{x^n}{n!}$ 在整个数轴上收敛, 试求它的和.

解　设所考察的级数和为 $S(x)$, 则有

$$S'(x) = \sum_{n=1}^{\infty} \frac{x^{n-1}}{(n-1)!} = S(x) \qquad (-\infty < x < +\infty).$$

解此微分方程得

$$S(x) = Ce^x.$$

由于 $S(0) = 1$, 故 $S(x) = e^x$, 即

$$e^x = \sum_{n=0}^{\infty} \frac{x^n}{n!} \qquad (-\infty < x < +\infty).$$

例 7.2.6　求级数 $\sum\limits_{n=0}^{\infty} nx^n$ 的和.

解　容易知道这个幂级数的收敛半径为 1, 但在 $x = \pm 1$ 都发散, 故收敛区间为 $(-1, 1)$.

令 $S(x) = x\sum\limits_{n=1}^{\infty} nx^{n-1}$, 再令 $f(x) = \sum\limits_{n=1}^{\infty} nx^{n-1}$, 在区间 $[0, x]$ 上逐项积分, 得

$$\int_0^x f(t)\mathrm{d}t = \sum_{n=1}^{\infty} \int_0^x nt^{n-1}\mathrm{d}t = \sum_{n=1}^{\infty} x^n = \frac{x}{1-x}.$$

再将等式两端对 x 求微商, 就得到

$$f(x) = \frac{1}{(1-x)^2}.$$

所以原级数的和函数 $S(x) = \dfrac{x}{(1-x)^2}$.

由此又可求出一些数项级数的和. 例如令 $x = \frac{1}{2}$, 得 $\sum\limits_{n=1}^{\infty} \frac{n}{2^n} = 2$; 令 $x = \frac{1}{3}$, 得 $\sum\limits_{n=1}^{\infty} \frac{n}{3^n} = \frac{3}{4}$.

7.2.4　函数的 Taylor 展开式

到此为止, 我们确定了幂级数的收敛区域, 并研究了它的和函数的各种性质. 但在实际应用中, 所遇到的经常是相反的问题, 即函数 $f(x)$ 在给定的区间上是否

可以是一个幂级数的和函数? 如果在给定的区间上函数 $f(x)$ 是某个幂级数的和函数, 则称 $f(x)$ 在给定的区间上可以展成幂级数.

首先, 如果 $f(x)$ 在 $U(x_0, R)$ 内是幂级数 $\sum_{n=0}^{\infty} a_n(x-x_0)^n$ 的和函数, 则由推论 7.2.1 与推论 7.2.2 可知, $f(x)$ 必有任意阶微商, 并且

$$a_0 = f(x_0), \qquad a_n = \frac{f^{(n)}(x_0)}{n!},$$

这就是说, 如果 $f(x)$ 能展为 $x-x_0$ 的幂级数, 那么这个幂级数是唯一确定的, 它就是

$$f(x) = \sum_{n=0}^{\infty} \frac{f^{(n)}(x_0)}{n!}(x-x_0)^n.$$

反之, 若函数 $f(x)$ 在点 x_0 有任意阶微商, 则总能构造幂级数

$$\sum_{n=0}^{\infty} \frac{f^{(n)}(x_0)}{n!}(x-x_0)^n,$$

称它为 $f(x)$ 在点 x_0 的 **Taylor 级数**, 记作

$$f(x) \sim \sum_{n=0}^{\infty} \frac{f^{(n)}(x_0)}{n!}(x-x_0)^n.$$

特别地, 当 $x_0 = 0$ 时, 级数

$$\sum_{n=0}^{\infty} \frac{f^{(n)}(0)}{n!}x^n$$

也称为 $f(x)$ 的 **Maclaurin 级数**.

一般来说, $f(x)$ 的 Taylor 级数除去点 x_0 外都有可能发散, 而且即使在点 $x \neq x_0$ 处收敛, 它的和也不一定就是 $f(x)$. 问题是在什么条件下 $f(x)$ 的 Taylor 级数收敛于 $f(x)$ 自身.

由 Taylor 定理知, 若函数 $f(x)$ 在点 x_0 的某一邻域内具有任意阶微商, 则对 $n \in \mathbf{N}$, 有

$$f(x) = f(x_0) + \frac{f'(x_0)}{1!}(x-x_0) + \frac{f''(x_0)}{2!}(x-x_0)^2 + \cdots + \frac{f^{(n)}(x_0)}{n!}(x-x_0)^n + R_n(x),$$

其中

$$R_n(x) = \frac{f^{(n+1)}(\xi)}{(n+1)!}(x-x_0)^{n+1},$$

而 ξ 是 x_0 与 x 之间的一点. 由此可见, 要想 $f(x)$ 的 Taylor 级数收敛于自身, 必须而且只需

$$\lim_{n\to\infty} R_n(x) = 0.$$

由此我们有下述定理.

定理 7.2.12　设函数 $f(x)$ 在区间 $(x_0 - R, x_0 + R)$ 上有任意阶微商, 则 $f(x)$ 在 $(x_0 - R, x_0 + R)$ 上可以展成 Taylor 级数的充分必要条件是对这区间内的任意点 x, 都有

$$\lim_{n\to\infty} R_n(x) = \lim_{n\to\infty} \frac{f^{(n+1)}(\xi)}{(n+1)!}(x - x_0)^{n+1} = 0,$$

其中 ξ 是介于 x_0 与 x 之间的一点. □

根据这个定理, 可以得到一个便于应用的充分条件.

定理 7.2.13　如果函数 $f(x)$ 的各阶微商在区间 $(x_0 - R, x_0 + R)$ 上内闭一致有界, 则 $f(x)$ 在这区间上可以展成 Taylor 级数, 即对 $x \in (x_0 - R, x_0 + R)$, 有

$$\begin{aligned} f(x) = f(x_0) &+ \frac{f'(x_0)}{1!}(x - x_0) + \frac{f''(x_0)}{2!}(x - x_0)^2 + \cdots \\ &+ \frac{f^{(n)}(x_0)}{n!}(x - x_0)^n + \cdots. \end{aligned}$$

证　任意给定 $0 < r < R$, 因为 $f(x)$ 的各阶微商在 $[x_0 - r, x_0 + r]$ 上一致有界, 即 $\exists M > 0$, 使得 $\forall x \in [x_0 - r, x_0 + r]$,

$$|f^{(n)}(x)| \leqslant M \qquad (n = 1, 2, \cdots),$$

于是

$$|R_n(x)| = \left| \frac{f^{(n+1)}(\xi)}{(n+1)!}(x - x_0)^{n+1} \right| \leqslant M \frac{|x - x_0|^{n+1}}{(n+1)!} \leqslant M \frac{r^{n+1}}{(n+1)!}.$$

因为

$$\lim_{n\to\infty} \frac{r^{n+1}}{(n+1)!} = 0,$$

所以在 $[x_0 - r, x_0 + r]$ 上,

$$\lim_{n\to\infty} R_n(x) = 0.$$

由 r 的任意性及定理 7.2.12 可知, $f(x)$ 在 $(x_0 - R, x_0 + R)$ 上可以展成 Taylor 级数. □

7.2.5　某些初等函数的 Taylor 展开式

利用定理 7.2.13 可求出一些初等函数的 Taylor 展开式.

1. 函数 e^x 的 Maclaurin 展开式

由于当 $|x| \leqslant M$ 时, 有

$$|(e^x)^{(n)}| = |e^x| \leqslant e^{|x|} \leqslant e^M \qquad (n = 1, 2, \cdots),$$

故推知 e^x 在区间 $[-M, M]$ 上能展成幂级数. 又从 M 的任意性得知 e^x 可在整个数轴上展成幂级数. 又因为

$$(e^x)^{(n)}|_{x=0} = 1,$$

所以有展式

$$e^x = 1 + x + \frac{x^2}{2!} + \cdots + \frac{x^n}{n!} + \cdots.$$

在式中取 $x = 1$, 就得到 $e = 2 + \dfrac{1}{2!} + \cdots + \dfrac{1}{n!} + \cdots$.

2. 函数 $\sin x$ 和 $\cos x$ 的 Maclaurin 展开式

由于对任意的实数 x, 都有

$$\left|\frac{d^n}{dx^n}\sin x\right| = \left|\sin\left(x + \frac{n\pi}{2}\right)\right| \leqslant 1 \qquad (n = 1, 2, \cdots),$$

故正弦函数 $\sin x$ 可在整个数轴上展成幂级数. 又因为

$$\left.\frac{d^n}{dx^n}\sin x\right|_{x=0} = \sin\frac{n\pi}{2} = \begin{cases} 0, & n = 2m, \\ (-1)^m, & n = 2m+1, \end{cases}$$

所以 $\sin x$ 的展式为

$$\sin x = x - \frac{x^3}{3!} + \frac{x^5}{5!} - \cdots + (-1)^m \frac{x^{2m+1}}{(2m+1)!} + \cdots \qquad (-\infty < x < +\infty).$$

上式两端求导就得到

$$\cos x = 1 - \frac{x^2}{2!} + \frac{x^4}{4!} - \cdots + (-1)^m \frac{x^{2m}}{(2m)!} + \cdots \qquad (-\infty < x < +\infty).$$

3. 二项式函数 $f(x) = (1+x)^\alpha$ 的 Maclaurin 展开式 (其中 α 为任意实数)

用类似上述方法也可以得到二项式 $(1+x)^\alpha$ 的 Taylor 展开式. 为避免估计余项的困难, 可用下述方法.

因为

$$f^{(n)}(0) = \left.\frac{d^n}{dx^n}(1+x)^\alpha\right|_{x=0} = \alpha(\alpha-1)\cdots(\alpha-n+1),$$

所以二项式 $(1+x)^\alpha$ 的 Maclaurin 级数为

$$1+\alpha x+\frac{\alpha(\alpha-1)}{2!}x^2+\cdots+\frac{\alpha(\alpha-1)\cdots(\alpha-n+1)}{n!}x^n+\cdots.$$

由于

$$\lim\left|\frac{\alpha(\alpha-1)\cdots(\alpha-n)}{(n+1)!}\frac{n!}{\alpha(\alpha-1)\cdots(\alpha-n+1)}\right|=\lim\left|\frac{\alpha-n}{n+1}\right|=1,$$

故这个级数的收敛半径为 1. 现在进而说明它在收敛区间 $(-1,1)$ 上的和函数就是 $(1+x)^\alpha$. 为此设

$$F(x)=1+\sum_{n=1}^{\infty}\frac{\alpha(\alpha-1)\cdots(\alpha-n+1)}{n!}x^n,$$

逐项求导得

$$F'(x)=\sum_{n=1}^{\infty}\frac{\alpha(\alpha-1)\cdots(\alpha-n+1)}{(n-1)!}x^{n-1}.$$

以 $1+x$ 乘此等式的两端, 并合并右端 x 的同次幂系数, 就得到关系式

$$(1+x)F'(x)=\alpha F(x).$$

解此微分方程并注意到 $F(0)=1$, 即算得

$$F(x)=(1+x)^\alpha.$$

当 α 是自然数时, $(1+x)^\alpha$ 的展开式就是熟知的二项式定理.

如果令 $\alpha=-1,1/2,-1/2$, 就得到几个常见的二项式级数.

$$\frac{1}{1+x}=1-x+x^2-x^3+\cdots=\sum_{n=0}^{\infty}(-1)^n x^n\qquad(-1<x<1);$$

$$\begin{aligned}\sqrt{1+x}&=1+\frac{1}{2}x-\frac{1}{2\cdot 4}x^2+\frac{1\cdot 3}{2\cdot 4\cdot 6}x^3-\cdots\\&=1+\frac{1}{2}x+\sum_{n=2}^{\infty}(-1)^{n-1}\frac{(2n-3)!!}{(2n)!!}x^n\qquad(-1\leqslant x\leqslant 1);\end{aligned}$$

$$\begin{aligned}\frac{1}{\sqrt{1+x}}&=1-\frac{1}{2}x+\frac{1\cdot 3}{2\cdot 4}x^2-\frac{1\cdot 3\cdot 5}{2\cdot 4\cdot 6}x^3+\cdots\\&=1+\sum_{n=1}^{\infty}(-1)^n\frac{(2n-1)!!}{(2n)!!}x^n\qquad(-1<x\leqslant 1).\end{aligned}$$

有时从某些函数的 Taylor 展式通过逐项求导或逐项积分也能得到另一些函数的 Taylor 展式. 例如, 若将展开式

$$\frac{1}{1+x}=\sum_{n=0}^{\infty}(-1)^n x^n\qquad(-1<x<1)$$

的两端从 0 到 x 积分, 就得到对数函数 $\ln(1+x)$ 的 Taylor 展式

$$\ln(1+x)=\sum_{n=0}^{\infty}(-1)^n\frac{x^{n+1}}{n+1}\qquad(-1<x<1).$$

由于展式右端的幂级数在 $x=1$ 收敛, 所以展式的成立区间为 $-1<x\leqslant 1$, 根据定理 7.2.9 有

$$\sum_{n=0}^{\infty}\frac{(-1)^n}{n+1}=\ln 2.$$

同样从展开式

$$\frac{1}{1+x^2}=\sum_{n=0}^{\infty}(-1)^n x^{2n}\qquad(-1<x<1)$$

逐项积分可得反正切函数的 Taylor 展式

$$\arctan x=\sum_{n=0}^{\infty}(-1)^n\frac{x^{2n+1}}{2n+1}\qquad(-1\leqslant x\leqslant 1).$$

取 $x=1$, 就得到数 $\pi/4$ 的级数表示

$$\frac{\pi}{4}=1-\frac{1}{3}+\frac{1}{5}-\cdots+(-1)^n\frac{1}{2n+1}+\cdots.$$

例 7.2.7 将函数 $\dfrac{1}{(1-x)(2-x)}$ 展成 Maclaurin 级数.

解 由于

$$\frac{1}{(1-x)(2-x)}=\frac{1}{1-x}-\frac{1}{2-x},$$

又

$$\frac{1}{1-x}=\sum_{n=0}^{\infty}x^n\qquad(-1<x<1),$$

$$\frac{1}{2-x}=\frac{1}{2}\frac{1}{1-\frac{x}{2}}=\frac{1}{2}\sum_{n=0}^{\infty}\left(\frac{x}{2}\right)^n\quad(-2<x<2),$$

所以, 当 $-1<x<1$ 时, 有

$$\frac{1}{(1-x)(2-x)}=\sum_{n=0}^{\infty}\left(1-\frac{1}{2^{n+1}}\right)x^n.$$

例 7.2.8 在 $x=3$ 处, 把 $\ln x$ 展成 Taylor 级数.

解　由于 $\ln x=\ln(x-3+3)=\ln 3+\ln\left(1+\dfrac{x-3}{3}\right)$, 所以

$$\begin{aligned}\ln x&=\ln 3+\sum_{n=1}^{\infty}(-1)^{n-1}\frac{1}{n}\left(\frac{x-3}{3}\right)^n\\&=\ln 3+\sum_{n=1}^{\infty}(-1)^{n-1}\frac{(x-3)^n}{n3^n}.\end{aligned}$$

展开式在 $-1<\dfrac{x-3}{3}\leqslant 1$, 即 $0<x\leqslant 6$ 中成立.

例 7.2.9　求 $\dfrac{\ln(1-x)}{1-x}$ 的 Maclaurin 展开式.

解　设 $\dfrac{\ln(1-x)}{1-x}=\displaystyle\sum_{n=0}^{\infty}a_nx^n$, 则 $\ln(1-x)=\displaystyle\sum_{n=0}^{\infty}a_n(x^n-x^{n+1})$, 于是有

$$-\sum_{n=1}^{\infty}\frac{x^n}{n}=a_0+\sum_{n=1}^{\infty}(a_n-a_{n-1})x^n\qquad(-1<x<1),$$

故 $a_0=0,a_n-a_{n-1}=-\dfrac{1}{n}\quad(n\geqslant 1)$, 可得 $a_n=-1-\dfrac{1}{2}-\cdots-\dfrac{1}{n}$, 故

$$\frac{\ln(1-x)}{1-x}=-\sum_{n=1}^{\infty}(1+\frac{1}{2}+\cdots+\frac{1}{n})x^n\qquad(-1<x<1).$$

习　题　7.2

1. 设 $\displaystyle\sum_{n=0}^{\infty}a_nx^n$ 的收敛半径 $R>0,\lim\sqrt[n]{|b_n|}=l>0$, 求证: $\displaystyle\sum_{n=0}^{\infty}a_nb_nx^n$ 的收敛半径为 $\dfrac{R}{l}$.

2. 求下列幂级数的收敛半径:

(1) $\displaystyle\sum_{n=1}^{\infty}(-1)^{n+1}\frac{x^n}{n^2}$;　　(2) $\displaystyle\sum_{n=1}^{\infty}\frac{(n!)^2}{(2n)!}x^n$;

(3) $\displaystyle\sum_{n=1}^{\infty}2^nx^{2n}$;　　(4) $\displaystyle\sum_{n=1}^{\infty}\frac{x^n}{a^n+b^n}\ (a>0,b>0)$;

(5) $\displaystyle\sum_{n=1}^{\infty}\frac{(x-2)^{2n-1}}{(2n-1)!}$;　　(6) $\displaystyle\sum_{n=1}^{\infty}\frac{3^n+(-2)^n}{n}(x+1)^n$;

(7) $\displaystyle\sum_{n=1}^{\infty}\left(1+\frac{1}{2}+\cdots+\frac{1}{n}\right)x^n$;　　(8) $\displaystyle\sum_{n=1}^{\infty}\frac{x^{n^2}}{2^n}$.

3. 设 $f(x)=\displaystyle\sum_{n=0}^{\infty}a_nx^n$ 在 $|x|<R$ 时收敛. 若 $\displaystyle\sum_{n=0}^{\infty}\frac{a_n}{n+1}R^{n+1}$ 也收敛, 则 $\displaystyle\int_0^R f(x)\mathrm{d}x=$

$\sum\limits_{n=0}^{\infty}\dfrac{a_n}{n+1}R^{n+1}$ (注意: 这里不管 $\sum\limits_{n=0}^{\infty}a_nx^n$ 在 $x=R$ 是否收敛). 应用这个结果证明

$$\int_0^1\frac{1}{1+x}\mathrm{d}x=\ln 2=\sum_{n=1}^{\infty}(-1)^{n-1}\frac{1}{n}.$$

4. 求下列幂级数的收敛域及其和函数:

(1) $\sum\limits_{n=0}^{\infty}(-1)^n\dfrac{x^{2n+1}}{2n+1}$;　　(2) $\sum\limits_{n=0}^{\infty}(n+1)x^n$;

(3) $\sum\limits_{n=1}^{\infty}n(n+1)x^{n-1}$;　　(4) $\sum\limits_{n=1}^{\infty}\dfrac{x^n}{n(n+1)}$;

(5) $\sum\limits_{n=1}^{\infty}\dfrac{x^{2n-1}}{(2n-1)!!}$.

5. 求下列级数的和:

(1) $\sum\limits_{n=2}^{\infty}\dfrac{1}{(n^2-1)2^n}$;　　(2) $\sum\limits_{n=0}^{\infty}\dfrac{(-1)^n(n^2-n+1)}{2^n}$;

(3) $\sum\limits_{n=0}^{\infty}\dfrac{(-1)^n}{3n+1}$;　　(4) $\sum\limits_{n=0}^{\infty}\dfrac{(n+1)^2}{n!}$.

6. 求下列函数在指定点处的 Taylor 展开式, 并给出收敛域:

(1) $x^3-2x^2+5x-7,\quad x=1$;　　(2) $\mathrm{e}^{\frac{x}{a}},\quad x=a$;

(3) $\ln x,\quad x=1$;　　(4) $\dfrac{1}{x^2+3x+2},\quad x=-4$;

(5) $\ln(1+x-2x^2),\quad x=0$;　　(6) $\cos x,\quad x=\dfrac{\pi}{4}$.

7. 求下列函数的 Maclaurin 展开式, 并给出收敛域:

(1) $\sin^2 x$;　　(2) $\arcsin x$;

(3) $\ln\sqrt{\dfrac{1+x}{1-x}}$;　　(4) $(1+x)\ln(1+x)$;

(5) $\displaystyle\int_0^x\cos x^2\mathrm{d}x$;　　(6) $\displaystyle\int_0^x\frac{\sin x}{x}\mathrm{d}x$;

(7) $\displaystyle\int_0^x\mathrm{e}^{-x^2}\mathrm{d}x$;　　(8) $\dfrac{\arctan x}{1-x^2}$.

8. 方程 $y+\lambda\sin y=x$ $(\lambda\neq -1)$ 在 $x=0$ 附近确定了一个隐函数 $y(x)$, 试求 $y(x)$ 的幂级数展开式中的前 4 项.

*§7.3 函数列和函数项级数

幂级数是一类特殊的函数项级数, 从 7.2 节的讨论可知, 在收敛区间内幂级数的和函数具有连续、可积、可微的性质, 且极限运算与求和运算、求和运算与积分运算以及求和运算与求导运算可以交换次序, 对一般的函数项级数而言, 在收敛域上这些性质不一定成立. 下面介绍一致收敛的概念, 在一致收敛的前提下, 上述性质均成立.

7.3.1 函数列和函数项级数的一致收敛性

函数列和函数项级数在收敛域上的收敛性本质上是 "点态" 的收敛, 在各个收敛点有不同的收敛速度. 当收敛速度有某种整体的一致性时, 称其为一致收敛, 准确地说就有下面的定义.

定义 7.3.1 设函数列 $\{f_n(x)\}$ 在 E 上收敛于 $f(x)$. 如果 $\forall\, \varepsilon > 0, \exists\, n_0 \in \mathbf{N}$, 当 $n > n_0$ 时, 对 $\forall\, x \in E$ 都有

$$|f(x) - f_n(x)| < \varepsilon,$$

则称函数列 $\{f_n(x)\}$ 在 E 上一致收敛于 $f(x)$(或一致趋于 $f(x)$).

显然 $\{f_n(x)\}$ 一致收敛于 $f(x)$ 等价于 $\{f(x) - f_n(x)\}$ 一致趋于零.

定义 7.3.2 设 $S_n(x)$ 表示函数项级数 $\sum\limits_{n=1}^{\infty} u_n(x)$ 的第 n 个部分和. 如果 $\{S_n(x)\}$ 在 E 上一致收敛于 $S(x)$, 就称级数 $\sum\limits_{n=1}^{\infty} u_n(x)$ 在 E 上一致收敛于 $S(x)$. 这时

$$\sum_{n=1}^{\infty} u_n(x) = S(x).$$

显然, $\sum\limits_{n=1}^{\infty} u_n(x)$ 一致收敛于 $S(x)$ 等价于 $\{r_n(x) = S(x) - S_n(x)\}$ 一致趋于零.

$\{f_n(x)\}$ $\left(\sum\limits_{n=1}^{\infty} u_n(x)\right)$ 在 E 的任意一个闭子区间中一致收敛, 称其为在 E 上内闭一致收敛.

由定理 7.2.7 可知幂级数在收敛区间上内闭一致收敛.

定理 7.3.1 (Cauchy 准则) 函数列 $\{f_n(x)\}$ 在 E 上一致收敛的充分必要条件是: 对 $\forall\, \varepsilon > 0, \exists\, n_0 \in \mathbf{N}$, 当 $n > n_0$ 时, 对 $\forall x \in E$ 和 $\forall\, p \in \mathbf{N}$, 都有

$$|f_{n+p}(x) - f_n(x)| < \varepsilon.$$

证 必要性. 设 $\{f_n(x)\}$ 在 E 上一致收敛于 $f(x)$, 则对 $\forall\, \varepsilon > 0$, $\exists\, n_0$, 当 $n > n_0$ 时, 对 $\forall\, x \in E$ 都有

$$|f_n(x) - f(x)| < \varepsilon/2.$$

故当 $n > n_0$ 时, 对 $\forall\, x \in E$ 和 $\forall\, p \in \mathbf{N}$ 都有

$$|f_{n+p}(x) - f_n(x)| \leqslant |f_{n+p}(x) - f(x)| + |f(x) - f_n(x)| < \varepsilon.$$

充分性. 显然, 对每个 $x \in E$, $\{f_n(x)\}$ 为 Cauchy 列, 故是收敛的, 所以可设 $\lim\limits_{n\to\infty} f_n(x) = f(x)\,(x \in E)$. $\forall\, \varepsilon > 0$, $\exists\, n_0 \in \mathbf{N}$, 当 $n > n_0$ 时, 对 $\forall x \in E$ 和 $\forall p \in \mathbf{N}$ 都有

$$|f_{n+p}(x) - f_n(x)| < \varepsilon/2.$$

在上式中令 $p \to +\infty$, 就得到

$$|f(x) - f_n(x)| \leqslant \varepsilon/2 < \varepsilon.$$

所以 $\{f_n(x)\}$ 在 E 一致收敛. □

定理 7.3.1′ (Cauchy 准则) 级数 $\sum\limits_{n=1}^{\infty} u_n(x)$ 在 E 上一致收敛的充分必要条件是: $\forall\, \varepsilon > 0$, $\exists\, n_0 \in \mathbf{N}$, 当 $n > n_0$ 时, 对 $\forall\, x \in E$ 和 $\forall p \in \mathbf{N}$ 都有

$$|u_{n+1}(x) + u_{n+2}(x) + \cdots + u_{n+p}(x)| < \varepsilon.$$

推论 7.3.1 设 $\sum\limits_{n=1}^{\infty} u_n(x)$ 在 E 上一致收敛, 则 $\{u_n(x)\}$ 在 E 上一致趋于零.

例 7.3.1 讨论 $\sum\limits_{n=1}^{\infty} n\mathrm{e}^{-nx}$ 在 $(0, +\infty)$ 上的一致收敛性.

解 对任给定的 $x > 0$, 由于

$$\lim_{n\to\infty} \frac{n\mathrm{e}^{-nx}}{n^{-2}} = \lim_{n\to\infty} \frac{n^3}{\mathrm{e}^{nx}} = 0,$$

而 $\sum\limits_{n=1}^{\infty} n^{-2}$ 收敛, 故级数是收敛的. 但由于对任意 $n \in \mathbf{N}$, 取 $x = 1/n$, 则

$$n\mathrm{e}^{-nx} = n\mathrm{e}^{-1} > \mathrm{e}^{-1},$$

即 $n\mathrm{e}^{-nx}$ 不能一致趋于零. 所以级数不一致收敛.

定理 7.3.2 (比较判别法) 若 $\sum\limits_{n=1}^{\infty} v_n(x)$ 在 E 上一致收敛, 又在 E 上恒有

$$|u_n(x)| \leqslant v_n(x),$$

则 $\sum\limits_{n=1}^{\infty} u_n(x)$ 在 E 上一致收敛.

定理 7.3.2 是定理 7.3.1′ 的直接推论. 特别地, 有下述推论.

推论 7.3.2 (Weierstrass 判别法) 若 $\sum_{n=1}^{\infty} a_n$ 收敛, 又在 E 上恒有

$$|u_n(x)| \leqslant a_n,$$

则 $\sum_{n=1}^{\infty} u_n(x)$ 在 E 上一致收敛.

由推论 7.3.2 容易证明, 当 $\delta > 0$ 时, 例 7.3.3 中的级数在 $[\delta, +\infty)$ 上一致收敛.

例 7.3.2 设 $\alpha > 1$, 则 $\sum_{n=1}^{\infty} \frac{\cos nx}{n^\alpha}$ 在 $(-\infty, +\infty)$ 上一致收敛.

证 因为 $\sum_{n=1}^{\infty} \frac{1}{n^\alpha}$ 收敛及

$$\left|\frac{\cos nx}{n^\alpha}\right| \leqslant \frac{1}{n^\alpha},$$

故由推论 7.3.2 即知 $\sum_{n=1}^{\infty} \frac{\cos nx}{n^\alpha}$ 在 $(-\infty, +\infty)$ 上一致收敛.

类似数项级数, 用 Abel 分部求和公式和 Cauchy 准则可以得到

定理 7.3.3 (Dirichlet 判别法) 设 $\{b_n(x)\}$ 在区间 I 上一致趋于零, 对每个 $x \in I$, $\{b_n(x)\}$ 单调, $\sum_{n=1}^{\infty} a_n(x)$ 的部分和函数列 $\{S_n(x)\}$ 在 I 上一致有界, 则 $\sum_{n=1}^{\infty} a_n(x) b_n(x)$ 在 I 上一致收敛.

定理 7.3.4(Abel 判别法) 设 $\{b_n(x)\}$ 在区间 I 上一致有界, 对每个 $x \in I$, $\{b_n(x)\}$ 单调, $\sum_{n=1}^{\infty} a_n(x)$ 在 I 上一致收敛, 则 $\sum_{n=1}^{\infty} a_n(x) b_n(x)$ 在 I 上一致收敛.

定理的证明留作读者作为练习.

例 7.3.3 设 $\alpha > 0$, $\pi > \delta > 0$, 则 $\sum_{n=1}^{\infty} \frac{\cos nx}{n^\alpha}$ 在 $[\delta, 2\pi - \delta]$ 上一致收敛.

证 我们有

$$A_k(x) = \cos x + \cos 2x + \cdots + \cos kx = \frac{\sin\left(k + \frac{1}{2}\right)x - \sin\frac{x}{2}}{2\sin\frac{x}{2}},$$

故

$$|A_k(x)| \leqslant \frac{1}{\left|\sin\frac{x}{2}\right|} \leqslant \frac{1}{\sin\frac{\delta}{2}}.$$

$\left\{\dfrac{1}{n^\alpha}\right\}$ 趋于 0, 根据定理 7.3.3 知 $\sum\limits_{n=1}^{\infty}\dfrac{\cos nx}{n^\alpha}$ 在 $[\delta, 2\pi-\delta]$ 上一致收敛.

例 7.3.4 设 $\sum\limits_{n=1}^{\infty}a_n$ 收敛, 求证: $\sum\limits_{n=1}^{\infty}\dfrac{a_n}{n^x}$ 在 $x\geqslant 0$ 上一致收敛.

证 $x\geqslant 0$ 时, $\left\{\dfrac{1}{n^x}\right\}$ 对任意 x 单调, 且当 $x\geqslant 0$ 时, $\left|\dfrac{1}{n^x}\right|\leqslant 1$, 又 $\sum\limits_{n=1}^{\infty}a_n$ 收敛, 根据定理 7.3.4 知 $\sum\limits_{n=1}^{\infty}\dfrac{a_n}{n^x}$ 在 $x\geqslant 0$ 上一致收敛.

7.3.2 一致收敛的函数列和一致收敛级数的性质

定理 7.3.5 设函数列 $\{f_n(x)\}$ 在区间 I 上连续并一致收敛, 则其极限函数 $f(x)$ 在 I 上连续.

证 任意给定 $x_0\in I$ 及 $\varepsilon>0$, 由 $\{f_n(x)\}$ 的一致收敛性可知 $\exists\, n_0\in\mathbf{N}$, 使得对 $\forall\, x\in I$, 都有

$$|f_{n_0}(x)-f(x)|<\varepsilon/3.$$

再由 $f_{n_0}(x)$ 在 x_0 连续, 可知有 $\delta>0$, 当 $|x-x_0|<\delta$ 时,

$$|f_{n_0}(x)-f_{n_0}(x_0)|<\varepsilon/3.$$

所以, 当 $|x-x_0|<\delta$ 时,

$$\begin{aligned}|f(x)-f(x_0)|\leqslant&|f(x)-f_{n_0}(x)|+|f_{n_0}(x)-f_{n_0}(x_0)|\\&+|f_{n_0}(x_0)-f(x_0)|<\varepsilon,\end{aligned}$$

即 $f(x)$ 在 x_0 连续. 因此 $f(x)$ 在 I 上连续. □

由于级数和函数列之间的关系, 由定理 7.3.5 立即得到下面的定理.

定理 7.3.5′ 设函数列 $\{u_n(x)\}$ 在区间 I 上连续, $\sum\limits_{n=1}^{\infty}u_n(x)$ 在 I 上一致收敛于 $S(x)$, 则 $S(x)$ 在 I 上连续.

由定理 7.3.5(定理 7.3.5′) 可知, 如果 $\{f_n(x)\}$ ($\{u_n(x)\}$) 在 I 上连续, 但极限函数 $f(x)$(和函数 $S(x)$) 在 I 上不连续, 则其收敛不是一致的.

推论 7.3.3 设 $\{f_n(x)\}$ ($\{u_n(x)\}$) 在区间 I 上连续, $\{f_n(x)\}$ $\left(\sum\limits_{n=1}^{\infty}u_n(x)\right)$ 在 I 上内闭一致收敛, 则 $\{f_n(x)\}$ $\left(\sum\limits_{n=1}^{\infty}u_n(x)\right)$ 在 I 上收敛, 并有连续的极限函数 (和函数).

证　不妨设 I 是一个开区间, 对任意 $x_0 \in I$, 必有 I 中闭区间 J, 使得 $x_0 \in J$. 由于函数列 (级数) 在 J 上一致收敛, 所以 $\{f_n(x)\}$ $\left(\sum\limits_{n=1}^{\infty} u_n(x)\right)$ 在 x_0 收敛, 因而在 I 上收敛. 再由定理 7.3.5 (定理 7.3.5′) 知极限函数 (和函数) 在 J 上连续, 故也在 x_0 连续. 由 x_0 的任意性, 极限函数 (和函数) 在 I 上连续. □

例 7.3.5　$\sum\limits_{n=1}^{\infty} n\mathrm{e}^{-nx}$ 在 $(0,+\infty)$ 上连续.

定理 7.3.6　设 $\{f_n(x)\}$ 在 $I=[a,b]$ 上连续, 并一致收敛于 $f(x)$, 则

$$\int_a^b f(x)\mathrm{d}x = \lim_{n\to\infty}\int_a^b f_n(x)\mathrm{d}x.$$

证　$\forall\, \varepsilon>0, \exists\, n_0 \in \mathbf{N}$, 当 $n>n_0$ 时, 对 $x\in[a,b]$ 有

$$|f_n(x)-f(x)|<\varepsilon,$$

故当 $n>n_0$ 时, 有

$$\left|\int_a^b f(x)\mathrm{d}x - \int_a^b f_n(x)\mathrm{d}x\right| \leqslant \int_a^b |f(x)-f_n(x)|\mathrm{d}x < (b-a)\varepsilon.$$

所以

$$\int_a^b f(x)\mathrm{d}x = \lim_{n\to\infty}\int_a^b f_n(x)\mathrm{d}x.$$ □

定理 7.3.6 说明, 在一致收敛的条件下, 极限号与积分号可以交换次序. 由定理 7.3.6 立刻推知下述定理.

定理 7.3.6′　设 $\{u_n(x)\}$ 在 $I=[a,b]$ 上连续, $\sum\limits_{n=1}^{\infty} u_n(x)$ 在 I 上一致收敛于 $S(x)$, 则

$$\int_a^b S(x)\mathrm{d}x = \int_a^b \sum_{n=1}^{\infty} u_n(x)\mathrm{d}x = \sum_{n=1}^{\infty}\int_a^b u_n(x)\mathrm{d}x.$$

定理 7.3.6′ 说明, 在一致收敛的条件下, 积分号与求和记号可以交换次序.

例 7.3.6　设 $f(x)=\sum\limits_{n=1}^{\infty}\dfrac{\cos nx}{n^2}$, 求 $\int_0^{\pi} f(x)\mathrm{d}x$.

解　由级数的一致收敛性, 可知有

$$\int_0^{\pi} f(x)\mathrm{d}x = \sum_{n=1}^{\infty}\frac{1}{n^2}\int_0^{\pi}\cos nx\mathrm{d}x = 0.$$

定理 7.3.7 设 $\{f_n(x)\}$ 在 $I=[a,b]$ 上有连续导数, $\{f_n(x)\}$ 在 I 上收敛于 $f(x)$, $\{f'_n(x)\}$ 在 I 上一致收敛, 则 $f(x)$ 在 I 上可微, 并有

$$f'(x)=\lim_{n\to\infty}f'_n(x).$$

证 设 $\{f'_n(x)\}$ 一致收敛于 $g(x)$, 则由定理 7.3.5 可知 $g(x)$ 连续. 故由定理 7.3.6 可知, 对 $x\in[a,b]$ 有

$$\begin{aligned}\int_a^x g(t)\mathrm{d}t&=\lim_{n\to\infty}\int_a^x f'_n(t)\mathrm{d}t\\&=\lim_{n\to\infty}(f_n(x)-f_n(a))=f(x)-f(a).\end{aligned}$$

所以 $f(x)$ 是连续函数 $g(x)$ 的原函数, 因而 $f(x)$ 可微, 并有

$$f'(x)=g(x)=\lim_{n\to\infty}f'_n(x).$$ □

由定理 7.3.7 立刻得到下述定理.

定理 7.3.7′ 设 $\{u_n(x)\}$ 在 $I=[a,b]$ 上有连续导数, $\sum\limits_{n=1}^{\infty}u_n(x)$ 在 I 上收敛, $\sum\limits_{n=1}^{\infty}u'_n(x)$ 在 I 上一致收敛, 则 $\sum\limits_{n=1}^{\infty}u_n(x)$ 在 I 上可微, 并有

$$\left(\sum_{n=1}^{\infty}u_n(x)\right)'=\sum_{n=1}^{\infty}u'_n(x).$$

定理 7.3.7 (定理 7.3.7′) 说明, 在一致收敛的条件下, 求导与求极限 (求和) 记号可以交换次序.

由于连续、积分、求导以及函数列与级数的收敛等都是某种极限过程, 所以定理 7.3.5 至定理 7.3.7 所讨论的其实就是两个极限过程交换求极限次序的合理性.

习 题 7.3

1. 设 $\{f_n(x)\}$ 和 $\{g_n(x)\}$ 在 E 上一致收敛, 则 $\{f_n(x)+g_n(x)\}$ 在 E 上一致收敛.

2. 设 $\sum\limits_{n=1}^{\infty}u_n(x)$ 和 $\sum\limits_{n=1}^{\infty}v_n(x)$ 在 E 上一致收敛, 则 $\sum\limits_{n=1}^{\infty}(u_n(x)+v_n(x))$ 在 E 上一致收敛, 并有 $\sum\limits_{n=1}^{\infty}(u_n(x)+v_n(x))=\sum\limits_{n=1}^{\infty}u_n(x)+\sum\limits_{n=1}^{\infty}v_n(x)$.

3. 设 $\sum\limits_{n=1}^{\infty}u_n(x)$ 在 E 上一致收敛于 $S(x)$, 函数 $g(x)$ 在 E 上有界, 则 $\sum\limits_{n=1}^{\infty}g(x)u_n(x)$ 在 E 上一致收敛到 $g(x)S(x)$.

4. 确定下列函数项级数的收敛域：

(1) $\sum_{n=1}^{\infty} n\mathrm{e}^{-nx}$;　　(2) $\sum_{n=2}^{\infty} \frac{x^{n^2}}{n}$;

(3) $\sum_{n=1}^{\infty} \frac{(-1)^n}{2n-1}\left(\frac{1-x}{1+x}\right)^n$;　　(4) $\sum_{n=1}^{\infty} \frac{1}{x^n}\sin\frac{\pi}{2^n}$;

(5) $\sum_{n=1}^{\infty} \frac{(x-3)^n}{n-3^n}$;　　(6) $\sum_{n=1}^{\infty} n!\left(\frac{x}{n}\right)^n$;

(7) $\sum_{n=1}^{\infty} \frac{\cos nx}{\mathrm{e}^{nx}}$;　　(8) $\sum_{n=1}^{\infty} \frac{x^n}{1-x^n}$.

5. 研究下列级数在给定区间上的一致收敛性：

(1) $\sum_{n=1}^{\infty} \frac{\sin nx}{n^2}$, $-\infty < x < +\infty$;

(2) $\sum_{n=1}^{\infty} \frac{1}{2^n[1+(nx)^2]}$, $-\infty < x < +\infty$;

(3) $\sum_{n=1}^{\infty}(-1)^{n-1}x^n$, (a) $-\frac{1}{2} \leqslant x \leqslant \frac{1}{2}$, (b) $-1 < x < 1$;

(4) $\sum_{n=1}^{\infty} x^2\mathrm{e}^{-nx}$, $0 \leqslant x < +\infty$;

(5) $\sum_{n=1}^{\infty} \frac{(-1)^n}{x+n}$, $0 \leqslant x < +\infty$;

(6) $\sum_{n=1}^{\infty} \frac{1}{n^x}$, $1 < x < +\infty$;

(7) $\sum_{n=1}^{\infty} \frac{\cos nx}{n}$, $0 < \delta \leqslant x \leqslant 2\pi - \delta$;

(8) $\sum_{n=1}^{\infty} \frac{x^2}{(n\mathrm{e}^n)^x}$, $0 \leqslant x < +\infty$.

6. 证明：若级数 $\sum_{n=1}^{\infty} a_n$ 收敛, 则级数 $\sum_{n=1}^{\infty} \frac{a_n}{\mathrm{e}^{nx}}$ 在 $0 \leqslant x < +\infty$ 中一致收敛.

7. 设 $f(x) = \sum_{n=1}^{\infty} \frac{x^n \cos\frac{n\pi}{x}}{(1+2x)^n}$, 求 $\lim_{x\to+\infty} f(x)$ 和 $\lim_{x\to 1} f(x)$.

8. 设 $f(x) = \sum_{n=1}^{\infty} n\mathrm{e}^{-nx}$, 求 $\int_{\ln 2}^{\ln 3} f(x)\mathrm{d}x$.

9. 证明：当 $|x| < +\infty$ 时, $f(x) = \sum_{n=1}^{\infty} \frac{\sin nx}{n^4}$ 具有连续的二阶微商.

10. 证明: 函数 $\zeta(x)=\sum\limits_{n=1}^{\infty}\frac{1}{n^x}$ 在 $(1,+\infty)$ 内连续, 且有连续的各阶导数.

*§7.4 级数应用举例

7.4.1 微分方程的幂级数解

设在二阶齐次线性微分方程

$$y''+p(x)y'+q(x)y=0 \tag{7.4.1}$$

中, $p(x)$ 和 $q(x)$ 在 x_0 的邻域可以展成幂级数, 则可以假定方程 (7.4.1) 在 x_0 的邻域有幂级数解

$$y=\sum_{n=0}^{\infty}a_n(x-x_0)^n. \tag{7.4.2}$$

如果已经给出初始条件 $y(x_0)=y_0$, $y'(x_0)=y_0'$, 则显然应有 $a_0=y_0$, $a_1=y_0'$. 将式 (7.4.2) 代入式 (7.4.1), 左端按 $x-x_0$ 的同次幂合并后, 各项的系数都是零, 就可以解出 $a_2,a_3,\cdots,a_n$, 从而得到方程 (7.4.1) 在 x_0 邻域内的幂级数解.

例 7.4.1 求 Airy 方程

$$y''-xy=0 \tag{7.4.3}$$

的幂级数解.

解 设

$$y=\sum_{n=0}^{\infty}a_nx^n,$$

于是

$$y''=\sum_{n=0}^{\infty}(n+2)(n+1)a_{n+2}x^n.$$

代入原方程, 就得到

$$2a_2+\sum_{n=1}^{\infty}((n+2)(n+1)a_{n+2}-a_{n-1})x^n=0,$$

即有 $a_2=0$ 及

$$a_{n+2}=\frac{a_{n-1}}{(n+1)(n+2)} \qquad (n\geqslant 1). \tag{7.4.4}$$

为求出方程 (7.4.3) 的两个线性无关解, 先取 $a_0=1,a_1=0$, 由式 (7.4.4) 就有

$$a_{3k+1}=a_{3k+2}=0,$$

$$a_{3k}=\frac{1}{2\cdot 3\cdot 5\cdot 6\cdots(3k-1)\cdot 3k}=\frac{1\cdot 4\cdot 7\cdots(3k-2)}{(3k)!}.$$

故方程 (7.4.3) 有特解

$$y_1=1+\sum_{k=1}^{\infty}\frac{1\cdot 4\cdot 7\cdots(3k-2)}{(3k)!}x^{3k}.$$

再取 $a_0=0, a_1=1$, 类似可得方程 (7.4.3) 的另一个特解

$$y_2=x+\sum_{k=1}^{\infty}\frac{2\cdot 5\cdot 8\cdots(3k-1)}{(3k+1)!}x^{3k+1}.$$

由于

$$w(0)=\begin{vmatrix}1 & 0\\ 0 & 1\end{vmatrix}=1\neq 0,$$

所以 y_1, y_2 是方程 (7.4.3) 的两个线性无关解. 所以方程 (7.4.3) 的通解为

$$y=c_1y_1+c_2y_2. \tag{7.4.5}$$

如果在 $x=0$ 的邻域, $xp(x)$ 和 $x^2q(x)$ 可以展成幂级数, 则方程 (7.4.1) 可有广义幂级数解

$$y=x^{\lambda}\sum_{n=0}^{\infty}a_nx^n, \tag{7.4.6}$$

其中 λ 是一个实常数.

例 7.4.2　设 $\nu\geqslant 0$, 求解方程

$$x^2y''+xy'+(x^2-\nu^2)y=0. \tag{7.4.7}$$

解　$p(x)=\dfrac{1}{x},\ q(x)=\dfrac{x^2-\nu^2}{x^2}$. 可假定方程 (7.4.7) 的解为

$$y=x^{\lambda}\sum_{n=0}^{\infty}a_nx^n,\qquad a_0\neq 0.$$

计算可得

$$x^2y''=\sum_{n=0}^{\infty}(n+\lambda)(n+\lambda-1)a_nx^{n+\lambda},$$

$$xy'=\sum_{n=0}^{\infty}(n+\lambda)a_nx^{n+\lambda},$$

$$x^2y = \sum_{n=2}^{\infty} a_{n-2}x^{n+\lambda},$$

$$-\nu^2 y = \sum_{n=0}^{\infty} -\nu^2 a_n x^{n+\lambda}.$$

将上列各式代入方程 (7.4.7) 的左端, 得到

$$(\lambda^2-\nu^2)a_0x^{\lambda}+((\lambda+1)^2-\nu^2)a_1x^{\lambda+1}$$
$$+\sum_{n=2}^{\infty}(((\lambda+n)^2-\nu^2)a_n+a_{n-2})x^{n+\lambda}=0.$$

首先必有 $\lambda=\pm\nu$.

先设 $\lambda=\nu\geqslant 0$. 这时应有 $a_1=0$ 及

$$a_n=-\frac{a_{n-2}}{(\nu+n)^2-\nu^2}=-\frac{a_{n-2}}{n(n+2\nu)}.$$

于是有

$$a_{2k+1}=a_1=0 \qquad (k=0,1,2,\cdots)$$

及

$$a_{2k}=-\frac{a_{2k-2}}{2^2k(k+\nu)}=\cdots=\frac{(-1)^k a_0}{2^{2k}k!(\nu+1)\cdots(\nu+k)}.$$

取 $a_0=2^{-\nu}$, 则

$$a_{2k}=\frac{(-1)^k}{k!(\nu+1)\cdots(\nu+k)}\frac{1}{2^{2k+\nu}}.$$

就得到方程 (7.4.7) 的一个特解

$$y_1=J_{\nu}(x)=\sum_{k=0}^{\infty}\frac{(-1)^k}{k!(\nu+1)(\nu+2)\cdots(\nu+k)}\left(\frac{x}{2}\right)^{2k+\nu}.$$

如果 ν 不是整数, 取 $\lambda=-\nu$, 类似可得方程 (7.4.7) 的另一个解

$$y_2=J_{-\nu}(x)=\sum_{k=0}^{\infty}\frac{(-1)^k}{k!(-\nu+1)(-\nu+2)\cdots(-\nu+k)}\left(\frac{x}{2}\right)^{2k-\nu}.$$

这时, 方程 (7.4.7) 的通解就是

$$y=c_1J_{\nu}(x)+c_2J_{-\nu}(x).$$

方程 (7.4.7) 称为 ν 阶 Bessel①方程, $J_{\nu}(x)$ 和 $J_{-\nu}(x)$ 称为第一类 Bessel 函数.

① Friedrich Bessel(1784—1846), 德国数学家.

当 ν 是整数时, $J_{-\nu}(x)$ 无意义. 要求方程的另一个解, 就需要引进第二类 Bessel 函数, 已超出本书的范围.

例 7.4.3 求 $y'=x+y^2$ 满足初始条件 $y(0)=0$ 的幂级数解至 x^5 项.

解 由方程可知 $y'(0)=0$; 由 $y''=1+2yy'$ 可知 $y''(0)=1$; 由 $y'''=2yy''+2y'^2$ 可知 $y'''(0)=0$; 由 $y^{(4)}=6y'y''+2yy'''$ 可知 $y^{(4)}(0)=0$; 由 $y^{(5)}=8y'y'''+6y''^2+2yy^{(4)}$ 可知 $y^{(5)}(0)=6$. 于是求得幂级数解

$$\begin{aligned} y(x) &= y(0)+\frac{y'(0)}{1!}x+\frac{y''(0)}{2!}x^2+\frac{y'''(0)}{3!}x^3+\frac{y^{(4)}(0)}{4!}x^4+\frac{y^{(5)}(0)}{5!}x^5+\cdots \\ &= \frac{1}{2}x^2+\frac{1}{20}x^5+\cdots. \end{aligned}$$

例 7.4.4 求 $y''-\mathrm{e}^x y=0$ 的幂级数解至 x^5 项.

解 设初始条件 $y(0)=c_1$, $y'(0)=c_2$. 由原方程可知 $y''(0)=y(0)=c_1$; 由 $y'''=\mathrm{e}^x y'+\mathrm{e}^x y$ 可知 $y'''(0)=c_1+c_2$; 由 $y^{(4)}=\mathrm{e}^x y''+2\mathrm{e}^x y'+\mathrm{e}^x y$ 可知 $y^{(4)}(0)=c_1+2c_2+c_1=2c_1+2c_2$; 由 $y^{(5)}=\mathrm{e}^x(y'''+3y''+3y'+y)$ 可知 $y^{(5)}(0)=5c_1+4c_2$. 故得幂级数解

$$\begin{aligned} y =& c_1\left(1+\frac{x^2}{2}+\frac{x^3}{6}+\frac{x^4}{12}+\frac{x^5}{24}+\cdots\right) \\ &+c_2\left(x+\frac{x^3}{6}+\frac{x^4}{12}+\frac{x^5}{30}+\cdots\right). \end{aligned}$$

设 $p(x,y)$ 是 x,y 的多项式, 则也可以用幂级数方法求解一阶微分方程

$$y'=p(x,y).$$

7.4.2 Stirling①公式

当 n 很大时, 要计算阶乘 $n!$ 的近似值, 即使利用对数表, 也很不方便. 下面将借助于级数的知识来导出它的近似表达式. 这无论在数学理论的研究上或在实际问题的计算中都有重要的应用.

定理 7.4.1 设 n 是自然数, 则有常数 c 和 $0<\theta_n<1$, 使得

$$n!=c\sqrt{n}\left(\frac{n}{\mathrm{e}}\right)^n\mathrm{e}^{\frac{\theta_n}{12n}}.$$

证 由 $\ln n!=\sum\limits_{k=1}^{n}\ln k$ 出发, 并考虑差

$$\alpha_k=\int_k^{k+1}\ln t\mathrm{d}t-\frac{1}{2}[\ln k+\ln(k+1)]$$

① James Stirling(1692—1770), 英国数学家.

$$
\begin{aligned}
&= \frac{1}{2}\int_k^{k+1}(\ln t-\ln k)\mathrm{d}t+\frac{1}{2}\int_k^{k+1}[\ln t-\ln(k+1)]\mathrm{d}t \\
&= \frac{1}{2}\int_0^1 \ln\left(1+\frac{t}{k}\right)\mathrm{d}t+\frac{1}{2}\int_0^1[\ln(k+1-u)-\ln(k+1)]\mathrm{d}u \\
&= \frac{1}{2}\int_0^1 \ln\left(1+\frac{t-t^2}{k(k+1)}\right)\mathrm{d}t. \qquad (7.4.8)
\end{aligned}
$$

从图 7.1 可以看出, α_k 就是用梯形公式计算 $\int_k^{k+1}\ln t\mathrm{d}t$ 所得的误差.

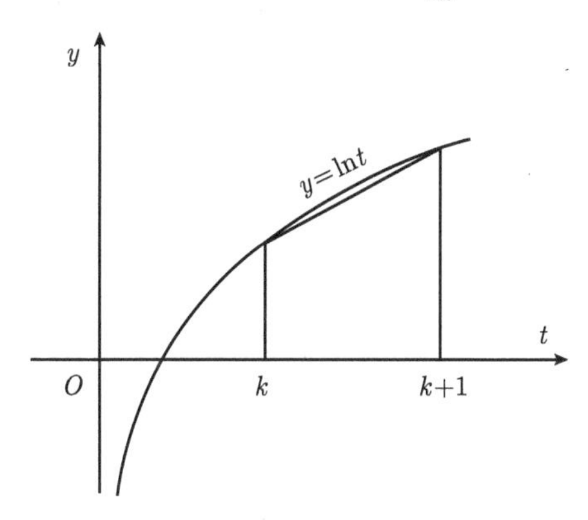

图 7.1

将式 (7.4.8) 由 $k=1$ 到 $k=n-1$ 相加, 就有

$$\int_1^n \ln t\mathrm{d}t-\sum_{k=1}^{n}\ln k+\frac{1}{2}\ln n=\sum_{k=1}^{n-1}\alpha_k,$$

所以

$$\ln n!=\int_1^n \ln t\mathrm{d}t+\frac{1}{2}\ln n-\sum_{k=1}^{n-1}\alpha_k.$$

因为当 $t>0$ 时有 $\ln(1+t)<t$, 故

$$0<\alpha_k<\frac{1}{2}\int_0^1\frac{t-t^2}{k(k+1)}\mathrm{d}t=\frac{1}{12k(k+1)}. \qquad (7.4.9)$$

所以级数 $\sum\limits_{k=1}^{\infty}\alpha_k$ 收敛. 设其和为 c_1, 并记 $r_n=\sum\limits_{k=n}^{\infty}\alpha_k$, 则有

$$\ln n!=n\ln n-n+\frac{1}{2}\ln n+\ln c+r_n, \qquad (7.4.10)$$

这里 $c=\mathrm{e}^{1-c_1}$. 因此有

$$n!=c\sqrt{n}\left(\frac{n}{\mathrm{e}}\right)^n\mathrm{e}^{r_n}. \qquad (7.4.11)$$

由式 (7.4.9) 容易得到

$$0 < r_n = \sum_{k=n}^{\infty} \alpha_k < \frac{1}{12n},$$

即有 $0 < \theta_n < 1$, 使得

$$n! = c\sqrt{n}\left(\frac{n}{\mathrm{e}}\right)^n \mathrm{e}^{\frac{\theta_n}{12n}}. \tag{7.4.12}$$

□

由式 (7.4.10) 看出, 式 (7.4.10) 的精确度取决于 r_n 的精确度, 也就是取决于

$$\alpha_k = \frac{1}{2}\int_0^1 \ln\left(1 + \frac{t-t^2}{k(k+1)}\right)\mathrm{d}t$$

的计算精确度. 在式 (7.4.9) 中, 我们只用到 $\ln(1+t)$ 的一阶 Taylor 展式. 如果用二阶 Taylor 展式, 就能得到

$$\frac{1}{12k(k+1)} > \alpha_k > \frac{1}{12k(k+1)} - \frac{1}{120k^2(k+1)^2},$$

从而可以算出

$$\frac{1}{12n} > r_n > \frac{1}{12n} - \frac{1}{360n^3}.$$

因而式 (7.4.11) 中的 r_n 可以用 $\dfrac{1}{12n} - \dfrac{\theta_n}{360n^3}$ 来代替.

下面我们来确定常数 c.

因为在 $(0, \pi/2)$ 中, 恒有 $\sin^{n+1} x < \sin^n x$, 所以

$$\int_0^{\frac{\pi}{2}} \sin^{2n+1} x\mathrm{d}x < \int_0^{\frac{\pi}{2}} \sin^{2n} x\mathrm{d}x < \int_0^{\frac{\pi}{2}} \sin^{2n-1} x\mathrm{d}x,$$

即有

$$\frac{(2n)!!}{(2n+1)!!} < \frac{(2n-1)!!}{(2n)!!}\frac{\pi}{2} < \frac{(2n-2)!!}{(2n-1)!!}.$$

稍加整理即得到

$$\frac{\pi}{2} < \left(\frac{(2n)!!}{(2n-1)!!}\right)^2 \frac{1}{2n} < \frac{2n+1}{2n}\cdot\frac{\pi}{2}.$$

令 $n \to +\infty$ 并利用夹逼原理就得到 Wallis① 公式

$$\lim \frac{(2n)!!}{\sqrt{n}(2n-1)!!} = \lim \frac{((2n)!!)^2}{\sqrt{n}(2n)!} = \lim \frac{(n!)^2 2^{2n}}{\sqrt{n}(2n)!} = \sqrt{\pi}. \tag{7.4.13}$$

将式 (7.4.12) 代入式 (7.4.13) 就算得 $c = \sqrt{2\pi}$, 故我们有下述定理.

定理 7.4.2(Stirling) $n! = \sqrt{2n\pi}\left(\dfrac{n}{\mathrm{e}}\right)^n \mathrm{e}^{\frac{\theta_n}{12n}}$, 其中 $0 < \theta_n < 1$.

① John Brehaut Wallis(1616—1703), 英国数学家.

习 题 7.4

1. 求方程 $y''-xy'+y=0$ 的幂级数解.

2. 求方程 $y''+y\sin x=0,\ y(0)=1,\ y'(0)=0$ 的幂级数解至 x^5 项.

3. 利用 Stirling 公式求极限:

(1) $\lim\limits_{n\to\infty}\sqrt[n^2]{n!}$; (2) $\lim\limits_{n\to\infty}\dfrac{n}{\sqrt[n]{n!}}$.

4. 研究下列级数的敛散性:

(1) $\sum\limits_{n=3}^{\infty}\dfrac{1}{\ln(n!)}$; (2) $\sum\limits_{n=1}^{\infty}\dfrac{n!\mathrm{e}^n}{n^{n+p}}$.

5. 证明: 当 $n\to\infty$ 时, $\ln(n!)\sim\ln n^n$.

第 8 章　多元函数的微分学

在本章中, 我们将讨论多变量函数的微分学, 很多时候我们以讨论二元函数来代替对一般多变量函数的讨论. 因为它们的讨论从方法、结论乃至叙述方面都可以说是完全类似的.

§8.1　平面点集及 $\mathbf{R}^2$ 的完备性

8.1.1　平面点集的一些基本概念

对本节的一些概念, 读者最好都能建立起直观的形象.

在平面上取定一个直角坐标系, 则平面上的点与二元有序数组 (即点的坐标) 形成一一对应. 这样的平面记为 $\mathbf{R}^2$. 平面上两个点 $M_1(x_1,y_1),M_2(x_2,y_2)$ 之间的距离用 $\rho(M_1,M_2)$ 表示. 显然有

$$\rho(M_1,M_2)=M_1M_2=\sqrt{(x_1-x_2)^2+(y_1-y_2)^2}$$

及三角形不等式

$$\rho(M_1,M_3)-\rho(M_3,M_2)\leqslant\rho(M_1,M_2)\leqslant\rho(M_1,M_3)+\rho(M_3,M_2).$$

设 $r>0$, 称平面上以 M_0 为圆心, r 为半径的圆的内部 (即点集 $\{M|\ \rho(M,M_0)<r\}$) 为 M_0 的 r 邻域, 记成 $U(M_0,r)$. 有时也需要考虑 $U(M_0,r)$ 去掉圆心以后的这个点集 (即 $\{M|\ 0<\rho(M,M_0)<r\}$), 称它为 M_0 的 r 去心邻域, 记成 $U^\circ(M_0,r)$. 有时把点集 $\{(x,y)|\ |x-x_0|<r,|y-y_0|<r\}$ 也称为 $M_0(x_0,y_0)$ 的 r 邻域, 它是一个正方形的内部. 方形邻域和圆形邻域并没有本质的差别, 我们可以根据需要随意选择.

设 I 和 J 是两个区间, 则矩形点集 $D=\{(x,y)|\ x\in I,y\in J\}$ 记成 $I\times J$, 称为一个二维区间.

设 $E\subset\mathbf{R}^2$. 如果存在正数 R, 使 $E\subset U(O,R)$ (即 E 在坐标原点的 R 邻域内), 则称 E 是一个有界集; 否则称为无界集.

设 E 是平面上的非空点集, $\sup\{\rho(M',M'')|\ M',M''\in E\}$ 称为 E 的直径, 记成 $\operatorname{diam}E$. 当 $\operatorname{diam}E=+\infty$ 时, E 就是无界集.

设 $E\subset\mathbf{R}^2$, $\mathbf{R}^2$ 中不属于 E 的全体点的集合称为 E 的余集, 记成 E^c. 显然, $(E^c)^c=E$.

设 $E \subset \mathbf{R}^2$, 平面上的点可以按照它与 E 的关系分成三种: 1° 如果 $\exists\, r > 0$, 使 $U(M,r) \subset E$, 则称 M 为 E 的内点; 2° 如果 $\exists\, r > 0$, 使 $U(M,r) \subset E^c$, 则称 M 为 E 的外点; 3° 如果对 $\forall\, r > 0, U(M,r)$ 中都有 E 和 E^c 的点, 则称 M 为 E 的边界点. E 的全体边界点的集合称为 E 的边界, 记成 ∂E (图 8.1). E 的边界点可以在 E 中, 也可以在 E^c 中. E 的全体内点组成的集合称为 E 的核, 记成 E°.

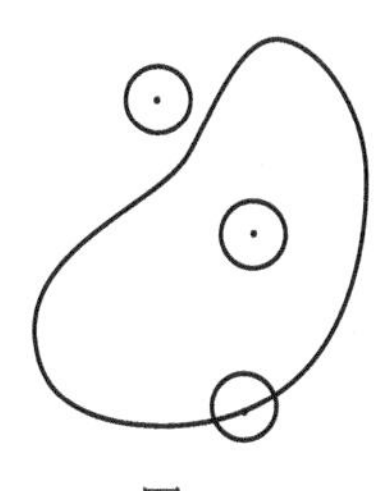

图 8.1

设 $M \in \partial E$, 则在 M 的任意邻域内都有 E 和 E^c 中的点, 也就是有 $(E^c)^c$ 和 E^c 中的点, 所以 $M \in \partial E^c$. 可见 $\partial E \subset \partial E^c$. 同样 $\partial E^c \subset \partial E$. 所以 $\partial E = \partial E^c$. 也就是说 E 和 E^c 有共同的边界 (图 8.1).

设 $M \in \mathbf{R}^2$, 如果 $\exists\, r > 0$ 使 $U(M,r) \cap E = \{M\}$, 则称 M 是 E 的孤立点. 显然 E 的孤立点必是 E 的边界点.

设 $M \in \mathbf{R}^2$, 如果对 $\forall\, r > 0$, 在 $U^\circ(M,r)$ 内都有 E 中的点 (即 $U^\circ(M,r) \cap E \neq \varnothing$), 则称 M 为 E 的聚点或极限点. 需注意的是, E 的聚点可以是 E 中的点, 也可以是 E^c 中的点. E 的内点必定是 E 的聚点. 如果 $M \in \partial E$ 但不是 E 的孤立点, 则 M 必是 E 的聚点. 由此可知边界点或是孤立点, 或是聚点. 聚点则包括了集合的内点和非孤立点的边界点. 这些从直观上 (图 8.1) 也容易看出.

有了距离的概念, 就可以定义平面点列的极限.

定义 8.1.1 设 $\{M_n\}$ 是平面点列. 如有 $M_0 \in \mathbf{R}^2$, 使 $\lim \rho(M_n, M_0) = 0$, 则称点列 $\{M_n\}$ 为收敛点列, M_0 为点列的极限. 记成 $\lim\limits_{n\to\infty} M_n = M_0$, 或 $\lim M_n = M_0$.

设 $M_n(x_n, y_n), M_0(x_0, y_0)$, 则只要注意到显然的不等式

$$|x_n - x_0|, |y_n - y_0| \leqslant \rho(M_n, M_0) \leqslant |x_n - x_0| + |y_n - y_0|,$$

就很容易证明: $\lim M_n = M_0$ 的充分必要条件是 $\lim x_n = x_0$ 和 $\lim y_n = y_0$. 因此求点列的极限就是求点的坐标分量组成的数列的极限, 所以并不需要新的方法.

例 8.1.1 设 $\lim M_n = M_0$, $\lim M_n' = M_0'$. 求证: $\lim \rho(M_n, M_n') = \rho(M_0, M_0')$.

证 由三角形不等式知

$$\begin{aligned}\rho(M_n, M_n') &\geqslant \rho(M_0, M_n') - \rho(M_0, M_n)\\ &\geqslant \rho(M_0, M_0') - \rho(M_0', M_n') - \rho(M_0, M_n)\end{aligned}$$

及

$$\rho(M_n, M_n') \leqslant \rho(M_n, M_0) + \rho(M_0, M_0') + \rho(M_0', M_n'),$$

故由夹逼定理, 即得到

$$\lim \rho(M_n, M_n') = \rho(M_0, M_0').$$

8.1.2　开集与闭集

设 $E \subset \mathbf{R}^2$. 若 E 中的点都是 E 的内点, 则称 E 是一个开集. 例如, $\mathbf{R}^2$ 是开集; 半平面 $x > 0$, 邻域 $U(M,r), U^\circ(M,r)$ 等也是开集. 要特别指出的是 $\varnothing$ 也是开集, 因为它没有不是内点的点.

两个开集的并集和交集仍是开集.

若 E^c 是开集, 则称 E 是闭集. 由此可见, $\mathbf{R}^2$ 和 $\varnothing$ 都是闭集. 可以证明平面上只有这两个集是既开又闭的 (见习题 8.1 中的第 3 题).

两个闭集的并集和交集都还是闭集.

定理 8.1.1　$E \subset \mathbf{R}^2$ 是开集的充分必要条件是 $\partial E \cap E = \varnothing$.

证　(必要性) 因为边界点不是内点, 所以 $\partial E \cap E = \varnothing$.

(充分性) 任给 $M \in E$, 因为 M 不是外点, 也不是边界点, 故必是内点. □

定理 8.1.2　$E \subset \mathbf{R}^2$ 是闭集的充分必要条件是 $\partial E \subset E$.

证　由于 $\partial E = \partial E^c$, 所以

$$\partial E \subset E \ \Leftrightarrow\ \partial E \cap E^c = \partial E^c \cap E^c = \varnothing \ \Leftrightarrow\ E^c \text{ 为开集} \Leftrightarrow E \text{ 为闭集}. \qquad \square$$

定理 8.1.3　$E \subset \mathbf{R}^2$ 是闭集的充分必要条件是 E 包含其全部聚点.

证　(必要性)因为一个聚点或是内点, 或是边界点, 必在 E 中. 故 E 包含其全部聚点.

(充分性)因为一个边界点或是聚点或是孤立点, 必在 E 中. 即 E 包含其全部边界点, 故是闭集. □

8.1.3　连通集

设 $E \subset \mathbf{R}^2$. 如果任给 $P, Q \in E$, 都存在平面曲线 $L = \{M(t) = (x(t), y(t)) | \alpha \leqslant t \leqslant \beta\} \subset E$, 使 $P = M(\alpha) = (x(\alpha), y(\alpha)), Q = M(\beta) = (x(\beta), y(\beta))$, 则称 E 是一个连通集. 换言之, 连通集 E 中任意两点都可以用 E 中的一条曲线连接起来. 按定义, 独点集也是连通的.

非空连通开集称为开区域, 简称域, 开区域与它的边界的并集称为闭域, 域、闭域以及域连同它的部分边界均称为区域.

平面域分成单连通的和多连通的两种.

如果域 D 内任一条简单闭曲线的内部还在 D 内, 则称 D 是单连通的; 反之, 就称 D 是多连通的. 更通俗地说, 单连通域是没有“洞”的, 复连通域是有“洞”的. 如图 8.2 中的 D_1 是单连通的, D_2 是多连通的.

在由全体 n 元有序数组 $(x_1, \cdots, x_n)$ 组成的 “点集” 中定义两个点 $a(a_1, \cdots, a_n)$ 和 $b(b_1, \cdots, b_n)$ 间的距离

$$\rho(a,b) = \sqrt{(a_1 - b_1)^2 + \cdots + (a_n - b_n)^2}.$$

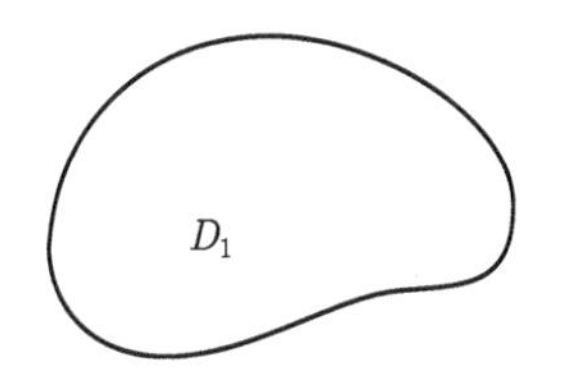

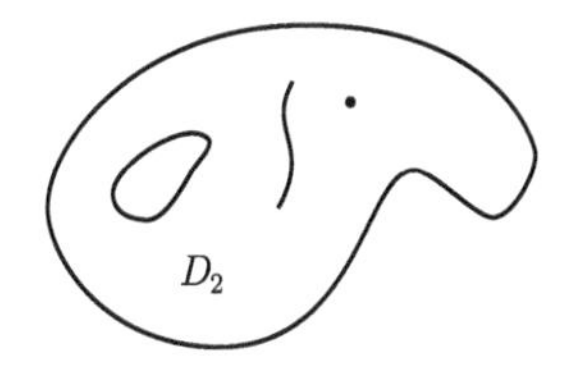

图 8.2

以后, 记这个集合为 $\mathbf{R}^n$, 则上面的讨论在 $\mathbf{R}^n$ 中仍然是成立的.

由于当 $n \geqslant 2$ 时, 在 $\mathbf{R}^n$ 中不能对其元素的 "大小" 次序作出合理的定义, 所以就不存在相对于实数集的确界和单调性的讨论.

*8.1.4 $\mathbf{R}^2$ 的完备性

定理 8.1.4 设 E 是一个闭集, 则 E 中任何收敛点列的极限仍是 E 中的点.

证 设 $\{M_n\}$ 是闭集 E 中的点列, $\lim M_n = M_0$. 当 $\{M_n\}$ 中只有有限个点与 M_0 不同时, 必有 $M_0 \in E$. 而当 $\{M_n\}$ 中有无穷多个点与 M_0 不同时, M_0 必是 E 的聚点, 因而也要有 $M_0 \in E$. □

定义 8.1.2 设 $\{M_n\}$ 是平面点列. 如果对于任给的 $\varepsilon > 0$, 存在 $N \in \mathbf{N}$, 使得对任何 $m, n > N$, 有 $\rho(M_n, M_m) < \varepsilon$, 则称 $\{M_n\}$ 为基本列或 Cauchy 列.

定理 8.1.5 ($\mathbf{R}^2$ 的完备性) 平面点列 $\{M_n(x_n, y_n)\}$ 收敛的充分必要条件是 $\{M_n\}$ 为基本列.

证 容易证明 $\{M_n(x_n, y_n)\}$ 为基本列的充分必要条件是 $\{x_n\}, \{y_n\}$ 都是基本列. 即得定理. □

定理 8.1.6 (列紧性) 有界点列 $\{M_n(x_n, y_n)\}$ 必有收敛子列.

证 显然 $\{x_n\}, \{y_n\}$ 都是有界数列, 故 $\{x_n\}$ 有收敛子列 $\{x_{n_k}\}$. 又 $\{y_{n_k}\}$ 还是有界数列, 它也有收敛子列 $\{y_{n'_k}\}$, 这样 $\{M_{n'_k}(x_{n'_k}, y_{n'_k})\}$ 就是 $\{M_n\}$ 的收敛子列. □

定理 8.1.7 (闭集套原理) 设 $\{E_n\}$ 是一列非空有界闭集, 满足 1° $E_{n+1} \subset E_n$ $(n = 1, 2, \cdots)$, 2° $\lim \operatorname{diam} E_n = 0$, 则有唯一点 M_0 属于所有 E_n.

证 在 E_n 中任取一点 M_n. 因为 $\{M_n\}$ 是一个有界点列, 故必有收敛子列 $\{M_{n_k}\}$. 记 $M_0 = \lim\limits_{k\to\infty} M_{n_k}$. 显然, 对任意 $n \in \mathbf{N}$, 当 $n_k > n$ 时, $M_{n_k} \in E_n$. 由于 E_n 是闭集, 故 $M_0 \in E_n$.

又如果还有 $M' \neq M_0$ 且 M' 属于所有的 E_n, 则 $\operatorname{diam} E_n \geqslant \rho(M', M_0)$. 这与 $\lim \operatorname{diam} E_n = 0$ 相矛盾. □

设 E, E' 是 $\mathbf{R}^2$ 中两个非空点集. 记 $\rho(E, E') = \inf\{\rho(M, M') |\ M \in E, M' \in E'\}$, 称为 E 和 E' 的距离.

如果 E' 是独点集 $\{M\}$, 则 $\rho(E, E')$ 也称为点 M 到 E 的距离, 记成 $\rho(M, E)$.

定理 8.1.8　如果 E 是平面上非空有界闭集, E' 是平面上非空闭集, 则必有 $M_0 \in E$ 和 $M_0' \in E'$, 使得 $\rho(M_0, M_0') = \rho(E, E')$.

证　由定义可知有 E 中点列 $\{M_n\}$ 和 E' 中点列 $\{M_n'\}$, 使得

$$\lim \rho(M_n, M_n') = \rho(E, E').$$

由于 $\{M_n\}$ 是有界点列, 故可设 $\rho(M_n, O) < R_1\,(n \in \mathbf{N})$. 由定理 8.1.7 可知 $\{M_n\}$ 有收敛子列, 不妨设这个子列就是 $\{M_n\}$. 因为 E 是闭集, 所以 $\lim M_n = M_0 \in E$.

由于 $\{\rho(M_n, M_n')\}$ 是收敛数列, 故它是有界数列. 设 $\rho(M_n, M_n') < R_2\,(n \in \mathbf{N})$, 于是有

$$\rho(M_n', O) \leqslant \rho(M_n', M_n) + \rho(M_n, O) < R_1 + R_2.$$

所以 $\{M_n'\}$ 也是有界点列, 故有收敛子列 $\{M_{n_k}'\}$. 由于 E 是闭集, 所以 $\lim\limits_{k\to\infty} M_{n_k}' = M_0' \in E'$. 显然有

$$\lim_{k\to\infty} \rho(M_{n_k}, M_{n_k}') = \rho(E, E').$$

由例 8.1.1 即得

$$\rho(M_0, M_0') = \rho(E, E'). \qquad \square$$

推论 8.1.1　如果 E 是非空有界闭集, E' 是非空闭集, $E \cap E' = \varnothing$, 则 $\rho(E, E') > 0$.

习　题　8.1

1. 证明: $(A \cap B)^c = A^c \cup B^c$, $(A \cup B)^c = A^c \cap B^c$.

2. 证明: 两个开集的交集和并集仍是开集, 两个闭集的交集和并集仍是闭集.

3. 试证: E 为开集的充分必要条件是 $E = E^\circ$.

4. 设 E 是一个连通集. 如果有 E 的两个非空子集 A, B, 使 $A \cap B = \varnothing, A \cup B = E$, 则必有 E 中的一点 M_0, 它是 A, B 的公共边界点.

5. 设 D 是 $\mathbf{R}^2$ 中的开区域. 如果有 D 中两个开集 A, B, 使 $A \cap B = \varnothing, A \cup B = D$, 则 $A = \varnothing$ 或 $B = \varnothing$. 换言之, 一个开区域不能分成两个互不相交的非空开集.

6. 证明: $\mathbf{R}^2$ 中既开又闭的集只有 $\mathbf{R}^2$ 和 $\varnothing$. (提示: 利用 $\mathbf{R}^2$ 的连通性.)

7. 如果一条折线的每一条直线段都与一个坐标轴平行, 就称它是一条正则折线. 求证: 域 D 的任意两点都可用一条正则折线连接起来.(提示: 任取 $M_0 \in D$, 证明 D 中能和不能用正则折线与 M_0 相连的点都组成 D 中的开集.)

8. 设 $\mathcal{D}$ 是一族开集. 如果对任意 $M \in E$, 都有 $D \in \mathcal{D}$, 使得 $M \in D$, 则称 $\mathcal{D}$ 是 E 的一个开覆盖. 如果从 E 的任一个开覆盖 $\mathcal{D}$ 中都能找出有限个开集 $D_1, D_2, \cdots, D_n$, 使 $E \subset \bigcup\limits_{k=1}^{n} D_k$, 则称 E 是一个紧致集.

(1) 证明 E 是紧致集的充分必要条件是 E 为有界闭集;

(2) 利用 (1)(紧致性) 证明定理 8.1.7(列紧性).

§8.2 映射及其连续性

8.2.1 映射、多元函数、向量值函数的概念

设有两个集合 X,Y 及一个规则 f. 任意给定 X 中的一个元素 x, 都可以按照规则 f 找到 Y 中唯一元素 y(记成 $y=f(x)$) 与 x 对应, 则称 f 是 X 到 Y 的一个映射, 记成

$$f:\ X\to Y.$$

如果 $y=f(x)$, 则称 y 是 x 在 f 下的像, x 是 y 的原像 (注意: y 的原像可以不止一个). 集合 X 叫映射的定义域, 而 $f(X)=\{f(x)|\ x\in X\}$ 称为映射的值域. 显然, $f(X)\subset Y$.

一元函数就是一个实数集到 $\mathbf{R}$ 的映射.

如果映射是一一对应的, 则一个像只有一个原像. 这时可以定义一个 $f(X)$ 到 X 的映射:

$$f^{-1}:\ f(X)\to X.$$

它的映射规则 f^{-1} 是: 任给 $y\in f(X)$, 必有唯一 $x\in X$ 使得 $y=f(x)$. 这个 x 就是 y 在 f^{-1} 下的像. 也就是说, 如果 $y=f(x)$, 则 $x=f^{-1}(y)$. 这时 f 称为可逆映射, f^{-1} 称为 f 的逆映射.

设 $D\subset\mathbf{R}^n$, 则

$$f:\ D\to\mathbf{R}$$

称为一个 n 元函数. 可以仿照一元函数的记法写成 $y=f(x_1,\cdots,x_n)$.

二元函数

$$z=f(x,y),\qquad (x,y)\in D$$

有明确的几何意义.

点集 $E=\{(x,y,f(x,y))|\ (x,y)\in D\}$ 是一张空间曲面, 称为函数 $z=f(x,y)$ 的图像 (图 8.3). 二元函数 $z=f(x,y)$ 代表的曲面称为显式曲面.

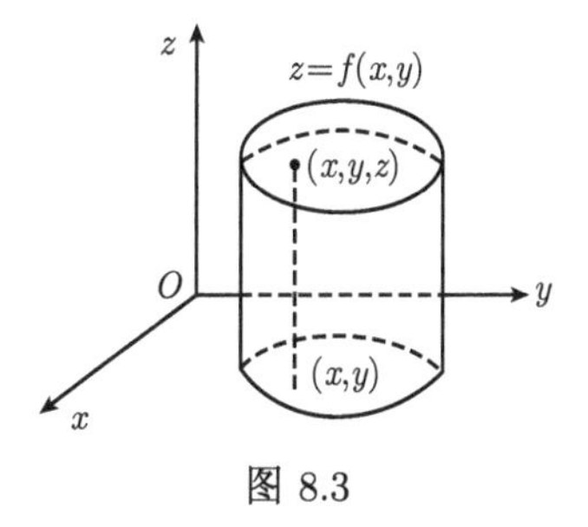

图 8.3

设 $D\subset\mathbf{R}^n$, 把映射

$$f:\ D\to\mathbf{R}^m$$

称为定义在 D 上的向量值函数. 它把 D 中的点映成 $\mathbf{R}^m$ 中的向量. 记成

$$
\begin{aligned}
\boldsymbol{r} &= \boldsymbol{r}(x_1, \cdots, x_n) = (y_1, \cdots, y_m) \\
&= (f_1(x_1, \cdots, x_n), \cdots, f_m(x_1, \cdots, x_n)),
\end{aligned}
$$

其中 $y_i = f_i(x_1, \cdots, x_n)(i = 1, \cdots, m)$ 称为向量值函数的第 i 个分量函数.

它也可以写成有序的 m 个 n 元函数

$$
f: \begin{cases} y_1 = f_1(x_1, \cdots, x_n), \\ \quad \cdots\cdots \\ y_m = f_m(x_1, \cdots, x_n), \end{cases} \qquad (x_1, \cdots, x_n) \in D.
$$

最重要也是最常见的则是 $m = 1, 2, 3$ 和 $n = 1, 2, 3$ 的这些基本情况. 例如,$m = 1$ 就是 n 元函数. 当 $m = n = 2$ 时, 就是映射

$$
f: \begin{cases} x = x(u, v), \\ y = y(u, v), \end{cases} \qquad (u, v) \in D.
$$

它的值域 $f(D) = D'$ 是 $O'xy$ 平面上的点集. 我们可以说 f 把 Ouv 平面上的点集 D 映成 $O'xy$ 平面上的点集 D'. 类似, 当 $m = n = 3$ 时, 映射把三维空间的一个点集映成另一个三维空间的点集. 通常把 $m = n$ 时的可逆映射称为变量代换或坐标变换, 简称为变换. 例如读者已经知道的极坐标变换:

$$
\begin{cases} x = r\cos\theta, \\ y = r\sin\theta. \end{cases}
$$

它把 $Or\theta$ 平面上的一个半条状区域 $0 < r < +\infty, \alpha < \theta < \beta$ 映成 $O'xy$ 平面上的一个角状区域 $0 < x^2 + y^2 < +\infty, \alpha < \arctan\dfrac{y}{x} < \beta$. 又如空间的球坐标变换

$$
\begin{cases} x = r\sin\theta\cos\varphi, \\ y = r\sin\theta\sin\varphi, \\ z = r\cos\theta \end{cases}
$$

也是常用的变换.

8.2.2　多元函数的极限

定义 8.2.1　设 $z = f(x, y)$ 是定义在平面点集 D 上的二元函数, $M_0(x_0, y_0)$ 是 D 的聚点. 如果存在实数 a, 使得对 $\forall\, \varepsilon > 0, \exists\, \delta > 0$, 当 $M \in U^\circ(M_0, \delta) \cap D$ 时, 有

$$
|f(M) - a| < \varepsilon,
$$

就说当 M 在 D 上趋于 M_0 时, $f(M)$ 以 a 为极限, 记成

$$
\lim_{M \to M_0} f(M) = a.
$$

也可以写成

$$\lim_{(x,y)\to(x_0,y_0)} f(x,y)=a \quad \text{或} \quad \lim_{\substack{x\to x_0\\y\to y_0}} f(x,y)=a.$$

由于二元函数和一元函数的极限定义没有什么区别, 所以有关极限的性质也都可以用同样的方法加以证明, 例如, $\lim\limits_{M\to M_0} f(M)$ 存在的充要条件是: 对 D 中任一满足条件 $\lim P_n(x_n,y_n)=M_0(x_0,y_0)$ 的点列 (其中 $P_n(x_n,y_n)\neq M_0(x_0,y_0)$), 都有 $\lim f(P_n)$ 存在且相等. 例外的只是一些不能类比的性质, 如不能讨论函数的单调性.

还要说明的一点是, 在二元函数趋向极限的过程中, 自变量的变化方式是不受限制的, 这和一元函数的情况不同. 在一元函数的情况下, 自变量在一点的左右两侧趋向这一点, 而二元函数的两个自变量在 M_0 的附近可以用任意方式去接近 M_0.

当 $n>2$ 时, 可以用类似的方法讨论 n 元函数的极限. 不再重复了.

例 8.2.1 求证 $\lim\limits_{(x,y)\to(0,0)} \dfrac{x^2y^2}{x^4+y^2}=0$.

证 利用不等式

$$|2x^2y|\leqslant x^4+y^2,$$

可得

$$0\leqslant \frac{x^2y^2}{x^4+y^2}\leqslant \frac{1}{2}|y|.$$

由于 $\lim\limits_{(x,y)\to(0,0)} \dfrac{1}{2}|y|=0$, 故由夹逼原理可知 $\lim\limits_{(x,y)\to(0,0)} \dfrac{x^2y^2}{x^4+y^2}=0$.

例 8.2.2 求证 $\lim\limits_{(x,y)\to(0,0)} \dfrac{x^2y}{x^4+y^2}$ 不存在.

证 取 $y=kx^2$, 则有

$$\lim_{x\to0,y=kx^2} \frac{x^2y}{x^4+y^2}=\lim_{x\to0} \frac{kx^4}{x^4+k^2x^4}=\frac{k}{1+k^2},$$

即当 (x,y) 沿着不同的抛物线 $y=kx^2$ 趋向 $(0,0)$ 时, 函数有不同的极限. 由极限的唯一性可知 $\lim\limits_{(x,y)\to(0,0)} \dfrac{x^2y}{x^4+y^2}$ 不存在.

8.2.3 多元函数的连续性

我们同样仅以二元函数为例来论述多元函数的连续性和连续函数的重要性质.

定义 8.2.2 设 $z=f(x,y)$ 在平面点集 D 有定义, $M_0(x_0,y_0)\in D$. 如果对 $\forall\,\varepsilon>0$, $\exists\,\delta>0$, 当 $M\in U(M_0,\delta)\cap D$ 时都有 $|f(M)-f(M_0)|<\varepsilon$, 就称 f 在 M_0 相对于 D 连续.

显然, 在定义中当 M_0 是 D 的聚点时就必定有 $\lim\limits_{M\to M_0} f(M) = f(M_0)$, 称 $\Delta z = f(x_0+\Delta x, y_0+\Delta y) - f(x_0, y_0)$ 为 f 在 $M_0(x_0, y_0)$ 点的全增量, 那么就有 $\lim\limits_{(\Delta x,\Delta y)\to(0,0)} \Delta z = 0$.

如果 M_0 是 D 的孤立点, 则 M_0 是 f 的连续点.

定义 8.2.3 如果 f 在 D 的每一个点 (相对于 D) 连续, 就称 f 在 D 上连续, 记为 $f \in C(D)$.

类似一元函数的情况, 多元连续函数的和、差、积、商 (分母不为零时) 也还是连续函数. 连续的复合函数在其定义域内也是连续函数.

例 8.2.3 $z = x$ 和 $z = y$ 都是连续的二元函数. 它们经过有限次加法、乘法和数乘运算得到的二元多项式在 $\mathbf{R}^2$ 是连续的.

例 8.2.4 两个二元多项式的商称为二元有理分式函数, 它在分母不为零的点都是连续的.

下面证明三个连续函数的重要定理.

定理 8.2.1 (介值定理) 设 $f(M)$ 在连通集 E 中连续, $M_1, M_2 \in E$, 则 f 在 E 中取到 $f(M_1)$ 和 $f(M_2)$ 之间的所有值.

证 当 $f(M_1) = f(M_2)$ 时, 显然.

设 $f(M_1) < f(M_2)$. 任给 $f(M_1) < c < f(M_2)$, 作 E 中曲线 $L = \{M = M(t) |\ \alpha \leqslant t \leqslant \beta\}$, 使得 $M(\alpha) = M_1, M(\beta) = M_2$. 由复合函数的连续性可知 $f(M(t))$ 在 $[\alpha, \beta]$ 上连续. 因 $f(M_1) = f(M(\alpha)) < c < f(M_2) = f(M(\beta))$, 故由一元连续函数的介值定理可知必有 $t_0 \in (\alpha, \beta)$, 使得 $f(M(t_0)) = c$. □

定理 8.2.2 D 是 $\mathbf{R}^2$ 中的有界闭集, $f \in C(D)$, 则 f 在 D 上取到最大值和最小值.

证 类似定理 6.1.3 的证明. □

定义 8.2.4 设 f 在平面点集 D 中有定义. 如果对 $\forall\, \varepsilon > 0$, $\exists\, \delta > 0$, 当 $M, M' \in D$ 且 $\rho(M, M') < \delta$ 时都有 $|f(M) - f(M')| < \varepsilon$, 就称 f 在 D 中一致连续.

显然, 在 D 中一致连续的函数也必在 D 中连续.

定理 8.2.3 设 D 是 $\mathbf{R}^2$ 中的有界闭集, $f \in C(D)$, 则 f 必在 D 一致连续.

证 类似定理 6.1.4 的证明. □

8.2.4 向量值函数的极限和连续性

设 $D \subset \mathbf{R}^n$,

$$f:\ \ D \to \mathbf{R}^m.$$

具体而言, 设有

$$f:\ \begin{cases} y_1 = f_1(x_1,\cdots,x_n), \\ \cdots\cdots \\ y_m = f_m(x_1,\cdots,x_n), \end{cases} \qquad (x_1,\cdots,x_n)\in D,$$

或

$$\boldsymbol{r} = \boldsymbol{r}(x_1,\cdots,x_n) = (f_1(x_1,\cdots,x_n),\cdots,f_m(x_1,\cdots,x_n)),$$

$$(x_1,\cdots,x_n)\in D.$$

f(或 $\boldsymbol{r}$) 在点 M_0 有极限 $(a_1,\cdots,a_m)$ 就是指 f_i $(i=1,\cdots,m)$ 在 M_0 有极限 a_i. f(或 $\boldsymbol{r}$) 连续就是指 f_i $(i=1,\cdots,m)$ 连续. f(或 $\boldsymbol{r}$) 一致连续就是指 f_i $(i=1,\cdots,m)$ 一致连续.

习 题 8.2

1. 确定并画出以下函数的定义域, 并指出它们是否是开区域、是否是闭区域:

(1) $z=\sqrt{1-x^2}+\sqrt{1+y^2}$;　　(2) $z=\sqrt{1-x^2}+\sqrt{y^2-1}$;

(3) $z=\dfrac{\sqrt{x^2+y^2+2x}}{\sqrt{2x-x^2-y^2}}$;　　(4) $z=\sqrt{\sin(x^2+y^2)}$;

(5) $u=\arcsin\dfrac{\sqrt{x^2+y^2}}{z}$;　　(6) $u=\sqrt{2az-x^2-y^2-z^2}$ $(a>0)$.

2. 设 $f(x,y)=\dfrac{2xy}{x^2+y^2}$, 求 $f(1,1), f(y,x), f\left(1,\dfrac{y}{x}\right), f(u,v), f(\cos t,\sin t)$.

3. 设 $f(x,y)=\begin{cases}1, & y\geqslant x,\\ 0, & y<x,\end{cases}$ 又 $\begin{cases}x=\cos t,\\ y=\sin t,\end{cases}$ 求 $F(t)=f(\cos t,\sin t)$.

4. 设 $f(x+y,y/x)=x^2-y^2\ (x\neq 0)$, 求 $f(2,3), f(x,y)$.

5. 设 $f(x,y)=x^y, \varphi(x,y)=x+y, \psi(x,y)=x-y$, 求 $f(\varphi(x,y),\psi(x,y))$, $\varphi(f(x,y),\psi(x,y))$, $\psi(\varphi(x,y),f(x,y))$.

6. 判断下列各题极限是否存在, 若有极限, 求出其极限:

(1) $\lim\limits_{\substack{x\to 0\\ y\to 0}}\dfrac{x^2+y^2}{|x|+|y|}$;　　(2) $\lim\limits_{\substack{x\to 0\\ y\to a}}\dfrac{\sin xy}{x}$;

(3) $\lim\limits_{\substack{x\to +\infty\\ y\to +\infty}}\left(\dfrac{xy}{x^2+y^2}\right)^{x^2}$;　　(4) $\lim\limits_{\substack{x\to \infty\\ y\to a}}\left(1+\dfrac{1}{x}\right)^{\frac{x^2}{x+y}}$;

(5) $\lim\limits_{\substack{x\to 0\\ y\to 0}}\dfrac{x^3+y^3}{x^2+y^2}$;　　(6) $\lim\limits_{\substack{x\to \infty\\ y\to \infty}}\dfrac{x^2+y^2}{x^4+y^4}$;

(7) $\lim\limits_{\substack{x\to +\infty\\ y\to +\infty}}(x^2+y^2)\mathrm{e}^{-(x+y)}$;　　(8) $\lim\limits_{\substack{x\to 1\\ y\to 0}}\dfrac{\ln(x+\mathrm{e}^y)}{\sqrt{x^2+y^2}}$;

(9) $\lim\limits_{\substack{x\to 0\\ y\to 0}} \dfrac{xy}{\sqrt{xy+1}-1}$;　　(10) $\lim\limits_{\substack{x\to 0\\ y\to 0}} \dfrac{\sqrt{xy+1}-1}{x+y}$;

(11) $\lim\limits_{\substack{x\to 0\\ y\to 0}} \dfrac{1-\cos(x^2+y^2)}{(x^2+y^2)x^2y^2}$;　　(12) $\lim\limits_{\substack{x\to 0\\ y\to 0}} (1+xy)^{\frac{1}{x+y}}$.

7. 若 $x=t\cos\alpha$, $y=t\sin\alpha$ $(0\leqslant t<+\infty)$, 问沿怎样的方向 $\alpha(0\leqslant\alpha\leqslant 2\pi)$, 下列极限存在?

(1) $\lim\limits_{t\to 0+} \mathrm{e}^{\frac{1}{x^2-y^2}}$;　　(2) $\lim\limits_{t\to +\infty} \mathrm{e}^{x^2-y^2}\cdot\sin 2xy$.

8. 研究下列函数的连续性:

(1) $f(x,y)=\begin{cases}\dfrac{xy}{x-y}, & x\neq y,\\ 0, & x=y;\end{cases}$

(2) $f(x,y)=\begin{cases}x\sin\dfrac{1}{y}, & y\neq 0,\\ 0, & y=0;\end{cases}$

(3) $f(x,y)=\begin{cases}\dfrac{x^2y}{x^2+y^2}, & (x,y)\neq(0,0),\\ 0, & (x,y)=(0,0);\end{cases}$

(4) $f(x,y)=\begin{cases}\dfrac{x-y}{x+y}, & x+y\neq 0,\\ 0, & x+y=0.\end{cases}$

9. 证明函数 $f(x,y)=\begin{cases}\dfrac{x^2y}{x^4+y^2}, & x^2+y^2>0,\\ 0, & x^2+y^2=0\end{cases}$ 在点 $(0,0)$ 沿着过此点的每一射线 $x=t\cos\alpha$, $y=t\sin\alpha$ $(0\leqslant t<+\infty)$ 连续, 即 $\lim\limits_{t\to 0} f(t\cos\alpha,t\sin\alpha)=f(0,0)$. 但此函数在点 $(0,0)$ 并不连续.

10. 证明函数 $f(x,y)=\begin{cases}\dfrac{2xy}{x^2+y^2}, & x^2+y^2>0,\\ 0, & x^2+y^2=0\end{cases}$ 在点 $(0,0)$ 处分别对每一个变量 x 或 y (当另一变量的值固定时) 是连续的, 但对这两个变量总体来说是不连续的.

§8.3　多元函数的全微分和偏导数

8.3.1　多元函数的全微分

仿照一元函数微分的定义, 我们给出二元函数 $z=f(x,y)$ 在一点可微和全微分的定义.

定义 8.3.1　设 $z=f(x,y)$ 在 $M_0(x_0,y_0)$ 的邻域中有定义, 记 $\rho=\sqrt{\Delta x^2+\Delta y^2}$. 如果存在常数 A,B, 使得当 $\rho\to 0$ 时, 有

$$\Delta z=f(x_0+\Delta x,y_0+\Delta y)-f(x_0,y_0)=A\Delta x+B\Delta y+o(\rho),$$

则称 $z=f(x,y)$ 在 M_0 可微, 并称 $A\Delta x+B\Delta y$ 为 $f(x,y)$ 在 M_0 的全微分, 记成

$$\mathrm{d}z=\mathrm{d}f(x_0,y_0)=A\Delta x+B\Delta y.$$

由于 $A\Delta x+B\Delta y$ 是自变量增量 $\Delta x,\Delta y$ 的齐次线性函数, 所以也称它是函数全增量 Δz 的线性主部.

由连续的定义, 显然有

定理 8.3.1 如果 $f(x,y)$ 在 $M_0(x_0,y_0)$ 可微, 则 $f(x,y)$ 在 M_0 连续.

8.3.2 多元函数的偏导数

设 $z=f(x,y)$ 在 (x_0,y_0) 可微, 则存在常数 A,B, 使得当 $\rho\to 0$ 时, 有

$$\Delta z=f(x_0+\Delta x,y_0+\Delta y)-f(x_0,y_0)=A\Delta x+B\Delta y+o(\rho),$$

其中 $\rho=\sqrt{\Delta x^2+\Delta y^2}$.

为求出 A 的值, 可取 $\Delta y=0$, 此时称 $\Delta_x z=f(x_0+\Delta x,y_0)-f(x_0,y_0)$ 为 f 在 (x_0,y_0) 点对 x 的偏增量, 令 $\Delta x\to 0$, 可得极限 $\lim\limits_{\Delta x\to 0}\dfrac{\Delta_x z}{\Delta x}$ 存在, 且

$$A=\lim_{\Delta x\to 0}\frac{f(x_0+\Delta x,y_0)-f(x_0,y_0)}{\Delta x}=\lim_{\Delta x\to 0}\frac{\Delta_x z}{\Delta x},$$

即 A 等于一元函数 $\varphi(x)=f(x,y_0)$ 在 x_0 的导数.

类似可证, B 等于一元函数 $\psi(y)=f(x_0,y)$ 在 y_0 的导数.

定义 8.3.2 设 $z=f(x,y)$ 在 $M_0(x_0,y_0)$ 的邻域中有定义, 如果

$$\lim_{\Delta x\to 0}\frac{\Delta_x z}{\Delta x}=\lim_{\Delta x\to 0}\frac{f(x_0+\Delta x,y_0)-f(x_0,y_0)}{\Delta x}$$

存在, 则称它为 $z=f(x,y)$ 在 M_0 关于 x 的偏导数 (或偏微商), 记成 $\left.\dfrac{\partial f}{\partial x}\right|_{M_0}$, $\left.\dfrac{\partial f}{\partial x}\right|_{(x_0,y_0)}$, $\left.\dfrac{\partial z}{\partial x}\right|_{M_0}$, $\left.\dfrac{\partial z}{\partial x}\right|_{(x_0,y_0)}$, $f'_x(M_0)$, $f'_x(x_0,y_0)$ 等.

类似地, 称

$$\lim_{\Delta x\to 0}\frac{\Delta_y z}{\Delta y}=\lim_{\Delta y\to 0}\frac{f(x_0,y_0+\Delta y)-f(x_0,y_0)}{\Delta y}$$

为 $f(x,y)$ 在 M_0 关于 y 的偏导数 (或偏微商), 记成 $\left.\dfrac{\partial f}{\partial y}\right|_{M_0}$ 等.

如果在域 D 的每一点 $z=f(x,y)$ 都有一阶偏导数 $f'_x(x,y)$, 则点 $M(x,y)$ 和数值 $f'_x(x,y)$ 的对应就确定了 D 上的二元函数 $z'_x=f'_x(x,y)$, 称为 $f(x,y)$ 关于 x 的

偏导数或偏微商. 类似也可定义 $z=f(x,y)$ 关于 y 的偏导数 $z'_y=f'_y(x,y)$. f'_x 和 f'_y 也可以记成 f'_1 和 f'_2, 称为 f 的第一和第二偏导数.

若 $z=f(x,y)$ 可微, 则 $f'_x(x,y), f'_y(x,y)$ 存在, 且

$$\mathrm{d}f(x,y)=\frac{\partial f}{\partial x}\Delta x+\frac{\partial f}{\partial y}\Delta y.$$

特别地, 取 $z=x$, 则得到 $\mathrm{d}x=\Delta x$, 取 $z=y$, 则得到 $\mathrm{d}y=\Delta y$, 所以常记

$$\mathrm{d}f(x,y)=\frac{\partial f}{\partial x}\mathrm{d}x+\frac{\partial f}{\partial y}\mathrm{d}y.$$

偏导数有明显的几何意义.

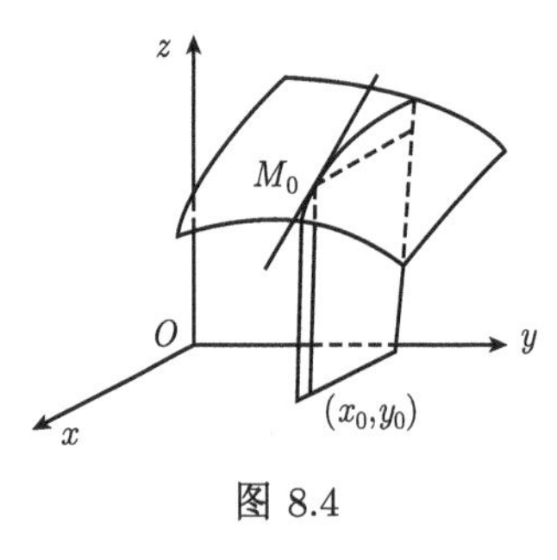

图 8.4

用平面 $y=y_0$ 去截曲面 $z=f(x,y)$, 就得到平面 $y=y_0$ 上的一条显式曲线 $z=f(x,y_0)$, 而 $f'_x(x_0,y_0)$ 就是这条曲线在 M_0 的切线对 x 轴的斜率 (图 8.4). 同样, $f'_y(x_0,y_0)$ 是平面 $x=x_0$ 上显式曲线 $z=f(x_0,y)$ 在 M_0 的切线对 y 轴的斜率.

由定义可知, 要求多元函数对某个变量的偏导数, 只需把其他自变量都当成常数, 把该函数当成指定自变量的一元函数求导. 所以求偏导数并不需要新的方法.

有时为了简便, 把 $y=f(x_1,x_2,\cdots,x_n)$ 对 x_i 的偏导数 $\dfrac{\partial y}{\partial x_i}$ 记成 f'_i, 称为 f 的第 i 偏导数.

例 8.3.1　设 $z=x^y\ (x>0)$, 求 $\dfrac{\partial z}{\partial x},\dfrac{\partial z}{\partial y}$

解　$\dfrac{\partial z}{\partial x}=yx^{x-1},\quad \dfrac{\partial z}{\partial y}=x^y\ln x.$

我们知道一元函数可微与可导是等价的. 但对多元函数, 由前面的讨论可知, 如果 $z=f(x,y)$ 可微, 则 $f(x,y)$ 的两个一阶偏微商都存在. 但是反过来不一定成立.

例 8.3.2　设

$$f(x,y)=\begin{cases}\dfrac{x^2y}{x^4+y^2}, & x^2+y^2\neq 0,\\ 0, & x^2+y^2=0.\end{cases}$$

讨论 $f(x,y)$ 在原点的偏导数和可微性.

解

$$f'_x(0,0)=\lim_{x\to 0}\frac{f(x,0)-f(0,0)}{x}=0,$$

$$f_y'(0,0)=\lim_{y\to0}\frac{f(0,y)-f(0,0)}{y}=0.$$

但由例 8.2.2 可知,$f(x,y)$ 在原点并不连续, 所以在原点不可微.

定理 8.3.2 如果 $z=f(x,y)$ 的两个偏导数在 $M_0(x_0,y_0)$ 的某邻域内存在, 且在 M_0 点都是连续的, 则 $f(x,y)$ 在 M_0 可微.

证 给定 $\Delta x,\Delta y$, 有

$$\begin{aligned}&f(x_0+\Delta x,y_0+\Delta y)-f(x_0,y_0)\\=&f(x_0+\Delta x,y_0+\Delta y)-f(x_0,y_0+\Delta y)+f(x_0,y_0+\Delta y)-f(x_0,y_0)\\=&\Delta xf_x'(x_0+\theta\Delta x,y_0+\Delta y)+\Delta yf_y'(x_0,y_0+\eta\Delta y)\\=&\Delta xf_x'(x_0,y_0)+\Delta yf_y'(x_0,y_0)+\varepsilon_1\Delta x+\varepsilon_2\Delta y\\=&\Delta xf_x'(x_0,y_0)+\Delta yf_y'(x_0,y_0)+\varepsilon\rho,\end{aligned}$$

其中 $0<\theta,\ \eta<1$,

$$\begin{aligned}&\varepsilon_1=f_x'(x_0+\theta\Delta x,y_0+\Delta y)-f_x'(x_0,y_0),\\&\varepsilon_2=f_y'(x_0,y_0+y\Delta y)-f_y'(x_0,y_0),\\&\varepsilon=\varepsilon_1\frac{\Delta x}{\rho}+\varepsilon_2\frac{\Delta y}{\rho}.\end{aligned}$$

由于 $\left|\dfrac{\Delta x}{\rho}\right|\leqslant1,\ \left|\dfrac{\Delta y}{\rho}\right|\leqslant1,\ \lim\limits_{\rho\to0}\varepsilon_1=0$ 及 $\lim\limits_{\rho\to0}\varepsilon_2=0$, 可知

$$\lim_{\rho\to0}\varepsilon=0.$$

所以 $f(x,y)$ 在 $M_0(x_0,y_0)$ 可微. □

例 8.3.3 求函数 $z=x^2+4xy^2+y^4$ 的全微分.

解 因偏微商

$$\frac{\partial z}{\partial x}=2x+4y^2,\qquad\frac{\partial z}{\partial y}=8xy+4y^3$$

在全平面连续, 故所给函数在全平面可微, 且

$$\mathrm{d}z=(2x+4y^2)\mathrm{d}x+(8xy+4y^3)\mathrm{d}y.$$

对于三个或更多变量的函数, 也可建立完全类似的概念. 例如, 可微的三元函数 $u=f(x,y,z)$ 的微分就定义为

$$\mathrm{d}u=\frac{\partial u}{\partial x}\mathrm{d}x+\frac{\partial u}{\partial y}\mathrm{d}y+\frac{\partial u}{\partial z}\mathrm{d}z.\tag{8.3.1}$$

并且 $\mathrm{d}u$ 与函数的全增量

$$\Delta u = f(x+\Delta x, y+\Delta y, z+\Delta z) - f(x,y,z)$$

之差是一个比 $\rho = \sqrt{\Delta x^2 + \Delta y^2 + \Delta z^2}$ 高级的无穷小量, 即有

$$\Delta u = \mathrm{d}u + o(\rho).$$

8.3.3 高阶偏导数

一阶偏导数的偏导数, 称为二阶偏导数.

二元函数 $z = f(x,y)$ 有 4 个二阶偏导数, 它们是

$$\frac{\partial}{\partial x}\left(\frac{\partial f}{\partial x}\right) = \frac{\partial^2 f}{\partial x \partial x}, \qquad \frac{\partial}{\partial y}\left(\frac{\partial f}{\partial x}\right) = \frac{\partial^2 f}{\partial x \partial y},$$
$$\frac{\partial}{\partial x}\left(\frac{\partial f}{\partial y}\right) = \frac{\partial^2 f}{\partial y \partial x}, \qquad \frac{\partial}{\partial y}\left(\frac{\partial f}{\partial y}\right) = \frac{\partial^2 f}{\partial y \partial y}.$$

一般, n 元函数 $f(x_1, x_2, \cdots, x_n)$ 有 n^2 个二阶偏导数:

$$\frac{\partial^2 f}{\partial x_i \partial x_j} \qquad (1 \leqslant i, j \leqslant n).$$

类似可以定义更高阶的偏导数.

高阶偏导数还有其他的记法, 例如, $\dfrac{\partial^2 f}{\partial x \partial y}$ 也可以记成 f''_{xy}, f''_{12} 等. 其他的可以类推.

例 8.3.4 函数 $z = x^3y^2 - 3xy^3 - xy + 1$ 的两个偏导数是

$$\frac{\partial z}{\partial x} = 3x^2y^2 - 3y^3 - y, \qquad \frac{\partial z}{\partial y} = 2x^3y - 9xy^2 - x.$$

而 4 个二阶偏导数是

$$\frac{\partial^2 z}{\partial x^2} = 6xy^2, \qquad \frac{\partial^2 z}{\partial x \partial y} = 6x^2y - 9y^2 - 1,$$
$$\frac{\partial^2 z}{\partial y \partial x} = 6x^2y - 9y^2 - 1, \qquad \frac{\partial^2 z}{\partial y^2} = 2x^3 - 18xy.$$

由例 8.3.4 可以看出 $\dfrac{\partial^2 z}{\partial x \partial y} = \dfrac{\partial^2 z}{\partial y \partial x}$, 即二阶偏导数与求导的次序无关, 这个现象并非偶然, 我们有如下定理.

定理 8.3.3 若 $z = f(x,y)$ 在域 D 中有定义, $\dfrac{\partial^2 f}{\partial x \partial y}$ 和 $\dfrac{\partial^2 f}{\partial y \partial x}$ 都连续, 则在 D 中 $\dfrac{\partial^2 f}{\partial x \partial y} = \dfrac{\partial^2 f}{\partial y \partial x}$.

证 证明的方法是用二阶偏差分的相等来导出二阶偏导数的相等.

任取 $M_0(x_0,y_0)\in D$ 及 $O(M_0,r)\subset D$. 取 $\Delta x\neq 0,\Delta y\neq 0$, 使得连接 (x_0,y_0) 和 $(x_0+\Delta x,y_0+\Delta y)$ 的直线段还在 $O(M_0,r)$ 中. 令

$$\begin{aligned}\varphi(x)&=f(x,y_0+\Delta y)-f(x,y_0),\\ \psi(y)&=f(x_0+\Delta x,y)-f(x_0,y),\end{aligned}$$

容易验证

$$\begin{aligned}\varphi(x_0+\Delta x)-\varphi(x_0)&=\psi(y_0+\Delta y)-\psi(y_0)\\ &=f(x_0+\Delta x,y_0+\Delta y)-f(x_0+\Delta x,y_0)\\ &\quad -f(x_0,y_0+\Delta y)+f(x_0,y_0).\end{aligned}$$

由一元函数的微分中值公式可知有

$$\begin{aligned}\varphi(x_0+\Delta x)-\varphi(x_0)&=\Delta x\varphi'(x_0+\theta_1\Delta x)\\ &=\Delta x(f'_x(x_0+\theta_1\Delta x,y_0+\Delta y)-f'_x(x_0+\theta_1\Delta x,y_0))\\ &=\Delta x\Delta y f''_{xy}(x_0+\theta_1\Delta x,y_0+\eta_1\Delta y),\end{aligned}$$

其中 $0<\theta_1,\eta_1<1$. 类似有 $0<\theta_2,\eta_2<1$, 使得

$$\psi(y_0+\Delta y)-\psi(y_0)=\Delta x\Delta y f''_{yx}(x_0+\theta_2\Delta x,y_0+\eta_2\Delta y).$$

故有 $0<\theta_1,\eta_1,\theta_2,\eta_2<1$, 使得

$$f''_{xy}(x_0+\theta_1\Delta x,y_0+\eta_1\Delta y)=f''_{yx}(x_0+\theta_2\Delta x,y_0+\eta_2\Delta y).$$

令 $\Delta x\to 0,\Delta y\to 0$, 由 $f''_{xy}(x,y)$ 和 $f''_{yx}(x,y)$ 在 (x_0,y_0) 的连续性即得到

$$f''_{xy}(x_0,y_0)=f''_{yx}(x_0,y_0).$$ □

一般来说, 只要 $z=f(x,y)$ 的 n 阶偏导数都是连续的, 则它的 n 阶偏导数与求导的次序无关. 这个结论对于一般多元函数也是成立的, 不再赘述.

由于上述原因, 如果高阶偏导数连续, 那么记号中的算符 "$\dfrac{\partial}{\partial x}$", "$\dfrac{\partial}{\partial y}$" 等就不必每一个都单独书写, 而可以按同类项的幂来记. 例如, $\dfrac{\partial^4 f}{\partial x\partial y\partial y\partial x}$ 就可以记成 $\dfrac{\partial^4 f}{\partial x^2\partial y^2}$ 或 $f^{(4)}_{x^2y^2}(x,y)$, 还可以记成 $f^{(4)}_{1122}$.

通常把区域 D 中有 n 阶连续偏导数的函数的全体记成 $C^{(n)}(D)$. 这样 $f\in C^{(n)}(D)$ 就表示 f 在 D 中有 n 阶连续偏导数.

习　题　8.3

1. 求下列各函数在指定点的偏导数:

(1) 设 $f(x,y)=x+y-\sqrt{x^2+y^2}$, 求 $f'_x(3,4)$;

(2) 设 $f(x,y)=\sin x^2y$, 求 $f'_x(1,\pi)$;

(3) 设 $f(x,y)=2\sqrt{\dfrac{1-\sqrt{xy}}{1+\sqrt{xy}}}$, 求 $f'_x(x,1), f'_y(x,1)$;

(4) 设 $f(x,y)=\ln\left[xy^2+yx^2+\sqrt{1+(xy^2+yx^2)^2}\right]$, 求 $f'_x(1,y), f'_y(1,y)$.

2. 求下列各函数对于每个自变量的偏导数:

(1) $z=\dfrac{xe^y}{y^2}$;

(2) $z=\left(\dfrac{1}{3}\right)^{-\frac{y}{x}}$;

(3) $z=\sin\dfrac{x}{y}\cos\dfrac{y}{x}$;

(4) $z=\ln(x+\sqrt{x^2+y^2})$;

(5) $u=\arctan\dfrac{x+y}{x-y}$;

(6) $u=e^{x(x^2+y^2+z^2)}$;

(7) $u=\sqrt{x^2+y^2+z^2}$;

(8) $u=(xy)^z$;

(9) $u=x^{y^z}$;

(10) $u=xe^{-z}+\ln(x+\ln y)+z$.

3. 设 $f(x,y)=\displaystyle\int_1^{x^2y}\frac{\sin t}{t}dt$, 求 $\dfrac{\partial f}{\partial x}, \dfrac{\partial f}{\partial y}$.

4. 设 $f(x,y)=\begin{cases} y\sin\dfrac{1}{x^2+y^2}, & x^2+y^2\neq 0, \\ 0, & x^2+y^2=0, \end{cases}$ 考察函数 $f(x,y)$ 在原点 $(0,0)$ 的偏导数.

5. 证明函数 $z=\sqrt{x^2+y^2}$ 在点 $(0,0)$ 连续但偏导数不存在.

6. 求曲面 $z=\dfrac{x^2+y^2}{4}$ 与平面 $y=4$ 的交线在点 $(2,4,5)$ 处的切线与 Ox 轴的正向所成的角度.

7. 求曲线 $\begin{cases} z=\sqrt{x^2+y^2+1}, \\ x=1 \end{cases}$ 上点 $(1,1,\sqrt{3})$ 处的切线分别与 x 轴, y 轴, z 轴正向的夹角.

8. 求下列函数在给定的点及给定的 $\Delta x,\Delta y$ 时的微分 dz 及全增量 Δz:

(1) $z=x^2y^3$ 在点 $(2,-1)$, $\Delta x=0.02$, $\Delta y=-0.01$;

(2) $z=e^{xy}$ 在点 $(1,1)$, $\Delta x=0.15$, $\Delta y=0.1$;

(3) $z=\ln(x^2+y^2)$ 在点 $(2,1)$, $\Delta x=0.1$, $\Delta y=-0.1$.

9. 求下列函数在给定点的微分:

(1) $z=x^4+y^4-4x^2y^2$ 在点 $(0,0),(1,1)$;

(2) $z=\dfrac{x}{\sqrt{x^2+y^2}}$ 在点 $(1,0),(0,1)$.

10. 求下列函数的微分:

(1) $z=\ln(x^2+y^2)$; (2) $z=\dfrac{xy}{x^2+y^2}$;

(3) $u=\dfrac{s+t}{s-t}$; (4) $z=\arctan\dfrac{y}{x}$;

(5) $z=\sin(xy)$; (6) $u=x^{yz}$.

11. 证明函数 $f(x,y)=\begin{cases}\dfrac{x^2y}{x^2+y^2}, & x^2+y^2\neq 0,\\ 0, & x^2+y^2=0\end{cases}$ 在点 $(0,0)$ 连续且偏导数存在, 但在此点不可微.

12. 证明函数 $f(x,y)=\begin{cases}(x^2+y^2)\sin\dfrac{1}{\sqrt{x^2+y^2}}, & x^2+y^2\neq 0,\\ 0, & x^2+y^2=0\end{cases}$ 在点 $(0,0)$ 连续且偏导数存在, 但偏导数在点 $(0,0)$ 不连续, 而 f 在原点 $(0,0)$ 可微.

13. 证明函数 $u=\dfrac{1}{\sqrt{t}}\mathrm{e}^{-\frac{x^2}{4t}}$ 满足热传导方程 $\dfrac{\partial u}{\partial t}=\dfrac{\partial^2 u}{\partial x^2}$.

14. 在下列各题中, 求 $\dfrac{\partial^2 z}{\partial x^2}$, $\dfrac{\partial^2 z}{\partial x\partial y}$, $\dfrac{\partial^2 z}{\partial y^2}$:

(1) $z=\dfrac{x-y}{x+y}$; (2) $z=\arctan\dfrac{x+y}{1-xy}$;

(3) $z=\ln(x+\sqrt{x^2+y^2})$; (4) $z=\sin^2(ax+by)$;

(5) $z=y^{\ln x}$; (6) $z=\arcsin(xy)$.

15. 设 $u=\mathrm{e}^{xyz}$, 求 $\dfrac{\partial^3 u}{\partial x\partial y\partial z}$, $\dfrac{\partial^3 u}{\partial x\partial y^2}$.

16. 设 $r=\sqrt{x^2+y^2+z^2}$, 证明当 $r\neq 0$ 时, 有

(1) $\dfrac{\partial^2 r}{\partial x^2}+\dfrac{\partial^2 r}{\partial y^2}+\dfrac{\partial^2 r}{\partial z^2}=\dfrac{2}{r}$;

(2) $\dfrac{\partial^2 \ln r}{\partial x^2}+\dfrac{\partial^2 \ln r}{\partial y^2}+\dfrac{\partial^2 \ln r}{\partial z^2}=\dfrac{1}{r^2}$;

(3) $\dfrac{\partial^2}{\partial x^2}\dfrac{1}{r}+\dfrac{\partial^2}{\partial y^2}\dfrac{1}{r}+\dfrac{\partial^2}{\partial z^2}\dfrac{1}{r}=0$.

17. 设 $f(x,y)=\begin{cases}xy\dfrac{x^2-y^2}{x^2+y^2}, & x^2+y^2\neq 0,\\ 0, & x^2+y^2=0,\end{cases}$ 证明 $f''_{xy}(0,0)\neq f''_{yx}(0,0)$.

§8.4 复合函数的微分法

8.4.1 复合函数求导的链式法则

定理 8.4.1 设 $z=f(x,y)$ 可微, $x=\varphi(r,s)$ 和 $y=\psi(r,s)$ 有一阶偏导数, 则

z 对 r 和 s 有偏导数, 并有

$$\frac{\partial z}{\partial r}=\frac{\partial z}{\partial x}\frac{\partial x}{\partial r}+\frac{\partial z}{\partial y}\frac{\partial y}{\partial r},$$
$$\frac{\partial z}{\partial s}=\frac{\partial z}{\partial x}\frac{\partial x}{\partial s}+\frac{\partial z}{\partial y}\frac{\partial y}{\partial s}.$$

证 给自变量 r 一个增量 Δr, 则中间变量 x,y 也会产生增量, 设

$$\Delta x=\varphi(r+\Delta r,s)-\varphi(r,s),$$
$$\Delta y=\psi(r+\Delta r,s)-\psi(r,s).$$

由 $f(x,y)$ 的可微性可知有

$$\Delta z=f(x+\Delta x,y+\Delta y)-f(x,y)=\Delta x\frac{\partial z}{\partial x}+\Delta y\frac{\partial z}{\partial y}+\varepsilon\rho,$$

其中 $\rho=\sqrt{\Delta x^2+\Delta y^2}$, $\lim\limits_{\rho\to 0}\varepsilon=0$. 于是

$$\frac{\Delta z}{\Delta r}=\frac{\Delta x}{\Delta r}\frac{\partial z}{\partial x}+\frac{\Delta y}{\Delta r}\frac{\partial z}{\partial y}+\varepsilon\sqrt{\left(\frac{\Delta x}{\Delta r}\right)^2+\left(\frac{\Delta y}{\Delta r}\right)^2}.$$

由于当 $\Delta r\to 0$ 时, $\rho\to 0$, 故得到

$$\frac{\partial z}{\partial r}=\lim_{\Delta r\to 0}\frac{\Delta z}{\Delta r}=\frac{\partial z}{\partial x}\frac{\partial x}{\partial r}+\frac{\partial z}{\partial y}\frac{\partial y}{\partial r}.$$

类似可得另一个等式. □

显然 $\dfrac{\partial z}{\partial r},\dfrac{\partial z}{\partial s}$ 仍是 r,s 的复合函数, 若 $\dfrac{\partial z}{\partial x},\dfrac{\partial z}{\partial y}$ 对 x,y 可微, $\dfrac{\partial x}{\partial r},\dfrac{\partial x}{\partial s},\dfrac{\partial y}{\partial r},\dfrac{\partial y}{\partial s}$ 有一阶偏导数, 则仍然可对 $\dfrac{\partial z}{\partial r},\dfrac{\partial z}{\partial s}$ 再求偏导, 就得到 z 关于 r,s 的二阶偏导. 如果二阶偏导都是连续的, 可求得

$$\begin{aligned}\frac{\partial^2 z}{\partial r^2}&=\frac{\partial}{\partial r}\left(\frac{\partial z}{\partial x}\right)\frac{\partial x}{\partial r}+\frac{\partial z}{\partial x}\frac{\partial}{\partial r}\left(\frac{\partial x}{\partial r}\right)+\frac{\partial}{\partial r}\left(\frac{\partial z}{\partial y}\right)\frac{\partial y}{\partial r}+\frac{\partial z}{\partial y}\frac{\partial}{\partial r}\left(\frac{\partial y}{\partial r}\right)\\&=\left(\frac{\partial^2 z}{\partial x^2}\frac{\partial x}{\partial r}+\frac{\partial^2 z}{\partial x\partial y}\frac{\partial y}{\partial r}\right)\frac{\partial x}{\partial r}+\frac{\partial z}{\partial x}\frac{\partial^2 x}{\partial r^2}+\left(\frac{\partial^2 z}{\partial y\partial x}\frac{\partial x}{\partial r}+\frac{\partial^2 z}{\partial y^2}\frac{\partial y}{\partial r}\right)\frac{\partial y}{\partial r}+\frac{\partial z}{\partial y}\frac{\partial^2 y}{\partial r^2}\\&=\frac{\partial^2 z}{\partial x^2}\left(\frac{\partial x}{\partial r}\right)^2+2\frac{\partial^2 z}{\partial x\partial y}\frac{\partial x}{\partial r}\frac{\partial y}{\partial r}+\frac{\partial^2 z}{\partial y^2}\left(\frac{\partial y}{\partial r}\right)^2+\frac{\partial z}{\partial x}\frac{\partial^2 x}{\partial r^2}+\frac{\partial z}{\partial y}\frac{\partial^2 y}{\partial r^2}\end{aligned}$$

同理可求 $\dfrac{\partial^2 z}{\partial s^2},\dfrac{\partial^2 z}{\partial r\partial s}$.

我们并不需要记二阶偏导数的公式, 只要依据复合函数的链式法则和求导的运算法则, 继续对一阶偏导数再求偏导即可.

一般地, 设 $y=f(x_1,x_2,\cdots,x_n)$ 可微, 而 $x_i=\varphi_i(\xi_1,\xi_2,\cdots,\xi_m)\ (i=1,2,\cdots,n)$ 有一阶偏导数, 则

$$\frac{\partial y}{\partial \xi_j}=\frac{\partial y}{\partial x_1}\frac{\partial x_1}{\partial \xi_j}+\frac{\partial y}{\partial x_2}\frac{\partial x_2}{\partial \xi_j}+\cdots+\frac{\partial y}{\partial x_n}\frac{\partial x_n}{\partial \xi_j}\qquad (j=1,2,\cdots,m).$$

上式也可以写成矩阵形式

$$\left(\frac{\partial y}{\partial \xi_1},\frac{\partial y}{\partial \xi_2},\cdots,\frac{\partial y}{\partial \xi_m}\right)=\left(\frac{\partial y}{\partial x_1},\frac{\partial y}{\partial x_2},\cdots,\frac{\partial y}{\partial x_n}\right)\begin{pmatrix}\dfrac{\partial x_1}{\partial \xi_1} & \dfrac{\partial x_1}{\partial \xi_2} & \cdots & \dfrac{\partial x_1}{\partial \xi_m}\\ \dfrac{\partial x_2}{\partial \xi_1} & \dfrac{\partial x_2}{\partial \xi_2} & \cdots & \dfrac{\partial x_2}{\partial \xi_m}\\ \vdots & \vdots & & \vdots\\ \dfrac{\partial x_n}{\partial \xi_1} & \dfrac{\partial x_n}{\partial \xi_2} & \cdots & \dfrac{\partial x_n}{\partial \xi_m}\end{pmatrix}.$$

例 8.4.1 设 $z=\mathrm{e}^{xy}\arctan(x+y)$, 求 $\dfrac{\partial z}{\partial x},\dfrac{\partial z}{\partial y}$.

解 引入中间变量 $\xi=xy,\ \eta=x+y$, 于是函数 $z=\mathrm{e}^{xy}\arctan(x+y)$ 便可看成是由函数 $\xi=xy,\ \eta=x+y$ 和 $z=\mathrm{e}^{\xi}\arctan\eta$ 复合而成的. 所以

$$\begin{aligned}\frac{\partial z}{\partial x}&=\frac{\partial z}{\partial \xi}\frac{\partial \xi}{\partial x}+\frac{\partial z}{\partial \eta}\frac{\partial \eta}{\partial x}=(\mathrm{e}^{\xi}\arctan\eta)y+\frac{\mathrm{e}^{\xi}}{1+\eta^2}\\&=y\mathrm{e}^{xy}\arctan(x+y)+\frac{\mathrm{e}^{xy}}{1+(x+y)^2},\\ \frac{\partial z}{\partial y}&=\frac{\partial z}{\partial \xi}\frac{\partial \xi}{\partial y}+\frac{\partial z}{\partial \eta}\frac{\partial \eta}{\partial y}=(\mathrm{e}^{\xi}\arctan\eta)x+\frac{\mathrm{e}^{\xi}}{1+\eta^2}\\&=x\mathrm{e}^{xy}\arctan(x+y)+\frac{\mathrm{e}^{xy}}{1+(x+y)^2}.\end{aligned}$$

例 8.4.2 可微函数 $u=f(x,y)$ 通过变换 $x=r\cos\theta,\ y=r\sin\theta$ 可以看成是 r,θ 的函数, 试证

$$\left(\frac{\partial u}{\partial x}\right)^2+\left(\frac{\partial u}{\partial y}\right)^2=\left(\frac{\partial u}{\partial r}\right)^2+\frac{1}{r^2}\left(\frac{\partial u}{\partial \theta}\right)^2.$$

证 事实上

$$\begin{aligned}\frac{\partial u}{\partial r}&=\frac{\partial u}{\partial x}\frac{\partial x}{\partial r}+\frac{\partial u}{\partial y}\frac{\partial y}{\partial r}=\frac{\partial u}{\partial x}\cos\theta+\frac{\partial u}{\partial y}\sin\theta,\\ \frac{1}{r}\frac{\partial u}{\partial \theta}&=\frac{1}{r}\left(\frac{\partial u}{\partial x}\frac{\partial x}{\partial \theta}+\frac{\partial u}{\partial y}\frac{\partial y}{\partial \theta}\right)=-\frac{\partial u}{\partial x}\sin\theta+\frac{\partial u}{\partial y}\cos\theta,\end{aligned}$$

两式平方后相加, 即得欲证的等式.

例 8.4.3 设 $u=f(x,y,z),\ y=\varphi(x,r),\ z=\psi(x,y,r)$. 求 $\dfrac{\partial u}{\partial x},\ \dfrac{\partial u}{\partial r}$.

解　这里把 u 和 z 都当成自变量 x,r 的二元函数, 我们有

$$\frac{\partial u}{\partial x}=f_1'+f_2'\varphi_x'+f_3'(\psi_1'+\psi_2'\varphi_x'),$$
$$\frac{\partial u}{\partial r}=f_2'\varphi_r'+f_3'(\psi_2'\varphi_r'+\psi_3'),$$

其中 $f_1',f_2',f_3',\psi_1',\psi_2',\psi_3'$ 等都表示对中间变量的偏导数.

例 8.4.4　证明函数 $u=1/r$ 满足方程

$$\frac{\partial^2 u}{\partial x^2}+\frac{\partial^2 u}{\partial y^2}+\frac{\partial^2 u}{\partial z^2}=0,$$

其中 $r=\sqrt{x^2+y^2+z^2}\neq 0$.

证　因为

$$\frac{\partial u}{\partial x}=-\frac{1}{r^2}\frac{\partial r}{\partial x}=-\frac{1}{r^2}\frac{x}{\sqrt{x^2+y^2+z^2}}=-\frac{x}{r^3},$$
$$\frac{\partial^2 u}{\partial x^2}=\frac{\partial}{\partial x}\left(-\frac{x}{r^3}\right)=\frac{-r^3+3r^2x\dfrac{\partial r}{\partial x}}{r^6}=-\frac{1}{r^3}+\frac{3x^2}{r^5},$$

由函数对于自变量的对称性, 又得

$$\frac{\partial^2 u}{\partial y^2}=-\frac{1}{r^3}+\frac{3y^2}{r^5},\qquad \frac{\partial^2 u}{\partial z^2}=-\frac{1}{r^3}+\frac{3z^2}{r^5}.$$

所以

$$\frac{\partial^2 u}{\partial x^2}+\frac{\partial^2 u}{\partial y^2}+\frac{\partial^2 u}{\partial z^2}=-\frac{3}{r^3}+\frac{3(x^2+y^2+z^2)}{r^5}=0.$$

这个方程称为 Laplace① 方程, 它是数学物理中一个极为重要的方程. 满足这个方程的函数称为调和函数. 在本例中,$u=1/r(r\neq 0)$ 即是一个调和函数.

例 8.4.5　求复合函数 $z=f(xy,y/x)$ 的 3 个二阶偏微商.

解　所给函数的一阶偏微商为

$$\frac{\partial z}{\partial x}=yf_1'-\frac{y}{x^2}f_2',\qquad \frac{\partial z}{\partial y}=xf_1'+\frac{1}{x}f_2'.$$

由此即可算得其二阶偏微商, 分别为

$$\begin{aligned}\frac{\partial^2 z}{\partial x^2}&=y\left[yf_{11}''-\frac{y}{x^2}f_{12}''\right]-\frac{y}{x^2}\left[yf_{21}''-\frac{y}{x^2}f_{22}''\right]+\frac{2y}{x^3}f_2'\\&=y^2f_{11}''-2\frac{y^2}{x^2}f_{12}''+\frac{y^2}{x^4}f_{22}''+\frac{2y}{x^3}f_2',\end{aligned}$$

① Pierre Simon Laplace (1749—1827), 法国数学家.

$$\begin{aligned}\frac{\partial^2 z}{\partial x\partial y}&=y\left[xf''_{11}+\frac{1}{x}f''_{12}\right]+f'_1-\frac{y}{x^2}\left[xf''_{21}+\frac{1}{x}f''_{22}\right]-\frac{1}{x^2}f'_2\\&=xyf''_{11}-\frac{y}{x^3}f''_{22}+f'_1-\frac{1}{x^2}f'_2,\\\frac{\partial^2 z}{\partial y^2}&=x\left[xf''_{11}+\frac{1}{x}f''_{12}\right]+\frac{1}{x}\left[xf''_{21}+\frac{1}{x}f''_{22}\right]\\&=x^2f''_{11}+2f''_{12}+\frac{1}{x^2}f''_{22}.\end{aligned}$$

例 8.4.6 证明函数 $u=\varphi(x-at)+\psi(x+at)$ 满足方程

$$\frac{\partial^2 u}{\partial t^2}=a^2\frac{\partial^2 u}{\partial x^2}.$$

证 令 $\xi=x-at,\eta=x+at$, 于是算得

$$\begin{aligned}\frac{\partial u}{\partial x}&=\frac{\mathrm{d}\varphi}{\mathrm{d}\xi}\frac{\partial\xi}{\partial x}+\frac{\mathrm{d}\psi}{\mathrm{d}\eta}\frac{\partial\eta}{\partial x}=\frac{\mathrm{d}\varphi}{\mathrm{d}\xi}+\frac{\mathrm{d}\psi}{\mathrm{d}\eta},\\\frac{\partial u}{\partial t}&=\frac{\mathrm{d}\varphi}{\mathrm{d}\xi}\frac{\partial\xi}{\partial t}+\frac{\mathrm{d}\psi}{\mathrm{d}\eta}\frac{\partial\eta}{\partial t}=a\left(-\frac{\mathrm{d}\varphi}{\mathrm{d}\xi}+\frac{\mathrm{d}\psi}{\mathrm{d}\eta}\right),\\\frac{\partial^2 u}{\partial x^2}&=\frac{\mathrm{d}^2\varphi}{\mathrm{d}\xi^2}\frac{\partial\xi}{\partial x}+\frac{\mathrm{d}^2\psi}{\mathrm{d}\eta^2}\frac{\partial\eta}{\partial x}=\frac{\mathrm{d}^2\varphi}{\mathrm{d}\xi^2}+\frac{\mathrm{d}^2\psi}{\mathrm{d}\eta^2},\\\frac{\partial^2 u}{\partial t^2}&=a\left(-\frac{\mathrm{d}^2\varphi}{\mathrm{d}\xi^2}\frac{\partial\xi}{\partial t}+\frac{\mathrm{d}^2\psi}{\mathrm{d}\eta^2}\frac{\partial\eta}{\partial t}\right)=a^2\left(\frac{\mathrm{d}^2\varphi}{\mathrm{d}\xi^2}+\frac{\mathrm{d}^2\psi}{\mathrm{d}\eta^2}\right).\end{aligned}$$

比较最后两式, 即知

$$\frac{\partial^2 u}{\partial t^2}=a^2\frac{\partial^2 u}{\partial x^2}.$$

这个方程是数学物理中另一个极为重要的方程, 称为波动方程. 对任意有二阶导数的函数 $\varphi(\xi)$ 和 $\psi(\eta)$, 本例所考察的函数 $u=\varphi(x-at)+\psi(x+at)$ 就都是该方程的解.

*8.4.2 Jacobi 矩阵

设 $y=f(x_1,x_2,\cdots,x_n)$ 有一阶偏导数, 称向量

$$\left(\frac{\partial f}{\partial x_1},\frac{\partial f}{\partial x_2},\cdots,\frac{\partial f}{\partial x_n}\right)$$

为 $y=f(x_1,x_2,\cdots,x_n)$(对 $\boldsymbol{x}=(x_1,x_2,\cdots,x_n)$) 的 Jacobi① 向量, 记成 $\boldsymbol{J}f$ 或

$$\boldsymbol{J}_{\boldsymbol{x}}f,\quad \boldsymbol{J}y,\quad \boldsymbol{J}_{\boldsymbol{x}}y.$$

设有 n 元映射

① Carl Gustav Jacob Jacobi (1804—1851), 德国数学家.

$$\begin{aligned}\boldsymbol{y} &= (y_1, y_2, \cdots, y_m)\\ &= (f_1(x_1, x_2, \cdots, x_n),\ f_2(x_1, x_2, \cdots, x_n),\ \cdots,\ f_m(x_1, x_2, \cdots, x_n))\\ &= (f_1(\boldsymbol{x}), f_2(\boldsymbol{x}), \cdots, f_m(\boldsymbol{x})) = \boldsymbol{f}(\boldsymbol{x}),\end{aligned}$$

则称矩阵

$$\begin{pmatrix} \dfrac{\partial f_1}{\partial x_1} & \dfrac{\partial f_1}{\partial x_2} & \cdots & \dfrac{\partial f_1}{\partial x_n} \\ \dfrac{\partial f_2}{\partial x_1} & \dfrac{\partial f_2}{\partial x_2} & \cdots & \dfrac{\partial f_2}{\partial x_n} \\ \vdots & \vdots & & \vdots \\ \dfrac{\partial f_m}{\partial x_1} & \dfrac{\partial f_m}{\partial x_2} & \cdots & \dfrac{\partial f_m}{\partial x_n} \end{pmatrix}$$

为映射 $\boldsymbol{y} = \boldsymbol{f}(\boldsymbol{x})$ 的 Jacobi 矩阵, 记成

$$\boldsymbol{J}\boldsymbol{y} \quad 或 \quad \boldsymbol{J}_{\boldsymbol{x}}\boldsymbol{y}.$$

不难证明, 若

$$\begin{aligned}\boldsymbol{x} &= (x_1, x_2, \cdots, x_n)\\ &= (\varphi_1(\xi_1, \xi_2, \cdots, \xi_m),\ \varphi_2(\xi_1, \xi_2, \cdots, \xi_m),\ \cdots,\ \varphi_n(\xi_1, \xi_2, \cdots, \xi_m))\\ &= \boldsymbol{\varphi}(\boldsymbol{\xi}),\end{aligned}$$

则复合映射 $\boldsymbol{y} = \boldsymbol{f}(\boldsymbol{x})$ 的 Jacobi 矩阵

$$\boldsymbol{J}_{\boldsymbol{\xi}}\boldsymbol{y} = \boldsymbol{J}_{\boldsymbol{x}}\boldsymbol{y}\boldsymbol{J}_{\boldsymbol{\xi}}\boldsymbol{x}.$$

若$D \subset \mathbf{R}^n, \boldsymbol{y} = \boldsymbol{f}(\boldsymbol{x}):\ D \to \mathbf{R}^n$, 则记 $\det \boldsymbol{J}\boldsymbol{y} = \dfrac{\partial(y_1, y_2, \cdots, y_n)}{\partial(x_1, x_2, \cdots, x_n)}$, 称为映射的 Jacobi 行列式. 如果还有 $G \subset \mathbf{R}^n,\ \boldsymbol{x} = \boldsymbol{\varphi}(\boldsymbol{\xi}):\ G \to D$, 则复合映射 $\boldsymbol{y} = \boldsymbol{f}(\boldsymbol{\varphi}(\boldsymbol{\xi}))$ 的 Jacobi 矩阵

$$\boldsymbol{J}_{\boldsymbol{\xi}}\boldsymbol{y} = \boldsymbol{J}_{\boldsymbol{x}}\boldsymbol{y}\boldsymbol{J}_{\boldsymbol{\xi}}\boldsymbol{x},$$

于是就有

$$\det \boldsymbol{J}_{\boldsymbol{\xi}}\boldsymbol{y} = \det \boldsymbol{J}_{\boldsymbol{x}}\boldsymbol{y} \det \boldsymbol{J}_{\boldsymbol{\xi}}\boldsymbol{x},$$

即

$$\frac{\partial(y_1, y_2, \cdots, y_n)}{\partial(\xi_1, \xi_2, \cdots, \xi_n)} = \frac{\partial(y_1, y_2, \cdots, y_n)}{\partial(x_1, x_2, \cdots, x_n)} \cdot \frac{\partial(x_1, x_2, \cdots, x_n)}{\partial(\xi_1, \xi_2, \cdots, \xi_n)}.$$

8.4.3　方向导数、梯度

设 $u = f(x, y, z)$ 在域 D 上可微,$\boldsymbol{l} = \cos\alpha\boldsymbol{i} + \cos\beta\boldsymbol{j} + \cos\gamma\boldsymbol{k}$ 是一个单位向量, 考虑 $u = f(x, y, z)$ 在 $\boldsymbol{l}$ 方向上的变化率.

给定 $M_0(x_0,y_0,z_0)\in D$, 过 M_0 而平行于 $\boldsymbol{l}$ 的射线 l 的参数方程为

$$x=x_0+t\cos\alpha,\quad y=y_0+t\cos\beta,\quad z=z_0+t\cos\gamma \qquad (t>0).$$

若把函数沿方向 $\boldsymbol{l}$ 的变化率记成 $\dfrac{\partial f}{\partial \boldsymbol{l}}$, 则

$$\frac{\partial f}{\partial \boldsymbol{l}}=\lim_{t\to0^+}\frac{f(x_0+t\cos\alpha,y_0+t\cos\beta,z_0+t\cos\gamma)-f(x_0,y_0,z_0)}{t}.$$

由复合函数的求导法则可知

$$\begin{aligned}\frac{\partial f}{\partial \boldsymbol{l}}&=\frac{\partial f}{\partial x}\cos\alpha+\frac{\partial f}{\partial y}\cos\beta+\frac{\partial f}{\partial z}\cos\gamma\\&=\boldsymbol{J}f\cdot\boldsymbol{l}=|\boldsymbol{J}f|\cos\theta,\end{aligned}\tag{8.4.1}$$

其中 θ 是 $\boldsymbol{J}f$ 和 $\boldsymbol{l}$ 的夹角. 称 $\dfrac{\partial f}{\partial \boldsymbol{l}}\left(或\ \dfrac{\partial u}{\partial \boldsymbol{l}}\right)$ 为 $u=f(x,y,z)$ 沿方向 $\boldsymbol{l}$ 的方向导数或方向微商.

由式 (8.4.1) 可知, 当 $\theta=0$ 即 $\boldsymbol{l}$ 与 $\boldsymbol{J}f=\left(\dfrac{\partial f}{\partial x},\dfrac{\partial f}{\partial y},\dfrac{\partial f}{\partial z}\right)$ 同向时, 方向导数 $\dfrac{\partial f}{\partial \boldsymbol{l}}$ 取到最大值. 称向量 $\boldsymbol{J}f=\left(\dfrac{\partial f}{\partial x},\dfrac{\partial f}{\partial y},\dfrac{\partial f}{\partial z}\right)$ 为 $u=f(x,y,z)$ 的梯度, 记成

$$\mathbf{grad}\,f \quad 或 \quad \mathbf{grad}\,u.$$

因为 $f(x,y,z)$ 在点 M 处沿方向 $\boldsymbol{l}$ 的方向微商等于梯度在方向 $\boldsymbol{l}$ 上的投影, 所以 f 在指定点 M 处沿着梯度正向的方向微商最大, 即函数值增长最快, 其增长率等于 $|\mathbf{grad}\,u|$; 而沿着梯度负向的方向微商最小, 即函数值减小最快, 减小率为 $-|\mathbf{grad}\,u|$. 大气沿压强 p 减小最快的方向流动, 就是沿着 $-\mathbf{grad}\,p$ 的方向流动; 热量沿着温度 T 下降最快的方向即 $-\mathbf{grad}\,T$ 的方向传导.

求函数的梯度是一种特定的微分运算, 它遵守以下运算法则:

1° $\mathbf{grad}\,(c_1u_1+c_2u_2)=c_1\mathbf{grad}\,u_1+c_2\mathbf{grad}\,u_2$, 其中 c_1,c_2 是任意常数;

2° $\mathbf{grad}\,(u_1u_2)=u_1\mathbf{grad}\,u_2+u_2\mathbf{grad}\,u_1$;

3° $\mathbf{grad}\,f(u)=f'(u)\mathbf{grad}\,u$.

这些等式容易通过梯度在直角坐标下的表达式加以验证.

例 8.4.7 求 $u=4x^2+4y^2+z^2$ 在点 $M(1,-1,2)$ 处的梯度及最大的方向微商.

解 u 在点 $M(1,-1,2)$ 处的梯度是

$$\mathbf{grad}\,u|_{(1,-1,2)}=(8x\boldsymbol{i}+8y\boldsymbol{j}+2z\boldsymbol{k})|_{(1,-1,2)}$$

$$= 8\boldsymbol{i} - 8\boldsymbol{j} + 4\boldsymbol{k}.$$

依照定义, u 在点 M 沿梯度方向的方向微商最大, 并等于梯度的长, 所以得到

$$\left(\frac{\partial u}{\partial \boldsymbol{l}}\right)_{\max} = |\mathbf{grad}\, u| = \sqrt{8^2 + (-8)^2 + 4^2} = 12.$$

例 8.4.8　设 $\boldsymbol{r} = x\boldsymbol{i} + y\boldsymbol{j} + z\boldsymbol{k}$, $r = |\boldsymbol{r}|$, 求 $\mathbf{grad}\, r$.

解　由于 $r = |\boldsymbol{r}| = \sqrt{x^2 + y^2 + z^2}$, 所以有

$$\mathbf{grad}\, r = \frac{\partial r}{\partial x}\boldsymbol{i} + \frac{\partial r}{\partial y}\boldsymbol{j} + \frac{\partial r}{\partial z}\boldsymbol{k} = \frac{x\boldsymbol{i} + y\boldsymbol{j} + z\boldsymbol{k}}{\sqrt{x^2 + y^2 + z^2}} = \frac{\boldsymbol{r}}{r}.$$

例 8.4.9　置于原点的电荷 q 产生的电位是 $\varphi = q/r$, 这里 r 是点 (x, y, z) 到原点的距离. 求它在空间任意一点处的梯度及沿方向 $\boldsymbol{r}$ 的变化率.

解　利用梯度的运算法则和上例的结果, 立即得到

$$\mathbf{grad}\, \varphi = \mathbf{grad}\, \frac{q}{r} = \left(\frac{q}{r}\right)' \mathbf{grad}\, r = -\frac{q}{r^2}\frac{\boldsymbol{r}}{r} = -\frac{q}{r^3}\boldsymbol{r}.$$

而电位 φ 沿方向 $\boldsymbol{r}$ 的变化率为

$$\frac{\partial \varphi}{\partial \boldsymbol{r}} = \mathbf{grad}\, \varphi \cdot \boldsymbol{r}^0 = \mathbf{grad}\, \varphi \cdot \frac{\boldsymbol{r}}{r} = -q\frac{\boldsymbol{r}}{r^3} \cdot \frac{\boldsymbol{r}}{r} = -\frac{q}{r^2}.$$

8.4.4　一阶全微分的形式不变性

对一元函数 $y = f(x)$, 不论 x 是自变量还是中间变量, 一阶微分都有相同的形式

$$\mathrm{d}y = f'(x)\mathrm{d}x.$$

这种微分形式不变性对于多变量函数也是成立的.

例如, 设可微函数 $z = f(x, y)$, 当 x, y 是自变量时,

$$\mathrm{d}z = \frac{\partial f}{\partial x}\mathrm{d}x + \frac{\partial f}{\partial y}\mathrm{d}y.$$

如果 x, y 是 r, s 的可微函数 $x = \varphi(r, s), y = \psi(r, s)$, 则有

$$\begin{aligned}
\mathrm{d}z &= \frac{\partial z}{\partial r}\mathrm{d}r + \frac{\partial z}{\partial s}\mathrm{d}s \\
&= \left(\frac{\partial z}{\partial x}\frac{\partial x}{\partial r} + \frac{\partial z}{\partial y}\frac{\partial y}{\partial r}\right)\mathrm{d}r + \left(\frac{\partial z}{\partial x}\frac{\partial x}{\partial s} + \frac{\partial z}{\partial y}\frac{\partial y}{\partial s}\right)\mathrm{d}s \\
&= \frac{\partial z}{\partial x}\left(\frac{\partial x}{\partial r}\mathrm{d}r + \frac{\partial x}{\partial s}\mathrm{d}s\right) + \frac{\partial z}{\partial y}\left(\frac{\partial y}{\partial r}\mathrm{d}r + \frac{\partial y}{\partial s}\mathrm{d}s\right) \\
&= \frac{\partial z}{\partial x}\mathrm{d}x + \frac{\partial z}{\partial y}\mathrm{d}y.
\end{aligned}$$

可以看到, 当 x,y 是中间变量时, 所得到的复合函数的全微分形式与 x,y 是自变量时的形式完全一样, 这就是与一元函数的一阶微分形式不变性相应的多元函数的一阶微分形式不变性.

和一元函数的情况类似, 以下的微分公式对多变量函数也是成立的.

1° $\mathrm{d}(u+v)=\mathrm{d}u+\mathrm{d}v$,

2° $\mathrm{d}(uv)=u\mathrm{d}v+v\mathrm{d}u$,

3° $\mathrm{d}\dfrac{u}{v}=\dfrac{v\mathrm{d}u-u\mathrm{d}v}{v^2}$.

例 8.4.10 设 $u=f\left(xy,\dfrac{z}{y}\right)$ 其中 f 可微, 求 $\dfrac{\partial u}{\partial x},\dfrac{\partial u}{\partial y},\dfrac{\partial u}{\partial z}$.

解 对 $u=f\left(xy,\dfrac{z}{y}\right)$ 两边微分,

$$\begin{aligned}\mathrm{d}u&=f_1'(x\mathrm{d}y+y\mathrm{d}x)+f_2'\frac{y\mathrm{d}z-z\mathrm{d}y}{y^2}\\&=yf_1'\mathrm{d}x+\left(xf_1-\frac{zf_2'}{y^2}\right)\mathrm{d}y+\frac{f_2'}{y}\mathrm{d}z.\end{aligned}$$

由微分形式的唯一性得

$$\frac{\partial u}{\partial x}=yf_1',\qquad \frac{\partial u}{\partial y}=xf_1-\frac{zf_2'}{y^2},\qquad \frac{\partial u}{\partial z}=\frac{f_2'}{y}.$$

习 题 8.4

1. 求下列复合函数的偏导数或导数:

(1) 设 $u=\mathrm{e}^t+\arctan(t^2+1),t=x^y$, 求 $\dfrac{\partial u}{\partial x},\dfrac{\partial u}{\partial y}$;

(2) 设 $u=\arctan(1+xy),x=s+t,y=s-t$, 求 $\dfrac{\partial u}{\partial s},\dfrac{\partial u}{\partial t}$;

(3) 设 $u=\mathrm{e}^{xyz},x=rs,y=\dfrac{r}{s},z=r^s$, 求 $\dfrac{\partial u}{\partial r},\dfrac{\partial u}{\partial s}$;

(4) 设 $u=\ln(x^2+y^2),x=\mathrm{e}^{t+s+r},y=4(s^2+t^2)$, 求 $\dfrac{\partial u}{\partial r},\dfrac{\partial u}{\partial s},\dfrac{\partial u}{\partial t}$;

(5) 设 $u=\dfrac{\mathrm{e}^{ax}(y-z)}{a^2+1},y=a\sin x,z=\cos x$, 求 $\dfrac{\mathrm{d}u}{\mathrm{d}x}$;

(6) 设 $u=\rho^2+\varphi^2+\theta^2,\rho=\tan(\varphi\theta)$, 求 $\dfrac{\partial u}{\partial\varphi},\dfrac{\partial u}{\partial\theta}$.

2. 求函数 $u=xyz$ 在点 $(1,2,-1)$ 沿方向 $\boldsymbol{l}=(3,-1,1)$ 的方向导数.

3. 试求函数 $z=\arctan\dfrac{y}{x}$ 在圆 $x^2+y^2-2x=0$ 上一点 $P\left(\dfrac{1}{2},\dfrac{\sqrt{3}}{2}\right)$ 处沿该圆周逆时针

方向上的方向导数.

4. 求函数 $u=x^2+2y^2+3z^2+xy+3x-2y-6z$ 在点 $(1,1,-1)$ 的梯度和最大方向导数.

5. 设$\boldsymbol{r}=x\boldsymbol{i}+y\boldsymbol{j}+z\boldsymbol{k}$, $r=|\boldsymbol{r}|$, 试求: (1) $\mathbf{grad}\,\dfrac{1}{r^2}$; (2) $\mathbf{grad}\,\ln r$.

6. 求下列复合函数的偏导数或导数, 其中各题中的 f 均有连续的二阶偏导:

(1) 设 $u=f(x,y),x=t^3,y=2t^2$, 求 $\dfrac{\mathrm{d}u}{\mathrm{d}t}$;

(2) 设 $u=f(x,y,z),x=\sin t,y=\cos t,z=\mathrm{e}^t$, 求 $\dfrac{\mathrm{d}u}{\mathrm{d}t}$;

(3) 设 $u=f(x^2-y^2,\mathrm{e}^{xy})$, 求 $\dfrac{\partial u}{\partial x},\dfrac{\partial^2 u}{\partial x\partial y}$;

(4) 设 $u=f(x+y+z,x^2+y^2+z^2)$, 求 $\dfrac{\partial u}{\partial x},\dfrac{\partial^2 u}{\partial x^2},\dfrac{\partial^2 u}{\partial x\partial y}$;

(5) 设 $u=f\left(\dfrac{x}{y},\dfrac{y}{z}\right)$, 求 $\dfrac{\partial u}{\partial x},\dfrac{\partial u}{\partial y},\dfrac{\partial u}{\partial z},\dfrac{\partial^2 u}{\partial x\partial y},\dfrac{\partial^3 u}{\partial x\partial y\partial z}$;

(6) 设 $u=f(x,xy,xyz)$, 求 $\dfrac{\partial u}{\partial x},\dfrac{\partial u}{\partial y},\dfrac{\partial u}{\partial z},\dfrac{\partial^2 u}{\partial x^2},\dfrac{\partial^2 u}{\partial y^2},\dfrac{\partial^2 u}{\partial z^2},\dfrac{\partial^2 u}{\partial x\partial y}$.

7. 设 $u=f(t),t=\varphi(xy,x+y)$, 其中 f,φ 分别具有连续的二阶导数及偏导数, 求 $\dfrac{\partial u}{\partial x},\dfrac{\partial u}{\partial y},\dfrac{\partial^2 u}{\partial x\partial y}$.

8. 设 $z=f(xy)$, f 为可微函数. 证明: $x\dfrac{\partial z}{\partial x}-y\dfrac{\partial z}{\partial y}=0$.

9. 设 $z=f\left(\ln x+\dfrac{1}{y}\right)$, f 为可微函数. 证明: $x\dfrac{\partial z}{\partial x}+y^2\dfrac{\partial z}{\partial y}=0$.

10. 设 $u=x\varphi(x+y)+y\psi(x+y)$, 其中 φ,ψ 有连续的二阶微商. 证明: u 满足方程

$$\frac{\partial^2 u}{\partial x^2}-2\frac{\partial^2 u}{\partial x\partial y}+\frac{\partial^2 u}{\partial y^2}=0.$$

11. 设 $u=\mathrm{e}^{a\theta}\cos(a\ln r)$, 证明:

$$\frac{\partial^2 u}{\partial r^2}+\frac{1}{r^2}\frac{\partial^2 u}{\partial \theta^2}+\frac{1}{r}\frac{\partial u}{\partial r}=0.$$

12. 试证: 方程 $\dfrac{\partial^2 u}{\partial x^2}+2\dfrac{\partial^2 u}{\partial x\partial y}-3\dfrac{\partial^2 u}{\partial y^2}+2\dfrac{\partial u}{\partial x}+6\dfrac{\partial u}{\partial y}=0$ 经变换 $\xi=x+y,\eta=3x-y$ 后变成 $\dfrac{\partial^2 u}{\partial \eta\partial \xi}+\dfrac{1}{2}\dfrac{\partial u}{\partial \xi}=0$(其中二阶偏导数均连续).

13. 试证: 方程 $\dfrac{\partial^2 u}{\partial x^2}+2\dfrac{\partial^2 u}{\partial x\partial y}\cos x-\dfrac{\partial^2 u}{\partial y^2}\sin^2 x-\dfrac{\partial u}{\partial y}\sin x=0$ 经变换$\xi=x-\sin x+y$, $\eta=x+\sin x-y$ 后变成 $\dfrac{\partial^2 u}{\partial \xi\partial \eta}=0$(其中二阶偏导数均连续).

14. 设变换 $\begin{cases} u = x - 2y, \\ v = x + ay \end{cases}$ 可把方程 $6\dfrac{\partial^2 z}{\partial x^2} + \dfrac{\partial^2 z}{\partial x \partial y} - \dfrac{\partial^2 z}{\partial y^2} = 0$ 简化为 $\dfrac{\partial^2 z}{\partial u \partial v} = 0$. 求常数 a (其中二阶偏导数均连续).

15. 若函数 $u = f(x, y, z)$ 满足恒等式 $f(tx, ty, tz) = t^k f(x, y, z)\,(t > 0)$, 则称 $f(x, y, z)$ 为 k 次齐次函数. 试证下述关于齐次函数的 Euler 定理: 可微函数 $f(x, y, z)$ 为 k 次齐次函数的充要条件是

$$xf'_x(x, y, z) + yf'_y(x, y, z) + zf'_z(x, y, z) = kf(x, y, z).$$

16. 设 $f(x, y)$ 是可微的零次齐次函数, 证明: $f(x, y) = g\left(\dfrac{y}{x}\right)$.

17. 设 $u = f(x, y)$, 当 $y = x^2$ 时有 $u = 1, \dfrac{\partial u}{\partial x} = x$, 求当 $y = x^2$ 时的 $\dfrac{\partial u}{\partial y}$.

18. 设 $u = u(x, y)$ 满足方程 $\dfrac{\partial^2 u}{\partial x^2} - \dfrac{\partial^2 u}{\partial y^2} = 0$ 以及条件 $u(x, 2x) = x, u'_1(x, 2x) = x^2$, 求 $u''_{11}(x, 2x), u''_{12}(x, 2x), u''_{22}(x, 2x)$ (其中 $u(x, y)$ 有二阶连续偏导数).

19. 求下列复合函数的一阶全微分 $\mathrm{d}u$:

(1) $u = f(t), t = x + y$;

(2) $u = f(\xi, \eta), \xi = xy, \eta = x/y$;

(3) $u = f(x, y, z), x = t, y = t^2, z = t^3$;

(4) $u = f(x, \xi, \eta), \xi = x^2 + y^2, \eta = x^2 + y^2 + z^2$;

(5) $u = f(\xi, \eta, \zeta), \xi = x^2 + y^2, \eta = x^2 - y^2, \zeta = 2xy$.

§8.5 隐函数的微分法

8.5.1 多元方程所确定的隐函数的存在定理

设 $F(x, y)$ 在域 D 上有定义. 如果对区间 I 中每一个 x, 都有唯一的 y, 使得 $(x, y) \in D$ 且

$$F(x, y) = 0, \tag{8.5.1}$$

则由此可以得到 I 上定义的函数

$$y = f(x). \tag{8.5.2}$$

通常由式 (8.5.1) 并不能明确写出一元函数表达式 $y = f(x)$ 或 $x = g(y)$, 所以由式 (8.5.1) 得到的函数 (8.5.2) 就叫由方程 (8.5.1) 所确定的隐函数.

由式 (8.5.1) 求出函数 (8.5.2) 可以看成解方程, 但多元方程的解常常不是唯一的. 例如方程

$$x^2 + y^2 - 1 = 0, \tag{8.5.3}$$

对任意给定的 $x \in (-1, 1), y = \sqrt{1 - x^2}$ 和 $y = -\sqrt{1 - x^2}$ 都是方程的解. 这时就有必要对隐函数的值域也做适当的限制. 例如规定 $y > 0$, 则式 (8.5.3) 就确定了函数

$$y = \sqrt{1 - x^2} \qquad (-1 < x < 1).$$

一般而言, 方程 (8.5.1) 常表示平面曲线. 由图 8.5 可以看出, 一整段曲线不能用函数 $y = f(x)$ 或 $x = g(y)$ 表示, 但在曲线上一点的附近某一段内 (如曲线上 $\overset{\frown}{AB}$, $\overset{\frown}{CD}$ 两个弧段), 就有可能表示成函数 $y = f(x)$ 或 $x = g(y)$. 这可以用较为规范的语言描述如下: 设 $F(x,y)$ 在域 D 上有定义, $(x_0, y_0) \in D$ 且 $F(x_0, y_0) = 0$. 如果存在区间 $I \times J \subset D$, 使得: 1° $(x_0, y_0) \in I \times J$; 2° 对任一 $x \in I$ 都有唯一的 $y \in J$, 使 $F(x, y) = 0$. 则由此对应关系确定的 I 上的函数 $y = f(x)$ 称为在 (x_0, y_0) 的邻域中由方程 $F(x, y) = 0$ 所确定的隐函数.

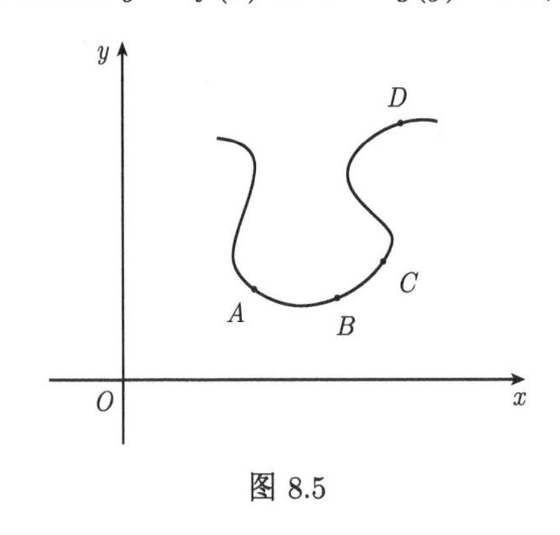

图 8.5

什么条件下方程 (8.5.1) 能在局部确定隐函数呢? 我们有下面的定理 (略去证明).

定理 8.5.1　设开区域 $D \subset \mathbf{R}^2$, $M_0(x_0, y_0) \in D$. 如果 $F(x, y)$ 在 D 中有定义并满足: 1° $F(x, y) \in C^{(1)}(D)$; 2° $F(x_0, y_0) = 0$, 3° $F'_y(x_0, y_0) \neq 0$. 则存在 M_0 的邻域 $I \times J \subset D$, 使得 1° 对 I 中任意 x, 有 J 中唯一的 y 使 $F(x, y) = 0$, 2° 由 1° 所确定的函数 $y = f(x) \in C^{(1)}(I)$(由唯一性可知必有 $y_0 = f(x_0)$).

定理 8.5.2　设开区域 $D \subset \mathbf{R}^3$, $M_0(x_0, y_0, z_0) \in D$. 如果 $F(x, y, z)$ 在 D 中有定义, 并满足: 1° $F(x, y, z) \in C^{(1)}(D)$; 2° $F(x_0, y_0, z_0) = 0$, 3° $F'_z(x_0, y_0, z_0) \neq 0$. 则存在 $M_0(x_0, y_0, z_0)$ 的邻域 $I \times J \times K$, 使得 1° 对 $I \times J$ 中任一点 $M(x, y)$, 有唯一的 $z \in K$ 使 $F(x, y, z) = 0$, 2° 由 1° 所确定的函数 $z = f(x, y) \in C^{(1)}(I \times J)$(由唯一性可知必有 $z_0 = f(x_0, y_0)$).

设三元函数 $F(x, y, z)$ 在 (x_0, y_0, z_0) 附近有连续的一阶偏微商 F'_x, F'_y 和 F'_z, 又设 $F(x_0, y_0, z_0) = 0$, 而

$$(F'_x(x_0, y_0, z_0),\ F'_y(x_0, y_0, z_0),\ F'_z(x_0, y_0, z_0)) \neq \mathbf{0},$$

那么, 根据定理 8.5.2, 方程 $F(x, y, z) = 0$ 在 $M_0(x_0, y_0, z_0)$ 附近确定了一个连续可微的二元隐函数 (不一定以 z 为函数变量), 因而在 M_0 附近给出了一张曲面. 我们将由方程 $F(x, y, z) = 0$ 所确定的曲面简称为隐式曲面.

仿照定理 8.5.2, 不难写出一般 n 元方程确定的隐函数存在定理.

隐函数的微商由下面的方法求出.

假定已经在 (x_0, y_0) 的邻域解出方程 (8.5.1) 所确定的隐函数 $y = f(x)$, 代入方程 (8.5.1), 得

$$F(x, f(x)) \equiv 0.$$

恒等式两边求导, 得

$$F_x' + F_y' f'(x) = 0,$$

所以

$$\frac{\mathrm{d}y}{\mathrm{d}x} = -\frac{F_x'(x,y)}{F_y'(x,y)} \qquad (F(x,y)=0).$$

类似地, 若方程 $F(x,y,z)=0$ 确定隐函数 $z=f(x,y)$, 则有

$$\frac{\partial z}{\partial x} = -\frac{F_x'(x,y,z)}{F_z'(x,y,z)}, \qquad \frac{\partial z}{\partial y} = -\frac{F_y'(x,y,z)}{F_z'(x,y,z)}. \tag{8.5.4}$$

例 8.5.1 方程 $xy + z\ln y + \mathrm{e}^{xz} = 1$ 在点 $(0,1,1)$ 的某邻域内能否确定出某个变量为另外两个变量的函数, 如能, 试求出偏导数.

解 设 $F(x,y,z) = xy + z\ln y + \mathrm{e}^{xz} - 1$,

$$F_x' = y + z\mathrm{e}^{xz}, \quad F_y' = x + \frac{z}{y}, \quad F_z' = \ln y + x\mathrm{e}^{xz}.$$

$$F(0,1,1) = 0, \quad F_x'(0,1,1) = 2, \quad F_y'(0,1,1) = 1, \quad F_z'(0,1,1) = 0.$$

所以, 在 $(0,1,1)$ 点的某邻域内能确定函数 $x = x(y,z), \quad y = y(x,z)$,

$$\frac{\partial x}{\partial y} = -\frac{F_y'}{F_x'} = -\frac{xy+z}{y^2 + yz\mathrm{e}^{xz}}, \qquad \frac{\partial x}{\partial z} = -\frac{F_z'}{F_x'} = -\frac{\ln y + x\mathrm{e}^{xz}}{y + z\mathrm{e}^{xz}},$$

$$\frac{\partial y}{\partial x} = -\frac{F_x'}{F_y'} = -\frac{y^2 + yz\mathrm{e}^{xz}}{xy+z}, \qquad \frac{\partial y}{\partial z} = -\frac{F_z'}{F_y'} = -\frac{y\ln y + xy\mathrm{e}^{xz}}{xy+z}.$$

关于计算隐函数的高阶微商, 只需对这个隐函数所满足的恒等式多次运用复合函数的微商法则求导即可. 下面仅举两例以见一般.

例 8.5.2 设方程

$$\sin(x+y) + 2x + y = 0$$

确定 y 是 x 的函数, 求 $\dfrac{\mathrm{d}^2y}{\mathrm{d}x^2}$.

解

$$\frac{\mathrm{d}y}{\mathrm{d}x} = -\frac{\cos(x+y)+2}{\cos(x+y)+1} = -1 - \frac{1}{\cos(x+y)+1}.$$

把 y 当成 x 的函数求导, 则有

$$\frac{\mathrm{d}^2y}{\mathrm{d}x^2} = -\frac{\mathrm{d}}{\mathrm{d}x}\frac{1}{\cos(x+y)+1} = -\frac{\sin(x+y)}{(1+\cos(x+y))^2}\cdot\left(1+\frac{\mathrm{d}y}{\mathrm{d}x}\right)$$

$$= \frac{\sin(x+y)}{(1+\cos(x+y))^3}.$$

例 8.5.3　设函数 $z=z(x,y)$ 由方程 $f(y-x,yz)=0$ 所确定, 其中 f 具有二阶连续偏导数, 求 $\dfrac{\partial^2 z}{\partial x^2}$.

解　令 $F(x,y,z)=f(y-x,yz)$,

$$\frac{\partial z}{\partial x}=-\frac{F'_x}{F'_z}=\frac{f'_1}{yf'_2},$$

$$\begin{aligned}\frac{\partial^2 z}{\partial x^2}&=\frac{\left(-f''_{11}+f''_{12}y\dfrac{\partial z}{\partial x}\right)yf'_2-f'_1y\left(-f''_{21}+f''_{22}y\dfrac{\partial z}{\partial x}\right)}{(yf'_2)^2}\\&=\frac{2f'_1f'_2f''_{12}-{f'_2}^2f''_{11}-{f'_1}^2f''_{22}}{y{f'_2}^3}.\end{aligned}$$

8.5.2　由方程组所确定的隐函数组

在一定的条件下, 由 m 个独立的 $n+m$ 元方程

$$\begin{aligned}&F_1(x_1,x_2,\cdots,x_n;\ y_1,y_2,\cdots,y_m)=0,\\&F_2(x_1,x_2,\cdots,x_n;\ y_1,y_2,\cdots,y_m)=0,\\&\cdots\cdots\\&F_m(x_1,x_2,\cdots,x_n;\ y_1,y_2,\cdots,y_m)=0.\end{aligned}\tag{8.5.5}$$

可以在局部确定 m 个 n 元函数

$$\begin{aligned}&y_1=f_1(x_1,x_2,\cdots,x_n),\\&y_2=f_2(x_1,x_2,\cdots,x_n),\\&\cdots\cdots\\&y_m=f_m(x_1,x_2,\cdots,x_n).\end{aligned}\tag{8.5.6}$$

把式 (8.5.6) 代入式 (8.5.5), 得到 m 个恒等式. 将它们对 $x_i(i=1,2,\cdots,n)$ 求导, 就得到线性方程组

$$\begin{cases}\dfrac{\partial F_1}{\partial x_i}+\dfrac{\partial F_1}{\partial y_1}\dfrac{\partial y_1}{\partial x_i}+\dfrac{\partial F_1}{\partial y_2}\dfrac{\partial y_2}{\partial x_i}+\cdots+\dfrac{\partial F_1}{\partial y_m}\dfrac{\partial y_m}{\partial x_i}=0,\\[2ex]\dfrac{\partial F_2}{\partial x_i}+\dfrac{\partial F_2}{\partial y_1}\dfrac{\partial y_1}{\partial x_i}+\dfrac{\partial F_2}{\partial y_2}\dfrac{\partial y_2}{\partial x_i}+\cdots+\dfrac{\partial F_2}{\partial y_m}\dfrac{\partial y_m}{\partial x_i}=0,\\\cdots\cdots\\\dfrac{\partial F_m}{\partial x_i}+\dfrac{\partial F_m}{\partial y_1}\dfrac{\partial y_1}{\partial x_i}+\dfrac{\partial F_m}{\partial y_2}\dfrac{\partial y_2}{\partial x_i}+\cdots+\dfrac{\partial F_m}{\partial y_m}\dfrac{\partial y_m}{\partial x_i}=0.\end{cases}\tag{8.5.7}$$

如果方程组的系数行列式

$$\det \boldsymbol{J_y F} = \begin{vmatrix} \dfrac{\partial F_1}{\partial y_1} & \dfrac{\partial F_1}{\partial y_2} & \cdots & \dfrac{\partial F_1}{\partial y_m} \\ \dfrac{\partial F_2}{\partial y_1} & \dfrac{\partial F_2}{\partial y_2} & \cdots & \dfrac{\partial F_2}{\partial y_m} \\ \vdots & \vdots & & \vdots \\ \dfrac{\partial F_m}{\partial y_1} & \dfrac{\partial F_m}{\partial y_2} & \cdots & \dfrac{\partial F_m}{\partial y_m} \end{vmatrix} \neq 0,$$

则由方程组 (8.5.7) 就可以解出 $y_1, y_2, \cdots, y_m$ 对 $x_i (i = 1, 2, \cdots, n)$ 的偏导数.

例 8.5.4 设方程组

$$\begin{cases} F(x, y, z) = 0, \\ G(x, y, z) = 0 \end{cases}$$

在 (x_0, y_0, z_0) 的某邻域中确定了一组连续可微的隐函数 $y = y(x)$, $z = z(x)$, 求 $\dfrac{\mathrm{d}y}{\mathrm{d}x}$, $\dfrac{\mathrm{d}z}{\mathrm{d}x}$.

解 方程组的两个方程两边对 x 求导, 得到

$$\begin{cases} F'_x + F'_y \dfrac{\mathrm{d}y}{\mathrm{d}x} + F'_z \dfrac{\mathrm{d}z}{\mathrm{d}x} = 0, \\ G'_x + G_y \dfrac{\mathrm{d}y}{\mathrm{d}x} + G'_z \dfrac{\mathrm{d}z}{\mathrm{d}x} = 0. \end{cases}$$

于是解得

$$\frac{\mathrm{d}y}{\mathrm{d}x} = \frac{\begin{vmatrix} F'_z & F'_x \\ G'_z & G'_x \end{vmatrix}}{\begin{vmatrix} F'_y & F'_z \\ G'_y & G'_z \end{vmatrix}} = \frac{\dfrac{\partial(F, G)}{\partial(z, x)}}{\dfrac{\partial(F, G)}{\partial(y, z)}}, \qquad \frac{\mathrm{d}z}{\mathrm{d}x} = \frac{\begin{vmatrix} F'_x & F'_y \\ G'_x & G'_y \end{vmatrix}}{\begin{vmatrix} F'_y & F'_z \\ G'_y & G'_z \end{vmatrix}} = \frac{\dfrac{\partial(F, G)}{\partial(x, y)}}{\dfrac{\partial(F, G)}{\partial(y, z)}}.$$

例 8.5.5 设方程组

$$\begin{cases} u^2 - v + x = 0, \\ u + v^2 - y = 0 \end{cases}$$

在 $(0, 0)$ 的邻域中确定 u 和 v 是 x, y 的函数. 求 $\dfrac{\partial u}{\partial x}$ 和 $\dfrac{\partial v}{\partial x}$.

解 设方程组已确定隐函数组

$$u = u(x, y), \qquad v = v(x, y).$$

方程组的两个方程对 x 求偏导, 得到

$$\begin{cases} 2uu'_x - v'_x + 1 = 0, \\ u'_x + 2vv'_x = 0. \end{cases}$$

于是解得

$$\frac{\partial u}{\partial x}=-\frac{2v}{1+4uv},\qquad \frac{\partial v}{\partial x}=\frac{1}{1+4uv}.$$

作为一个重要的特例, 考虑两个二元函数所确定的反函数组的微商.

设

$$u=u(x,y),\qquad v=v(x,y)$$

是一个一一映射, 则存在逆映射

$$x=x(u,v),\qquad y=y(u,v).$$

由方程组

$$\begin{cases}u-u(x,y)=0,\\ v-v(x,y)=0\end{cases}$$

对 u 求导, 得方程组

$$\begin{cases}\dfrac{\partial u}{\partial x}\dfrac{\partial x}{\partial u}+\dfrac{\partial u}{\partial y}\dfrac{\partial y}{\partial u}=1,\\[2ex] \dfrac{\partial v}{\partial x}\dfrac{\partial x}{\partial u}+\dfrac{\partial v}{\partial y}\dfrac{\partial y}{\partial u}=0.\end{cases}\tag{8.5.8}$$

由此就可以解出逆映射的偏微商 $\dfrac{\partial x}{\partial u}$, $\dfrac{\partial y}{\partial u}$. 如果将方程组对 v 求导, 就得到

$$\begin{cases}\dfrac{\partial u}{\partial x}\dfrac{\partial x}{\partial v}+\dfrac{\partial u}{\partial y}\dfrac{\partial y}{\partial v}=0,\\[2ex] \dfrac{\partial v}{\partial x}\dfrac{\partial x}{\partial v}+\dfrac{\partial v}{\partial y}\dfrac{\partial y}{\partial v}=1.\end{cases}\tag{8.5.9}$$

就可以解出 $\dfrac{\partial x}{\partial v}$, $\dfrac{\partial y}{\partial v}$. 由式 (8.5.8), 式 (8.5.9) 两式还可以看出

$$\frac{\partial(x,y)}{\partial(u,v)}\frac{\partial(u,v)}{\partial(x,y)}=1.$$

可见, 可逆映射的 Jacobi 行列式有相当于一元函数的导数的特征.

例 8.5.6　求极坐标变换 $x=r\cos\theta, y=r\sin\theta$ 的反变换的偏微商.

解　将此变换中的 r,θ 看成是 x,y 的函数, 两边对 x 求导得

$$\begin{cases}\cos\theta\dfrac{\partial r}{\partial x}-r\sin\theta\dfrac{\partial\theta}{\partial x}=1,\\[2ex] \sin\theta\dfrac{\partial r}{\partial x}+r\cos\theta\dfrac{\partial\theta}{\partial x}=0.\end{cases}$$

它是关于 $\dfrac{\partial r}{\partial x}$, $\dfrac{\partial \theta}{\partial x}$ 的二元一次联立方程. 解得

$$\frac{\partial r}{\partial x}=\cos\theta=\frac{x}{\sqrt{x^2+y^2}},\qquad \frac{\partial \theta}{\partial x}=-\frac{\sin\theta}{r}=-\frac{y}{x^2+y^2}.$$

同理可得

$$\frac{\partial r}{\partial y}=\frac{y}{\sqrt{x^2+y^2}},\qquad \frac{\partial \theta}{\partial y}=\frac{x}{x^2+y^2}.$$

习 题 8.5

1. 求由下列方程所确定的隐函数的导数:

(1) $x\mathrm{e}^y+y\mathrm{e}^x-\mathrm{e}^{xy}=0$, 求 $\dfrac{\mathrm{d}y}{\mathrm{d}x}$;

(2) $\sin(xy)-\mathrm{e}^{xy}-x^2y=0$, 求 $\dfrac{\mathrm{d}y}{\mathrm{d}x}$;

(3) $\ln\sqrt{x^2+y^2}=\arctan\dfrac{y}{x}$, 求 $\dfrac{\mathrm{d}y}{\mathrm{d}x}$ 和 $\dfrac{\mathrm{d}^2y}{\mathrm{d}x^2}$;

(4) $x^y=y^x$, 求 $\dfrac{\mathrm{d}y}{\mathrm{d}x}$ 和 $\dfrac{\mathrm{d}^2y}{\mathrm{d}x^2}$.

2. 对下列方程所确定的隐函数求 $\dfrac{\partial z}{\partial x},\dfrac{\partial z}{\partial y},\dfrac{\partial x}{\partial y},\dfrac{\partial^2 z}{\partial x^2}$:

(1) $\mathrm{e}^{-xy}-2z+\mathrm{e}^z=0$;　　(2) $\mathrm{e}^z-xyz=0$;

(3) $x^3+y^3+z^3-3axyz=0$;　　(4) $\dfrac{x}{z}=\ln\dfrac{z}{y}$.

3. 设 $x=x(y,z),y=y(x,z),z=z(x,y)$ 都是由方程 $F(x,y,z)=0$ 所确定的隐函数, 证明:

$$\frac{\partial x}{\partial y}\cdot\frac{\partial y}{\partial z}\cdot\frac{\partial z}{\partial x}=-1.$$

4. 求由下列方程所确定的隐函数的偏导数:

(1) $F(x,x+y,x+y+z)=0$, 求 $\dfrac{\partial z}{\partial x},\dfrac{\partial z}{\partial y}$;

(2) $F(xz,yz)=0$, 求 $\dfrac{\partial z}{\partial x}$, $\dfrac{\partial z}{\partial y}$.

5. 试求由下列方程所确定的隐函数的微分:

(1) $\cos^2x+\cos^2y+\cos^2z=1$, 求 $\mathrm{d}z$;

(2) $xyz=x+y+z$, 求 $\mathrm{d}z$;

(3) $u^3-3(x+y)u^2+z^3=0$, 求 $\mathrm{d}u$;

(4) $u+\mathrm{e}^u=\arctan(xyz)$, 求 $\mathrm{d}u$;

(5) $F(x-y,y-z,z-x)=0$, 求 $\mathrm{d}z$.

6. 证明: 当 $1+xy=k(x-y)$ (其中 k 为常数) 时有等式

$$\frac{\mathrm{d}x}{1+x^2}=\frac{\mathrm{d}y}{1+y^2}.$$

7. 证明: 若 $x^2y^2+x^2+y^2-1=0$, 则当 $xy>0$ 时有等式

$$\frac{\mathrm{d}x}{\sqrt{1-x^4}}+\frac{\mathrm{d}y}{\sqrt{1-y^4}}=0.$$

8. 设 $z=z(x,y)$ 是由方程 $2\sin(x+2y-3z)=x+2y-3z$ 所确定的隐函数, 试证: $\dfrac{\partial z}{\partial x}+\dfrac{\partial z}{\partial y}=1$.

9. 设 $z=z(x,y)$ 是由方程 $\varphi(cx-az,cy-bz)=0$ 所确定的隐函数, 试证: 不论 φ 为怎样的可微函数, 都有 $a\dfrac{\partial z}{\partial x}+b\dfrac{\partial z}{\partial y}=c$.

10. 设 $z=z(x,y)$ 是由方程 $F\left(x+\dfrac{z}{y},y+\dfrac{z}{x}\right)=0$ 所确定的隐函数, 证明: $x\dfrac{\partial z}{\partial x}+y\dfrac{\partial z}{\partial y}=z-xy$.

11. 设 $z=x^2+y^2$, 其中 $y=y(x)$ 为由方程 $x^2-xy+y^2=1$ 所定义的函数, 求 $\dfrac{\mathrm{d}z}{\mathrm{d}x}$ 及 $\dfrac{\mathrm{d}^2z}{\mathrm{d}x^2}$.

12. 设 $z=f(u)$, 方程$u=\varphi(u)+\displaystyle\int_y^x p(t)\mathrm{d}t$ 确定 u 是 x,y 的函数, 其中 $f(u),\varphi(u)$ 可微,$p(t),\varphi'(u)$ 连续, 且 $\varphi'(u)\neq 1$. 求 $p(y)\dfrac{\partial z}{\partial x}+p(x)\dfrac{\partial z}{\partial y}$.

13. 设 $y=f(x+t)$, 而 t 是由方程 $y+g(x,t)=0$ 所确定的 x,y 的函数, 求 $\dfrac{\mathrm{d}y}{\mathrm{d}x}$.

14. 求下列方程组所确定的隐函数组的导数:

(1) $\begin{cases} z=x^2+y^2, \\ x^2+2y^2+3z^2=20, \end{cases}$ 求 $\dfrac{\mathrm{d}y}{\mathrm{d}x}$, $\dfrac{\mathrm{d}z}{\mathrm{d}x}$;

(2) $\begin{cases} x+y+z=0, \\ x^2+y^2+z^2=1, \end{cases}$ 求 $\dfrac{\mathrm{d}x}{\mathrm{d}z}$, $\dfrac{\mathrm{d}y}{\mathrm{d}z}$;

(3) $\begin{cases} F(x,y,z)=0, \\ G(x,y,z)=0, \end{cases}$ 求 $\dfrac{\mathrm{d}y}{\mathrm{d}x}$, $\dfrac{\mathrm{d}z}{\mathrm{d}x}$.

15. $u=u(x,y),v=v(x,y)$ 是由下列方程组所确定的隐函数组, 求 $\dfrac{\partial u}{\partial x}$, $\dfrac{\partial u}{\partial y}$, $\dfrac{\partial v}{\partial x}$, $\dfrac{\partial v}{\partial y}$:

(1) $\begin{cases} u^2+v^2+x^2+y^2=1, \\ u+v+x+y=0; \end{cases}$

(2) $\begin{cases} xu-yv=0, \\ yu+xv=1; \end{cases}$

(3) $\begin{cases} u+v=x+y, \\ \dfrac{\sin u}{\sin v}=\dfrac{x}{y}; \end{cases}$

(4) $\begin{cases} u=f(ux,v+y), \\ v=g(u-x,v^2y). \end{cases}$

16. 求下列函数组所确定的反函数组的偏导数 $\dfrac{\partial u}{\partial x}, \dfrac{\partial u}{\partial y}, \dfrac{\partial v}{\partial x}, \dfrac{\partial v}{\partial y}$:

(1) $\begin{cases} x=f(u,v), \\ y=g(u,v); \end{cases}$

(2) $\begin{cases} x=\mathrm{e}^u+u\sin v, \\ y=\mathrm{e}^u-u\cos v. \end{cases}$

17. 设方程组 $\begin{cases} pu+qv-t^2=0, \\ qu+pv-s^2=0 \end{cases}$ $(p^2-q^2\neq 0)$ 确定隐函数 $\begin{cases} u=u(s,t), \\ v=v(s,t) \end{cases}$ 及反函数 $\begin{cases} s=s(u,v), \\ t=t(u,v), \end{cases}$ 求证: $\dfrac{\partial t}{\partial u}\cdot\dfrac{\partial u}{\partial t}=\dfrac{\partial s}{\partial v}\cdot\dfrac{\partial v}{\partial s}=\dfrac{p^2}{p^2-q^2}$.

18. 设 $u=f(x,y,z), \varphi(x^2,\mathrm{e}^y,z)=0, y=\sin x$, 其中 f,φ 都具有一阶连续偏导数, 且 $\dfrac{\partial\varphi}{\partial z}\neq 0$. 求 $\dfrac{\mathrm{d}u}{\mathrm{d}x}$.

19. 设 $y=y(x), z=z(x)$ 是由方程 $z=xf(x+y)$ 和 $F(x,y,z)=0$ 所确定的函数, 其中 f 和 F 分别具有一阶连续导数和一阶连续偏导数. 求 $\dfrac{\mathrm{d}z}{\mathrm{d}x}$.

20. 设 $u=u(x,y), v=v(x,y)$ 是由方程 $F(x,y,u,v)=0$ 和 $G(x,y,u,v)=0$ 所确定的隐函数, 其中 F 和 G 都具有一阶连续偏导数. 求 $\mathrm{d}u, \mathrm{d}v$.

21. 函数 $u=u(x,y)$ 由方程组 $u=f(x,y,z,t), g(y,z,t)=0, h(z,t)=0$ 定义, 求 $\dfrac{\partial u}{\partial x}, \dfrac{\partial u}{\partial y}$.

§8.6 向量值函数的微分法及几何应用

8.6.1 一元向量值函数的微分法

设 $\boldsymbol{r}=\boldsymbol{r}(t)$ $(\alpha\leqslant t\leqslant\beta)$ 是一元向量值函数. 如果存在向量 $\boldsymbol{a}$, 使得

$$\lim_{t\to t_0}\frac{\boldsymbol{r}(t)-\boldsymbol{r}(t_0)}{t-t_0}=\boldsymbol{a},$$

则称 $\boldsymbol{r}(t)$ 在 t_0 可微, 并称 $\boldsymbol{a}$ 为 $\boldsymbol{r}(t)$ 在 t_0 的微商, 记成 $\boldsymbol{r}'(t_0)$ 或 $\dfrac{\mathrm{d}\boldsymbol{r}}{\mathrm{d}t}$.

容易看出

$$\boldsymbol{r}'(t)=(x'(t),y'(t),z'(t)).$$

同样, 还可以定义向量值函数的微分

$$\mathrm{d}\boldsymbol{r}(t)=\boldsymbol{r}'(t)\mathrm{d}t=(x'(t),y'(t),z'(t))\mathrm{d}t=(\mathrm{d}x,\mathrm{d}y,\mathrm{d}z).$$

定理 8.6.1 设 $\boldsymbol{r}(t)$, $\boldsymbol{r}_1(t)$ 和 $\boldsymbol{r}_2(t)$ 都可微, 则

1° $(\boldsymbol{r}_1(t)+\boldsymbol{r}_2(t))'=\boldsymbol{r}_1'(t)+\boldsymbol{r}_2'(t)$;

2° 如果 $f(t)$ 可微, 则 $(f(t)\boldsymbol{r}(t))'=f(t)\boldsymbol{r}'(t)+f'(t)\boldsymbol{r}(t)$;

3° $(\boldsymbol{r}_1(t)\cdot\boldsymbol{r}_2(t))'=\boldsymbol{r}_1'(t)\cdot\boldsymbol{r}_2(t)+\boldsymbol{r}_1(t)\cdot\boldsymbol{r}_2'(t)$;

4° $(\boldsymbol{r}_1(t)\times\boldsymbol{r}_2(t))'=\boldsymbol{r}_1'(t)\times\boldsymbol{r}_2(t)+\boldsymbol{r}_1(t)\times\boldsymbol{r}_2'(t)$;

5° 如果 $f(u)$ 可微, 则 $\dfrac{\mathrm{d}\boldsymbol{r}(f(u))}{\mathrm{d}u}=f'(u)\boldsymbol{r}'(f(u))$.

证明留给读者 (习题 8.6 中第 3 题).

8.6.2 空间曲线的切线与法平面

设 $\boldsymbol{r}=\boldsymbol{r}(t)=(x(t),y(t),z(t))$ $(\alpha\leqslant t\leqslant\beta)$ 是一个连续的一元向量值函数, 它把 $[\alpha,\beta]$ 上的一点 t 映成空间中一点 $M(t)=(x(t),y(t),z(t))$. 点 $M(t)$ 的全体就称为一条空间曲线 L.

$\boldsymbol{r}=\boldsymbol{r}(t)$ 称为曲线的向径式方程, 它等价于曲线的参数方程

$$L:\quad x=x(t),\ y=y(t),\ z=z(t)\qquad(\alpha\leqslant t\leqslant\beta).$$

若 L 没有自交点, 即对任何 $\alpha\leqslant t_1<t_2<\beta$, $\boldsymbol{r}(t_1)\neq\boldsymbol{r}(t_2)$, 则称 L 为一条简单曲线或 Jordan 曲线; 若 $x'(t),y'(t),z'(t)$ 在 $[\alpha,\beta]$ 上连续, 且不同时为零, 就称 L 为一条光滑曲线; 若 $\boldsymbol{r}(\alpha)=\boldsymbol{r}(\beta)$, 就称 L 为一条闭曲线. 当 $z(t)\equiv 0$ 时,L 就是 Oxy 平面上的一条曲线.

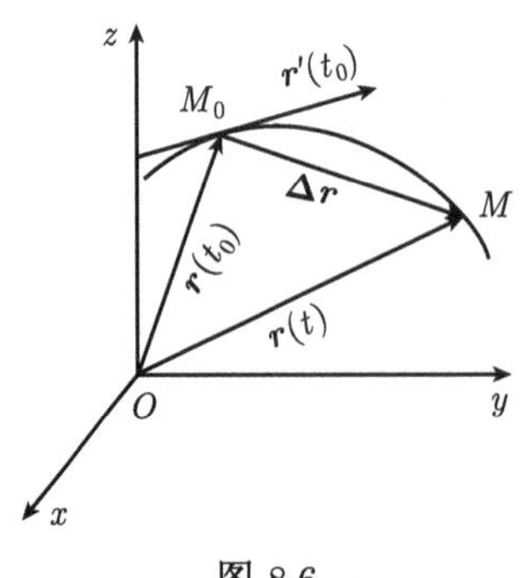

图 8.6

设参数曲线 L 上的两点 M_0 和 M, 它们的向径分别是 $\boldsymbol{r}(t_0)$ 和 $\boldsymbol{r}(t)$. 于是 $\overrightarrow{M_0M}=\boldsymbol{r}(t)-\boldsymbol{r}(t_0)$, 故 $\dfrac{\boldsymbol{r}(t)-\boldsymbol{r}(t_0)}{t-t_0}$ 就与 $\overrightarrow{M_0M}$ 共线, 并指向参数的增加方向 (图 8.6). 于是

$$\boldsymbol{r}'(t_0)=\lim_{t\to t_0}\frac{\boldsymbol{r}(t)-\boldsymbol{r}(t_0)}{t-t_0}=(x'(t),y'(t),z'(t))$$

就是弦向量

$$\frac{\boldsymbol{r}(t)-\boldsymbol{r}(t_0)}{t-t_0}$$

的极限. 如果 $\boldsymbol{r}'(t_0)\neq\mathbf{0}$, 则 $\boldsymbol{r}'(t_0)$ 就是 L 在 M_0 的切向量, 并指向参数增加的方向.

有了切向量, 就知道曲线的切线方程为

$$\frac{x-x(t_0)}{x'(t_0)}=\frac{y-y(t_0)}{y'(t_0)}=\frac{z-z(t_0)}{z'(t_0)},$$

曲线的法平面方程为

$$x'(t_0)(x-x(t_0))+y'(t_0)(y-y(t_0))+z'(t_0)(z-z(t_0))=0.$$

一元函数

$$y=f(x)\qquad(a\leqslant x\leqslant b)$$

表示平面曲线, 也可以看成空间曲线, 其向径式方程为

$$\boldsymbol{r}=\boldsymbol{r}(x)=(x,f(x),0).$$

它的切向量为

$$\boldsymbol{r}'(x)=(1,f'(x),0).$$

所以, 只要 $f'(x)$ 是连续的,$y=f(x)$ 就代表一条平面光滑曲线.

现在设 $F(x,y,z)$ 和 $G(x,y,z)$ 在点 $M_0(x_0,y_0,z_0)$ 附近有连续的偏微商, 又设

$$\begin{aligned}&F(M_0)=G(M_0)=0,\\&(F_x'(M_0),F_y'(M_0),F_z'(M_0))\times(G_x'(M_0),G_y'(M_0),G_z'(M_0))\neq\mathbf{0}.\end{aligned}$$

假定方程组

$$\begin{cases}F(x,y,z)=0,\\G(x,y,z)=0\end{cases}$$

在 (x_0,y_0,z_0) 的某邻域内确定了一组连续可微的隐函数 $z=z(x)$ 和 $y=y(x)$, 从而它在 M_0 附近确定了一条过 M_0 的光滑曲线, 其向径式方程为 $\boldsymbol{r}=(x,y(x),z(x))$, 它是曲面 $F(x,y,z)=0$ 和 $G(x,y,z)=0$ 的交线. 根据例 8.5.4 知道可取曲线的切向量为

$$\begin{aligned}&\left(\frac{\partial(F,G)}{\partial(y,z)},\frac{\partial(F,G)}{\partial(z,x)},\frac{\partial(F,G)}{\partial(x,y)}\right)\bigg|_{M_0}\\=&(F_x'(M_0),F_y'(M_0),F_z'(M_0))\times(G_x'(M_0),G_y'(M_0),G_z'(M_0)),\end{aligned}$$

切线方程为

$$\frac{x-x_0}{\dfrac{\partial(F,G)}{\partial(y,z)}}=\frac{y-y_0}{\dfrac{\partial(F,G)}{\partial(z,x)}}=\frac{z-z_0}{\dfrac{\partial(F,G)}{\partial(x,y)}},$$

曲线的法平面方程为

$$\begin{vmatrix}x-x_0&y-y_0&z-z_0\\F_x'&F_y'&F_z'\\G_x'&G_y'&G_z'\end{vmatrix}=0.$$

例 8.6.1 求曲线 $x=t,y=t^2,z=t^3$ 在点 $(1,1,1)$ 处的切线与法平面方程.

解 因为 $x'(t)=1,y'(t)=2t,z'(t)=3t^2$, 所以曲线在点 $(1,1,1)$ 处的切向量

为 $(1,2,3)$, 于是切线方程为

$$\frac{x-1}{1}=\frac{y-1}{2}=\frac{z-1}{3},$$

法平面方程为

$$(x-1)+2(y-1)+3(z-1)=0$$

即

$$x+2y+3z-6=0.$$

例 8.6.2　求曲线

$$\begin{cases} x^2+y^2+z^2=4a^2, \\ x^2+y^2=2ax \end{cases}$$

在 $M_0(a,a,\sqrt{2}a)$ 处的切线和法平面方程.

解　方程组表示的曲线是球面与柱面的交线. 记

$$\begin{aligned} &F(x,y,z)=x^2+y^2+z^2-4a^2, \\ &G(x,y,z)=x^2+y^2-2ax, \\ &(F'_x,F'_y,F'_z)|_{M_0}=(2a,2a,2\sqrt{2}a), \\ &(G'_x,G'_y,G'_z)|_{M_0}=(0,2a,0). \end{aligned}$$

由此, 曲线在 M_0 处的一个切向量为

$$(F'_x,F'_y,F'_z)|_{M_0}\times(G'_x,G'_y,G'_z)|_{M_0}=(-4\sqrt{2}a^2,0,4a^2).$$

从而, 所求的切线方程是

$$\frac{x-a}{-\sqrt{2}}=\frac{y-a}{0}=\frac{z-\sqrt{2}a}{1},$$

或写成

$$\begin{cases} x+\sqrt{2}z=3a, \\ y=a. \end{cases}$$

所求的法平面方程是

$$-\sqrt{2}(x-a)+0(y-a)+(z-\sqrt{2}a)=0,$$

化简得

$$\sqrt{2}x-z=0.$$

8.6.3　二元向量值函数的微分法

设 $D\subset\mathbf{R}^2$, $\boldsymbol{r}=\boldsymbol{r}(u,v)=(x(u,v),y(u,v),z(u,v))$, $(u,v)\in D$, 则也可以定义向量值函数 $\boldsymbol{r}(u,v)$ 的偏微商为

$$\frac{\partial \boldsymbol{r}}{\partial u}=\left(\frac{\partial x}{\partial u},\frac{\partial y}{\partial u},\frac{\partial z}{\partial u}\right),\qquad \frac{\partial \boldsymbol{r}}{\partial v}=\left(\frac{\partial x}{\partial v},\frac{\partial y}{\partial v},\frac{\partial z}{\partial v}\right).$$

类似于多元函数的可微和微分的定义, 可以给出多元向量值函数的可微和微分的定义. 容易证明, 一个二元向量值函数在一点可微当且仅当它的各个坐标函数都在这点可微, 并且有

$$\mathrm{d}\boldsymbol{r}=(\mathrm{d}x(u,v),\ \mathrm{d}y(u,v),\ \mathrm{d}z(u,v)). \tag{8.6.1}$$

由二元函数的微分及式 (8.6.1) 可得

$$\mathrm{d}\boldsymbol{r}=\boldsymbol{r}'_u\mathrm{d}u+\boldsymbol{r}'_v\mathrm{d}v. \tag{8.6.2}$$

由二元函数微分形式的不变性, 可以得到二元向量值函数的微分形式的不变性, 即无论 u 和 v 是自变量或者是中间变量, 式 (8.6.2) 总是成立的. 此外, 若 $\boldsymbol{r}(u,v)$ 在 (u,v) 处可微, 则当 $(\Delta u,\Delta v)\to(0,0)$ 时, 有

$$|\Delta\boldsymbol{r}-\mathrm{d}\boldsymbol{r}|=o(\sqrt{\Delta u^2+\Delta v^2}),$$

其中 $\Delta\boldsymbol{r}=\boldsymbol{r}(u+\Delta u,v+\Delta v)-\boldsymbol{r}(u,v)$.

8.6.4　空间曲面的切平面与法线

二元三维向量值函数 $\boldsymbol{r}=\boldsymbol{r}(u,v)$ $((u,v)\in D)$ 将 uv 平面上的集合 D 上任意一点 (u,v) 映为空间中以 $\boldsymbol{r}(u,v)$ 为向径的点 M. 当 (u,v) 在定义域内变化时, 像点 M 的全体在空间中形成一个图形, 通常称它为由 $\boldsymbol{r}(u,v)$ 给出的空间曲面. 取定一个 v 值, 让 u 在其允许值内变化时, 向径 $\boldsymbol{r}(u,v)$ 的终点就在曲面上画出一条曲线, 称为 u 曲线. 让 v 值在其允许值范围内变动, 相应于 v 值的 u 曲线就在曲面上变动, 并扫出整个曲面. 同样, 固定 u 值, 让 v 变动, 向径 $\boldsymbol{r}(u,v)$ 的终点就在曲面上描出一条曲线, 称为 v 曲线. 让 u 值变遍所有的允许值, 相应于 u 值的 v 曲线就扫出整个曲面. 整张曲面就是由这些 u 曲线和 v 曲线交织而成的. 例如, 球面

$$\boldsymbol{r}=(R\sin\theta\cos\varphi,R\sin\theta\sin\varphi,R\cos\theta)\qquad(0\leqslant\theta\leqslant\pi,\ 0\leqslant\varphi\leqslant 2\pi)$$

中, θ 固定时所得到的 φ 曲线就是纬线, 而 φ 固定时所得的 θ 曲线就是经线 (图 8.7).

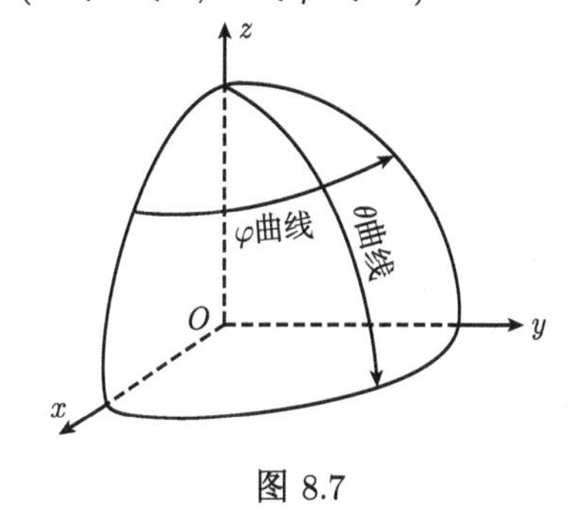

图 8.7

用曲面上动点的向径所满足的方程 $\boldsymbol{r}=\boldsymbol{r}(u,v)$ $((u,v)\in D)$, 来表示曲面, 称为曲面的**向径式方程**, 它等价于方程组

$$\begin{cases} x=x(u,v), \\ y=y(u,v), \\ z=z(u,v), \end{cases}\qquad (u,v)\in D.$$

称此方程组为**曲面的参数方程**, 用向径式方程或参数方程来表示的曲面常被简称为参数曲面.

一个在区域 D 内定义的三维向量值函数 $\boldsymbol{r}=\boldsymbol{r}(u,v)\,((u,v)\in D)$, 如果 $\boldsymbol{r}'_u(u,v)$ 和 $\boldsymbol{r}'_v(u,v)$ 都在 D 内连续并且在 D 内处处有

$$\boldsymbol{n}(u,v)=\boldsymbol{r}'_u(u,v)\times\boldsymbol{r}'_v(u,v)\neq\boldsymbol{0},$$

则称曲面 $\boldsymbol{r}=\boldsymbol{r}(u,v)\,((u,v)\in D)$ 为一张光滑曲面.

设 $M_0(u_0,v_0)(u_0=u(t_0),v_0=v(t_0))$ 是曲面上的一点, 过点 M_0 任意作一条完全躺在曲面上的光滑曲线, 其方程是

$$\boldsymbol{r}=(x(u(t),v(t)),\ y(u(t),v(t)),\ z(u(t),v(t))),$$
$$u(t_0)=u_0,\qquad v(t_0)=v_0.$$

这条曲线可以看成是 uv 平面区域 D 中的曲线 $u=u(t),v=v(t)$ 经变换：$x=x(u,v)$, $y=y(u,v)$, $z=z(u,v)$ 映成的空间曲线.

求微商可以得到该曲线在点 M_0 的一个切向量

$$\boldsymbol{r}'_u(u_0,v_0)\frac{\mathrm{d}u}{\mathrm{d}t}+\boldsymbol{r}'_v(u_0,v_0)\frac{\mathrm{d}v}{\mathrm{d}t}.$$

它在 $\boldsymbol{r}'_u(u_0,v_0)$ (u 曲线的切方向) 与 $\boldsymbol{r}'_v(u_0,v_0)$ (v 曲线的切方向) 所在的平面内, 显然 $\boldsymbol{n}_0=\boldsymbol{r}'_u(u_0,v_0)\times\boldsymbol{r}'_v(u_0,v_0)$ 与以上切向量相垂直. 这样, 过点 M_0 且躺在曲面上的任意一条光滑曲线在 M_0 处的切线都落在过 M_0 且以 $\boldsymbol{n}_0$ 为法向量的平面内. 因此我们称过 M_0, 以 $\boldsymbol{n}_0$ 为法向量的平面为曲面在 M_0 处的切平面, 而称 $\boldsymbol{n}_0$ 为曲面在 M_0 处的法向量. 所以光滑曲面有连续变化的法向量.

由 $\boldsymbol{n}=\boldsymbol{r}'_u\times\boldsymbol{r}'_v$ 可得

$$\boldsymbol{n}=\left(\frac{\partial(y,z)}{\partial(u,v)},\ \frac{\partial(z,x)}{\partial(u,v)},\ \frac{\partial(x,y)}{\partial(u,v)}\right).$$

当 $\boldsymbol{n}(u,v)\neq\boldsymbol{0}$ 时, 为了写出曲面在 $M(x(u,v),y(u,v),z(u,v))$ 处的切平面和法线方程, 可用 (X,Y,Z) 表示切平面或法线上的动点的坐标. 这样, 曲面在 M 处的切平面方程是

$$\frac{\partial(y,z)}{\partial(u,v)}(X-x(u,v))+\frac{\partial(z,x)}{\partial(u,v)}(Y-y(u,v))+\frac{\partial(x,y)}{\partial(u,v)}(Z-x(u,v))=0,$$

或者写成

$$\begin{vmatrix} X-x(u,v) & Y-y(u,v) & Z-z(u,v)\\ x'_u(u,v) & y'_u(u,v) & z'_u(u,v)\\ x'_v(u,v) & y'_v(u,v) & z'_v(u,v)\end{vmatrix}=0;$$

曲面在 M 处的法线方程是

$$\frac{X-x(u,v)}{\dfrac{\partial(y,z)}{\partial(u,v)}}=\frac{Y-y(u,v)}{\dfrac{\partial(z,x)}{\partial(u,v)}}=\frac{Z-z(u,v)}{\dfrac{\partial(x,y)}{\partial(u,v)}}.$$

由二元函数 $z=f(x,y)\,((x,y)\in D)$ 所表示的曲面是一类重要的曲面, 常简称这种曲面为显式曲面, 它可以看成是二元向量值函数的一个特例:

$$\boldsymbol{r}=(x,y,f(x,y)),\qquad (x,y)\in D.$$

若 $f'_x(x,y)$ 和 $f'_y(x,y)$ 都在 D 连续, 则

$$\boldsymbol{r}'_x=(1,0,f'_x),\qquad \boldsymbol{r}'_y=(0,1,f'_y),$$

$$\boldsymbol{n}=\boldsymbol{r}'_x\times\boldsymbol{r}'_y=(-f'_x,-f'_y,1),$$

这里 $\boldsymbol{r}'_x$ 和 $\boldsymbol{r}'_y$ 都连续且 $\boldsymbol{n}\neq\boldsymbol{0}$, 因此它是一张光滑曲面. 此外, 对于 D 内任意两个不同点 $(x_1,y_1)\neq(x_2,y_2)$, 恒有 $(x_1,y_1,f(x_1,y_1))\neq(x_2,y_2,f(x_2,y_2))$, 即显式曲面总是不自交的. 用 (X,Y,Z) 表示动点坐标, 容易写出显式曲面在点 $(x,y,f(x,y))$ 处的切平面和法线方程, 它们分别是

$$-f'_x(x,y)(X-x)-f'_y(x,y)(Y-y)+Z-f(x,y)=0$$

和

$$\frac{X-x}{-f'_x(x,y)}=\frac{Y-y}{-f'_y(x,y)}=Z-f(x,y).$$

记 $\Delta x=X-x,\Delta y=Y-y$, 从切平面方程可以看出 $\mathrm{d}f(x,y)$ 其实就是切平面上, 当自变量 (x,y) 有了增量 $(\Delta x,\Delta y)$ 时, 沿着 z 方向所产生的增量. 这和一元函数微分的几何意义是很相近的, 它们都是在局部以平直代替弯曲的结果.

如果曲面是由方程 $F(x,y,z)=0$ 所确定的隐式曲面,

设 $\varGamma$ 是曲面上过 $M_0(x_0,y_0,z_0)$ 的一条光滑曲线, 其参数方程为

$$\varGamma:\begin{cases}x=x(t),\\ y=y(t),\qquad t\in[\alpha,\beta],\\ z=z(t)\end{cases}$$

$$(x(t_0),y(t_0),z(t_0))=(x_0,y_0,z_0).$$

由于 $\varGamma$ 在曲面上, 故必有

$$F(x(t),y(t),z(t))=0\qquad (t\in[\alpha,\beta]),$$

等式两端对 t 求导, 并取 $t=t_0$, 就得到

$$F'_x(M_0)x'(t_0)+F'_y(M_0)y'(t_0)+F'_z(t_0)z'(t_0)=0.$$

就是说, 向量 $\boldsymbol{n}=(F'_x(M_0),F'_y(M_0),F'_z(M_0))$ 与曲面上任意一条过 M_0 的曲线在 M_0 正交. 所以向量 $\boldsymbol{n}$ 就是曲面在 M_0 的法向量. 显式曲面是隐式曲面的特殊形式. 容易看出 $(-f'_x,-f'_y,1)$ 是 $z=f(x,y)$ 的一个法向量. 这与前面所求得的结果一致.

设曲面 $F(x,y,z)=0$ 与 $G(x,y,z)=0$ 相交于过 M_0 点的一条曲线, 则曲线方程为

$$\begin{cases}F(x,y,z)=0,\\ G(x,y,z)=0.\end{cases}$$

由于交线在 M_0 处的切线垂直于曲面 $F(x,y,z)=0$ 及 $G(x,y,z)=0$ 在该点的法向量, 因此可取曲线的切向量为

$$\begin{aligned}&(F'_x(M_0),F'_y(M_0),F'_z(M_0))\times(G'_x(M_0),G'_y(M_0),G'_z(M_0))\\=&\left(\frac{\partial(F,G)}{\partial(y,z)},\frac{\partial(F,G)}{\partial(z,x)},\frac{\partial(F,G)}{\partial(x,y)}\right)\bigg|_{M_0}.\end{aligned}$$

这和我们在 8.6.2 小节里推导的结果是一致的, 但这里从几何直观上描述了切向量公式的含义.

例 8.6.3 试用不同方法计算球面 $x^2+y^2+z^2=R^2$ 在点 (x,y,z) 处的法向量, 并比较所得结果.

解 1° $x^2+y^2+z^2-R^2=0$ 是球面的隐式方程, 由隐曲面法向量的求法, 求得一个法向量为

$$\boldsymbol{n}=(2x,2y,2z)=2\boldsymbol{r}.$$

2° 因 $x^2+y^2+z^2=R^2$, 故 x,y,z 不全为零. 不妨设 $z<0$, 由方程解得球面在 (x,y,z) 附近的显式方程为

$$z=-\sqrt{R^2-x^2-y^2}.$$

再由显式曲面的法向量的求法得一个法向量是

$$\begin{aligned}\boldsymbol{n}&=\left(\frac{-x}{\sqrt{R^2-x^2-y^2}},\frac{-y}{\sqrt{R^2-x^2-y^2}},1\right)\\&=\left(\frac{x}{z},\frac{y}{z},1\right)=\frac{1}{z}\boldsymbol{r}.\end{aligned}$$

3° 利用球坐标, 球面可用参数方程表示:

$$x=R\sin\theta\cos\varphi,\quad y=R\sin\theta\sin\varphi,\quad z=R\cos\theta,$$

于是

$$\boldsymbol{n}=\boldsymbol{r}'_\theta\times\boldsymbol{r}'_\varphi=\begin{vmatrix}\boldsymbol{i}&\boldsymbol{j}&\boldsymbol{k}\\R\cos\theta\cos\varphi&R\cos\theta\sin\varphi&-R\sin\theta\\-R\sin\theta\sin\varphi&R\sin\theta\cos\varphi&0\end{vmatrix}$$

$$= R\sin\theta(x\boldsymbol{i} + y\boldsymbol{j} + z\boldsymbol{k}) = R\sin\theta\boldsymbol{r}.$$

4° 由立体几何可知, 球面上任一点处的切平面与过该点的半径垂直, 从而得知 $\boldsymbol{r}$ 就是所要求的一个法向量.

上述 4 种方法所求得的结果是一致的. 但用显式方程计算时, 要先讨论 x, y, z 的符号, 因而比较烦琐. 而用参数方程计算时, 实际上尚未求出 $\theta = 0$ 和 $\theta = \pi$ 时的法向量. 为求出球面在两极处的法向量, 要改用另外的参数方程, 例如, 用参数方程

$$x = R\cos t, \quad y = R\sin t\cos s, \quad z = R\sin t\sin s.$$

而用立体几何的方法既直观又简捷, 可见初等方法有时优于 "高等方法", 不可忽视.

习 题 8.6

1. 设 $\boldsymbol{r} = (a\sin t, -a\cos t, bt^2)$, a, b 是常数, 求 $\boldsymbol{r}'(t)$ 和 $\boldsymbol{r}''(t)$.

2. 设 $\boldsymbol{r}^0(t)$ 是单位向量, 试证明 $\dfrac{\mathrm{d}\boldsymbol{r}^0}{\mathrm{d}t} \perp \boldsymbol{r}^0$, 并说明它的几何意义.

3. 证明定理 8.6.1.

4. 证明曲线 $x = a\cos t, y = a\sin t, z = bt$ 的切线与 Oz 轴成定角.

5. 设 $\boldsymbol{r} = \left(\dfrac{t}{1+t}, \dfrac{1+t}{t}, t^2\right)$ $(t > 0)$, 判断它是不是简单曲线、是不是光滑曲线, 并求出它在 $t = 1$ 时的切线方程和法平面方程.

6. 求下列曲线的切线与法平面方程:

(1) $x = a\sin^2 t, y = b\sin t\cos t, z = c\cos^2 t$, 在 $t = \pi/4$;

(2) $x = t - \cos t, y = 3 + \sin^2 t, z = 1 + \cos 3t$, 在 $t = \pi/2$.

7. 求下列平面曲线在给定点的切线和法线方程:

(1) $x^3y + xy^3 = 3 - x^2y^2$, 在点 $(1, 1)$;

(2) $\cos xy = x + 2y$, 在点 $(1, 0)$.

8. 求下列曲线在给定点的切线和法平面方程:

(1) $\begin{cases} y^2 + z^2 = 25, \\ x^2 + y^2 = 10, \end{cases}$ 在点 $(1, 3, 4)$;

(2) $\begin{cases} 2x^2 + 3y^2 + z^2 = 47, \\ x^2 + 2y^2 = z, \end{cases}$ 在点 $(-2, 1, 6)$.

9. 求下列曲面在所示点处的切平面与法线方程:

(1) $x = u\cos v, y = u\sin v, z = av$, 在点 (u_0, v_0);

(2) $x = a\sin\theta\cos\varphi, y = b\sin\theta\sin\varphi, z = c\cos\theta$, 在点 (θ_0, φ_0).

10. 求下列曲面在指定点的切平面和法线方程:

(1) $z = \sqrt{x^2 + y^2} - xy$, 在点 $(3, 4, -7)$;

(2) $z=\arctan\dfrac{y}{x}$, 在点 $\left(1,1,\dfrac{\pi}{4}\right)$;

(3) $\mathrm{e}^z-z+xy=3$, 在点 $(2,1,0)$;

(4) $4+\sqrt{x^2+y^2+z^2}=x+y+z$, 在点 $(2,3,6)$.

11. 求椭球面 $x^2+2y^2+z^2=1$ 上平行于平面 $x-y+2z=0$ 的切平面的方程.

12. 在曲面 $z=xy$ 上求一点, 使得这点处的法线垂直于平面 $x+3y+z=0$, 并写出这个法线方程.

13. 求椭球面 $x^2+2y^2+3z^2=21$ 上某点 M 处的切平面 π 的方程, 使 π 过已知直线 $L:\ \dfrac{x-6}{2}=\dfrac{y-3}{1}=\dfrac{2z-1}{-2}$.

14. 设直线 $l:\begin{cases}x+y+b=0,\\x+ay-z-3=0\end{cases}$ 在平面 π 上, 而平面 π 与曲面 $z=x^2+y^2$ 相切于点 $(1,-2,5)$, 求 a,b 的值.

15. 试证曲面 $x^2+y^2+z^2=ax$ 与曲面 $x^2+y^2+z^2=by$ 互相正交.

16. 证明曲面 $x+2y-\ln z+4=0$ 和 $x^2-xy-8x+z+5=0$ 在点 $(2,-3,1)$ 处相切 (即有公共的切平面).

17. 证明曲面 $z=x\mathrm{e}^{\frac{x}{y}}$ 上每一点的切平面都通过原点.

§8.7 多元函数的 Taylor 公式与极值

8.7.1 二元函数的 Taylor 公式

为书写的方便, 引进算符

$$\mathcal{D}=h\frac{\partial}{\partial x}+k\frac{\partial}{\partial y},$$

用二项展开式可得

$$\mathcal{D}^m=\left(h\frac{\partial}{\partial x}+k\frac{\partial}{\partial y}\right)^m=\sum_{l=0}^{m}\mathrm{C}_m^l h^l k^{m-l}\frac{\partial^m}{\partial x^l\partial y^{m-l}}.$$

将 $\mathcal{D}^m$ 作用在 $f(x,y)$ 上, 就得到

$$\mathcal{D}^m f(x,y)=\sum_{l=0}^{m}\mathrm{C}_m^l h^l k^{m-l}\frac{\partial^m f(x,y)}{\partial x^l\partial y^{m-l}}.$$

定理 8.7.1 设 D 是 Oxy 平面上的区域, $f(x,y)\in C^{(n+1)}(D)$, D 中两点 $M(x_0,y_0)$ 和 $M_1(x_0+h,y_0+k)$ 的连线 $\overline{MM_1}$ 在 D 中. 则 $\exists\,\theta\in(0,1)$, 使得

$$\begin{aligned}f(x_0+h,y_0+k)&=\sum_{m=0}^{n}\frac{1}{m!}\mathcal{D}^m f(x_0,y_0)+R_n\\&=\sum_{m=0}^{n}\frac{1}{m!}\left(h\frac{\partial}{\partial x}+k\frac{\partial}{\partial y}\right)^m f(x_0,y_0)+R_n,\end{aligned}$$

其中

$$R_n = \frac{1}{(n+1)!}\mathcal{D}^{n+1}f(x_0+\theta h, y_0+\theta k)$$
$$= \frac{1}{(n+1)!}\left(h\frac{\partial}{\partial x}+k\frac{\partial}{\partial y}\right)^{n+1} f(x_0+\theta h, y_0+\theta k) \qquad (0<\theta<1).$$

证 记

$$\varphi(t) = f(x_0+th, y_0+tk),$$

则 $\varphi(t)\in C^{(n+1)}[0,1]$. 故由一元函数的 Taylor 公式可知有

$$\varphi(t) = \sum_{m=0}^{n}\frac{\varphi^{(m)}(0)}{m!}t^m + \frac{\varphi^{(n+1)}(\theta t)}{(n+1)!}t^{n+1} \qquad (0<\theta<1).$$

由复合函数求导法则就得到

$$\varphi'(0) = \left(h\frac{\partial f}{\partial x}+k\frac{\partial f}{\partial y}\right)\bigg|_M,$$
$$\varphi''(0) = \left(h^2\frac{\partial^2 f}{\partial x^2}+2hk\frac{\partial^2 f}{\partial x\partial y}+k^2\frac{\partial^2 f}{\partial y^2}\right)\bigg|_M.$$

归纳可证

$$\varphi^{(m)}(0) = \sum_{l=0}^{m}\mathrm{C}_m^l\frac{\partial^m f}{\partial x^l\partial y^{m-l}}h^l k^{m-l}\Bigg|_M = \mathcal{D}^m f(x_0,y_0).$$

于是得到二元函数的 Taylor 公式

$$f(x_0+h, y_0+k) = \varphi(1) = \sum_{m=0}^{n}\frac{1}{m!}\mathcal{D}^m f(x_0,y_0)+R_n$$
$$= \sum_{m=0}^{n}\frac{1}{m!}\left(h\frac{\partial}{\partial x}+k\frac{\partial}{\partial y}\right)^m f(x_0,y_0)+R_n,$$

其中

$$R_n = \frac{1}{(n+1)!}\mathcal{D}^{n+1}f(x_0+\theta h, y_0+\theta k)$$
$$= \frac{1}{(n+1)!}\left(h\frac{\partial}{\partial x}+k\frac{\partial}{\partial y}\right)^{n+1} f(x_0+\theta h, y_0+\theta k) \qquad (0<\theta<1).$$ □

在 $(0,0)$ 展开的 Taylor 公式也称为 Maclaurin 公式.

如果 $f(x,y)$ 在区域 D 中可微, 当 $n=0$ 得**微分中值公式**

$$f(x_0+h, y_0+k) = f(x_0,y_0)+hf'_x(x_0+\theta h, y_0+\theta k)$$
$$+kf'_y(x_0+\theta h, y_0+\theta k) \qquad (0<\theta<1).$$

于是可以得到

定理 8.7.2 设 $f(x,y)$ 在域 D 中可微, 且 $\dfrac{\partial f}{\partial x}=\dfrac{\partial f}{\partial y}=0$, 则 $f(x,y)\equiv c$(常数).

证 给定 $M_0(x_0,y_0)\in D$. 对任意 $M(x,y)\in D$, 可作连接 M_0 和 M 的折线, 设其顶点顺次为 $M_0,M_1,\cdots,M_n,M$. 由微分中值公式可知

$$f(M_0)=f(M_1)=\cdots=f(M_n)=f(M).$$

由 M 的任意, 在 D 中

$$f(x,y)\equiv f(x_0,y_0)=c.$$

□

例 8.7.1 将函数 $f(x,y)=\mathrm{e}^x\cos y$ 的 Maclaurin 公式展开至二次项.

解 先计算所给函数及其偏微商在点 $(0,0)$ 的值.

$$\begin{aligned}
f(0,0)&=\mathrm{e}^x\cos y|_{(0,0)}=1,\\
f'_x(0,0)&=\mathrm{e}^x\cos y|_{(0,0)}=1,\\
f'_y(0,0)&=-\mathrm{e}^x\sin y|_{(0,0)}=0,\\
f''_{xx}(0,0)&=\mathrm{e}^x\cos y|_{(0,0)}=1,\\
f''_{xy}(0,0)&=-\mathrm{e}^x\sin y|_{(0,0)}=0,\\
f''_{yy}(0,0)&=-\mathrm{e}^x\cos y|_{(0,0)}=-1.
\end{aligned}$$

然后, 令 $x_0=y_0=0,h=x,k=y$, 即得

$$\mathrm{e}^x\cos y=1+x+\frac{1}{2}(x^2-y^2)+R_2,$$

其中 R_2 是余项.

若直接利用一元函数的 Taylor 公式展开 $\mathrm{e}^x,\cos y$, 再求其乘积, 所得结果仍相同, 但余项有不同的形式.

8.7.2 多元函数的极值

设 $f(x,y)$ 在区域 D 中有定义.$M_0(x_0,y_0)\in D$. 若在 M_0 的某个邻域中, 恒有

$$f(x,y)\leqslant f(x_0,y_0),$$

则称 $M_0(x_0,y_0)$ 是 $f(x,y)$ 的一个极大值点,$f(x_0,y_0)$ 称为 $f(x,y)$ 的一个极大值.

类似, 若在 $M_0(x_0,y_0)$ 的某个邻域中, 恒有

$$f(x,y)\geqslant f(x_0,y_0),$$

则称 $M_0(x_0,y_0)$ 是 $f(x,y)$ 的一个极小值点,$f(x_0,y_0)$ 称为 $f(x,y)$ 的一个极小值.

函数的极大值点和极小值点统称为函数的极值点, 函数的极大值和极小值统称为函数的极值.

若 $f(x,y)$ 在 D 中有偏导数,$M_0(x_0,y_0)$ 是 $f(x,y)$ 的极值点, 则 x_0 是一元函数 $f(x,y_0)$ 的极值点, 故有

$$f'_x(x_0,y_0)=0.$$

同样, 也应有

$$f_y'(x_0, y_0) = 0.$$

类似可以定义 n 元函数 $f(x_1, x_2, \cdots, x_n)$ 的极值点和极值. 如果 $f(x_1, x_2, \cdots, x_n)$ 在 D 中有偏导数并在 $M(a_1, a_2, \cdots, a_n)$ 取到极值, 则

$$\left.\frac{\partial f}{\partial x_i}\right|_M = 0 \qquad (i = 1, 2, \cdots, n).$$

使函数各一阶偏导数都为零的点称为函数的驻点. 可见使函数可微的极值点都是驻点. 反过来当然不一定.

通过对一阶 Taylor 公式的讨论, 也可以给出二元函数在驻点处的极值的一个充分条件, 即有下述定理.

定理 8.7.3 设 $M_0(x_0, y_0)$ 是 $f(x, y)$ 的驻点, 在 M_0 的某个邻域中 $f(x, y)$ 有二阶连续偏导数. 记 $A = \left.\frac{\partial^2 f}{\partial x^2}\right|_{M_0}$, $B = \left.\frac{\partial^2 f}{\partial x \partial y}\right|_{M_0}$, $C = \left.\frac{\partial^2 f}{\partial y^2}\right|_{M_0}$ 及 $\varDelta = AC - B^2$, 则

1° 当 $\varDelta > 0, A > 0$ 时,M_0 为极小值点;

2° 当 $\varDelta > 0, A < 0$ 时,M_0 为极大值点;

3° 当 $\varDelta < 0$ 时,M_0 不是极值点.

证 令 $h = x - x_0, k = y - y_0, \cos\alpha = h/\rho, \sin\alpha = k/\rho,\ \rho = \sqrt{k^2 + h^2}$, 则由二元函数的一阶 Taylor 公式和定理的假设可知有

$$\begin{aligned} f(x, y) - f(x_0, y_0) &= \frac{1}{2}\left.\left(h^2\frac{\partial^2 f}{\partial x^2} + 2hk\frac{\partial^2 f}{\partial x \partial y} + k^2\frac{\partial^2 f}{\partial y^2}\right)\right|_{(x_0+\theta h, y_0+\theta k)} \\ &= \frac{\rho^2}{2}(A\cos^2\alpha + 2B\cos\alpha\sin\alpha + C\sin^2\alpha + \varepsilon), \end{aligned}$$

其中 $0 < \theta < 1,\ \lim\limits_{\rho\to 0}\varepsilon = 0$.

记

$$\varphi(\alpha) = A\cos^2\alpha + 2B\cos\alpha\sin\alpha + C\sin^2\alpha,$$

可见 $f(x, y) - f(x_0, y_0)$ 在 $M_0(x_0, y_0)$ 的邻域中是否变号取决于 $\varphi(\alpha)$ 在 $[0, 2\pi]$ 上是否变号.

1° 由

$$\varphi(\alpha) = \frac{1}{A}((A\cos\alpha + B\sin\alpha)^2 + \varDelta\sin^2\alpha) \tag{8.7.1}$$

可知, 当 $\sin\alpha \neq 0$ 时,

$$\varphi(\alpha) \geqslant \frac{\varDelta}{A}\sin^2\alpha > 0;$$

当 $\sin\alpha = 0$ 时,

$$\varphi(\alpha) = A > 0.$$

所以 $\varphi(\alpha)$ 在 $[0,2\pi]$ 上恒正, 故其最小值 $m>0$, 又在 M_0 的充分小邻域中

$$|\varepsilon|<\frac{m}{2},$$

故在此邻域中, 必有

$$f(x,y)-f(x_0,y_0)>\frac{\rho^2}{4}m>0.$$

所以 $M_0(x_0,y_0)$ 为极小值点.

2° 类似 1° 可证.

3° 先设 $A\neq 0$. 由式 (8.7.1) 可知,$\varphi(0)=A$, 而当 $A\cos\alpha+B\sin\alpha=0$ 即 $\cot\alpha=-\dfrac{B}{A}$ 或 $\sin^2\alpha=\dfrac{A^2}{A^2+B^2}$ 时,$\varphi(\alpha)=\dfrac{A\varDelta}{A^2+B^2}$ 与 $\varphi(0)$ 反号. 所以在 M_0 的任意邻域中,$f(x,y)-f(x_0,y_0)$ 都可变号. 故 M_0 不是极值点.

若 $C\neq 0$, 则由对称性, 用类似的方法也可以证明 M_0 不是极值点.

若 $A=C=0$, 则 $B\neq 0,\varphi(\alpha)=2B\sin\alpha\cos\alpha=B\sin 2\alpha$. 显然由 $\varphi(\pi/4)=B$, $\varphi(3\pi/4)=-B$ 可知 M_0 不是极值点. □

例 8.7.2 求函数 $f(x,y)=x^3-y^3+3x^2+3y^2-9x$ 的所有极值点.

解 解方程组

$$\begin{cases} f'_x(x,y)=3x^2+6x-9=0,\\ f'_y(x,y)=-3y^2+6y=0, \end{cases}$$

得驻点

$$M_1(1,0),\quad M_2(1,2),\quad M_3(-3,0),\quad M_4(-3,2).$$

再作出所给函数的二阶偏微商

$$f''_{xx}(x,y)=6x+6,\quad f''_{xy}(x,y)=0,\quad f''_{yy}(x,y)=-6y+6.$$

在点 $M_1(1,0),A=12,B=0,C=6$, 所以 $AC-B^2=72>0$. 又因 $A=12>0$, 故 M_1 是极小值点. 极小值为 $f(1,0)=-5$.

在点 $M_2(1,2),A=12,B=0,C=-6$, 所以 $AC-B^2=-72<0$. 因而 M_2 不是极值点.

在点 $M_3(-3,0),A=-12,B=0,C=6$, 所以 $AC-B^2=-72<0$. 因而 M_3 也不是极值点.

在点 $M_4(-3,2),A=-12,B=0,C=-6$, 所以 $AC-B^2=72>0$. 又因 $A=-12<0$, 故 M_4 是极大值点. 极大值为 $f(-3,2)=31$.

例 8.7.3 求函数 $z=\sin x\sin y\sin(x+y)$ 在区域 $x\geqslant 0,\ y\geqslant 0,\ x+y\leqslant\pi$ 上的最大值与最小值.

解 已知函数的定义域为一个闭三角形, 由连续函数的性质可知函数 z 在这个区域上一定达到最大值与最小值.

求偏微商并令其为 0 可得方程组

$$\begin{cases}\dfrac{\partial z}{\partial x}=\cos x\sin y\sin(x+y)+\sin x\sin y\cos(x+y)\\ \qquad =\sin y\sin(2x+y)=0,\\ \dfrac{\partial z}{\partial y}=\sin x\cos y\sin(x+y)+\sin x\sin y\cos(x+y)\\ \qquad =\sin x\sin(x+2y)=0.\end{cases}$$

但在三角形的内部 $\sin x$ 与 $\sin y$ 都不为零, 所以

$$\sin(2x+y)=0,\qquad \sin(x+2y)=0,$$

且有 $0<2x+y<2\pi$, $0<x+2y<2\pi$. 于是必须

$$2x+y=\pi,\qquad x+2y=\pi.$$

解之可得驻点为

$$x=y=\frac{\pi}{3}.$$

函数在驻点的值为 $z\left(\dfrac{\pi}{3},\dfrac{\pi}{3}\right)=\sin^3\dfrac{\pi}{3}=\dfrac{3}{8}\sqrt{3}$. 因为函数在三角形边界上的值为零, 所以函数在闭三角形上的最大值为 $z\left(\dfrac{\pi}{3},\dfrac{\pi}{3}\right)=\dfrac{3\sqrt{3}}{8}$; 而最小值 $z=0$ 却在三角形的三条边上任何一点取得.

8.7.3 条件极值

设 $f(x,y)$ 在有界闭域 D 上连续, 在 D 的内部 D° 可微, 则 $f(x,y)$ 在 D 的最大、最小值点可能在 D° 中. 这时, 它们必是驻点. 最大、最小值点也可能在 ∂D 上取到, 这时它们又是 ∂D 上的最大、最小值点.

为了求出 $f(x,y)$ 在 D 上的最大、最小值点, 就需要求出 $f(x,y)$ 在 D° 中的驻点以及在 ∂D 上的最大、最小值点. 将这些点上的函数值加以比较, 就可以找出 $f(x,y)$ 在 D 上的最大、最小值.

设 ∂D 是一条由方程

$$\varphi(x,y)=0 \tag{8.7.2}$$

表示的隐式曲线 L. $f(x,y)$ 在 ∂D 上的极大值点 $M_0(x_0,y_0)$ 是指 $\varphi(x_0,y_0)=0$, 并且在 M_0 的某个邻域中, 凡是使 $\varphi(x,y)=0$ 的点 $M(x,y)$ 都满足

$$f(x,y)\leqslant f(x_0,y_0).$$

这种极值问题与前面介绍的极值问题有很大区别. 这里讨论的是在满足条件 (8.7.2) 的情况下 $f(x,y)$ 的极值, 所以称为条件极值问题. $f(x,y)$ 称为问题的目标函数, 方程 (8.7.2) 称为联系方程或约束条件.

从本质上看, 条件极值问题可以通过解方程化成无条件极值问题.

设 $M_0(x_0,y_0)$ 是一个条件极值点, 在 M_0 的邻域中, 方程 (8.7.2) 确定隐函数 $y=y(x)$, 于是 x_0 就是一元函数

$$g(x) = f(x, y(x))$$

的极值点. 因此由复合函数的微分法可知有

$$g'(x_0) = f'_x(x_0, y_0) + f'_y(x_0, y_0)y'(x_0) = 0. \tag{8.7.3}$$

又由式 (8.7.2) 可知

$$\varphi'_x(x_0, y_0) + \varphi'_y(x_0, y_0)y'(x_0) = 0 \tag{8.7.4}$$

为消去 $y'(x_0)$, 式 (8.7.4) 乘以 λ 加式 (8.7.3) 得

$$f'_x(x_0, y_0) + \lambda\varphi'_x(x_0, y_0) + (f'_y(x_0, y_0) + \lambda\varphi'_y(x_0, y_0))y'(x_0) = 0$$

令 $(f'_y + \lambda\varphi'_y)|_{(x_0, y_0)} = 0$, 就有 $(f'_x + \lambda\varphi'_x)|_{(x_0, y_0)} = 0$.

引进辅助函数

$$F(x, y) = f(x, y) + \lambda\varphi(x, y),$$

则条件极值点应满足驻点方程

$$\begin{cases} F'_x(x, y) = f'_x(x, y) + \lambda\varphi'_x(x, y) = 0, \\ F'_y(x, y) = f'_y(x, y) + \lambda\varphi'_y(x, y) = 0, \\ \varphi(x, y) = 0. \end{cases}$$

这里引进的参数 λ 称为 Lagrange 乘数.

一般在解驻点方程时, 不必求出 λ 的值, 所以在求解过程中常常先把 λ 消去.

例 8.7.4 求在约束条件 $(x-1)^2 + y^2 - 1 = 0$ 下 $z = xy$ 的极值.

解 作辅助函数

$$F(x, y) = xy + \lambda(x-1)^2 + \lambda y^2 - \lambda,$$

于是得到驻点方程

$$\begin{cases} y + 2\lambda(x-1) = 0, \\ x + 2\lambda y = 0, \\ (x-1)^2 + y^2 - 1 = 0. \end{cases}$$

解得驻点：$M_1(0,0)$, $M_2\left(3/2, \sqrt{3}/2\right)$, $M_3\left(3/2, -\sqrt{3}/2\right)$.

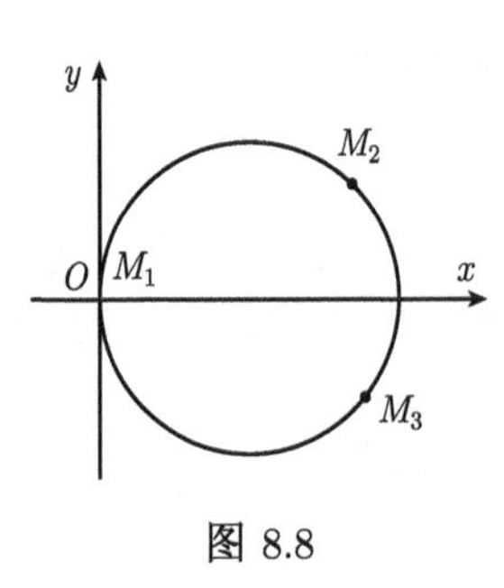

图 8.8

由于约束条件代表图 8.8 所示的圆. 可见 M_1 不是极值点. 又由于在圆上 $z = xy$ 取到最大值和最小值, 它们都是驻点, 所以 $z_{M_2} = 3\sqrt{3}/4$ 是最大值, 也是极大值, 而 $z_{M_3} = -3\sqrt{3}/4$ 是最小值, 也是极小值.

例 8.7.5 问在容积为 V_0 的密封圆柱形容器中, 底半径 r 和高 h 为什么值时，其表面积最小?

解 目标函数是容器的表面积

$$S = 2\pi r^2 + 2\pi rh,$$

约束条件是容积

$$\pi r^2 h = V_0.$$

作辅助函数

$$F(r,h) = 2\pi r^2 + 2\pi rh + \lambda\pi r^2 h - \lambda V_0,$$

得驻点方程

$$\begin{cases} 2r + h + \lambda rh = 0, \\ 2r + \lambda r^2 = 0, \\ \pi r^2 h = V_0. \end{cases}$$

解得

$$r = \sqrt[3]{\frac{V_0}{2\pi}}, \qquad h = 2\sqrt[3]{\frac{V_0}{2\pi}}.$$

当然, 如果由约束条件能解出一个显函数, 则代入目标函数去求无条件极值也可得到一样的结果. 例如, 例 8.7.4 就是这种情形.

现在来讨论一般的条件极值问题.

设目标函数 $f(x_1, x_2, \cdots, x_n;\ y_1, y_2, \cdots, y_m)$ 在约束条件

$$\begin{cases} \varphi_1(x_1, x_2, \cdots, x_n;\ y_1, y_2, \cdots, y_m) = 0, \\ \varphi_2(x_1, x_2, \cdots, x_n;\ y_1, y_2, \cdots, y_m) = 0, \\ \qquad \cdots\cdots \\ \varphi_m(x_1, x_2, \cdots, x_n;\ y_1, y_2, \cdots, y_m) = 0 \end{cases} \tag{8.7.5}$$

下有条件极值点 $M_0(a_1, a_2, \cdots, a_n;\ b_1, b_2, \cdots, b_m)$, 又假定在 M_0 的某邻域中, 约束条件确定隐函数组

$$\begin{aligned} y_1 &= y_1(x_1, x_2, \cdots, x_n), \\ y_2 &= y_2(x_1, x_2, \cdots, x_n), \\ &\cdots\cdots \\ y_m &= y_m(x_1, x_2, \cdots, x_n), \end{aligned}$$

则 M_0 应满足驻点方程

$$\begin{aligned} & \mathrm{d}f(x_1, x_2, \cdots, x_n;\ y_1, y_2, \cdots, y_m) \\ = & \frac{\partial f}{\partial x_1}\mathrm{d}x_1 + \frac{\partial f}{\partial x_2}\mathrm{d}x_2 + \cdots + \frac{\partial f}{\partial x_n}\mathrm{d}x_n + \frac{\partial f}{\partial y_1}\mathrm{d}y_1 + \frac{\partial f}{\partial y_2}\mathrm{d}y_2 + \cdots + \frac{\partial f}{\partial y_m}\mathrm{d}y_m \\ = & 0. \end{aligned} \tag{8.7.6}$$

由于 $y_1, y_2, \cdots, y_m$ 依赖于 $x_1, x_2, \cdots, x_n$ (满足式 (8.7.5)), 所以 $\mathrm{d}y_1, \mathrm{d}y_2, \cdots, \mathrm{d}y_m$ 还应满足

$$\begin{aligned}&\mathrm{d}\varphi_i(x_1, x_2, \cdots, x_n;\ y_1, y_2, \cdots, y_m)\\&=\frac{\partial \varphi_i}{\partial x_1}\mathrm{d}x_1+\frac{\partial \varphi_i}{\partial x_2}\mathrm{d}x_2+\cdots+\frac{\partial \varphi_i}{\partial x_n}\mathrm{d}x_n+\frac{\partial \varphi_i}{\partial y_1}\mathrm{d}y_1+\frac{\partial \varphi_i}{\partial y_2}\mathrm{d}y_2+\cdots+\frac{\partial \varphi_i}{\partial y_m}\mathrm{d}y_m\\&=0\qquad (i=1,2,\cdots,m).\end{aligned}\tag{8.7.7}$$

为了从式 (8.7.7) 中把含有 $\mathrm{d}y_j$ 的项都消去, 就要解线性方程组

$$\begin{cases}\dfrac{\partial f}{\partial y_1}+\lambda_1\dfrac{\partial \varphi_1}{\partial y_1}+\lambda_2\dfrac{\partial \varphi_2}{\partial y_1}+\cdots+\lambda_m\dfrac{\partial \varphi_m}{\partial y_1}=0,\\ \dfrac{\partial f}{\partial y_2}+\lambda_1\dfrac{\partial \varphi_1}{\partial y_2}+\lambda_2\dfrac{\partial \varphi_2}{\partial y_2}+\cdots+\lambda_m\dfrac{\partial \varphi_m}{\partial y_2}=0,\\ \qquad\cdots\cdots\\ \dfrac{\partial f}{\partial y_m}+\lambda_1\dfrac{\partial \varphi_1}{\partial y_m}+\lambda_2\dfrac{\partial \varphi_2}{\partial y_m}+\cdots+\lambda_m\dfrac{\partial \varphi_m}{\partial y_m}=0.\end{cases}\tag{8.7.8}$$

由式 (8.7.8) 解出 $\lambda_1, \lambda_2, \cdots, \lambda_m$, 与式 (8.7.6) 和式 (8.7.7) 结合起来就得到

$$\begin{aligned}&\left(\frac{\partial f}{\partial x_1}+\lambda_1\frac{\partial \varphi_1}{\partial x_1}+\cdots+\lambda_m\frac{\partial \varphi_m}{\partial x_1}\right)\mathrm{d}x_1+\left(\frac{\partial f}{\partial x_2}+\lambda_1\frac{\partial \varphi_1}{\partial x_2}+\cdots+\lambda_m\frac{\partial \varphi_m}{\partial x_2}\right)\mathrm{d}x_2\\&\qquad+\cdots+\left(\frac{\partial f}{\partial x_n}+\lambda_1\frac{\partial \varphi_1}{\partial x_n}+\cdots+\lambda_m\frac{\partial \varphi_m}{\partial x_n}\right)\mathrm{d}x_n=0.\end{aligned}$$

由于 $x_1, x_2, \cdots, x_n$ 是独立变量, 所以

$$\begin{cases}\dfrac{\partial f}{\partial x_1}+\lambda_1\dfrac{\partial \varphi_1}{\partial x_1}+\lambda_2\dfrac{\partial \varphi_2}{\partial x_1}+\cdots+\lambda_m\dfrac{\partial \varphi_m}{\partial x_1}=0,\\ \dfrac{\partial f}{\partial x_2}+\lambda_1\dfrac{\partial \varphi_1}{\partial x_2}+\lambda_2\dfrac{\partial \varphi_2}{\partial x_2}+\cdots+\lambda_m\dfrac{\partial \varphi_m}{\partial x_2}=0,\\ \qquad\cdots\cdots\cdots\cdots\\ \dfrac{\partial f}{\partial x_n}+\lambda_1\dfrac{\partial \varphi_1}{\partial x_n}+\lambda_2\dfrac{\partial \varphi_2}{\partial x_n}+\cdots+\lambda_m\dfrac{\partial \varphi_m}{\partial x_n}=0.\end{cases}\tag{8.7.9}$$

这样就在引进参数 $\lambda_1, \lambda_2, \cdots, \lambda_m$ 之后, 由式 (8.7.5), 式 (8.7.8), 式 (8.7.9) 等式得到 $2m+n$ 个未知数的 $2m+n$ 个方程.

归纳起来, 就得到如下用 Lagrange 乘数法求条件极值的方法.

设要求目标函数 $y=f(x_1, x_2, \cdots, x_n)$ 满足约束条件

$$\begin{cases}\varphi_1(x_1, x_2, \cdots, x_n)=0,\\ \varphi_2(x_1, x_2, \cdots, x_n)=0,\\ \qquad\cdots\cdots\\ \varphi_m(x_1, x_2, \cdots, x_n)=0\end{cases}\qquad (m<n)$$

的极值, 可先引入辅助函数

$$F(x_1,x_2,\cdots,x_n)=f+\lambda_1\varphi_1+\lambda_2\varphi_2+\cdots+\lambda_m\varphi_m,$$

就可得到条件极值点应满足的驻点方程组

$$\begin{cases}\dfrac{\partial F}{\partial x_1}=\dfrac{\partial f}{\partial x_1}+\lambda_1\dfrac{\partial \varphi_1}{\partial x_1}+\lambda_2\dfrac{\partial \varphi_2}{\partial x_1}+\cdots+\lambda_m\dfrac{\partial \varphi_m}{\partial x_1}=0,\\ \dfrac{\partial F}{\partial x_2}=\dfrac{\partial f}{\partial x_2}+\lambda_1\dfrac{\partial \varphi_1}{\partial x_2}+\lambda_2\dfrac{\partial \varphi_2}{\partial x_2}+\cdots+\lambda_m\dfrac{\partial \varphi_m}{\partial x_2}=0,\\ \qquad\cdots\cdots\\ \dfrac{\partial F}{\partial x_n}=\dfrac{\partial f}{\partial x_n}+\lambda_1\dfrac{\partial \varphi_1}{\partial x_n}+\lambda_2\dfrac{\partial \varphi_2}{\partial x_n}+\cdots+\lambda_m\dfrac{\partial \varphi_m}{\partial x_n}=0,\\ \varphi_1(x_1,x_2,\cdots,x_n)=0,\\ \varphi_2(x_1,x_2,\cdots,x_n)=0,\\ \qquad\cdots\cdots\\ \varphi_m(x_1,x_2,\cdots,x_n)=0.\end{cases}$$

例 8.7.6 求由原点到曲面 $(x-y)^2-z^2=1$ 的最短距离.

解 考虑原点到曲面上的点 (x,y,z) 的距离平方 $d^2=x^2+y^2+z^2$, 则问题就化成求函数

$$u=x^2+y^2+z^2$$

在限制条件 $(x-y)^2-z^2=1$ 下的最小值.

按乘数法作辅助函数

$$F(x,y,z)=x^2+y^2+z^2+\lambda((x-y)^2-z^2-1),$$

并求得驻点方程组

$$\begin{cases}\dfrac{\partial F}{\partial x}=2x+2\lambda(x-y)=0,\\ \dfrac{\partial F}{\partial y}=2y-2\lambda(x-y)=0,\\ \dfrac{\partial F}{\partial z}=2z-2\lambda z=0,\\ (x-y)^2-z^2-1=0.\end{cases}$$

由方程组的第三个方程得 $z(1-\lambda)=0$. 但当 $\lambda=1$ 时容易看出, 这组方程不相容, 所以只能有 $z=0$. 从而解得

$$x=\pm\frac{1}{2},\qquad y=-x=\mp\frac{1}{2}.$$

于是点 $(1/2,-1/2,0)$ 与 $(-1/2,1/2,0)$ 便可能是极值点. 由问题本身的意义可知最小值一定存在, 而函数在这两点上取相同的值 1/2, 因此这两个点都是函数的最小值点, 并得出所求的最短距离 $d=\sqrt{2}/2$.

例 8.7.7 试将正数 a 分成 n 个正数的和, 使这 n 个正数的乘积最大.

解 设 a 分成的 n 个正数为 $x_1,x_2,\cdots,x_n$, 则问题就成为在限制条件 $x_1+x_2+\cdots+x_n=a$ 下求函数

$$u=x_1x_2\cdots x_n$$

的最大值. 作辅助函数

$$F(x_1,x_2,\cdots,x_n)=x_1x_2\cdots x_n+\lambda(x_1+x_2+\cdots+x_n-a),$$

得驻点方程组

$$\begin{cases}\dfrac{\partial F}{\partial x_1}=x_2x_3\cdots x_n+\lambda=0,\\ \dfrac{\partial F}{\partial x_2}=x_1x_3\cdots x_n+\lambda=0,\\ \cdots\cdots\\ \dfrac{\partial F}{\partial x_n}=x_1x_2\cdots x_{n-1}+\lambda=0.\end{cases}$$

比较这些等式可知

$$x_1=x_2=\cdots=x_n.$$

代入限制条件求得

$$x_1=x_2=\cdots=x_n=\frac{a}{n}.$$

从题意可知最大值一定存在, 因此这个唯一可能的极值点就是使函数取最大值的点. 从而推得, 若将正数 a 分成 n 个相等的正数, 则这 n 个正数的乘积最大, 其最大值为 $(a/n)^n$.

从上述结果还可以得到一个重要的不等式. 由于

$$x_1x_2\cdots x_n\leqslant\left(\frac{a}{n}\right)^n=\left(\frac{x_1+x_2+\cdots x_n}{n}\right)^n,$$

所以

$$\sqrt[n]{x_1x_2\cdots x_n}\leqslant\frac{x_1+x_2+\cdots x_n}{n},$$

即 **n个正数的几何平均值不大于它们的算术平均值**.

对于条件极值点的判定, 有时可借助隐函数的求导与无条件极值点的判定法则来完成. 今举一例, 以示一般.

例 8.7.8 求函数 $u=xyz$ 的在限制条件 $x+y+z=5$ 与 $xy+yz+zx=8$ 下的极值.

解 按乘数法作辅助函数

$$F(x,y,z)=xyz+\lambda(x+y+z-5)+\mu(xy+yz+zx-8),$$

并构成方程组

$$\begin{cases}\dfrac{\partial F}{\partial x}=yz+\lambda+\mu(y+z)=0,\\ \dfrac{\partial F}{\partial y}=xz+\lambda+\mu(x+z)=0,\\ \dfrac{\partial F}{\partial z}=xy+\lambda+\mu(x+y)=0,\\ \varphi(x,y,z)=x+y+z-5=0,\\ \psi(x,y,z)=xy+yz+zx-8=0.\end{cases}$$

由此解得可能的极值点为 $M_1(2,2,1),M_2(4/3,4/3,7/3)$; $M_3(2,1,2)$, $M_4(4/3,7/3,4/3)$; $M_5(1,2,2),M_6(7/3,4/3,4/3)$.

现在先来说明 M_1,M_2 是否为问题的极值点.

因为 Jacobi 行列式 $\dfrac{\partial(\varphi,\psi)}{\partial(y,z)}=y-z$ 在点 M_1,M_2 皆不为零, 故在这些点的某一邻域内联系方程确定 y,z 是 x 的隐函数. 于是求得

$$\begin{aligned}&y'=\frac{\partial(\varphi,\psi)}{\partial(z,x)}\Big/\frac{\partial(\varphi,\psi)}{\partial(y,z)}=\frac{z-x}{y-z},\\&y'|_{M_1}=-1,\qquad y'|_{M_2}=-1;\\&z'=\frac{\partial(\varphi,\psi)}{\partial(x,y)}\Big/\frac{\partial(\varphi,\psi)}{\partial(y,z)}=\frac{x-y}{y-z},\\&z'|_{M_1}=0,\qquad z'|_{M_2}=0.\end{aligned}$$

从而又有

$$\begin{aligned}&y''=\frac{(z'-1)(y-z)-(y'-z')(z-x)}{(y-z)^2},\\&y''|_{M_1}=-2,\qquad y''|_{M_2}=2;\\&z''=\frac{(1-y')(y-z)-(y'-z')(x-y)}{(y-z)^2},\\&z''|_{M_1}=2,\qquad z''|_{M_2}=-2.\end{aligned}$$

将 $u=xyz$ 视为 x 的函数并求其二阶微商得

$$u''=2y'z+2yz'+2xy'z'+xy''z+xyz'',$$

所以

$$u''|_{M_1}=2,\qquad u''|_{M_2}=-2.$$

这就得出 M_1 为所给条件极值问题的极小值点, 极小值是 4; M_2 为极大值点, 极大值是 112/27.

其次, 由于变量 x,y,z 的对称性, 所以 M_3,M_5 也是极值问题的极小值点; 而 M_4,M_6 是极大值点. 且极小值与极大值也分别是 4 与 112/27.

习 题 8.7

1. 求下列函数由点 (x_0,y_0) 变到 (x_0+h,y_0+k) 时函数的增量:

(1) $f(x,y)=x^3+y^2-6xy-39x+18y+4,\ (x_0,y_0)=(5,6)$;

(2) $f(x,y)=x^2y+xy^2-2xy,\ (x_0,y_0)=(1,-1)$.

2. 设 $f(x)\in C^{(n)}(U(M_0))$, 则 $f(x_0+h,y_0+k)=\sum\limits_{m=0}^{n}\dfrac{1}{m!}\left(h\dfrac{\partial}{\partial x}+k\dfrac{\partial}{\partial y}\right)^m f(x_0,y_0)+o(\rho^n)$, 其中 $\rho=\sqrt{h^2+k^2}$.

3. 求函数 $f(x,y)=2x^2-xy-y^2-6x-3y+5$ 在点 $(1,-2)$ 的 Taylor 展开式.

4. 求下列函数的 Taylor 公式:

(1) $f(x,y)=\mathrm{e}^x\ln(1+y)$ 在点 $(0,0)$, 直到 3 阶为止;

(2) $f(x,y)=\sqrt{1-x^2-y^2}$ 在点 $(0,0)$, 直到 4 阶为止;

(3) $f(x,y)=\dfrac{1}{1-x-y+xy}$ 在点 $(0,0)$, 直到 n 阶为止;

(4) $f(x,y)=\mathrm{e}^{x+y}$ 在点 $(0,0)$, 直到 n 阶为止;

(5) $f(x,y)=\sin(x^2+y^2)$ 在点 $(0,0)$ 直到 n 阶为止;

(6) $f(x,y)=\sin x\sin y$ 在点 $(\pi/4,\pi/4)$, 直到二阶为止;

(7) $f(x,y)=x^y$ 在点 $(1,1)$, 直到二阶为止.

5. 设 $z=z(x,y)$ 是由方程 $z^3-2xz+y=0$ 所确定的隐函数, 当 $x=1,y=1$ 时 $z=1$, 试按 $x-1$ 和 $y-1$ 的乘幂展开函数 z 至二次项为止.

6. 利用二元函数的 Taylor 公式, 证明当 $|x|,|y|$ 充分小时, 有下面近似等式成立:

(1) $\dfrac{\cos x}{\cos y}\approx 1-\dfrac{1}{2}(x^2-y^2)$;

(2) $\arctan\dfrac{1+x+y}{1-x+y}\approx\dfrac{\pi}{4}+x-xy$.

7. 求下列函数的极值:

(1) $f(x,y)=4(x-y)-x^2-y^2$;

(2) $f(x,y)=xy+\dfrac{50}{x}+\dfrac{20}{y}\ (x>0,y>0)$;

(3) $f(x,y)=\mathrm{e}^{2x}(x+2y+y^2)$;

(4) $f(x,y)=x\sqrt{1+y}+y\sqrt{1+x}$.

8. 用隐函数微分法求隐函数 $y=y(x)$ 或 $z=z(x,y)$ 的极大值和极小值:

(1) $x^2+2xy+2y^2=1$;

(2) $(x^2+y^2)^2=a^2(x^2-y^2)$;

(3) $2x^2+2y^2+z^2+8xz-z+8=0$;

(4) $x^2+y^2+z^2-2x+2y-4z-10=0$.

9. 求下列函数在指定条件下的极值:

(1) $u=x^2+y^2$, 若 $\dfrac{x}{a}+\dfrac{y}{b}=1$;

(2) $u=x+y+z$, 若 $\dfrac{1}{x}+\dfrac{1}{y}+\dfrac{1}{z}=1,\ x>0,y>0,z>0$;

(3) $u=\sin x\sin y\sin z$, 若 $x+y+z=\pi/2,x>0,y>0,z>0$;

(4) $u=xyz$, 若 $x+y+z=0$ 且 $x^2+y^2+z^2=1$.

10. 求下列函数在指定范围内的最大值与最小值:

(1) $z=x^2-y^2,\ \{(x,y)|\,x^2+y^2\leqslant 4\}$;

(2) $z=x^2-xy+y^2,\ \{(x,y)|\,|x|+|y|\leqslant 1\}$;

(3) $z=\sin x+\sin y-\sin(x+y),\ \{(x,y)|\,x\geqslant 0,y\geqslant 0,x+y\leqslant 2\pi\}$;

(4) $z=x^2y(4-x-y),\ \{(x,y)|\,x\geqslant 0,y\geqslant 0,x+y\leqslant 6\}$.

11. 在平面 $3x-2z=0$ 上求一点, 使它与点 $A(1,1,1)$ 和 $B(2,3,4)$ 的距离平方和最小.

12. 在曲线 $\begin{cases} z=x^2+2y^2, \\ z=6-2x^2-y^2 \end{cases}$ 上, 求纵坐标分别为最大值和最小值的点.

13. 设 $f(x,y)=3x^2y-x^4-2y^2$. 证明 $(0,0)$ 不是它的极值点, 但沿过 $(0,0)$ 点的每条直线, $(0,0)$ 都是它的极大值点.

14. 一个帐篷, 下部为圆柱形, 上部盖以圆锥形的顶篷, 设帐篷的容积为一定数 V_0. 试证当 $R=\sqrt{5}H,h=2H$ 时 (其中 R,H 各为圆柱形的底半径和高, h 为圆锥形的高), 所用蓬布最省.

15. 已知平行六面体所有各棱长之和为 $12a$, 求其最大体积.

16. 在椭圆 $\dfrac{x^2}{a^2}+\dfrac{y^2}{b^2}=1$ 上求一点 $M(x,y)\,(x,y\geqslant 0)$, 使椭圆在该点的切线与坐标轴构成的三角形面积为最小, 并求其面积.

17. 求平面上一点 (x_0,y_0), 使其到 n 个定点 $(x_1,y_1),(x_2,y_2),\cdots,(x_n,y_n)$ 的距离的平方和最小.

18. 椭球体 $\dfrac{x^2}{a^2}+\dfrac{y^2}{b^2}+\dfrac{z^2}{c^2}\leqslant 1$ 的内接长方体中, 求体积最大的长方体的体积.

19. 在旋转椭球面 $\dfrac{x^2}{4}+y^2+z^2=1$ 上求距平面 $x+y+2z=9$ 最远和最近的点.

20. 设曲面 $S:\ \sqrt{x}+\sqrt{y}+\sqrt{z}=\sqrt{a}\ (a>0)$.

(1) 证明 S 上任意点处的切平面与各坐标轴的截距之和等于 a;

(2) 在 S 上求一切平面, 使此切平面与三坐标面所围成的四面体体积最大, 并求四面体体积的最大值.

第9章 重 积 分

第 8 章将一元函数的微分学推广到多元情形, 下面将一元函数的积分学推广到多元函数. 对一元函数来说, 积分域为区间, 这比较简单, 对多元函数来说, 积分域比较复杂, 它可以是平面区域或空间立体, 也可以是平面曲线和空间曲线或空间曲面等, 因此多元积分分为重积分、曲线积分、曲面积分等, 本章我们介绍重积分, 其他积分将在第 10 章介绍.

§9.1 二 重 积 分

9.1.1 二重积分的概念

在第 4 章里, 我们用分割 — 近似 — 求和 — 取极限的方法定义了单变量函数的定积分. 用类似的方法, 可以定义二元函数的重积分.

定义 9.1.1 设 D 是 Oxy 平面上的有界闭域, $z=f(x,y)$ 是定义在 D 上的有界函数. 用光滑曲线把 D 分成 n 个互不重叠 (即两两没有公共内点) 的闭区域 $\sigma_i(i=1,\cdots,n)$. 用 $\Delta\sigma_i$ 表示 σ_i 的面积, 这些小区域构成 D 上的一个分割, 并记分割的宽度 $\|T\|=\max\limits_{i=1,\cdots,n}\operatorname{diam}\sigma_i$, 在 σ_i 上任取一点 (ξ_i,η_i), 称

$$S(T)=\sum_{i=1}^{n}f(\xi_i,\eta_i)\Delta\sigma_i$$

为 $f(x,y)$ 在 D 上的一个 Riemann 和.

如果 $S(T)$ 对任意的分割与取点都有同一极限 A, 即有

$$\lim_{\|T\|\to 0}S(T)=A,$$

则称 $f(x,y)$ 在 D 可积, 称 A 为 $f(x,y)$ 在 D 上的二重积分, 记为

$$A=\iint\limits_{D}f(x,y)\mathrm{d}\sigma \quad 或 \quad \int_D f,$$

式中的 D 称为积分区域, $f(x,y)\mathrm{d}\sigma$ 称为被积表达式, $f(x,y)$ 称为被积函数, $\mathrm{d}\sigma$ 称为面积元素.

当然上面的定义也可以用严格的 ε-δ 语言来叙述.

当 $f(x,y)\geqslant 0$ 时, 它在 D 上的二重积分有明显的几何意义, 即 $\int_D f$ 就是以 D

为底, $z=f(x,y)$ 为顶的曲顶柱体的体积 (图 9.1).

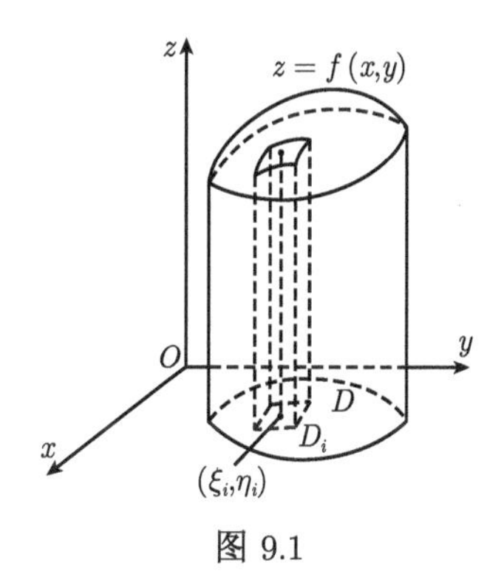

图 9.1

在定义二重积分时, 用到了 "平面区域 D_i 的面积 ΔD_i" 这个基本概念, 但是严格地说, 至今我们只知道由有限个三角形拼接起来的平面图形的面积.

在第 4 章里曾经讨论过多种计算平面图形面积的方法, 但并没有给平面图形的面积下过严格的定义, 甚至不知道哪些图形是 "有面积的". 下面我们给出平面图形面积的定义.

*9.1.2 平面图形的面积

设 D 是一个平面有界图形, 作一个平行于坐标轴的矩形 I 使 $D\subset I$ (图 9.2). 用两组平行坐标轴的直线网 T 分割这个矩形, 这时直线网 T 的网眼小闭矩形 Δ_i 分为三类: 1° Δ_i 上的点都是 D 的点; 2° Δ_i 上含有 D 的边界点; 3° Δ_i 上的点都是 D 的外点.

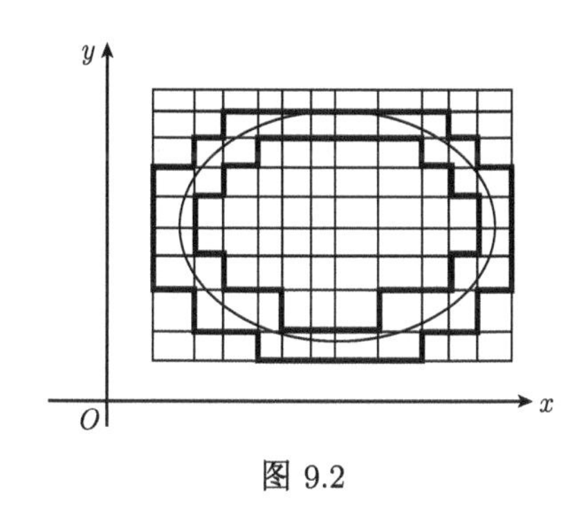

图 9.2

将所有第 1° 类的小矩形的面积加起来, 记这个和数为 $s_D(T)$, 将所有第 1° 与第 2° 类小矩形的面积加起来, 记这个和数为 $S_D(T)$, 显然 $0\leqslant s_D(T)\leqslant S_D(T)\leqslant \Delta I$ (ΔI 表示 I 的面积).

由确界原理, 对于平面上所有的直线网 T, 数集$s_D(T)$有上确界, 数集$S_D(T)$有下确界, 记

$$\Delta D_-=\sup\{s_D(T)\},\quad \Delta D_+=\inf\{S_D(T)\},$$

显然有 $0\leqslant\Delta D_-\leqslant\Delta D_+$, 称 ΔD_- 为 D 的内面积, ΔD_+ 为 D 的外面积.

定义 9.1.2 若平面有界图形 D 的内面积 ΔD_- 等于它的外面积 ΔD_+, 则称 D 可求面积, 并称 $\Delta D=\Delta D_-=\Delta D_+$ 为 D 的面积.

可以证明, 如果有界点集 D 分布在有限条光滑曲线上, 则 $\Delta D=0$, 还可以证明有界集 D 有面积的充分必要条件是 ∂D 的面积为零, 因此由有限条光滑曲线围成的区域有面积.

下面我们所遇到的有界区域都是可求面积的, 不再一一说明.

9.1.3 可积函数类与二重积分的性质

定理 9.1.1 设 $f(x,y)$ 是平面有界闭区域 D 上的连续函数, 则 $f(x,y)$ 在 D 上可积.

定理 9.1.2 设 D 是平面有界区域, $\overline{D} = D \cup \partial D, f(x,y)$ 是定义在 $\overline{D}$ 上的有界函数, $f(x,y)$ 在 $\overline{D}$ 上的不连续点分布在 $\overline{D}$ 上的有限条光滑曲线上, 则 $f(x,y)$ 在 D 和 $\overline{D}$ 上可积, 并有

$$\int_D f = \int_{\overline{D}} f.$$

由定理 9.1.2 可知, 若 D 是平面有界区域, 则任意改变函数在边界的值, 并不会改变函数的可积性, 可积时也不会改变积分的值. 因此今后我们讨论函数 $f(x,y)$ 在有界区域 D 上的积分时, 不必考虑积分区域是否包含边界点.

定理 9.1.1 与定理 9.1.2 的证明已超出本书范围, 故略去.

现将二重积分的性质罗列如下:

设 $f(x,y)$ 和 $g(x,y)$ 在 D 上可积, 则

1° $\displaystyle\iint\limits_D 1\mathrm{d}x\mathrm{d}y = \Delta D.$

2° 对任给常数 c_1 和 c_2, 有

$$\int_D (c_1 f + c_2 g) = c_1 \int_D f + c_2 \int_D g.$$

3° $f(x,y)g(x,y)$ 在 D 上可积.

4° 如果 $\Delta(D_1 \cap D_2) = 0, f(x,y)$ 在 D_1 和 D_2 上都可积, 则 $f(x,y)$ 在 $D = D_1 \cup D_2$ 上可积, 并有

$$\int_D f = \int_{D_1} f + \int_{D_2} f.$$

5° 如果在 D 上 $f(x,y) \geqslant g(x,y)$, 则

$$\int_D f \geqslant \int_D g.$$

推论 9.1.1 如在 D 上恒有

$$\lambda \leqslant f(x,y) \leqslant \mu,$$

则

$$\lambda \Delta D \leqslant \int_D f \leqslant \mu \Delta D.$$

6° $|f(x,y)|$ 在 D 上可积, 并有

$$\left|\int_D f\right| \leqslant \int_D |f|.$$

7° (积分中值定理) 如果 D 是有界闭区域, $f(x,y)$ 在 D 上连续, 则必有 $M \in D$, 使得

$$\int_D f = f(M)\Delta D. \tag{9.1.1}$$

证 只证明 7°. 设 λ 和 μ 是 $f(x,y)$ 在 D 上的最小值和最大值, 则有

$$\lambda\Delta D \leqslant \int_D f \leqslant \mu\Delta D.$$

当 $\Delta D=0$ 时, 式 (9.1.1) 对任何 $M\in D$ 都成立. 当 $\Delta D>0$ 时, 由连续函数的介值定理可知必有 $M\in D$, 使得

$$f(M)=\frac{\int_D f}{\Delta D}.$$

此即式 (9.1.1). □

9.1.4 二重积分的累次积分法

我们先讨论定义在二维闭区间 $I=[a,b]\times[c,d]$ 上的二重积分.

定理 9.1.3 设 $f(x,y)$ 在 $I=[a,b]\times[c,d]$ 上可积.

1° 如果对每个 $x\in[a,b]$, $f(x,y)$ 在 $[c,d]$ 上可积, 则 $\varphi(x)=\int_c^d f(x,y)\mathrm{d}y$ 在 $[a,b]$ 上可积, 并有

$$\int_a^b \varphi(x)\mathrm{d}x=\int_a^b \mathrm{d}x\int_c^d f(x,y)\mathrm{d}y=\int_I f.$$

2° 如果对每个 $y\in[c,d]$, $f(x,y)$ 在 $[a,b]$ 上可积, 则 $\psi(y)=\int_a^b f(x,y)\mathrm{d}x$ 在 $[c,d]$ 上可积, 并有

$$\int_c^d \psi(y)\mathrm{d}y=\int_c^d \mathrm{d}y\int_a^b f(x,y)\mathrm{d}x=\int_I f.$$

证 1° 因为 $f(x,y)$ 在 $I=[a,b]\times[c,d]$ 上可积, 所以可作 I 上特殊分割

$$T_x:\quad a=x_0<x_1<\cdots<x_n=b;$$

$$T_y:\quad c=y_0<y_1<\cdots<y_m=d.$$

记 $\Delta x_i=x_i-x_{i-1}$, $\Delta y_j=y_j-y_{j-1}(i=1,2,\cdots,n;j=1,2,\cdots,m)$.

两组平行直线 $x=x_i(i=1,2,\cdots,n-1)$ 和 $y=y_j(j=1,2,\cdots,m-1)$ 把 I 分成 $n\times m$ 个二维闭区间

$$I_{ij}=[x_{i-1},x_i]\times[y_{j-1},y_j]\qquad(i=1,2,\cdots,n;\ j=1,2,\cdots,m).$$

这样就得到 I 的一个分割 T, 并记

$$T=T_x\times T_y.$$

$\|T\|=\max\{\|T_x\|,\|T_y\|\}$ 称为分割 T 的宽度.

设

$$\int_I f = A,$$

$\forall\, \varepsilon > 0, \exists\, \delta > 0$, 只要 $\|T\| < \delta$, 对 $\forall\, M_{ij} \in I_{ij}$, 就都有

$$A - \varepsilon < \sum_{i,j} f(M_{ij}) \Delta x_i \Delta y_j < A + \varepsilon. \tag{9.1.2}$$

任取 $\xi_i \in [x_{i-1}, x_i]$, $\eta_j \in [y_{j-1}, y_j]$, 并取 $M_{ij} = (\xi_i, \eta_j)$, 于是式 (9.1.2) 可写成

$$A - \varepsilon < \sum_{i=1}^{n} \Delta x_i \sum_{j=1}^{m} f(\xi_i, \eta_j) \Delta y_j < A + \varepsilon. \tag{9.1.3}$$

对于给定的 $\xi_i \in [x_{i-1}, x_i]$,

$$\sum_{j=1}^{m} f(\xi_i, \eta_j) \Delta y_j$$

是 $f(\xi_i, y)$ 在 $[c, d]$ 上的 Riemann 和, 故有

$$\lim_{\|T_y\| \to 0} \sum_{j=1}^{m} f(\xi_i, \eta_j) \Delta y_j = \varphi(\xi_i).$$

由式 (9.1.3) 可知, 只要 $\|T_x\| < \delta$, 就有

$$A - \varepsilon \leqslant \sum_{i=1}^{n} \varphi(\xi_i) \Delta x_i \leqslant A + \varepsilon.$$

由此可知 $\varphi(x)$ 在 $[a, b]$ 上可积, 并有

$$\int_a^b \varphi(x) \mathrm{d}x = A = \int_I f.$$

即得 1° 的结论. 类似可以证明 2°. □

称积分 $\int_a^b \mathrm{d}x \int_c^d f(x, y) \mathrm{d}y \left(\int_c^d \mathrm{d}y \int_a^b f(x, y) \mathrm{d}x \right)$ 为累次积分, 二重积分的计算就是将二重积分化为累次积分, 从定理 9.1.3 可知, 化二重积分为累次积分可以有两种不同的积分顺序, 根据问题的条件可以进行适当的选择.

例 9.1.1 设 $I = [a, b] \times [c, d]$, $f(x, y) \equiv k$(常数), 则

$$\int_I f = k(b - a)(d - c).$$

例 9.1.2 求 $\iint\limits_I \mathrm{e}^{x+y} \mathrm{d}x \mathrm{d}y$, 其中 $I = [0, 1] \times [0, 1]$.

解

$$\iint_I e^{x+y}dxdy = \int_0^1 dy \int_0^1 e^{x+y}dx = \int_0^1 e^y dy \int_0^1 e^x dx$$

$$= (e-1)\int_0^1 e^y dy = (e-1)^2.$$

例 9.1.3 求 $\iint_I x\cos xy dxdy$, 其中 $I=[0,\pi]\times[0,1]$.

解

$$\iint_I x\cos xy dxdy = \int_0^\pi dx \int_0^1 x\cos xy dy$$

$$= \int_0^\pi \left(\sin xy\Big|_{y=0}^1\right)dx = \int_0^\pi \sin x dx = 2.$$

在例 9.1.3 中, 如果先对 x 积分, 计算量就要大些.

对于一般的有界区域, 通常可分解为如下两类区域进行计算.

设 $y_1(x)$、$y_2(x)\in C[a,b]$, $y_1(x)\leqslant y_2(x)$, 称闭域 $D=\{(x,y)|a\leqslant x\leqslant b, y_1(x)\leqslant y\leqslant y_2(x)\}$ 为一个 y 型区域, 类似地称 $D=\{(x,y)|c\leqslant y\leqslant d, x_1(y)\leqslant x\leqslant x_2(y)\}$ 为 x 型区域.

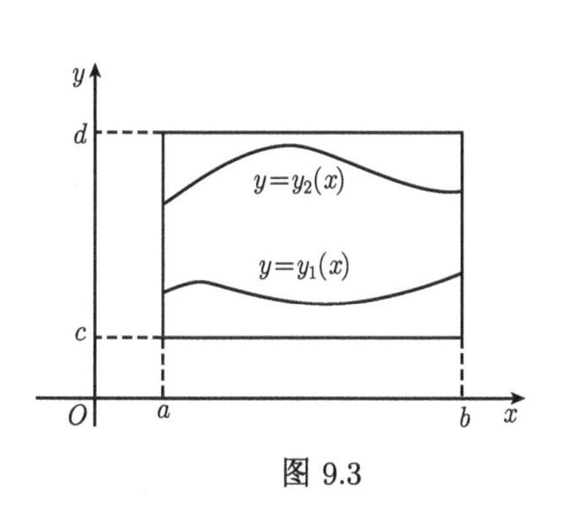

图 9.3

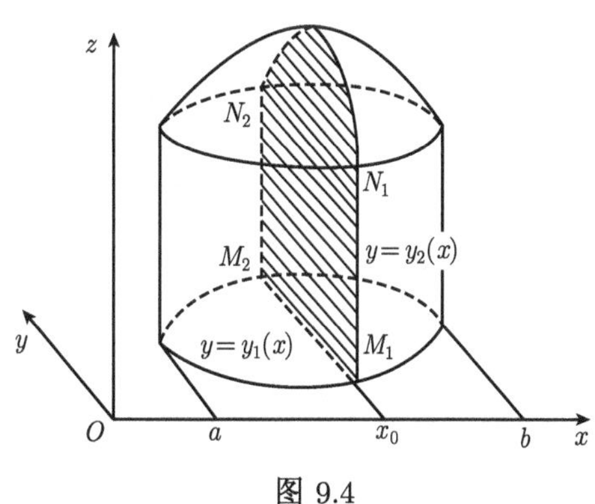

图 9.4

定理 9.1.4 设 D 是 y 型区域, 即 $D=\{(x,y)|\ y_1(x)\leqslant y\leqslant y_2(x),\ a\leqslant x\leqslant b\}$. 如果 1° $f(x,y)$ 在 D 上可积, 2° 对每一个 $x\in[a,b]$, $f(x,y)$ 在 $[y_1(x),y_2(x)]$ 上可积, 则

$$\varphi(x)=\int_{y_1(x)}^{y_2(x)} f(x,y)dy$$

在 $[a,b]$ 上可积, 并有

$$\int_a^b \varphi = \int_a^b dx \int_{y_1(x)}^{y_2(x)} f(x,y)dy = \int_D f.$$

证 取定 $c<\min y_1(x), d>\max y_2(x), I=[a,b]\times[c,d]$ (图 9.3), 令

$$f_D(x,y)=\begin{cases}f(x,y), & (x,y)\in D,\\ 0, & (x,y)\in D^c.\end{cases}$$

则 $f_D(x,y)$ 在 I 上也可积, 且显然有

$$\int_D f=\int_I f_D.$$

对每一个 $x\in[a,b]$, 有

$$f_D(x,y)=\begin{cases}0, & c\leqslant y<y_1(x),\\ f(x,y), & y_1(x)\leqslant y\leqslant y_2(x),\\ 0, & y_2(x)<y\leqslant d.\end{cases}$$

显然 $f_D(x,y)$ 在 $[c,d]$ 上可积. 故由定理 9.1.3 可知有

$$\int_D f=\int_a^b \mathrm{d}x\int_c^d f_D(x,y)\mathrm{d}y=\int_a^b \mathrm{d}x\int_{y_1(x)}^{y_2(x)} f(x,y)\mathrm{d}y.$$

定理得证. □

当 $f(x,y)\geqslant 0$, 二重积分就是以 $z=f(x,y)$ 为顶, D 为底的曲顶柱体的体积, 而

$$S(x_0)=\int_{y_1(x_0)}^{y_2(x_0)} f(x_0,y)\mathrm{d}y$$

就是用平面 $x=x_0$ 去截这个柱体所得到的截面面积 (图 9.4), 柱体体积就是

$$\int_a^b S(x)\mathrm{d}x.$$

这正是我们在第 4 章里曾经得到的结果, 只不过在这里进行了较为严格的讨论. 类似可以证明下述定理.

定理 9.1.5 设 D 是 x 型区域, 即 $D=\{(x,y)|\ x_1(y)\leqslant x\leqslant x_2(y)\ c\leqslant y\leqslant d\}$, 如果 1° $f(x,y)$ 在 D 上可积, 2° 对每一个 $y\in[c,d], f(x,y)$ 在 $[x_1(y),x_2(y)]$ 可积, 则有

$$\int_c^d \mathrm{d}y\int_{x_1(y)}^{x_2(y)} f(x,y)\mathrm{d}x=\int_D f.$$

当 D 不是定理 9.1.4 和定理 9.1.5 所描述的两类区域时, 只要能把 D 分成有限个这两类区域 $D_i(i=1,2,\cdots,m)$, 就可以利用积分对区域的可加性, 在各个分区域 D_i 上求积分, 再将积分值相加就得到了函数在 D 上的积分.

例 9.1.4 求 $\displaystyle\iint\limits_D \mathrm{e}^{-x^2}\mathrm{d}x\mathrm{d}y$, 其中 D 是由 $x=1,\ y=0,\ y=x$ 围成 (图 9.5).

解 因为 $D=\{(x,y)|0\leqslant x\leqslant 1,0\leqslant y\leqslant x\}$, 故

$$\iint\limits_D \mathrm{e}^{-x^2}\mathrm{d}x\mathrm{d}y=\int_0^1 \mathrm{e}^{-x^2}\mathrm{d}x\int_0^x \mathrm{d}y=\int_0^1 x\mathrm{e}^{-x^2}\mathrm{d}x$$

$$=-\frac{1}{2}\mathrm{e}^{-x^2}\Big|_0^1=\frac{1}{2}(1-\mathrm{e}^{-1}).$$

例 9.1.5 求 $\iint\limits_D (x^2+y^2)\mathrm{d}x\mathrm{d}y$, 其中 D 是由 $(a>0)$ $y=a,y=3a,y=x$ 和 $y=x+a$ 围成的平行四边形 (图 9.6).

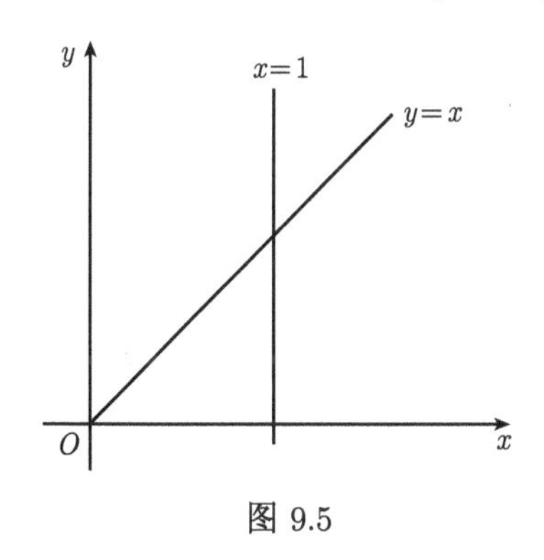

图 9.5

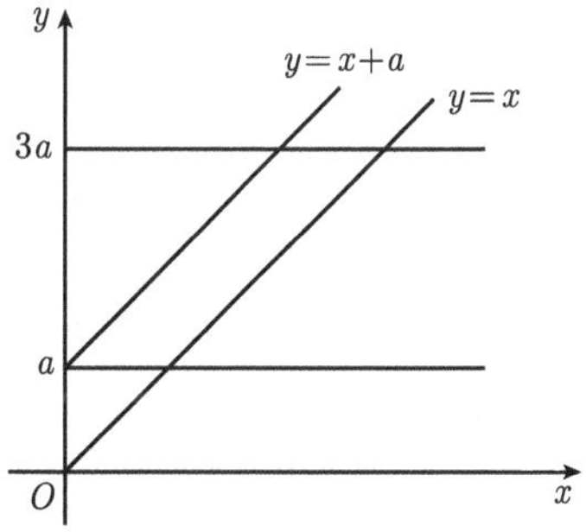

图 9.6

解 由于 $D:a\leqslant y\leqslant 3a,y-a\leqslant x\leqslant y$, 故

$$\iint\limits_D (x^2+y^2)\mathrm{d}x\mathrm{d}y=\int_a^{3a}\mathrm{d}y\int_{y-a}^{y}(x^2+y^2)\mathrm{d}x$$

$$=\int_a^{3a}\left(ay^2+\frac{y^3}{3}-\frac{(y-a)^3}{3}\right)\mathrm{d}y=14a^4.$$

由图 9.6 可以看出, 如果要先对 y 积分, 就需要把 D 分成三个区域.

例 9.1.6 计算 $\iint\limits_D y\mathrm{d}x\mathrm{d}y$, 其中 D 是由直线 $x+y-1=0,\ x-y-1=0,\ x-3y+3=0$ 所围成的三角形区域.

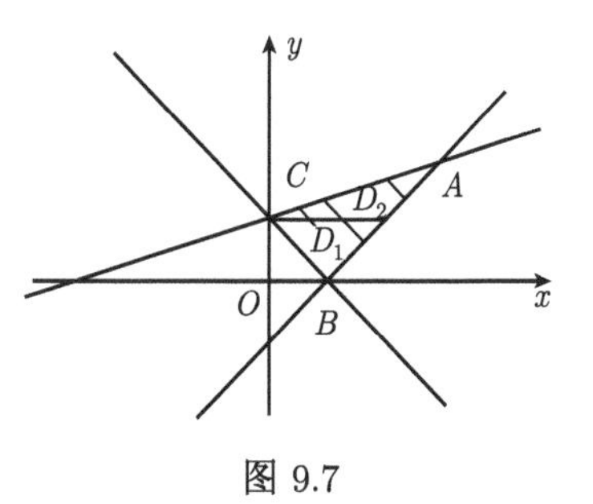

图 9.7

解 由三条直线方程, 解得三角形 D 的三顶点坐标为 $A(3,2),B(1,0),C(0,1)$ (图 9.7).

将 D 看成 x 型区域, 则

$$\iint\limits_D y\mathrm{d}x\mathrm{d}y=\iint\limits_{D_1} y\mathrm{d}x\mathrm{d}y+\iint\limits_{D_2} y\mathrm{d}x\mathrm{d}y$$

$$= \int_0^1 y\mathrm{d}y \int_{1-y}^{1+y} \mathrm{d}x + \int_1^2 y\mathrm{d}y \int_{3y-3}^{1+y} \mathrm{d}x$$
$$= \int_0^1 2y^2\mathrm{d}y + \int_1^2 y(4-2y)\mathrm{d}y = 2.$$

例 9.1.7 求 $\int_1^2 y\mathrm{d}y \int_y^2 \frac{\sin x}{x^2-1}\mathrm{d}x.$

解

$$\int_1^2 y\mathrm{d}y \int_y^2 \frac{\sin x}{x^2-1}\mathrm{d}x = \iint\limits_{\substack{1\leqslant y\leqslant 2\\ y\leqslant x\leqslant 2}} \frac{y\sin x}{x^2-1}\mathrm{d}x\mathrm{d}y$$
$$= \int_1^2 \frac{\sin x}{x^2-1}\mathrm{d}x \int_1^x y\mathrm{d}y = \frac{1}{2}\int_1^2 \sin x\mathrm{d}x$$
$$= \frac{1}{2}(\cos 1 - \cos 2).$$

一般而言, 如果积分区域 D 关于 y 轴是对称的 (图 9.8), 而被积函数 $f(x,y)$ 关于 x 是偶函数 (即 $f(-x,y)=f(x,y)$), 把 D 在第一、四象限的那部分记成 D_1, D 在第二、三象限的部分记成 D_2, 那么在构造 Riemann 和的时候, D_1 中有一个面积元素 $\Delta D_i = \Delta x\Delta y$, 则 D_2 中也可以取到一个对称的面积元素 $\Delta D_i' = \Delta x\Delta y$. 在 D_i 中取值 $f(\xi,\eta)$, 则在 D_i' 中可以取值 $f(-\xi,\eta)=f(\xi,\eta)$. 所以被积函数在 D_1 和 D_2 上的积分值是一样的. 因而有

$$\iint\limits_D f(x,y)\mathrm{d}x\mathrm{d}y = 2\iint\limits_{D_1} f(x,y)\mathrm{d}x\mathrm{d}y.$$

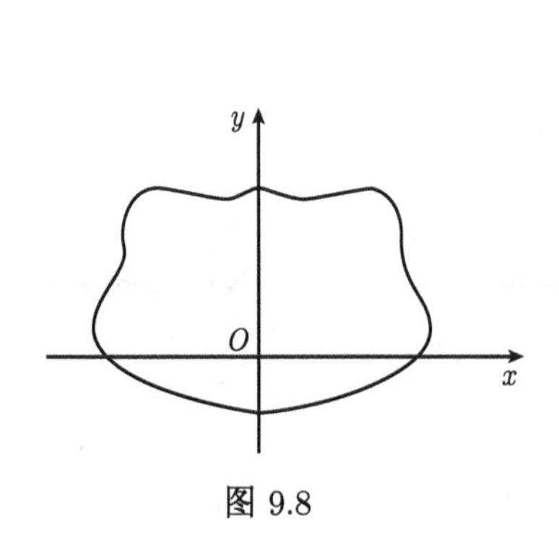

图 9.8

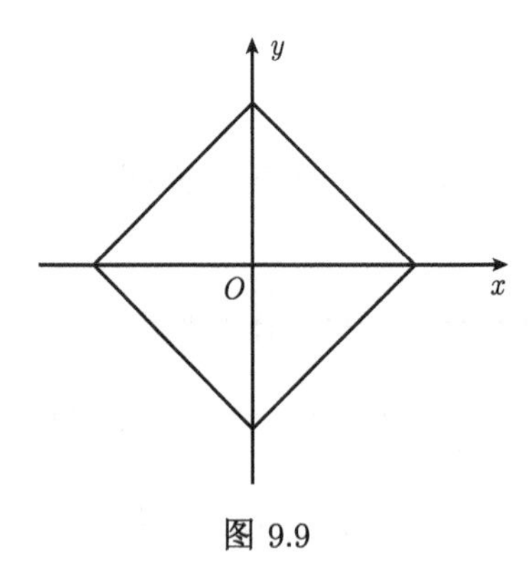

图 9.9

由类似的讨论可知, 如果区域 D 关于 x 轴对称, 而 $f(x,y)$ 关于 y 是一个奇函数, 则

$$\iint\limits_D f(x,y)\mathrm{d}x\mathrm{d}y = 0.$$

例 9.1.8 求 $\iint\limits_{|x|+|y|\leqslant 1} x^2y^2\mathrm{d}x\mathrm{d}y$.

解 积分区域是一个正方形 (图 9.9). 由于积分区域的对称性和被积函数对 x,y 都是偶函数, 可知

$$\iint\limits_{|x|+|y|\leqslant 1} x^2y^2\mathrm{d}x\mathrm{d}y = 4\iint\limits_{\substack{x+y\leqslant 1\\ x,y\geqslant 0}} x^2y^2\mathrm{d}x\mathrm{d}y = 4\int_0^1\mathrm{d}x\int_0^{1-x} x^2y^2\mathrm{d}y$$

$$= \frac{4}{3}\int_0^1 x^2(1-x)^3\mathrm{d}x = \frac{1}{45}.$$

例 9.1.9 求 $x^2+y^2\leqslant a^2$ 和 $x^2+z^2\leqslant a^2$ 相交部分的立体的体积 V (图 9.10).

解 由图 9.10 可以看出, 这个立体在第一卦限的那部分是一个曲顶柱体, 其顶为 $z=\sqrt{a^2-x^2}$, 底是平面区域 $x^2+y^2\leqslant a^2, x\geqslant 0, y\geqslant 0$. 由对称性可知

$$V = 8\iint\limits_{\substack{x^2+y^2\leqslant a^2\\ x\geqslant 0,y\geqslant 0}} \sqrt{a^2-x^2}\mathrm{d}x\mathrm{d}y$$

$$= 8\int_0^a \sqrt{a^2-x^2}\mathrm{d}x\int_0^{\sqrt{a^2-x^2}}\mathrm{d}y$$

$$= 8\int_0^a (a^2-x^2)\mathrm{d}x = \frac{16}{3}a^3.$$

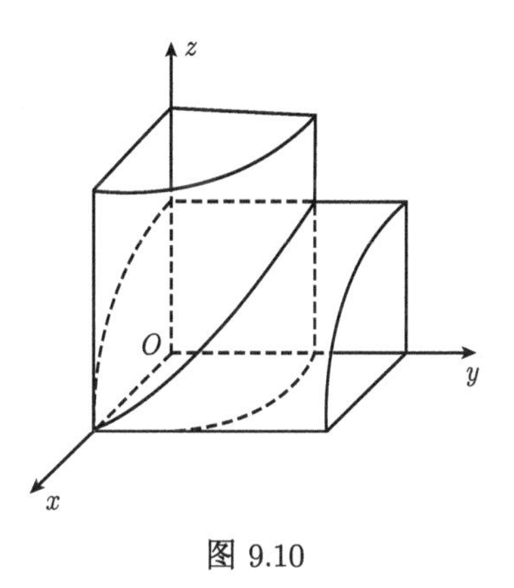

图 9.10

习 题 9.1

1. 计算下列积分:

(1) $\iint\limits_D \frac{y}{(1+x^2+y^2)^{3/2}}\mathrm{d}x\mathrm{d}y,\ D=[0,1]^2$;

(2) $\iint\limits_D \sin(x+y)\mathrm{d}x\mathrm{d}y,\ D=[0,\pi]^2$;

(3) $\iint\limits_D \frac{xy}{(1+x^2+y^2)^2}\mathrm{d}x\mathrm{d}y,\ D=[0,1]^2$.

2. 改变下列积分的顺序:

(1) $\int_{-1}^1\mathrm{d}x\int_0^{\sqrt{1-x^2}} f(x,y)\mathrm{d}y$;

(2) $\int_0^2\mathrm{d}x\int_{2x}^{6-x} f(x,y)\mathrm{d}y$;

(3) $\int_0^a \mathrm{d}y \int_{a-\sqrt{a^2-y^2}}^{a+\sqrt{a^2-y^2}} f(x,y)\mathrm{d}x$;

(4) $\int_a^b \mathrm{d}y \int_y^b f(x,y)\mathrm{d}x$;

(5) $\int_0^1 \mathrm{d}x \int_0^x f(x,y)\mathrm{d}y + \int_1^2 \mathrm{d}x \int_0^{2-x} f(x,y)\mathrm{d}y$;

(6) $\int_0^1 \mathrm{d}y \int_{\frac{1}{2}}^1 f(x,y)\mathrm{d}x + \int_1^2 \mathrm{d}y \int_{\frac{1}{2}}^{\frac{1}{y}} f(x,y)\mathrm{d}x$.

3. 计算下列积分：

(1) $\iint\limits_D \cos(x+y)\mathrm{d}x\mathrm{d}y$, D：由 $y=\pi, x=y, x=0$ 围成;

(2) $\iint\limits_D (x+y)\mathrm{d}x\mathrm{d}y$, D：由 $x^2+y^2=a^2$ 围成的圆在第一象限部分;

(3) $\iint\limits_D (x+y-1)\mathrm{d}x\mathrm{d}y$, D：由 $y=x, y=x+a, y=a, y=3a$ 围成;

(4) $\iint\limits_D \frac{\sin y}{y}\mathrm{d}x\mathrm{d}y$, D：由 $y=x$ 和 $x=y^2$ 围成;

(5) $\iint\limits_D x^2 y\cos(xy^2)\mathrm{d}x\mathrm{d}y$, D： $0\leqslant x\leqslant \frac{\pi}{2}, 0\leqslant y\leqslant 2$;

(6) $\iint\limits_D \frac{x^2}{y^2}\mathrm{d}x\mathrm{d}y$, D：由 $x=2, y=x$ 及 $xy=1$ 围成;

(7) $\iint\limits_D \sqrt{|y-x^2|}\mathrm{d}x\mathrm{d}y$, 其中 D 是矩形区域：$|x|\leqslant 1, 0\leqslant y\leqslant 2$;

(8) $\iint\limits_D |\cos(x+y)|\mathrm{d}x\mathrm{d}y$, 其中 D 是由直线 $y=x, y=0, x=\frac{\pi}{2}$ 所围成.

4. 利用函数的奇偶性计算下列积分：

(1) $\iint\limits_D x^3y^3\mathrm{d}x\mathrm{d}y$, D： $x^2+y^2\leqslant R^2$;

(2) $\iint\limits_D (x^2+y^2)\mathrm{d}x\mathrm{d}y$, D： $-1\leqslant x\leqslant 1, -1\leqslant y\leqslant 1$;

(3) $\iint\limits_D \sin x\sin y\mathrm{d}x\mathrm{d}y$, D： $x^2-y^2=1, x^2+y^2=9$ 围成含原点的部分;

(4) $\iint\limits_D x^2y\mathrm{d}x\mathrm{d}y$, D： $x^2+y^2\leqslant 1, y\geqslant 0$.

5. 求 $\lim\limits_{\rho\to 0}\frac{1}{\pi\rho^2}\iint\limits_{x^2+y^2\leqslant\rho^2} f(x,y)\mathrm{d}x\mathrm{d}y$, 其中 $f(x,y)$ 是连续函数.

6. 证明: $\iint\limits_{x^2+y^2\leqslant 1} e^{x^2+y^2}dxdy \leqslant \left[\int_{-\frac{\sqrt{\pi}}{2}}^{\frac{\sqrt{\pi}}{2}} e^{x^2}dx\right]^2$.

§9.2 二重积分的变量代换

9.2.1 曲线坐标和面积元素

设

$$x = x(u,v), \quad y = y(u,v) \qquad (u,v)\in D' \tag{9.2.1}$$

是定义在 $O'uv$ 平面上的有界区域 D' 上的一一映射, 假设 $x(u,v)$ 和 $y(u,v)$ 在 D' 有一阶连续偏导数, 并且 $\dfrac{\partial(x,y)}{\partial(u,v)}$ 在 D' 中处处不为零, 它把 D' 一一映成 Oxy 平面上的区域 D.

取定 $u=u_0$, 则

$$x = x(u_0,v), \qquad y = y(u_0,v)$$

给出 D 中的一条曲线, 称为 v 曲线. 同样, 给定 $v=v_0$ 时,

$$x = x(u,v_0), \qquad y = y(u,v_0)$$

给出一条 u 曲线. 这样就可以得到 u 曲线族和 v 曲线族.

由于映射是一一对应的, 所以同族的曲线彼此不相交, 而一条 u 曲线和一条 v 曲线也只有一个交点. 于是就可以把这两族曲线作为 Oxy 平面区域 D 中的坐标曲线 (图 9.11).

用两组坐标曲线分割区域 D, 得到 n 个 D 的子区域 $D_i(i=1,\cdots,n)$. 考虑其中任意一个 D_i 的面积. 设这个 D_i 是由参数值为 $u=u_0, u=u_0+\Delta u, v=v_0, v=v_0+\Delta v$ 的两条 v 曲线和两条 u 曲线围成的曲边四边形, 顶点为 M_1, M_2, M_3, M_4 (图 9.12).

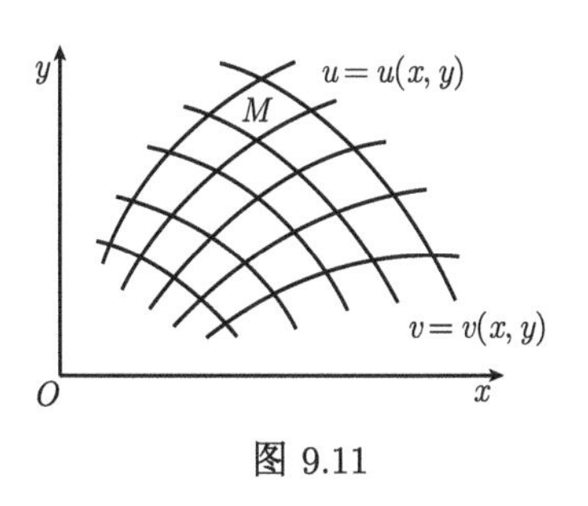

图 9.11

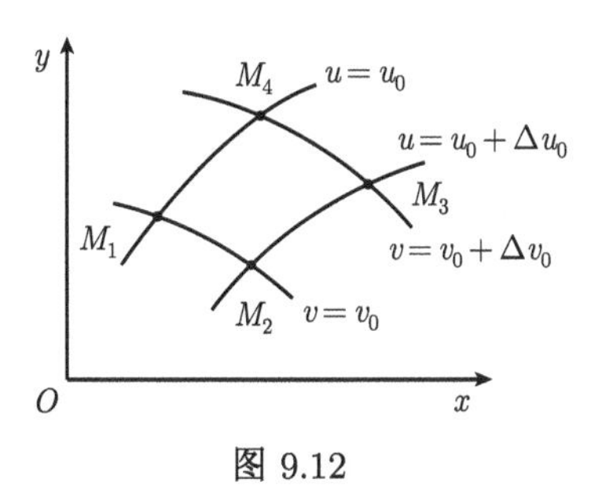

图 9.12

当分割变细时, 曲边四边形的面积 ΔD_i 近似等于向量 $\overrightarrow{M_1M_2}$ 和 $\overrightarrow{M_1M_4}$ 张成的平行四边形的面积, 即有

$$\Delta D_i \approx \left|\overrightarrow{M_1M_2} \times \overrightarrow{M_1M_4}\right|.$$

设 M_j 的坐标为 $(x_j, y_j)(j=1,2,3,4)$, 则有

$$\Delta D_i \approx \left|\begin{vmatrix} x_2-x_1 & y_2-y_1 \\ x_4-x_1 & y_4-y_1 \end{vmatrix}\right|.$$

由 $x(u,v)$ 和 $y(u,v)$ 的可微性, 我们有

$$\begin{aligned} x_2-x_1 &= x(u_0+\Delta u, v_0) - x(u_0,v_0) = \frac{\partial x}{\partial u}\Delta u + o(\Delta u), \\ x_4-x_1 &= x(u_0, v_0+\Delta v) - x(u_0,v_0) = \frac{\partial x}{\partial v}\Delta v + o(\Delta v), \\ y_2-y_1 &= y(u_0+\Delta u, v_0) - y(u_0,v_0) = \frac{\partial y}{\partial u}\Delta u + o(\Delta u), \\ y_4-y_1 &= y(u_0, v_0+\Delta v) - y(u_0,v_0) = \frac{\partial y}{\partial v}\Delta v + o(\Delta v). \end{aligned}$$

略去高阶无穷小量后就有

$$\Delta D_i \approx \left|\begin{vmatrix} \dfrac{\partial x}{\partial u} & \dfrac{\partial x}{\partial v} \\ \dfrac{\partial y}{\partial u} & \dfrac{\partial y}{\partial v} \end{vmatrix}\right| \Delta u \Delta v = \left|\frac{\partial(x,y)}{\partial(u,v)}\right| \Delta u \Delta v.$$

可以证明, 在已有的条件下, 这些近似都是准确的. 故我们有微元等式

$$\mathrm{d}\sigma = \left|\frac{\partial(x,y)}{\partial(u,v)}\right| \mathrm{d}u\mathrm{d}v.$$

$\mathrm{d}\sigma$ 称为区域 D 的面积元素. 由于 $\mathrm{d}u\mathrm{d}v$ 是区域 D' 的面积元素, 所以 $\left|\dfrac{\partial(x,y)}{\partial(u,v)}\right|$ 就是变换式 (9.2.1) 的面积膨胀率.

9.2.2　二重积分的变量代换

经过 9.2.1 小节的讨论, 我们可以来考虑二重积分的换元问题了.

设 $f(x,y)$ 是 D 上连续的二元函数, 并沿用 9.2.1 小节中的记号和假设. 用坐标曲线 $u=u_i(i=1,2,\cdots,n), v=v_j(j=1,2,\cdots,m)$ 把 D' 分割成小区域 D'_{ij}, 对应的, D 中的坐标曲线 (u 曲线和 v 曲线), 把 D 分成 $n\times m$ 个小区域 D_{ij} $(i=1,2,\cdots,n,\ j=1,2,\cdots m)$. 由积分中值公式和前面的讨论, 我们有

$$\begin{aligned} \int_D f &= \sum_{i,j}\int_{D_{ij}} f = \sum_{i,j} f(\xi_{ij},\eta_{ij})\Delta D_{ij} \\ &\approx \sum_{i,j} f(\xi_{ij},\eta_{ij}) \left|\frac{\partial(x,y)}{\partial(u,v)}\right|_{(u_i,v_j)} \Delta u_i \Delta v_j, \end{aligned}$$

其中 (ξ_{ij},η_{ij}) 是 D_{ij} 中的一点. 由 $f(x,y)$ 的连续性, 把 (ξ_{ij},η_{ij}) 换成 $(x(u_i,v_j),y(u_i,v_j))$, 仍然有

$$\int_D f\approx\sum_{i,j}f(x(u_i,v_j),y(u_i,v_j))\left|\frac{\partial(x,y)}{\partial(u,v)}\right|_{(u_i,v_j)}\Delta u_i\Delta v_j.$$

上式的右端是函数

$$f(x(u,v),y(u,v))\left|\frac{\partial(x,y)}{\partial(u,v)}\right|$$

在区域 D' 上的 Riemann 和. 当分割无限变细时, 就得到

$$\int_D f=\iint\limits_{D'}f(x(u,v),y(u,v))\left|\frac{\partial(x,y)}{\partial(u,v)}\right|\mathrm{d}u\mathrm{d}v. \tag{9.2.2}$$

特别地, 对极坐标变换

$$x=r\cos\theta,\qquad y=r\sin\theta, \tag{9.2.3}$$

我们有

$$\frac{\partial(x,y)}{\partial(r,\theta)}=\begin{vmatrix}\cos\theta & \sin\theta\\ -r\sin\theta & r\cos\theta\end{vmatrix}=r.$$

所以

$$\int_D f=\iint\limits_{D'}f(r\cos\theta,r\sin\theta)r\mathrm{d}r\mathrm{d}\theta, \tag{9.2.4}$$

其中区域 D' 经变换 (9.2.3) 映成区域 D.

设区域 D 是由极坐标曲线 $\theta=\alpha,\varphi=\beta,r=r_1(\theta)$ 和 $r=r_2(\theta)(r_2(\theta)\geqslant r_1(\theta))$ 围成的 (图 9.13), 则 D' 就是 $O'r\theta$ 平面上的 θ 型区域 $\{(r,\theta)|\ \alpha\leqslant\theta\leqslant\beta,\ r_1(\theta)\leqslant r\leqslant r_2(\theta)\}$ (图 9.14). 于是由式 (9.2.4) 可知

$$\begin{aligned}\int_D f&=\iint\limits_{D'}f(r\cos\theta,r\sin\theta)r\mathrm{d}r\mathrm{d}\theta\\&=\int_\alpha^\beta\mathrm{d}\theta\int_{r_1(\theta)}^{r_2(\theta)}f(r\cos\theta,r\sin\theta)r\mathrm{d}r.\end{aligned}$$

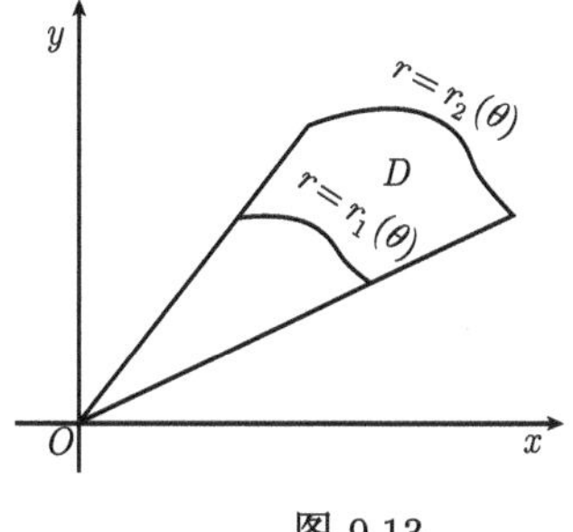

图 9.13

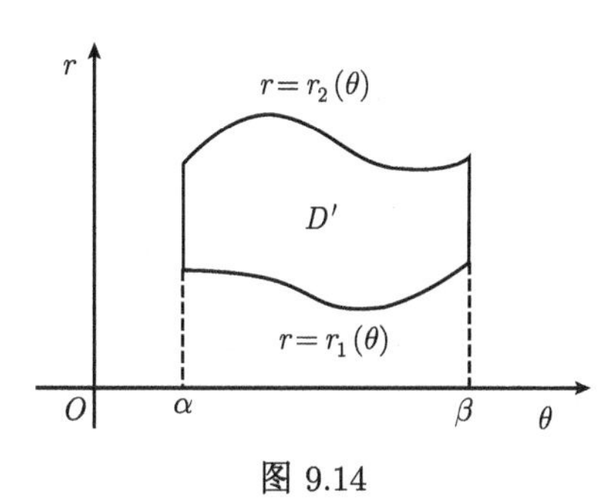

图 9.14

如果原点在区域 D 的边界上或在 D 中, ∂D 的极坐标方程为 $r=r(\theta)$, 则把原点当成退化曲线 $r=r_1(\theta)\equiv 0$ (图 9.15 和图 9.16).

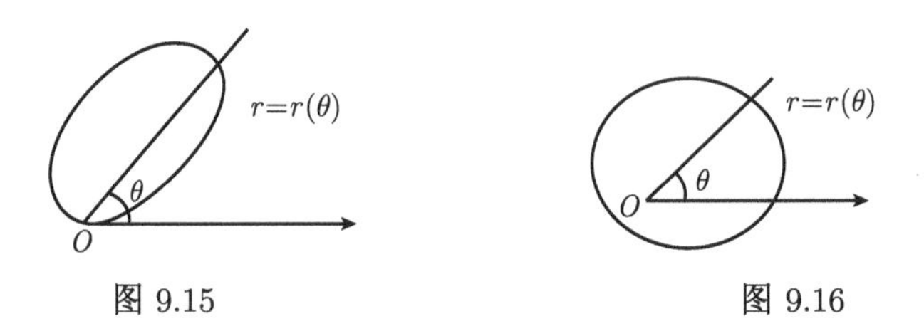

图 9.15　　图 9.16

9.2.3　例题

例 9.2.1　求球体 $x^2+y^2+z^2\leqslant a^2$ 被圆柱面 $x^2+y^2=ay$ 所截下的体积 V (图 9.17).

解　由对称性可知

$$V=4\iint\limits_D\sqrt{a^2-x^2-y^2}\mathrm{d}x\mathrm{d}y,$$

其中区域 D: $x^2+y^2\leqslant ay, x\geqslant 0$, 化成极坐标形式为 (图 9.18)

$$D:\quad 0\leqslant r\leqslant a\sin\theta,\qquad 0\leqslant\theta\leqslant\frac{\pi}{2}.$$

故

$$\begin{aligned}V&=4\int_0^{\frac{\pi}{2}}\mathrm{d}\theta\int_0^{a\sin\theta}\sqrt{a^2-r^2}r\mathrm{d}r\\&=\frac{4}{3}a^3\int_0^{\frac{\pi}{2}}(1-\cos^3\theta)\mathrm{d}\theta\\&=\frac{4}{3}\left(\frac{\pi}{2}-\frac{2}{3}\right)a^3.\end{aligned}$$

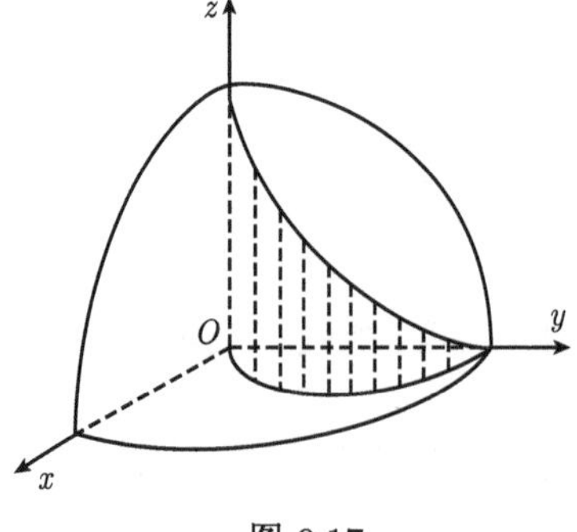

图 9.17

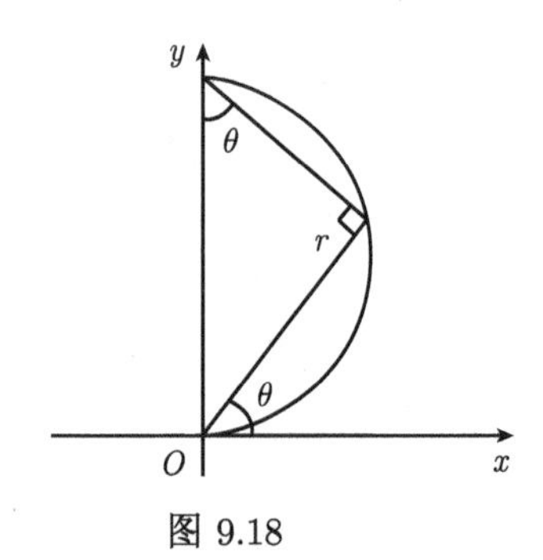

图 9.18

例 9.2.2 求球 $x^2+y^2+z^2 \leqslant R^2$ 和 $x^2+y^2+(z-R)^2 \leqslant R^2$ 相交部分的体积 (图 9.19).

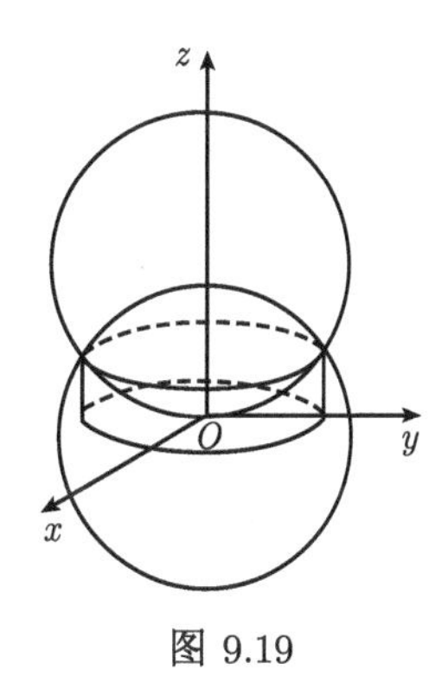

图 9.19

解 两个球体表面的交线满足

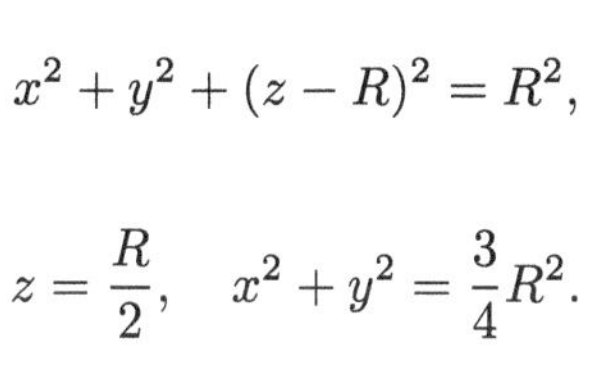

$$x^2+y^2+z^2=R^2,$$

$$x^2+y^2+(z-R)^2=R^2,$$

即

$$z=\frac{R}{2}, \quad x^2+y^2=\frac{3}{4}R^2.$$

由图 9.19 容易看出, V 等于以 $x^2+y^2+z^2=R^2\left(x^2+y^2 \leqslant \frac{3}{4}R^2\right)$ 为顶的曲顶柱体体积 V_1 与以 $x^2+y^2+(z-R)^2=R^2\left(x^2+y^2 \leqslant \frac{3}{4}R^2\right)$ 为顶的曲顶柱体的体积 V_2 之差. 即有

$$\begin{aligned} V &= \iint\limits_{x^2+y^2 \leqslant \frac{3}{4}R^2} \left(\sqrt{R^2-x^2-y^2}-R+\sqrt{R^2-x^2-y^2}\right)\mathrm{d}x\mathrm{d}y \\ &= \int_0^{2\pi}\mathrm{d}\theta\int_0^{\frac{\sqrt{3}}{2}R}(2\sqrt{R^2-r^2}-R)r\mathrm{d}r=\frac{5}{12}\pi R^3. \end{aligned}$$

例 9.2.3 求双纽线 $(x^2+y^2)^2=2a^2(x^2-y^2)$ 所围成的面积 (图 9.20).

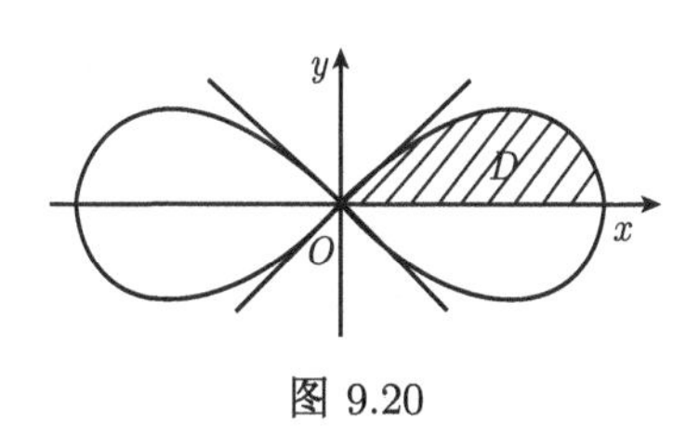

图 9.20

解 所围图形在第一象限部分为区域

$$D: \quad 0 \leqslant \theta \leqslant \frac{\pi}{4}, \quad 0 \leqslant r \leqslant a\sqrt{2\cos 2\theta}.$$

故由对称性, 双纽线围成的面积为

$$\begin{aligned} S &= 4\iint\limits_D \mathrm{d}x\mathrm{d}y = 4\int_0^{\frac{\pi}{4}}\mathrm{d}\theta\int_0^{a\sqrt{2\cos 2\theta}} r\mathrm{d}r \\ &= 4a^2\int_0^{\frac{\pi}{4}}\cos 2\theta\mathrm{d}\theta = 2a^2. \end{aligned}$$

例 9.2.4 求 $\displaystyle\iint\limits_{x^2+y^2 \leqslant R^2} \mathrm{e}^{-x^2-y^2}\mathrm{d}x\mathrm{d}y.$

解

$$\iint\limits_{x^2+y^2 \leqslant R^2} \mathrm{e}^{-x^2-y^2}\mathrm{d}x\mathrm{d}y=\int_0^{2\pi}\mathrm{d}\theta\int_0^R \mathrm{e}^{-r^2}r\mathrm{d}r=\pi(1-\mathrm{e}^{-R^2}).$$

利用例 9.2.4 的结果可以求出一个重要的广义积分

$$\int_{-\infty}^{+\infty} \mathrm{e}^{-x^2} \mathrm{d}x$$

的值.

我们有

$$\left(\int_{-R}^{R} \mathrm{e}^{-x^2} \mathrm{d}x\right)^2 = \int_{-R}^{R} \mathrm{e}^{-x^2} \mathrm{d}x \int_{-R}^{R} \mathrm{e}^{-y^2} \mathrm{d}y = \iint\limits_{\substack{-R\leqslant x\leqslant R\\ -R\leqslant y\leqslant R}} \mathrm{e}^{-x^2-y^2} \mathrm{d}x\mathrm{d}y,$$

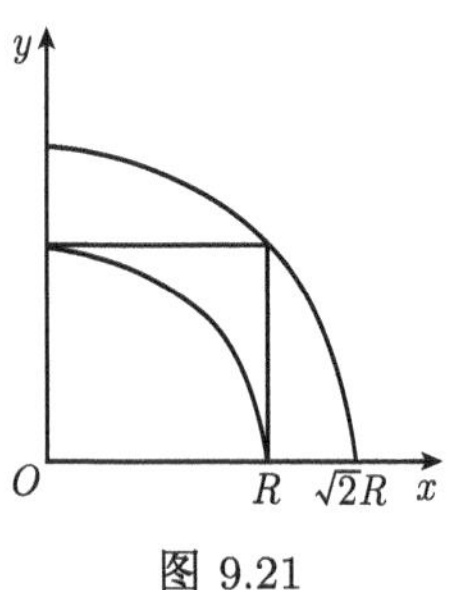

图 9.21

由 $\mathrm{e}^{-x^2-y^2} > 0$ 及积分区域的包含关系 (图 9.21) 可知

$$\iint\limits_{x^2+y^2\leqslant R^2} \mathrm{e}^{-x^2-y^2} \mathrm{d}x\mathrm{d}y \leqslant \left(\int_{-R}^{R} \mathrm{e}^{-x^2} \mathrm{d}x\right)^2$$

$$\leqslant \iint\limits_{x^2+y^2\leqslant 2R^2} \mathrm{e}^{-x^2-y^2} \mathrm{d}x\mathrm{d}y.$$

由例 9.2.4 得到不等式

$$\pi(1-\mathrm{e}^{-R^2}) \leqslant \left(\int_{-R}^{R} \mathrm{e}^{-x^2} \mathrm{d}x\right)^2 \leqslant \pi(1-\mathrm{e}^{-2R^2}).$$

令 $R \to +\infty$, 即得到

$$\int_{-\infty}^{+\infty} \mathrm{e}^{-x^2} \mathrm{d}x = \sqrt{\pi},$$

或

$$\int_{0}^{+\infty} \mathrm{e}^{-x^2} \mathrm{d}x = \frac{\sqrt{\pi}}{2}.$$

这个积分称为概率积分.

例 9.2.5　求椭球体 $\dfrac{x^2}{a^2}+\dfrac{y^2}{b^2}+\dfrac{z^2}{c^2} \leqslant 1$ 的体积 V.

解

$$V = 2\iint\limits_{D} c\sqrt{1-\frac{x^2}{a^2}-\frac{y^2}{b^2}}\,\mathrm{d}x\mathrm{d}y,$$

其中 D 是椭圆 $\dfrac{x^2}{a^2}+\dfrac{y^2}{b^2} \leqslant 1$.

代换

$$x = ar\cos\theta, \qquad y = br\sin\theta,$$

把区域 $D': 0 \leqslant r \leqslant 1, 0 \leqslant \theta \leqslant 2\pi$ 映成椭圆 D: $\dfrac{x^2}{a^2}+\dfrac{y^2}{b^2} \leqslant 1$. 由

$$\frac{\partial(x,y)}{\partial(r,\theta)}=abr,$$

即得

$$V=2c\int_0^{2\pi}\mathrm{d}\theta\int_0^1 abr\sqrt{1-r^2}\mathrm{d}r=\frac{4}{3}\pi abc.$$

如果 $a=b=c=R$, 就得到半径为 R 的球的体积为 $\frac{4}{3}\pi R^3$.

例 9.2.6 求 $\iint\limits_D(\sqrt{x}+\sqrt{y})\mathrm{d}x\mathrm{d}y$, 其中 D 是由 $\sqrt{x}+\sqrt{y}=1$ 与坐标轴围成的区域 (图 9.22).

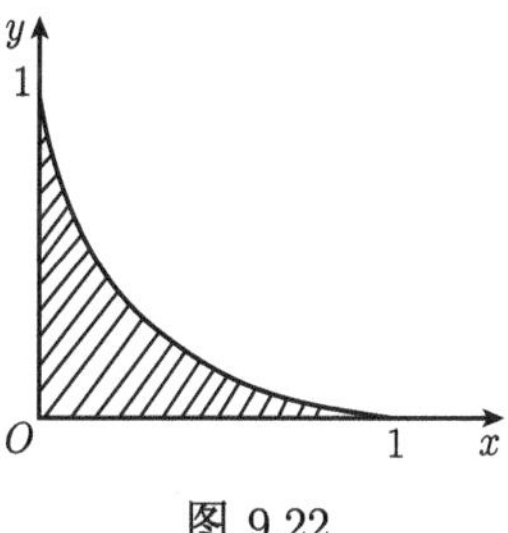

图 9.22

解 为了有理化被积函数, 作变量代换

$$x=r^2\cos^4 t,\qquad y=r^2\sin^4 t,$$

得到

$$D':\quad 0\leqslant\sqrt{x}+\sqrt{y}=r\leqslant 1,\qquad 0\leqslant t\leqslant\frac{\pi}{2}$$

及

$$\begin{aligned}\frac{\partial(x,y)}{\partial(r,t)}&=\begin{vmatrix}2r\cos^4 t & 2r\sin^4 t\\ -4r^2\cos^3 t\sin t & 4r^2\sin^3 t\cos t\end{vmatrix}\\&=8r^3\cos^3 t\sin^3 t.\end{aligned}$$

故

$$\iint\limits_D(\sqrt{x}+\sqrt{y})\mathrm{d}x\mathrm{d}y=8\int_0^{\frac{\pi}{2}}\cos^3 t\sin^3 t\mathrm{d}t\int_0^1 r^4\mathrm{d}r=\frac{2}{15}.$$

例 9.2.7 求积分 $\iint\limits_D x^2y^2\mathrm{d}x\mathrm{d}y$, 其中 D 由 4 条抛物线 $y^2=px, y^2=qx, x^2=ay$ 和 $x^2=by$ 围成 $(0<p<q, 0<a<b)$.

解 变量代换

$$y^2=ux,\quad x^2=vy\qquad (p\leqslant u\leqslant q, a\leqslant v\leqslant b)$$

把 $O'uv$ 平面上的区域 $D':p\leqslant u\leqslant q, a\leqslant v\leqslant b$ 映成 Oxy 平面上的区域 D (图 9.23(a) 和 (b)). 解出

$$x=(uv^2)^{\frac{1}{3}},\qquad y=(u^2v)^{\frac{1}{3}},$$

可知

$$\frac{\partial(x,y)}{\partial(u,v)}=\begin{vmatrix}\frac{1}{3}\left(\frac{v}{u}\right)^{\frac{2}{3}} & \frac{2}{3}\left(\frac{v}{u}\right)^{\frac{1}{3}}\\ \frac{2}{3}\left(\frac{u}{v}\right)^{\frac{1}{3}} & \frac{1}{3}\left(\frac{u}{v}\right)^{\frac{2}{3}}\end{vmatrix}=-\frac{1}{3}.$$

故

$$\iint_D x^2y^2\mathrm{d}x\mathrm{d}y = \frac{1}{3}\int_p^q u^2\mathrm{d}u\int_a^b v^2\mathrm{d}v = \frac{1}{27}(q^3-p^3)(b^3-a^3).$$

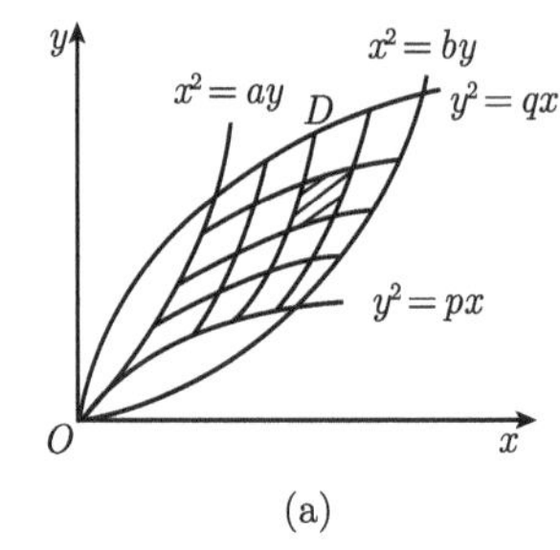

(a)

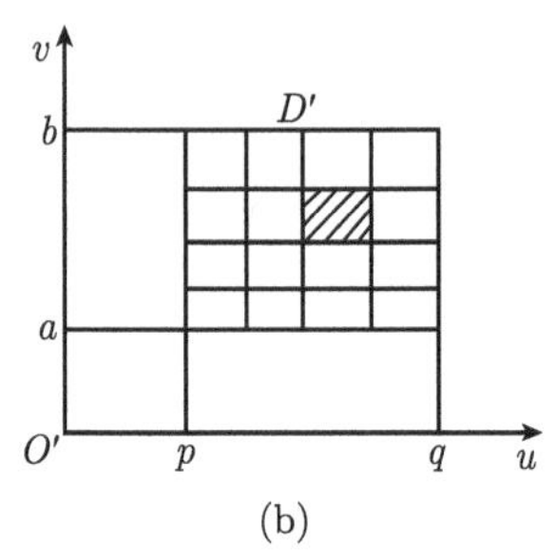

(b)

图 9.23

9.2.4 广义二重积分

我们只介绍简单但常见的两种广义积分, 并不做细致的讨论.

1° 设 $f(x,y)$ 是定义在有界区域 D 及其边界 ∂D 上的非负函数, 在 ∂D 上某些点的邻域中, $f(x,y)$ 无界, 这种点称为函数的瑕点. 假定 $f(x,y)$ 在 D 内任何闭区域上可积, 作 D 中闭域列 $\{D_n\}$, 使 $D_{n+1}\supset D_n$ 及 $\bigcup\limits_{n=1}^{\infty}D_n=D$. 定义瑕积分

$$\int_D f = \iint_D f(x,y)\mathrm{d}x\mathrm{d}y = \lim_{n\to\infty}\int_{D_n} f.$$

当上式右边为 $+\infty$ 时, 称左边的广义积分为发散的.

2° 设 $D\subset\mathbf{R}^2$ 是一个无界闭区域, D 中非负函数在 D 内任意有界闭区域上可积. 作 D 中有界闭域列 $\{D_n\}$, 使 $D_n\subset D_{n+1}$ 且 $\bigcup\limits_{n=1}^{\infty}D_n=D$. 定义广义积分

$$\int_D f = \iint_D f(x,y)\mathrm{d}x\mathrm{d}y = \lim_{n\to\infty}\int_{D_n} f.$$

如果上式右边为 $+\infty$, 则称左边的积分发散.

例 9.2.8 设 $D: 0\leqslant x\leqslant 1, 0\leqslant y\leqslant 1$, 求 $\iint\limits_D \dfrac{y}{\sqrt{x}}\mathrm{d}x\mathrm{d}y$.

解 令 $D_n: 1/n\leqslant x\leqslant 1-1/n,\ 1/n\leqslant y\leqslant 1-1/n\ (n>2)$, 则

$$\begin{aligned}\iint_D \frac{y}{\sqrt{x}}\mathrm{d}x\mathrm{d}y &= \lim_{n\to+\infty}\int_{\frac{1}{n}}^{1-\frac{1}{n}} y\mathrm{d}y\int_{\frac{1}{n}}^{1-\frac{1}{n}}\frac{\mathrm{d}x}{\sqrt{x}}\\ &= \int_0^1 y\mathrm{d}y\int_0^1\frac{\mathrm{d}x}{\sqrt{x}} = 1.\end{aligned}$$

例 9.2.9 设 D 是第一象限, 求 $\displaystyle\iint\limits_D \frac{\mathrm{d}x\mathrm{d}y}{(1+x+y)^3}$.

解 令 D_n : $0 \leqslant x \leqslant n,\ 0 \leqslant y \leqslant n$, 则

$$\begin{aligned}\iint\limits_D \frac{\mathrm{d}x\mathrm{d}y}{(1+x+y)^3} &= \lim_{n\to+\infty}\int_0^n \mathrm{d}x\int_0^n \frac{\mathrm{d}y}{(1+x+y)^3}\\ &= \lim_{n\to+\infty}\frac{1}{2}\int_0^n\left(\frac{1}{(1+x)^2}-\frac{1}{(1+n+x)^2}\right)\mathrm{d}x\\ &= \lim_{n\to+\infty}\frac{1}{2}\left(1-\frac{1}{n+1}+\frac{1}{2n+1}-\frac{1}{n+1}\right)=\frac{1}{2}.\end{aligned}$$

例 9.2.10 求 $\displaystyle\iint\limits_{\mathbf{R}^2} \mathrm{e}^{-x^2-xy-y^2}\mathrm{d}x\mathrm{d}y$.

解 由 $-x^2-xy-y^2=-\left(x+\dfrac{y}{2}\right)^2-\dfrac{3}{4}y^2$ 可知, 应作变量代换

$$u=x+\frac{y}{2},\qquad v=\frac{\sqrt{3}}{2}y,$$

或

$$x=u-\frac{1}{\sqrt{3}}v,\qquad y=\frac{2}{\sqrt{3}}v.$$

所给变换把 $O'uv$ 平面上的矩形区域 D_n': $-n\leqslant u\leqslant n, -n\leqslant v\leqslant n$ 映成 Oxy 平面上的平行四边形 D_n, D_n 由 $y=-2n/\sqrt{3}, y=2n/\sqrt{3}, x=-n-y/2$ 和 $x=n-y/2$ 围成 (图 9.24(a) 和 (b)). 所以

$$\begin{aligned}\iint\limits_{\mathbf{R}^2}\mathrm{e}^{-x^2-xy-y^2}\mathrm{d}x\mathrm{d}y &= \lim_{n\to\infty}\iint\limits_{D_n}\mathrm{e}^{-x^2-xy-y^2}\mathrm{d}x\mathrm{d}y\\ &= \lim_{n\to\infty}\frac{2}{\sqrt{3}}\iint\limits_{D_n'}\mathrm{e}^{-u^2-v^2}\mathrm{d}u\mathrm{d}v=\frac{2}{\sqrt{3}}\pi.\end{aligned}$$

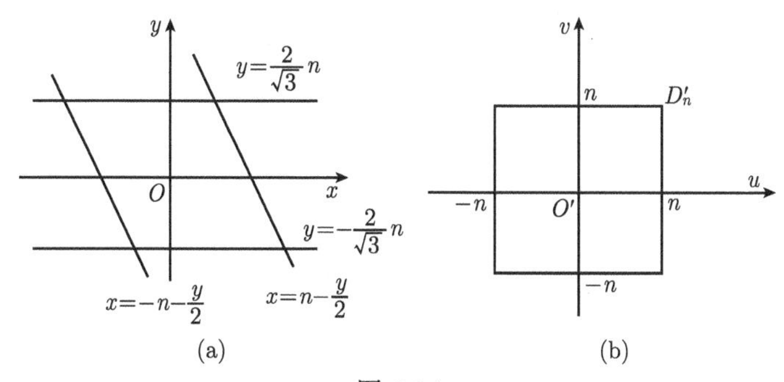

图 9.24

习　题　9.2

1. 计算下列积分值:

(1) $\int_0^R \mathrm{d}x \int_0^{\sqrt{R^2-x^2}} \ln(1+x^2+y^2)\mathrm{d}y$;

(2) $\int_0^{\frac{1}{\sqrt{2}}} \mathrm{d}x \int_x^{\sqrt{1-x^2}} xy(x+y)\mathrm{d}y$;

(3) $\int_0^{2R} \mathrm{d}y \int_0^{\sqrt{2Ry-y^2}} (x^2+y^2)\mathrm{d}x$;

(4) $\int_0^{\frac{R}{\sqrt{1+R^2}}} \mathrm{d}x \int_0^{Rx} \left(1+\frac{y^2}{x^2}\right)\mathrm{d}y + \int_{\frac{R}{\sqrt{1+R^2}}}^{R} \mathrm{d}x \int_0^{\sqrt{R^2-x^2}} \left(1+\frac{y^2}{x^2}\right)\mathrm{d}y$;

(5) $\int_0^a \mathrm{d}x \int_{\sqrt{ax-x^2}}^{\sqrt{a^2-x^2}} \sqrt{a^2-x^2-y^2}\mathrm{d}y$.

2. 计算下列二重积分:

(1) $\iint\limits_D (x^2+y^2)\mathrm{d}x\mathrm{d}y$, D: $a^2 \leqslant x^2+y^2 \leqslant b^2$;

(2) $\iint\limits_D \sqrt{x^2+y^2}\mathrm{d}x\mathrm{d}y$, D: $x^2+y^2 \leqslant x+y$;

(3) $\iint\limits_D \sqrt{\frac{x^2}{a^2}+\frac{y^2}{b^2}}\mathrm{d}x\mathrm{d}y$, D: $\frac{x^2}{a^2}+\frac{y^2}{b^2}=4, y=0, y=x$ 所围成的第一象限部分;

(4) $\iint\limits_D \frac{x^2}{x^2+y^2}\mathrm{d}x\mathrm{d}y$, D: $x^2+y^2 \leqslant x$.

3. 计算下列积分:

(1) $\iint\limits_D (x^2+y^2)\mathrm{d}x\mathrm{d}y$, D: 由 $xy=1, xy=2, y=x, y=2x$ 围成的第一象限部分;

(2) $\iint\limits_D \mathrm{d}x\mathrm{d}y$, D: 由 $y^2=ax, y^2=bx, x^2=my, x^2=ny$ 围成的区域 $(a>b>0, m>n>0)$;

(3) $\iint\limits_D xy\mathrm{d}x\mathrm{d}y$, D: $xy=a, xy=b, y^2=cx, y^2=\mathrm{d}x$ 围成的第一象限部分 $(0<a<b, 0<c<d)$;

(4) $\iint\limits_D 4xy\mathrm{d}x\mathrm{d}y$, D: $x^4+y^4 \leqslant 1, x \geqslant 0, y \geqslant 0$ 围成的区域;

(5) $\iint\limits_D \frac{x^2-y^2}{\sqrt{x+y+3}}\mathrm{d}x\mathrm{d}y$, D: $|x|+|y| \leqslant 1$;

(6) $\iint\limits_D \sin\frac{y}{x+y}\mathrm{d}x\mathrm{d}y$, D: 由直线 $x+y=1, x=0, y=0$ 围成的区域.

4. 求下列曲线所围成的平面区域的面积:

(1) $x^2+2y^2=3$ 和 $xy=1$ (不含原点部分);

(2) $(x-y)^2+x^2=a^2\ (a>0)$;

(3) 由直线 $x+y=a, x+y=b, y=kx$ 和 $y=mx\,(0<a<b, 0<k<m)$ 围成的平面区域.

5. 设 $f(t)$ 为连续函数, 求证

$$\iint\limits_D f(x-y)\mathrm{d}x\mathrm{d}y=\int_{-A}^{A} f(t)(A-|t|)\mathrm{d}t,$$

其中 $D:|x|\leqslant A/2, |y|\leqslant A/2,\ A>0$ 为常数.

6. 设 $f(x)$ 在 $[0,1]$ 上连续, 证明: $\int_0^1 \mathrm{e}^{f(x)}\mathrm{d}x\cdot\int_0^1 \mathrm{e}^{-f(y)}\mathrm{d}y\geqslant 1$.

7. 设 $f(x)$ 为连续的奇函数, 证明: $\iint\limits_{|x|+|y|\leqslant 1} \mathrm{e}^{f(x+y)}\mathrm{d}x\mathrm{d}y\geqslant 2$.

8. 计算广义积分:

(1) $\iint\limits_D \frac{1}{\sqrt{x^2+y^2}}\mathrm{d}x\mathrm{d}y$, 其中 D 是单位圆内部;

(2) $\iint\limits_D \frac{\mathrm{d}x\mathrm{d}y}{(1+x+y)^\alpha}$, 其中 D 是第一象限, α 为常数;

(3) $\iint\limits_D \max\{x,y\}\mathrm{e}^{-(x^2+y^2)}\mathrm{d}x\mathrm{d}y$, 其中 D 是第一象限.

§9.3 三重积分

三重积分有关内容类似二重积分. 所以对于三重积分的定义和计算, 我们只做形式上的说明, 而不做细致分析.

9.3.1 三重积分的概念

定义 9.3.1 设 V 是空间有界闭域, $z=f(x,y,z)$ 是定义在 V 上的有界函数. 用光滑曲面把 V 分成 n 个互不重叠 (即两两没有公共内点) 的闭区域 $V_i(i=1,\cdots,n)$. 用 ΔV_i 表示 V_i 的体积, 这些空间小区域构成 V 上的一个分割 T, 并记 $\|T\|=\max\limits_{i=1,\cdots,n}\operatorname{diam}V_i$, 在 V_i 上任取一点 (ξ_i,η_i,ζ_i), 称

$$S(T)=\sum_{i=1}^{n} f(\xi_i,\eta_i,\zeta_i)\Delta V_i$$

为 $f(x,y,z)$ 在 V 上的一个 Riemann 和.

如果当 $\|T\| \to 0$ 时, $S(T)$ 对任意的分割与取点都有同一极限 A, 即有

$$\lim_{\|T\| \to 0} S(T) = A,$$

则称 $f(x,y,z)$ 在 V 可积, 称 A 为 $f(x,y,z)$ 在 V 上的三重积分, 记为

$$A = \iiint\limits_V f(x,y,z)\mathrm{d}V \quad 或 \quad \int_V f,$$

式中的 V 称为积分区域, $f(x,y,z)\mathrm{d}V$ 称为被积表达式, $f(x,y,z)$ 称为被积函数, $\mathrm{d}V$ 称为体积元素.

当然上面的定义也可以用严格的 ε-δ 语言来叙述.

定理 9.3.1　设 V 是空间有界闭区域, $f(x,y,z)$ 在 V 上有界, 其不连续点分布在 V 上有限张光滑曲面上, 则 $f(x,y,z)$ 在 V 上可积.

三重积分有与二重积分一样的性质, 不再重复.

三重积分有明显的物理意义: 设在有界闭域 V 上按密度 $\rho(x,y,z)$ 分布有某种物质, 则由定义看出, Riemann 和

$$\sum \rho(\xi_i,\eta_i,\zeta_i)\Delta x_i \Delta y_i \Delta z_i$$

就是 V 上物质质量的近似值, 而积分

$$\int_V \rho = \iiint\limits_V \rho(x,y,z)\mathrm{d}x\mathrm{d}y\mathrm{d}z$$

则是物质的总质量.

9.3.2　三重积分的累次积分法

设 $f(x,y,z)$ 在三维闭区间 $I = I_1 \times I_2 \times I_3$ 上连续, 类似于定理 9.1.3 有

$$\int_I f = \iint\limits_{I_1 \times I_2} \mathrm{d}x\mathrm{d}y \int_{I_3} f(x,y,z)\mathrm{d}z. \tag{9.3.1}$$

利用定理 9.1.3 就得到

$$\int_I f = \int_{I_1} \mathrm{d}x \int_{I_2} \mathrm{d}y \int_{I_3} f(x,y,z)\mathrm{d}z. \tag{9.3.2}$$

再次利用定理 9.1.3, 由式 (9.3.2) 又可知有

$$\int_I f = \int_{I_1} \mathrm{d}x \iint\limits_{I_2 \times I_3} f(x,y,z)\mathrm{d}y\mathrm{d}z. \tag{9.3.3}$$

式 (9.3.1)～ 式 (9.3.3) 给出了三种典型的积分次序. 由对称性可知三维闭区间上的三重积分可以按任意的顺序进行累次积分.

例 9.3.1 求 $\iiint\limits_I x^2 y\mathrm{e}^{xyz}\mathrm{d}x\mathrm{d}y\mathrm{d}z$, 其中 $I=[0,1]^3$.

解

$$\begin{aligned}\iiint\limits_I x^2 y\mathrm{e}^{xyz}\mathrm{d}x\mathrm{d}y\mathrm{d}z &= \iint\limits_{[0,1]^2} x^2 y\mathrm{d}x\mathrm{d}y\int_0^1 \mathrm{e}^{xyz}\mathrm{d}z = \iint\limits_{[0,1]^2} x(\mathrm{e}^{xy}-1)\mathrm{d}x\mathrm{d}y\\ &= \int_0^1 x\mathrm{d}x\int_0^1 \mathrm{e}^{xy}\mathrm{d}y - \int_0^1 x\mathrm{d}x\int_0^1 \mathrm{d}y\\ &= \int_0^1 (\mathrm{e}^x-1)\mathrm{d}x - \frac{1}{2} = \mathrm{e}-\frac{5}{2}.\end{aligned}$$

设 $z_1(x,y)$、$z_2(x,y)\in C(D)$, 称区域 V:

$$\{(x,y,z)|\ z_1(x,y)\leqslant z\leqslant z_2(x,y),\quad (x,y)\in D\}$$

为 z 型区域, 它是由显式曲面 $z=z_1(x,y)$ 和 $z=z_2(x,y)$ 及以 ∂D 为准线, 母线与 Oz 平行的柱面围成的 (图 9.25(a)). 它的特点是: D 是 V 在 Oxy 面上的投影, 在 D 内任意作 z 轴的平行线与 V 的边界曲面的交点最多两个.

类似可定义 x 型区域 V (图 9.25(b))

$$\{(x,y,z)|\ x_1(y,z)\leqslant x\leqslant x_2(y,z),\quad (y,z)\in D\}$$

和 y 型区域 V (图 9.25(c))

$$\{(x,y,z)|\ y_1(z,x)\leqslant y\leqslant y_2(z,x),\quad (z,x)\in D\}.$$

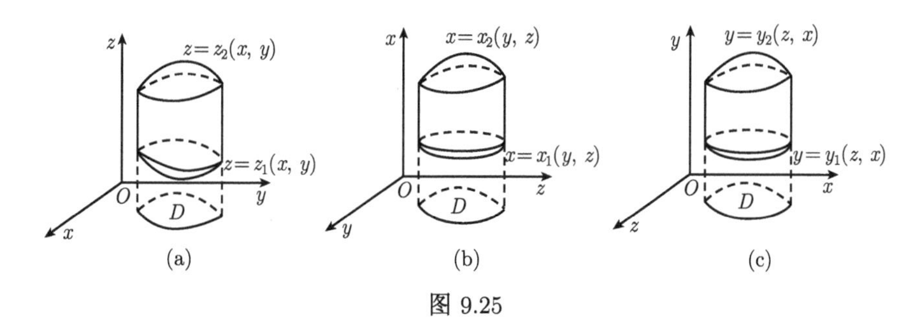

图 9.25

定理 9.3.2 设 V 是 z 型区域 $\{(x,y,z)|\ z_1(x,y)\leqslant z\leqslant z_2(x,y),(x,y)\in D\}$ (图 9.25(a)), $f(x,y,z)$ 在 V 上可积, 对 $\forall\ (x,y)\in D, f(x,y,z)$ 在 $[z_1(x,y),z_2(x,y)]$ 可积, 则

$$\iiint\limits_V f(x,y,z)\mathrm{d}x\mathrm{d}y\mathrm{d}z = \iint\limits_D \mathrm{d}x\mathrm{d}y \int_{z_1(x,y)}^{z_2(x,y)} f(x,y,z)\mathrm{d}z.$$

证　作三维区间 $I = I_1 \times I_2 \times I_3 \supset V$, 令

$$f_V(x,y,z)\mathrm{d}z = \begin{cases} f(x,y,z), & (x,y) \in V, \\ 0, & (x,y) \in V^c, \end{cases}$$

于是有

$$\int_V f = \int\limits_{I_1\times I_2\times I_3} f_V = \iint\limits_{I_1\times I_2} \mathrm{d}x\mathrm{d}y \int_{I_3} f_V(x,y,z)\mathrm{d}z.$$

由于

$$\int_{I_3} f_V(x,y,z)\mathrm{d}z = \begin{cases} \displaystyle\int_{z_1(x,y)}^{z_2(x,y)} f(x,y,z)\mathrm{d}z, & (x,y) \in D, \\ 0, & (x,y) \notin D, \end{cases}$$

所以

$$\int_V f = \iint\limits_D \mathrm{d}x\mathrm{d}y \int_{z_1(x,y)}^{z_2(x,y)} f(x,y,z)\mathrm{d}z. \qquad \square$$

如果区域 V 是 x 型或 y 型区域, 可以得到类似定理 9.3.2 的累次积分公式, 不再赘述.

类似地, 由式 (9.3.3) 可以证明下述定理.

定理 9.3.3　设 V 在 z 轴上的投影为区间 I. 过 I 上一点 $(0,0,z)$ 与 z 轴垂直的平面同 V 相交的平面图形在 Oxy 平面上的投影为区域 D_z (图 9.26), 则

$$\int_V f = \int_I \mathrm{d}z \iint\limits_{D_z} f(x,y,z)\mathrm{d}x\mathrm{d}y.$$

当然区域 V 也可以换成向 x 轴或 y 轴方向投影, 得到类似定理 9.3.3 的累次积分公式.

如果区域 V 可以划分成有限多个定理 9.3.2 和定理 9.3.3 中描述的区域, 则可以利用积分对积分区域的可加性分别积分后求和.

例 9.3.2　计算三重积分 $\displaystyle\iiint\limits_V \frac{\mathrm{d}x\mathrm{d}y\mathrm{d}z}{(1+x+y+z)^3}$, 其中 V 是由坐标面 $x=0, y=0, z=0$ 与平面 $x+y+z=1$ 围成的四面体.

解　先把四面体投影到坐标面 Oxy 上, 所得的平面区域 D 是由直线 $x=0, y=0$ 和 $x+y=1$ 围成的三角形 (图 9.27). 对于 D 中的任意一点 (x,y), 作

平行于 z 轴的直线, 其穿入 V 内的点的立标是 $z=0$, 穿出 V 外的点的立标是 $z=1-x-y$, 所以算得

$$\begin{aligned}\iiint\limits_V \frac{\mathrm{d}x\mathrm{d}y\mathrm{d}z}{(1+x+y+z)^3} &= \iint\limits_D \mathrm{d}x\mathrm{d}y\int_0^{1-x-y}\frac{\mathrm{d}z}{(1+x+y+z)^3}\\ &=\frac{1}{2}\iint\limits_D\left[\frac{1}{(1+x+y)^2}-\frac{1}{4}\right]\mathrm{d}x\mathrm{d}y\\ &=\frac{1}{2}\int_0^1\mathrm{d}x\int_0^{1-x}\left[\frac{1}{(1+x+y)^2}-\frac{1}{4}\right]\mathrm{d}y\\ &=\frac{1}{2}\int_0^1\left(\frac{1}{1+x}-\frac{3-x}{4}\right)\mathrm{d}x=\frac{1}{2}\left(\ln 2-\frac{5}{8}\right).\end{aligned}$$

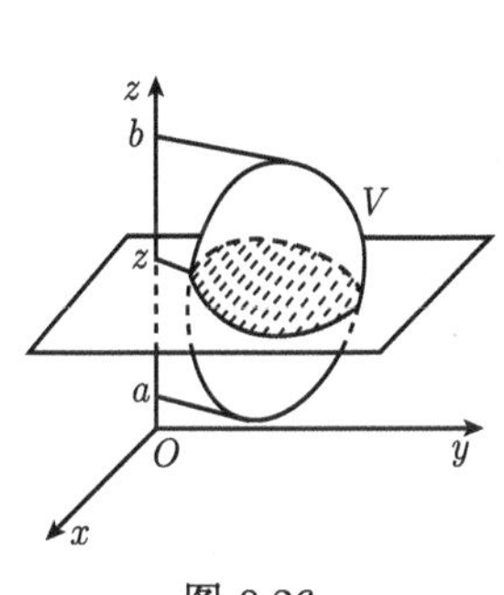

图 9.26

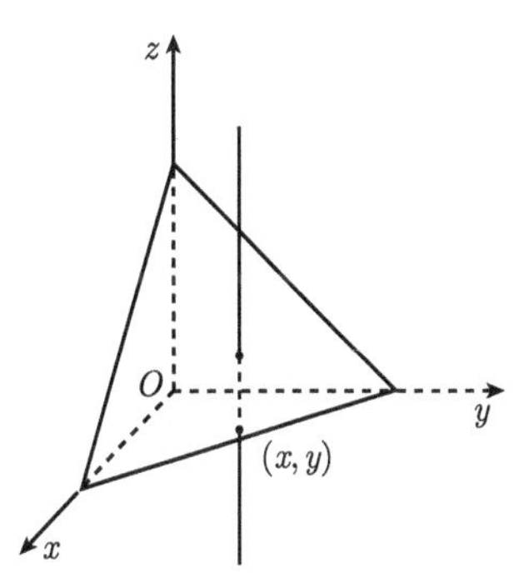

图 9.27

例 9.3.3 计算三重积分 $\iiint\limits_V z\mathrm{d}x\mathrm{d}y\mathrm{d}z$, 其中 V 是由锥面 $R^2z^2=h^2(x^2+y^2)$ 及平面 $z=h$ 围成的锥体.

解 在锥面方程中令 $z=h$, 得知 V 在平面 Oxy 上的投影区域 D 是圆 $x^2+y^2\leqslant R^2$ (图 9.28). 过 D 内任意一点 (x,y) 作平行于 z 轴的直线, 其与 V 的表面相交的两点的立标各是

$$z=\frac{h}{R}\sqrt{x^2+y^2},\qquad z=h,$$

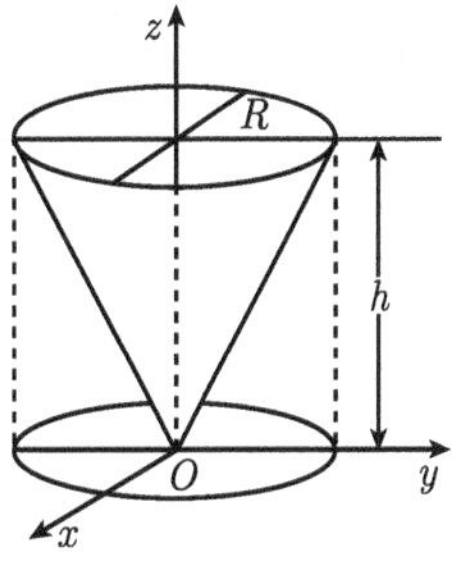

图 9.28

于是求得

$$\begin{aligned}\iiint\limits_V z\mathrm{d}x\mathrm{d}y\mathrm{d}z &= \iint\limits_D \mathrm{d}x\mathrm{d}y\int_{\frac{h}{R}\sqrt{x^2+y^2}}^{h} z\mathrm{d}z\\ &=\frac{1}{2}\iint\limits_D\left[h^2-\frac{h^2}{R^2}(x^2+y^2)\right]\mathrm{d}x\mathrm{d}y\end{aligned}$$

$$= \frac{h^2}{2R^2}\int_0^{2\pi}\mathrm{d}\varphi\int_0^R (R^2-r^2)r\mathrm{d}r = \frac{\pi}{4}R^2h^2.$$

这个三重积分也可化成相反次序的累次积分来计算. 由于区域 V 在 z 轴上的投影区间是 $[0,h]$, 且对该区间内的任意一点 z, 作垂直于 z 轴的平面, 它与 V 交成的区域 D_z 是半径为 $\frac{R}{h}z$ 的圆 $x^2+y^2 \leqslant \frac{R^2}{h^2}z^2$, 所以

$$\iiint\limits_V z\mathrm{d}x\mathrm{d}y\mathrm{d}z = \int_0^h z\mathrm{d}z\iint\limits_{D_z}\mathrm{d}x\mathrm{d}y = \pi\frac{R^2}{h^2}\int_0^h z^3\mathrm{d}z = \frac{\pi}{4}R^2h^2.$$

这里因为被积函数与变量 x,y 无关, 二重积分的计算就变得特别简单, 它的值就是半径为 $\frac{R}{h}z$ 的圆面积.

两种计算方法繁简不一, 这是解题前不可不加考虑的.

例 9.3.4　计算三重积分 $\iiint\limits_V (x^2+y^2+z^2)\mathrm{d}x\mathrm{d}y\mathrm{d}z$, 其中 V 是椭球体 $\frac{x^2}{a^2}+\frac{y^2}{b^2}+\frac{z^2}{c^2} \leqslant 1$.

解　先计算三重积分 $\iiint\limits_V x^2\mathrm{d}x\mathrm{d}y\mathrm{d}z$. 这时被积函数只依赖于 x, 故宜先对 y,z 作二重积分. 由于区域 V 在 x 轴上的投影区间是 $[-a,a]$, 且过该区间的点 x 作垂直于 x 轴的平面去截椭球体 V 时, 截面区域 D_x 是

$$\frac{y^2}{b^2}+\frac{z^2}{c^2} \leqslant 1-\frac{x^2}{a^2},$$

这是半轴为 $b\sqrt{1-\frac{x^2}{a^2}}, c\sqrt{1-\frac{x^2}{a^2}}$ 的椭圆, 所以

$$\begin{aligned}\iiint\limits_V x^2\mathrm{d}x\mathrm{d}y\mathrm{d}z &= \int_{-a}^a x^2\mathrm{d}x\iint\limits_{D_x}\mathrm{d}y\mathrm{d}z \\ &= \pi bc\int_{-a}^a x^2\left(1-\frac{x^2}{a^2}\right)\mathrm{d}x = \frac{4}{15}\pi a^3bc.\end{aligned}$$

同样算得

$$\iiint\limits_V y^2\mathrm{d}x\mathrm{d}y\mathrm{d}z = \frac{4}{15}\pi ab^3c, \qquad \iiint\limits_V z^2\mathrm{d}x\mathrm{d}y\mathrm{d}z = \frac{4}{15}\pi abc^3.$$

于是所求的三重积分为

$$\iiint\limits_V (x^2+y^2+z^2)\mathrm{d}x\mathrm{d}y\mathrm{d}z = \iiint\limits_V x^2\mathrm{d}x\mathrm{d}y\mathrm{d}z + \iiint\limits_V y^2\mathrm{d}x\mathrm{d}y\mathrm{d}z + \iiint\limits_V z^2\mathrm{d}x\mathrm{d}y\mathrm{d}z$$

$$= \frac{4}{15}\pi abc(a^2+b^2+c^2).$$

例 9.3.5 求 $\iiint\limits_V z\sqrt{x^2+y^2}\mathrm{d}x\mathrm{d}y\mathrm{d}z$, 其中 V 由柱面 $x^2+y^2=2x(y\geqslant 0)$, $z=0$, $z=a(a>0)$ 和 $y=0$ 围成 (图 9.29).

解

$$\iiint\limits_V z\sqrt{x^2+y^2}\mathrm{d}x\mathrm{d}y\mathrm{d}z = \int_0^a z\mathrm{d}z \iint\limits_{\substack{x^2+y^2\leqslant 2x\\ y\geqslant 0}} \sqrt{x^2+y^2}\mathrm{d}x\mathrm{d}y$$

$$= \frac{a^2}{2}\int_0^{\frac{\pi}{2}}\mathrm{d}\varphi\int_0^{2\cos\varphi} r^2\mathrm{d}r = \frac{8}{9}a^2.$$

例 9.3.6 求 $\iiint\limits_V \frac{\mathrm{d}x\mathrm{d}y\mathrm{d}z}{1+x^2+y^2}$. $V: 0\leqslant z\leqslant h, x^2+y^2\leqslant 4z$ (图 9.30).

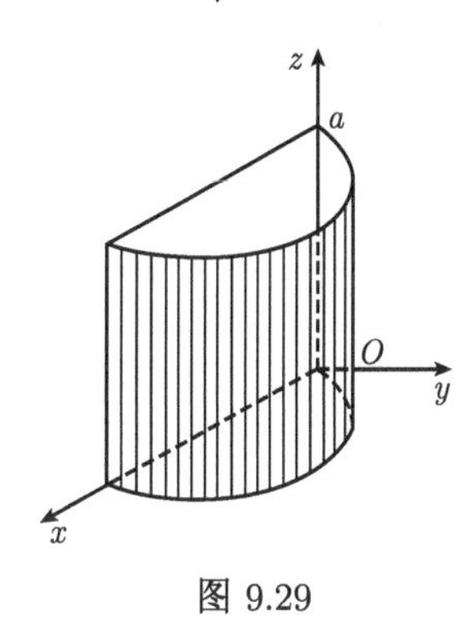

图 9.29

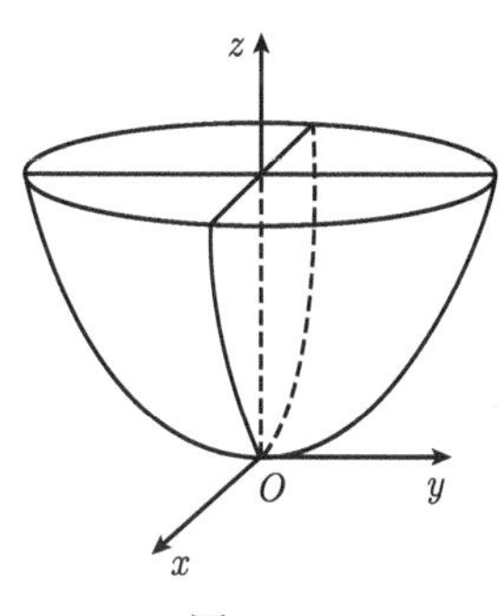

图 9.30

解 由 $D_z: x^2+y^2\leqslant 4z$, 故

$$\iiint\limits_V \frac{\mathrm{d}x\mathrm{d}y\mathrm{d}z}{1+x^2+y^2} = \int_0^h \mathrm{d}z \iint\limits_{x^2+y^2\leqslant 4z} \frac{\mathrm{d}x\mathrm{d}y}{1+x^2+y^2}$$

$$= \int_0^h \mathrm{d}z\int_0^{2\pi}\mathrm{d}\varphi\int_0^{2\sqrt{z}} \frac{r\mathrm{d}r}{1+r^2}$$

$$= \pi\int_0^h \ln(1+4z)\mathrm{d}z$$

$$= \frac{\pi}{4}((1+4h)\ln(1+4h)-4h).$$

9.3.3 三重积分的变量代换

设变换

$$x=x(u,v,w),\quad y=y(u,v,w),\quad z=z(u,v,w)$$

把 $O'uvw$ 空间中的区域 V' 一一映成 $Oxyz$ 空间中的区域 V. 引进 uv 曲面, vw 曲面和 wu 曲面作为 V 中的坐标曲面, 并利用坐标曲面对 V 进行分割. 分割后的曲面六面体的体积近似等于三条棱向量的混合积, 于是得到体积元素的微元等式

$$\mathrm{d}V=\left|\frac{\partial(x,y,z)}{\partial(u,v,w)}\right|\mathrm{d}u\mathrm{d}v\mathrm{d}w.$$

重复二重积分变量代换的算法可得

$$\begin{aligned}&\iiint\limits_{V}f(x,y,z)\mathrm{d}x\mathrm{d}y\mathrm{d}z\\=&\iiint\limits_{V'}f(x(u,v,w),y(u,v,w),z(u,v,w))\left|\frac{\partial(x,y,z)}{\partial(u,v,w)}\right|\mathrm{d}u\mathrm{d}v\mathrm{d}w.\end{aligned}$$

一个重要的特例是球坐标代换

$$x=r\sin\theta\cos\varphi,\quad y=r\sin\theta\sin\varphi,\quad z=r\cos\theta.$$

它的 Jacobi 行列式为

$$\frac{\partial(x,y,z)}{\partial(r,\theta,\varphi)}=r^2\sin\theta,$$

所以在球坐标代换下,

$$\begin{aligned}&\iiint\limits_{V}f(x,y,z)\mathrm{d}x\mathrm{d}y\mathrm{d}z\\=&\iiint\limits_{V'}f(r\sin\theta\cos\varphi,r\sin\theta\sin\varphi,r\cos\theta)r^2\sin\theta\mathrm{d}r\mathrm{d}\theta\mathrm{d}\varphi.\end{aligned}$$

例 9.3.7 计算三重积分 $\iiint\limits_{V}(x^2+y^2+z^2)\mathrm{d}x\mathrm{d}y\mathrm{d}z$, 其中 V 是由锥面 $z=\sqrt{x^2+y^2}$ 与球面 $x^2+y^2+z^2=R^2$ 所围成的立体 (图 9.31).

解 在球坐标下, $x^2+y^2+z^2=r^2$, 而 V 的边界曲面 $z=\sqrt{x^2+y^2}$ 和 $x^2+y^2+z^2=R^2$ 分别为

$$\theta=\frac{\pi}{4},\qquad r=R,$$

所以积分区域 V 可以表示成

$$0\leqslant\varphi\leqslant2\pi,\quad 0\leqslant\theta\leqslant\frac{\pi}{4},\quad 0\leqslant r\leqslant R.$$

由此即得所求的三重积分的值为

$$\begin{aligned}\iiint\limits_{V}(x^2+y^2+z^2)\mathrm{d}x\mathrm{d}y\mathrm{d}z&=\int_0^{2\pi}\mathrm{d}\varphi\int_0^{\frac{\pi}{4}}\sin\theta\mathrm{d}\theta\int_0^R r^4\mathrm{d}r\\&=\frac{1}{5}\pi R^5(2-\sqrt{2}).\end{aligned}$$

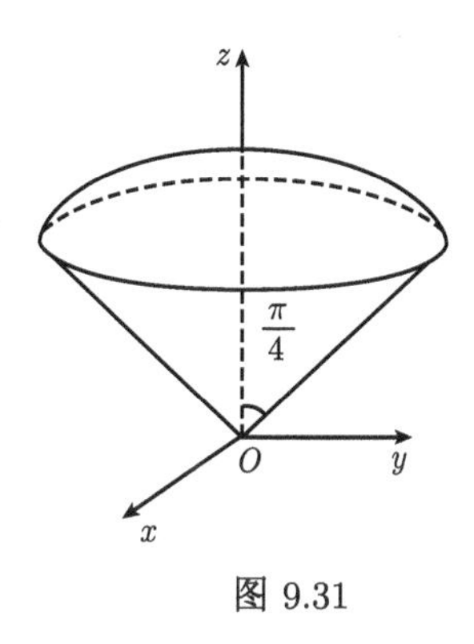

图 9.31

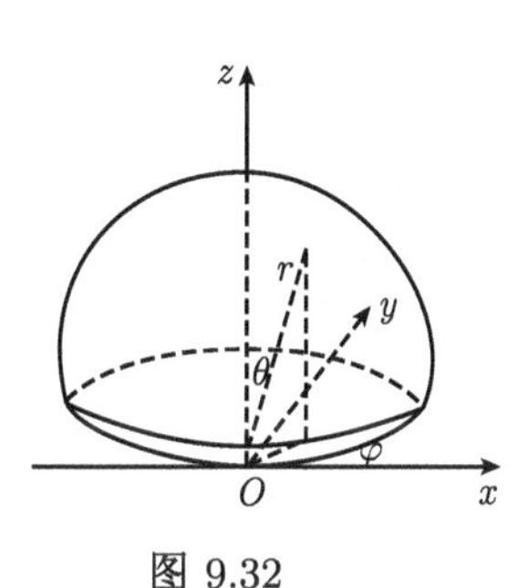

图 9.32

例 9.3.8 求曲面 $(x^2+y^2+z^2)^2=a^3z(a>0)$ 所围成的立体体积.

解 在曲面的方程中因为 x 和 y 只出现平方项, 故所围立体 V 关于平面 Ozx 及平面 Oyz 对称. 又因为 z 不取负值, 所以这个立体位于平面 Oxy 的上侧 (图 9.32), 从而要求的体积是它在第一卦限内的立体 V_1 的 4 倍. 应用球坐标, 曲面的方程化成

$$r=a\sqrt[3]{\cos\theta}.$$

而这些坐标在 V_1 中的变化范围是

$$0\leqslant\varphi\leqslant\frac{\pi}{2},\quad 0\leqslant\theta\leqslant\frac{\pi}{2},\quad 0\leqslant r\leqslant a\sqrt[3]{\cos\theta}.$$

于是求得立体的体积为

$$\iiint\limits_V \mathrm{d}x\mathrm{d}y\mathrm{d}z=4\iiint\limits_{V_1}\mathrm{d}x\mathrm{d}y\mathrm{d}z=4\int_0^{\frac{\pi}{2}}\mathrm{d}\varphi\int_0^{\frac{\pi}{2}}\sin\theta\mathrm{d}\theta\int_0^{a\sqrt[3]{\cos\theta}}r^2\mathrm{d}r$$

$$=\frac{2}{3}\pi a^3\int_0^{\frac{\pi}{2}}\cos\theta\sin\theta\mathrm{d}\theta=\frac{1}{3}\pi a^3.$$

一般来说, 当被积函数具有形式

$$f(x,y,z)=F(x^2+y^2+z^2),$$

或积分区域由球坐标系的坐标曲面围成时, 三重积分就宜采用球坐标来进行计算.

例 9.3.9 计算曲面 $\left(\frac{x}{a}\right)^{\frac{2}{3}}+\left(\frac{y}{b}\right)^{\frac{2}{3}}+\left(\frac{z}{c}\right)^{\frac{2}{3}}=1$ 所围成的立体 V 的体积.

解 先作变换 $x=au^3, y=bv^3, z=cw^3$, 它将空间 $O'uvw$ 的单位球

$$V':\ u^2+v^2+w^2\leqslant 1$$

映成空间 $Oxyz$ 中所给的立体 V. 这时变换的 Jacobi 行列式为

$$\frac{\partial(x,y,z)}{\partial(u,v,w)}=27abcu^2v^2w^2,$$

所以

$$\iiint\limits_{V} \mathrm{d}x\mathrm{d}y\mathrm{d}z = 27abc \iiint\limits_{V'} u^2v^2w^2 \mathrm{d}u\mathrm{d}v\mathrm{d}w.$$

右边的积分为

$$\begin{aligned}\iiint\limits_{V'} u^2v^2w^2\mathrm{d}u\mathrm{d}v\mathrm{d}w &= \iiint\limits_{V'} r^6\sin^4\theta\cos^2\theta\sin^2\varphi\cos^2\varphi r^2\sin\theta\mathrm{d}r\mathrm{d}\theta\mathrm{d}\varphi \\ &= \int_0^{2\pi}\sin^2\varphi\cos^2\varphi\mathrm{d}\varphi\int_0^{\pi}\sin^5\theta\cos^2\theta\mathrm{d}\theta\int_0^1 r^8\mathrm{d}r = \frac{4}{945}\pi,\end{aligned}$$

从而所求立体的体积为

$$\iiint\limits_{V} \mathrm{d}x\mathrm{d}y\mathrm{d}z = \frac{4}{35}\pi abc.$$

习　题　9.3

1. 计算下列三重积分:

(1) $\iiint\limits_{V} xy\mathrm{d}x\mathrm{d}y\mathrm{d}z$, V: $1 \leqslant x \leqslant 2$, $-2 \leqslant y \leqslant 1$, $0 \leqslant z \leqslant \frac{1}{2}$;

(2) $\iiint\limits_{V} xy^2z^3\mathrm{d}x\mathrm{d}y\mathrm{d}z$, V: 由 $z = xy, y = x, x = 1, z = 0$ 围成;

(3) $\iiint\limits_{V} y\cos(x+z)\mathrm{d}x\mathrm{d}y\mathrm{d}z$, V: 由 $y = \sqrt{x}, y = 0, z = 0, x + z = \frac{\pi}{2}$ 围成;

(4) $\iiint\limits_{V} (a-y)\mathrm{d}x\mathrm{d}y\mathrm{d}z$, V: 由 $y = 0, z = 0, 2x + y = a, x + y = a, y + z = a$ 围成.

2. 计算下列积分值:

(1) $\int_0^2 \mathrm{d}x \int_0^{\sqrt{2x-x^2}} \mathrm{d}y \int_0^a z\sqrt{x^2+y^2}\mathrm{d}z$;

(2) $\int_{-R}^{R} \mathrm{d}x \int_{-\sqrt{R^2-x^2}}^{\sqrt{R^2-x^2}} \mathrm{d}y \int_0^{\sqrt{R^2-x^2-y^2}} (x^2+y^2)\mathrm{d}z$;

(3) $\int_0^1 \mathrm{d}x \int_0^{\sqrt{1-x^2}} \mathrm{d}y \int_0^{\sqrt{1-x^2-y^2}} \sqrt{x^2+y^2+z^2}\mathrm{d}z$;

(4) $\int_0^1 \mathrm{d}x \int_0^{\sqrt{1-x^2}} \mathrm{d}y \int_{\sqrt{x^2+y^2}}^{\sqrt{2-x^2-y^2}} z^2\mathrm{d}z$.

3. 计算下列三重积分:

(1) $\iiint\limits_{V} (x^2+y^2)\mathrm{d}x\mathrm{d}y\mathrm{d}z$, V: 由 $x^2 + y^2 = 2z, z = 2$ 围成;

(2) $\iiint\limits_{V} \sqrt{x^2+y^2}\mathrm{d}x\mathrm{d}y\mathrm{d}z$, V: 由 $x^2 + y^2 = z^2$, $z = 1$ 围成;

(3) $\iiint\limits_V z\mathrm{d}x\mathrm{d}y\mathrm{d}z$, V: 由 $\sqrt{4-x^2-y^2}=z$, $x^2+y^2=3z$ 围成;

(4) $\iiint\limits_V xyz\mathrm{d}x\mathrm{d}y\mathrm{d}z$, V: 是 $x^2+y^2+z^2\leqslant 1$ 的第一卦限部分;

(5) $\iiint\limits_V x^2\mathrm{d}x\mathrm{d}y\mathrm{d}z$, V: 由曲面 $z=y^2, z=4y^2(y>0)$ 及平面 $z=x, z=2x, z=1$ 所围的区域;

(6) $\iiint\limits_V |x^2+y^2+z^2-1|\mathrm{d}x\mathrm{d}y\mathrm{d}z$, V: $x^2+y^2+z^2\leqslant 4$;

(7) $\iiint\limits_V \mathrm{e}^{|z|}\mathrm{d}x\mathrm{d}y\mathrm{d}z$, V: $x^2+y^2+z^2\leqslant 1$;

(8) $\iiint\limits_V (|x|+z)\mathrm{e}^{-(x^2+y^2+z^2)}\mathrm{d}x\mathrm{d}y\mathrm{d}z$, V: $1\leqslant x^2+y^2+z^2\leqslant 4$.

4. 利用对称性求下列三重积分:

(1) $\iiint\limits_V (x+y)\mathrm{d}x\mathrm{d}y\mathrm{d}z$, V: 由 $z=1-x^2-y^2$ 和 $z=0$ 围成;

(2) $\iiint\limits_V x\mathrm{d}x\mathrm{d}y\mathrm{d}z$, V: 由 $x^2+y^2=z^2, x^2+y^2=1$ 围成;

(3) $\iiint\limits_V \sqrt{x^2+y^2+z^2}\mathrm{d}x\mathrm{d}y\mathrm{d}z$, V: $x^2+y^2+z^2\leqslant x$;

(4) $\iiint\limits_V (x^2+y^2)\mathrm{d}x\mathrm{d}y\mathrm{d}z$, V: $r^2\leqslant x^2+y^2+z^2\leqslant R^2, z\geqslant 0$;

(5) $\iiint\limits_V \sqrt{1-\frac{x^2}{a^2}-\frac{y^2}{b^2}-\frac{z^2}{c^2}}\mathrm{d}x\mathrm{d}y\mathrm{d}z$, V: $\frac{x^2}{a^2}+\frac{y^2}{b^2}+\frac{z^2}{c^2}\leqslant 1$;

(6) $\iiint\limits_V \frac{z\ln(x^2+y^2+z^2+1)}{x^2+y^2+z^2+1}\mathrm{d}x\mathrm{d}y\mathrm{d}z$, V: $x^2+y^2+z^2\leqslant 1$.

5. 计算下列曲面围成的立体体积:

(1) $y=0, z=0, 3x+y=6, 3x+2y=12, x+y+z=6$;

(2) $z=x^2+y^2, z=2x^2+2y^2, y=x, y=x^2$;

(3) $z^2+x^2=1$ 和 $x+y+z=3, y=0$;

(4) $x^2+y^2=2x, z=x^2+y^2, z=0$;

(5) $\frac{x^2}{9}+\frac{y^2}{4}=1$, $z=xy$ (在第一卦限部分);

(6) $x^2+y^2+z^2=2az, x^2+y^2=z^2$ (含 z 轴部分);

(7) $\frac{x^2}{a^2}+\frac{y^2}{b^2}+\frac{z^2}{c^2}=1, \frac{x^2}{a^2}+\frac{y^2}{b^2}=\frac{z^2}{c^2}$ (含 z 轴部分).

6. 求函数 $f(x,y,z)=x^2+y^2+z^2$ 在域 $x^2+y^2+z^2\leqslant x+y+z$ 内的平均值.

7. 设 $F(t)=\iiint\limits_{x^2+y^2+z^2\leqslant t^2} f(x^2+y^2+z^2)\mathrm{d}x\mathrm{d}y\mathrm{d}z$, 其中 f 为可微分函数, 求 $F'(t)$.

8. 证明: $\iiint\limits_{x^2+y^2+z^2\leqslant 1} f(z)\mathrm{d}x\mathrm{d}y\mathrm{d}z=\pi\int_{-1}^{1} f(z)(1-z^2)\mathrm{d}z$.

§9.4　重积分应用举例

9.4.1　重心与转动惯量

设物体所占有的空间区域为 V, 它在点 (x,y,z) 处的密度为 $\rho(x,y,z)$, 并假定 $\rho(x,y,z)$ 是区域 V 上的连续函数. 将区域 V 分成 n 个直径很小的小区域 V_i, 这些小区域的体积记成 ΔV_i. 在每个小区域上任取一点 (ξ_i,η_i,ζ_i). 若把物体在小区域 V_i 的近似质量 $\rho(\xi_i,\eta_i,\zeta_i)\Delta V_i$ 看成是质点 (ξ_i,η_i,ζ_i) 所具有的质量, 则整个物体就可近似看成由 n 个质点组成的质点系, 而这个质点系的重心坐标是

$$\bar{x}=\frac{\sum\limits_i \xi_i\rho(\xi_i,\eta_i,\zeta_i)\Delta V_i}{\sum\limits_i \rho(\xi_i,\eta_i,\zeta_i)\Delta V_i},$$

$$\bar{y}=\frac{\sum\limits_i \eta_i\rho(\xi_i,\eta_i,\zeta_i)\Delta V_i}{\sum\limits_i \rho(\xi_i,\eta_i,\zeta_i)\Delta V_i},$$

$$\bar{z}=\frac{\sum\limits_i \zeta_i\rho(\xi_i,\eta_i,\zeta_i)\Delta V_i}{\sum\limits_i \rho(\xi_i,\eta_i,\zeta_i)\Delta V_i}.$$

当分割无限加细时, 上式右边的极限就是所考虑的物体的重心 G 的坐标

$$x_G=\lim\frac{\sum\limits_i \xi_i\rho(\xi_i,\eta_i,\zeta_i)\Delta V_i}{\sum\limits_i \rho(\xi_i,\eta_i,\zeta_i)\Delta V_i}=\frac{\iiint\limits_V x\rho(x,y,z)\mathrm{d}x\mathrm{d}y\mathrm{d}z}{\iiint\limits_V \rho(x,y,z)\mathrm{d}x\mathrm{d}y\mathrm{d}z},$$

$$y_G=\lim\frac{\sum\limits_i \eta_i\rho(\xi_i,\eta_i,\zeta_i)\Delta V_i}{\sum\limits_i \rho(\xi_i,\eta_i,\zeta_i)\Delta V_i}=\frac{\iiint\limits_V y\rho(x,y,z)\mathrm{d}x\mathrm{d}y\mathrm{d}z}{\iiint\limits_V \rho(x,y,z)\mathrm{d}x\mathrm{d}y\mathrm{d}z},$$

$$x_G = \lim \frac{\sum\limits_i \zeta_i \rho(\xi_i, \eta_i, \zeta_i)\Delta V_i}{\sum\limits_i \rho(\xi_i, \eta_i, \zeta_i)\Delta V_i} = \frac{\iiint\limits_V z\rho(x,y,z)\mathrm{d}x\mathrm{d}y\mathrm{d}z}{\iiint\limits_V \rho(x,y,z)\mathrm{d}x\mathrm{d}y\mathrm{d}z}.$$

若物体是均匀的, 则密度 ρ 是常数, 从而这些公式可简化为

$$x_G = \frac{1}{V}\iiint\limits_V x\mathrm{d}x\mathrm{d}y\mathrm{d}z, \quad y_G = \frac{1}{V}\iiint\limits_V y\mathrm{d}x\mathrm{d}y\mathrm{d}z, \quad z_G = \frac{1}{V}\iiint\limits_V z\mathrm{d}x\mathrm{d}y\mathrm{d}z,$$

其中 V 也表示物体的体积.

类似可得 Oxy 平面上均匀的物质薄片的重心坐标为

$$x_G = \frac{1}{A}\iint\limits_D x\mathrm{d}x\mathrm{d}y, \qquad y_G = \frac{1}{A}\iint\limits_D y\mathrm{d}x\mathrm{d}y,$$

其中 D 是薄片所占的区域, A 是 D 的面积.

关于物体的转动惯量可仿照上面的作法, 把这个物体近似看作 n 个质点所组成的质点系, 该质点系对 x 轴的转动惯量就是

$$\sum_i (\eta_i^2 + \zeta_i^2)\rho(\xi_i, \eta_i, \zeta_i)\Delta V_i.$$

将 V 无限细分后取极限, 则得物体对 x 轴的转动惯量

$$I_x = \iiint\limits_V (y^2 + z^2)\rho(x,y,z)\mathrm{d}x\mathrm{d}y\mathrm{d}z;$$

同理, 物体对 y 轴, z 轴的转动惯量为

$$I_y = \iiint\limits_V (z^2 + x^2)\rho(x,y,z)\mathrm{d}x\mathrm{d}y\mathrm{d}z;$$

$$I_z = \iiint\limits_V (x^2 + y^2)\rho(x,y,z)\mathrm{d}x\mathrm{d}y\mathrm{d}z;$$

类似地, 物体对原点的转动惯量为

$$I_O = \iiint\limits_V (x^2 + y^2 + z^2)\rho(x,y,z)\mathrm{d}x\mathrm{d}y\mathrm{d}z.$$

这里 V 都表示物体所占有的空间区域.

例 9.4.1 设球体 $x^2 + y^2 + z^2 \leqslant 2az$ (图 9.33) 中任一点的密度与该点到坐标原点的距离成正比, 求此球体的重心.

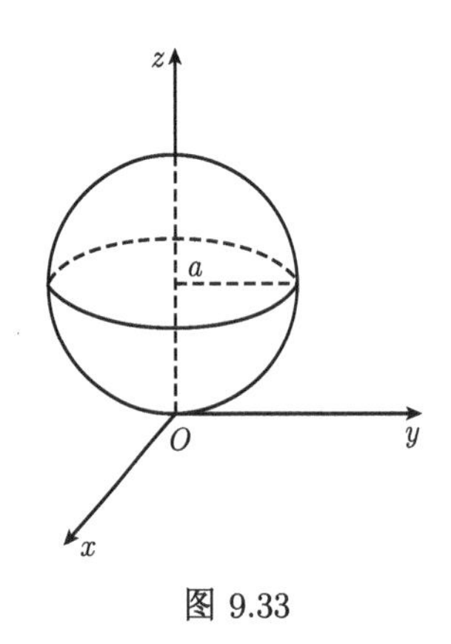

图 9.33

解　由于所给球体的质量分布对称于 z 轴, 所以它的重心位于 z 轴上, 而密度是

$$\rho = k\sqrt{x^2+y^2+z^2},$$

其中 k 是比例常数, 因此得

$$x_G = y_G = 0,$$

$$z_G = \frac{\iiint\limits_V z\sqrt{x^2+y^2+z^2}\mathrm{d}x\mathrm{d}y\mathrm{d}z}{\iiint\limits_V \sqrt{x^2+y^2+z^2}\mathrm{d}x\mathrm{d}y\mathrm{d}z}.$$

采用球坐标计算这两个三重积分. 将变换式

$$x = r\sin\theta\cos\varphi,\quad y = r\sin\theta\sin\varphi,\quad z = r\cos\theta$$

代入球体的不等式, 得

$$0 \leqslant r \leqslant 2a\cos\theta,$$

并且 φ, θ 的变化范围是

$$0 \leqslant \varphi \leqslant 2\pi,\qquad 0 \leqslant \theta \leqslant \frac{\pi}{2}.$$

于是算得

$$\begin{aligned}\iiint\limits_V \sqrt{x^2+y^2+z^2}\mathrm{d}x\mathrm{d}y\mathrm{d}z &= \int_0^{2\pi}\mathrm{d}\varphi\int_0^{\frac{\pi}{2}}\mathrm{d}\theta\int_0^{2a\cos\theta} r\cdot r^2\sin\theta\mathrm{d}r \\ &= 8\pi a^4\int_0^{\frac{\pi}{2}}\cos^4\theta\sin\theta\mathrm{d}\theta = \frac{8}{5}\pi a^4;\end{aligned}$$

$$\begin{aligned}\iiint\limits_V z\sqrt{x^2+y^2+z^2}\mathrm{d}x\mathrm{d}y\mathrm{d}z &= \int_0^{2\pi}\mathrm{d}\varphi\int_0^{\frac{\pi}{2}}\mathrm{d}\theta\int_0^{2a\cos\theta} r^2\cos\theta r^2\sin\theta\mathrm{d}r \\ &= \frac{64}{5}\pi a^5\int_0^{\frac{\pi}{2}}\cos^6\theta\sin\theta\mathrm{d}\theta = \frac{64}{35}\pi a^5.\end{aligned}$$

故所给球体的重心坐标为

$$x_G = y_G = 0,\qquad z_G = \frac{\frac{64}{35}\pi a^5}{\frac{8}{5}\pi a^4} = \frac{8}{7}a.$$

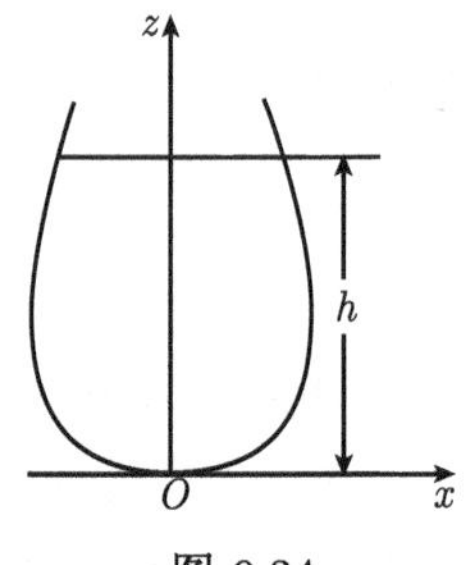

图 9.34

例 9.4.2　一个炼钢炉呈旋转体的形体, 它的剖面壁线的方程是 $9x^2 = z(3-z)^2, 0 \leqslant z < 3$ (图 9.34). 若炉内储有高为 h 的均质钢液, 且不计炉体自重, 试求它的重心.

解 由对称性可知重心在 z 轴上. 因为对于区间 $[0,h]$ 中的任一点 z, 过点 z 作垂直于 z 轴的平面与炼钢炉相交的截面区域为 D_z:

$$9(x^2+y^2)\leqslant z(3-z)^2,$$

所以

$$\begin{aligned}&\iiint\limits_V \mathrm{d}x\mathrm{d}y\mathrm{d}z\\&=\int_0^h \mathrm{d}z\iint\limits_{D_z}\mathrm{d}x\mathrm{d}y=\int_0^h \pi\frac{z(3-z)^2}{9}\mathrm{d}z=\frac{\pi}{9}h^2\left(\frac{9}{2}-2h+\frac{1}{4}h^2\right),\\&\iiint\limits_V z\mathrm{d}x\mathrm{d}y\mathrm{d}z\\&=\int_0^h z\mathrm{d}z\iint\limits_{D_z}\mathrm{d}x\mathrm{d}y=\int_0^h z\pi\frac{z(3-z)^2}{9}\mathrm{d}z=\frac{\pi}{9}h^3\left(3-\frac{3}{2}h+\frac{1}{5}h^2\right).\end{aligned}$$

故所求重心的坐标是

$$x_G=y_G=0,\qquad z_G=h\frac{60-30h+4h^2}{90-40h+5h^2}.$$

例 9.4.3 求底半径为 R, 高为 l 的均匀圆柱体对其轴线的转动惯量.

解 取底心为原点, 轴线为 z 轴, 于是所给柱体由圆柱面 $x^2+y^2=R^2$ 及平面 $z=0, z=l$ 围成. 故它对 z 轴的转动惯量为

$$\begin{aligned}I_z&=\iiint\limits_V \rho(x^2+y^2)\mathrm{d}x\mathrm{d}y\mathrm{d}z=\rho\int_0^{2\pi}\mathrm{d}\varphi\int_0^R r^3\mathrm{d}r\int_0^l \mathrm{d}z\\&=\frac{\pi}{2}\rho lR^4=\frac{1}{2}MR^2,\end{aligned}$$

其中 M 是柱体的质量.

例 9.4.4 求半径为 R 的均匀球体绕其直径的转动惯量.

解 取直径为 z 轴, 球心为坐标原点, 则积分区域 V 为球体 $x^2+y^2+z^2\leqslant R^2$. 于是

$$\begin{aligned}I_z&=\iiint\limits_V \rho(x^2+y^2)\mathrm{d}x\mathrm{d}y\mathrm{d}z=\rho\int_0^{2\pi}\mathrm{d}\varphi\int_0^{\pi}\sin^3\theta\mathrm{d}\theta\int_0^R r^4\mathrm{d}r\\&=\frac{8}{15}\rho\pi R^5=\frac{2}{5}MR^2,\end{aligned}$$

其中 M 是球体的质量.

9.4.2 物体的引力

设有不均匀的物体, 它在空间占有的区域是 V, 且在 V 内的点 (x,y,z) 处密

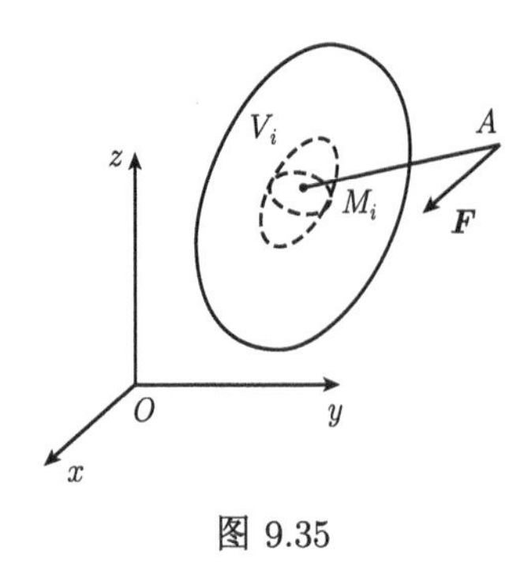

图 9.35

度为 $\rho(x,y,z)$, 函数 $\rho(x,y,z)$ 在 V 上连续. 现在要求出这个物体对其外的一个质量为 m 的质点 $A(\xi,\eta,\zeta)$ 的引力.

为此, 将区域 V 分割成 n 个小区域 $V_1,V_2,\cdots,V_n$, 记 V_i 的体积为 ΔV_i. 在 ΔV_i 内任取一点 $M_i(\xi_i,\eta_i,\zeta_i)$ (图 9.35). 若把小区域 V_i 的近似质量 $\rho(\xi_i,\eta_i,\zeta_i)\Delta V_i$ 看作集中于点 M_i, 则 V_i 对点 A 的引力 $\Delta\boldsymbol{F}_i$ 的大小可近似地表成

$$|\Delta\boldsymbol{F}_i| = k\frac{m\rho_i\Delta V_i}{r_i^2},$$

其中 k 是万有引力常数, ρ_i 是点 M_i 处的密度, r_i 是点 M_i 到点 A 的距离, 即

$$\begin{aligned}&\rho_i = \rho(\xi_i,\eta_i,\zeta_i),\\ &r_i = \sqrt{(\xi_i-\xi)^2+(\eta_i-\eta)^2+(\zeta_i-\zeta)^2}.\end{aligned}$$

由于 $\Delta\boldsymbol{F}_i$ 的方向与单位向量

$$\frac{\overrightarrow{AM_i}}{|\overrightarrow{AM_i}|} = \left(\frac{\xi_i-\xi}{r_i},\frac{\eta_i-\eta}{r_i},\frac{\zeta_i-\zeta}{r_i}\right)$$

的方向相同, 所以 $\Delta\boldsymbol{F}_i$ 为

$$k\frac{m\rho_i\Delta V_i}{r_i^2}\left(\frac{\xi_i-\xi}{r_i},\frac{\eta_i-\eta}{r_i},\frac{\zeta_i-\zeta}{r_i}\right).$$

对 V 的各个小区域的引力求和, 再取极限, 则引力 $\boldsymbol{F}$ 在坐标轴上的投影 F_x,F_y,F_z 可用三重积分表示成

$$F_x = km\iiint\limits_V \frac{x-\xi}{r^3}\rho(x,y,z)\mathrm{d}x\mathrm{d}y\mathrm{d}z,$$

$$F_y = km\iiint\limits_V \frac{y-\eta}{r^3}\rho(x,y,z)\mathrm{d}x\mathrm{d}y\mathrm{d}z,$$

$$F_z = km\iiint\limits_V \frac{z-\zeta}{r^3}\rho(x,y,z)\mathrm{d}x\mathrm{d}y\mathrm{d}z,$$

其中

$$r = \sqrt{(x-\xi)^2+(y-\eta)^2+(z-\zeta)^2}.$$

记 $\boldsymbol{r}=(x,y,z),\boldsymbol{r}_0=(\xi,\eta,\zeta)$, 上面三式可合并为

$$\boldsymbol{F} = km\iiint\limits_V \frac{\boldsymbol{r}-\boldsymbol{r}_0}{r^3}\rho(x,y,z)\mathrm{d}x\mathrm{d}y\mathrm{d}z.$$

例 9.4.5 求半径为 R 的均匀球体对其外一个单位质点 A 的引力.

解 取球心为坐标原点, z 轴过点 A, 则质点 A 的坐标为 $(0,0,l)\,(l>R)$. 此外, 不失一般性可设 $\rho=k=1$, 于是

$$F_x=\iiint\limits_V \frac{x}{r^3}\mathrm{d}x\mathrm{d}y\mathrm{d}z,\quad F_y=\iiint\limits_V \frac{y}{r^3}\mathrm{d}x\mathrm{d}y\mathrm{d}z,\quad F_z=\iiint\limits_V \frac{z-l}{r^3}\mathrm{d}x\mathrm{d}y\mathrm{d}z,$$

其中 $r=\sqrt{x^2+y^2+(z-l)^2}$, V 为球体 $x^2+y^2+z^2\leqslant R^2$. 因为球体对 z 轴是对称的, 故必有

$$F_x=F_y=0.$$

记圆域 $x^2+y^2\leqslant R^2-z^2$ 为 D_z, 则

$$F_z=\int_{-R}^{R}(z-l)\mathrm{d}z\iint\limits_{D_z}\frac{\mathrm{d}x\mathrm{d}y}{r^3}.$$

用极坐标变换计算右边的二重积分得

$$\begin{aligned}\iint\limits_{D_z}\frac{\mathrm{d}x\mathrm{d}y}{r^3}&=\int_0^{2\pi}\mathrm{d}\varphi\int_0^{\sqrt{R^2-z^2}}\frac{s}{[s^2+(z-l)^2]^{\frac{3}{2}}}\mathrm{d}s\\&=2\pi\left(\frac{1}{l-z}-\frac{1}{\sqrt{R^2-2lz+l^2}}\right),\end{aligned}$$

所以

$$F_z=-2\pi\int_{-R}^{R}\left(1+\frac{z-l}{\sqrt{R^2-2lz+l^2}}\right)\mathrm{d}z=-\frac{4\pi R^3}{3l^2}.$$

由于球体的质量为 $M=\dfrac{4}{3}\pi R^3$, 故它对质量为 m 的质点的引力为

$$F_z=-\frac{Mm}{l^2}.$$

由此可见, 均匀球体对体外质点的引力相当于球体的质量集中在球心时对质点的引力, 所以在天体力学中考虑星球之间的引力时, 常将星球的质量集中在球心, 再直接应用牛顿定律.

习 题 9.4

1. 求椭圆薄片 $\dfrac{x^2}{a^2}+\dfrac{y^2}{b^2}\leqslant 1$ 的质量, 设密度 $\rho=\dfrac{x^2}{a^2}+\dfrac{y^2}{b^2}$.

2. 一个平面圆环是由半径为 R 和 $r\,(R>r)$ 的两个同心圆所围成的. 已知材料各点的密度与该点到圆心的距离成反比, 在内圆的圆周上密度为 1, 求环的质量.

3. 一个物体是由两个半径各为 R 和 $r\,(R > r)$ 的同心球所围成的. 已知材料各点的密度与该点到球心的距离成反比, 且在距离等于 1 处的密度等于 k, 求物体的总质量.

4. 半径为 a 的圆盘, 其各点的密度与该点到圆心的距离成正比 (比例系数为 1). 今内切于圆盘截去半径为 $a/2$ 的小圆, 求余下部分的重心坐标.

5. 有一个匀质薄板, 它是由半径为 a 的半圆和一个长方形拼接而成 (图 9.36). 为了使重心正好在圆心上, 问长方形的宽 b 应为多少?

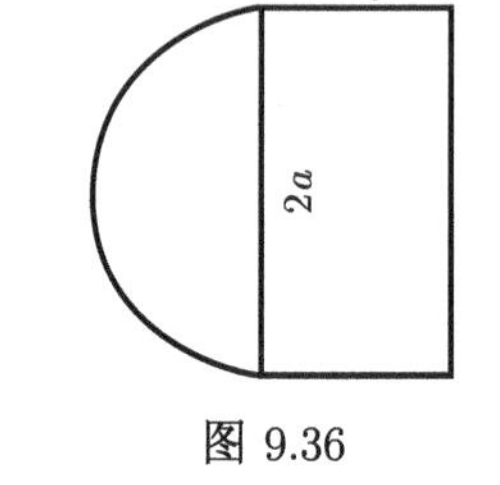

图 9.36

6. 求由曲面 $\dfrac{x^2}{a^2}+\dfrac{y^2}{b^2}=\dfrac{z^2}{c^2}$ 和 $z=c$ 所围成的均匀物体的重心坐标.

7. 设球体 $x^2+y^2+z^2 \leqslant 2az$ 内各点密度与该点到原点的距离成反比, 求其重心坐标.

8. 在半径为 a 的圆柱上连接一个半径为 a 的半球, 为了使重心正好在球心上, 问圆柱的高是多少?

9. 求以下各密度为 ρ (常数) 的物体的转动惯量:

(1) 质量为 m, 半径为 R 的薄圆盘, 对于: (a) 通过圆心并垂直于圆盘的轴; (b) 直径.

(2) 质量为 m, 半径为 R 的球体, 对于通过球心的轴线.

10. 求密度为 ρ 的均匀球锥体对于在其顶点为一单位质量的质点的吸引力, 设球的半径为 R, 而轴截面的扇形的角等于 2α.

第 10 章　曲线积分和曲面积分

在本章里我们要借用一个物理学中常见的名词: 场. 因为本章介绍的曲线积分和曲面积分是在有关场的理论的研究中发展起来的.

所谓场就是一种物理量在空间区域中的分布, 按该物理量是数量还是向量而分为数量场和向量场. 例如, 温度在区域 D 的分布是温度场, 它是一个数量场; 气体流速在区域 D 的分布是速度场, 它是一个向量场.

如果选定了直角坐标系, 并抽去场的具体物理内容, 单从数学的角度来看, 一个数量场其实就是定义在区域 D 上的一个三元函数, 而一个向量场就是定义在区域 D 上的一个向量值函数.

§10.1　第一型曲线积分

10.1.1　空间曲线的弧长

在定积分的应用中, 确定平面曲线的弧长所使用的方法是: 以内接折线的长作为曲线弧长的一个近似值, 令边数无限增加, 其极限就定义为曲线的弧长. 现在要用同样的方法建立空间连续曲线弧长的概念, 从而也可把弧长计算归结为求定积分.

设空间曲线 L 的参数方程为

$$x = x(t), \quad y = y(t), \quad z = z(t),$$

或写成向量的形式

$$\boldsymbol{r} = \boldsymbol{r}(t),$$

其中参数 t 在区间 $[\alpha, \beta]$ 上变化, 且 L 的起点 A 与终点 B 分别对应于参数值 $t = \alpha$ 与 $t = \beta$. 又设 $\boldsymbol{r}(t) \in C^{(1)}[\alpha, \beta]$ 且 $\boldsymbol{r}'(t) = (x'(t), y'(t), z'(t)) \neq 0$, 这样的曲线称为光滑曲线.

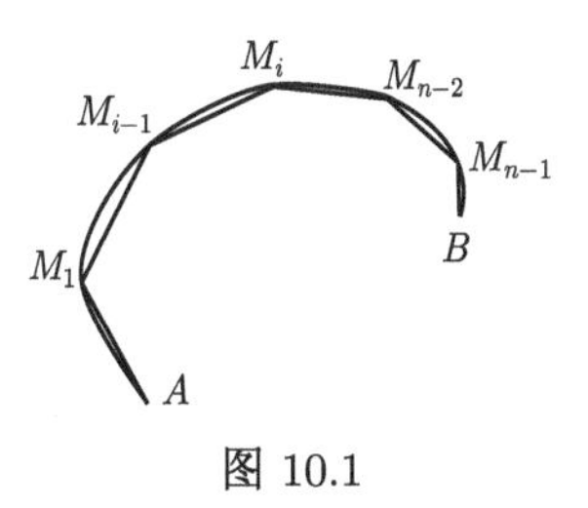

图 10.1

在曲线 L 上作内接折线 $AM_1M_2\cdots M_{n-1}B$ (图 10.1), 分割 T

$$\alpha = t_0 < t_1 < t_2 < \cdots < t_{i-1} < t_i < \cdots < t_{n-1} < t_n = \beta,$$

T 的各分点是各顶点所对应的参数值, 则这条折线的周长为

$$l(T)=\sum_{i=1}^{n}|\boldsymbol{r}(t_i)-\boldsymbol{r}(t_{i-1})|$$
$$=\sum_{i=1}^{n}\sqrt{[x(t_i)-x(t_{i-1})]^2+[y(t_i)-y(t_{i-1})]^2+[z(t_i)-z(t_{i-1})]^2}.$$

利用微分中值公式可得

$$l(T)=\sum_{i=1}^{n}\sqrt{x'^2(\xi_i)+y'^2(\eta_i)+z'^2(\zeta_i)}\Delta t_i,$$

其中 $t_{i-1}<\xi_i,\eta_i,\zeta_i<t_i$, $\Delta t_i=t_i-t_{i-1}$. 由于 $\sqrt{x'^2(\xi)+y'^2(\eta)+z'^2(\zeta)}$ 在 $[\alpha,\beta]^3$ 上一致连续, 故对 $\forall\varepsilon>0$, $\exists\,\delta_1>0$, 当 $\|T\|<\delta_1$ 时, 对任何 $(\xi_i,\eta_i,\zeta_i)\in[t_{i-1},t_i]^3(i=1,2,\cdots,n)$, 都有

$$\left|\sqrt{x'^2(\xi_i)+y'^2(\eta_i)+z'^2(\xi_i)}-\sqrt{x'^2(t_i)+y'^2(t_i)+z'^2(t_i)}\right|<\varepsilon.$$

故当 $\|T\|<\delta_1$ 时,

$$\left|l(T)-\sum_{i=1}^{n}\sqrt{x'^2(t_i)+y'^2(t_i)+z'^2(t_i)}\Delta t_i\right|<\varepsilon\sum_{i=1}^{n}\Delta t_i=\varepsilon(\beta-\alpha). \tag{10.1.1}$$

又由 $\sqrt{x'^2(t)+y'^2(t)+z'^2(t)}$ 在 $[\alpha,\beta]$ 上的连续性可知, 存在 $\delta_2>0$, 当 $\|T\|<\delta_2$ 时,

$$\left|\sum_{i=1}^{n}\sqrt{x'^2(t_i)+y'^2(t_i)+z'^2(t_i)}\Delta t_i-\int_{\alpha}^{\beta}\sqrt{x'^2(t)+y'^2(t)+z'^2(t)}\mathrm{d}t\right|<\varepsilon. \tag{10.1.2}$$

取 $\delta=\min\{\delta_1,\delta_2\}$, 于是由式 (10.1.1) 和式 (10.1.2) 可知, 当 $\|T\|<\delta$ 时, 有

$$\left|l(T)-\int_{\alpha}^{\beta}\sqrt{x'^2(t)+y'^2(t)+z'^2(t)}\mathrm{d}t\right|<\varepsilon(\beta-\alpha+1).$$

即是

$$\lim_{\|T\|\to0}l(T)=\int_{\alpha}^{\beta}\sqrt{x'^2(t)+y'^2(t)+z'^2(t)}\mathrm{d}t.$$

因此我们就定义 L 的弧长

$$l_0=\lim_{\|T\|\to0}\sum_{i=1}^{n}\sqrt{x'^2(\xi_i)+y'^2(\eta_i)+z'^2(\zeta_i)}\Delta t_i$$
$$=\int_{\alpha}^{\beta}\sqrt{x'^2(t)+y'^2(t)+z'^2(t)}\mathrm{d}t.$$

在 L 上取一点 M, 它对应的参数值为 t, 则弧 AM 的长为

$$l(t)=\int_{\alpha}^{t}\sqrt{x'^2(\tau)+y'^2(\tau)+z'^2(\tau)}\mathrm{d}\tau.$$

当 M 在 L 上变化时, 弧长 l 确定为 t 的函数. 由微积分基本定理可知

$$\frac{\mathrm{d}l}{\mathrm{d}t}=\sqrt{x'^2(t)+y'^2(t)+z'^2(t)}.$$

从而

$$\mathrm{d}l=\sqrt{x'^2(t)+y'^2(t)+z'^2(t)}\mathrm{d}t,$$

或

$$\mathrm{d}\,l^2=\mathrm{d}x^2+\mathrm{d}y^2+\mathrm{d}z^2.$$

这就是空间曲线的弧长微分公式.

因为

$$\boldsymbol{r}'(t)=(x'(t),y'(t),z'(t))$$

所以有

$$\mathrm{d}l=|\boldsymbol{r}'(t)|\mathrm{d}t.$$

如果对于区间 $[\alpha,\beta]$ 上的一切 t, 都有 $x'^2(t)+y'^2(t)+z'^2(t)>0$, 则 $l(t)$ 是 t 的递增函数. 因而存在递增的反函数 $t=t(l)$, 它对 l 的微商可以表成

$$\frac{\mathrm{d}t}{\mathrm{d}l}=\frac{1}{\sqrt{x'^2(t)+y'^2(t)+z'^2(t)}}.$$

将 $t=t(l)$ 代入到曲线 L 的参数方程中就得到以弧长为参数的方程, 仍记成

$$x=x(l),\quad y=y(l),\quad z=z(l),$$

或

$$\boldsymbol{r}=\boldsymbol{r}(l)\qquad(0\leqslant l\leqslant l_0).$$

它被称为**空间曲线的自然方程**. 这时从弧长的微分公式有

$$\left(\frac{\mathrm{d}x}{\mathrm{d}l}\right)^2+\left(\frac{\mathrm{d}y}{\mathrm{d}l}\right)^2+\left(\frac{\mathrm{d}z}{\mathrm{d}l}\right)^2=1.$$

或写成

$$\left|\frac{\mathrm{d}\boldsymbol{r}}{\mathrm{d}l}\right|=1.$$

也就是说, 在自然方程下, 向量值函数 $\boldsymbol{r}(l)$ 对弧长 l 的微商是曲线 L 在点 $M(l)$ 处的单位切向量, 并指向弧长 l 的增加方向. 若记这个切向量的三个方向余弦为 $(\cos\alpha,\cos\beta,\cos\gamma)$, 则有

$$\frac{\mathrm{d}x}{\mathrm{d}l}=\cos\alpha,\quad \frac{\mathrm{d}y}{\mathrm{d}l}=\cos\beta,\quad \frac{\mathrm{d}z}{\mathrm{d}l}=\cos\gamma.$$

平面曲线 $\boldsymbol{r}=(x(t),y(t))$ 可以看成特殊的空间曲线 $\boldsymbol{r}=\boldsymbol{r}(x(t),y(t),0)$, 由此再次得到曲线段 L：$\boldsymbol{r}=(x(t),y(t)),t\in[\alpha,\beta]$ 的弧长公式

$$l_0=\int_\alpha^\beta\sqrt{x'^2(t)+y'^2(t)}\mathrm{d}t.$$

对于逐段光滑曲线, 其弧长可定义为各段光滑曲线弧长之和.

例 10.1.1　求螺旋线

$$x=R\cos t,\quad y=R\sin t,\quad z=kt$$

在 $0\leqslant t\leqslant 2\pi$ 的一段弧长.

解　由弧长公式得

$$\begin{aligned}l_0&=\int_0^{2\pi}\sqrt{(-R\sin t)^2+(R\cos t)^2+k^2}\mathrm{d}t\\&=\int_0^{2\pi}\sqrt{R^2+k^2}\mathrm{d}t=2\pi\sqrt{R^2+k^2}.\end{aligned}$$

例 10.1.2　对直线段 L：$x=a_1t+b_1,y=a_2t+b_2,z=a_3t+b_3\,(0\leqslant t\leqslant 1)$, 由弧长计算公式得其长 $l=\int_0^1\sqrt{a_1^2+a_2^2+a_3^2}\mathrm{d}t=\sqrt{a_1^2+a_2^2+a_3^2}$, 它就是线段的起点 (b_1,b_2,b_3) 与终点 $(a_1+b_1,a_2+b_2,a_3+b_3)$ 之间的距离. □

例 10.1.3　圆弧段 L：$x=a+R\cos\theta,y=b+R\sin\theta\,(\alpha\leqslant\theta\leqslant\beta,\beta-\alpha<2\pi)$, 其弧长用公式计算得

$$\int_\alpha^\beta\sqrt{(-R\sin\theta)^2+(R\cos\theta)^2}\mathrm{d}\theta=R(\beta-\alpha).$$

例 10.1.2 和例 10.1.3 说明这里的曲线弧长与几何长度概念是一致的.

10.1.2　第一型曲线积分

在实际问题中, 还要求把在线段上的定积分推广到平面或空间的曲线上. 这就引出了第一型曲线积分的概念.

定义 10.1.1　设 L 是空间中一条有限长的光滑曲线,$f(x,y,z)$ 是定义在 L 上的函数. 用分点 $N_0,N_1,\cdots,N_n$ 把曲线 L 分成 n 个小弧段 $l_1,l_2,\cdots,l_n$(图 10.2), 并记这些弧段的弧长为 Δl_i. 在每个小弧段 l_i 上任取一点 $M_i(x_i,y_i,z_i)$, 作和数

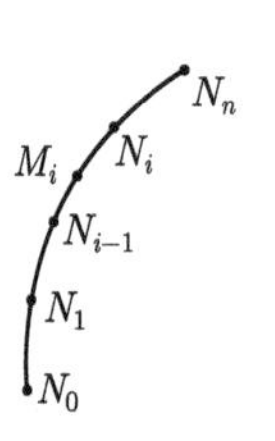

图 10.2

$$\sum_{i=1}^n f(x_i,y_i,z_i)\Delta l_i.$$

如果当所有小弧段的最大长度 λ 趋向于零时, 这个和数对任意的分割与取点都有同一极限 I, 则称 I 为 $f(x,y,z)$ 在曲线 L 上的第一型曲线积分, 记为

$$I=\int_L f(x,y,z)\mathrm{d}l=\lim_{\lambda\to 0}\sum_{i=1}^{n} f(x_i,y_i,z_i)\Delta l_i,$$

其中 $\mathrm{d}l$ 称为弧长元素.

第一型曲线积分有与定积分及二重积分类似的性质,如线性、保序性、中值性质等, 例如, $\int_L \mathrm{d}l$ 等于 L 的弧长. 又如, 当 $f(x,y,z)$ 在 l 上连续时, 有 $\int_L f(x,y,z)\mathrm{d}\,l=f(\xi,\eta,\zeta)l_0$, 其中 l_0 为 L 的弧长, 而 (ξ,η,ζ) 是 L 上的一点.

下面从形式上推出关于第一型曲线积分的算法.

设光滑曲线 L 的参数方程为

$$x=x(t),\quad y=y(t),\quad z=z(t)\qquad (\alpha\leqslant t\leqslant\beta),$$

若函数 $f(x,y,z)$ 在 L 上连续, 则在 L 上的第一型曲线积分存在, 且有

$$\int_L f(x,y,z)\mathrm{d}l=\int_\alpha^\beta f(x(t),y(t),z(t))\sqrt{x'^2(t)+y'^2(t)+z'^2(t)}\mathrm{d}t.$$

事实上, 设 t_i 和 $\tau_i(t_{i-1}\leqslant\tau_i\leqslant t_i)$ 是曲线 L 上的分点 N_i 和取值点 M_i 所对应的参数值. 由弧长的计算公式与积分中值定理, 得到弧段 $N_{i-1}N_i$ 的长为

$$\begin{aligned}\Delta l_i&=\int_{t_{i-1}}^{t_i}\sqrt{x'^2(t)+y'^2(t)+z'^2(t)}\mathrm{d}t\\&=\sqrt{x'^2(\theta_i)+y'^2(\theta_i)+z'^2(\theta_i)}\Delta t_i,\end{aligned}$$

其中 $t_{i-1}\leqslant\theta_i\leqslant t_i\,(i=1,2,\cdots,n)$. 于是有

$$\begin{aligned}&\sum_{i=1}^{n} f(x_i,y_i,z_i)\Delta l_i\\=&\sum_{i=1}^{n} f(x(\tau_i),y(\tau_i),z(\tau_i))\cdot\sqrt{x'^2(\theta_i)+y'^2(\theta_i)+z'^2(\theta_i)}\Delta t_i.\end{aligned}$$

由函数 $f(x,y,z)$ 的连续性和 L 的光滑性可知当小弧段的最大长度趋于零时, 上式右边的极限存在, 且为

$$\int_\alpha^\beta f(x(t),y(t),z(t))\sqrt{x'^2(t)+y'^2(t)+z'^2(t)}\mathrm{d}t.$$

因此它的左边也存在极限. 依照定义, 这个极限就是 $f(x,y,z)$ 沿 L 上的第一型曲线积分, 所以

$$\int_L f(x,y,z)\mathrm{d}l=\int_\alpha^\beta f(x(t),y(t),z(t))\sqrt{x'^2(t)+y'^2(t)+z'^2(t)}\mathrm{d}t.$$

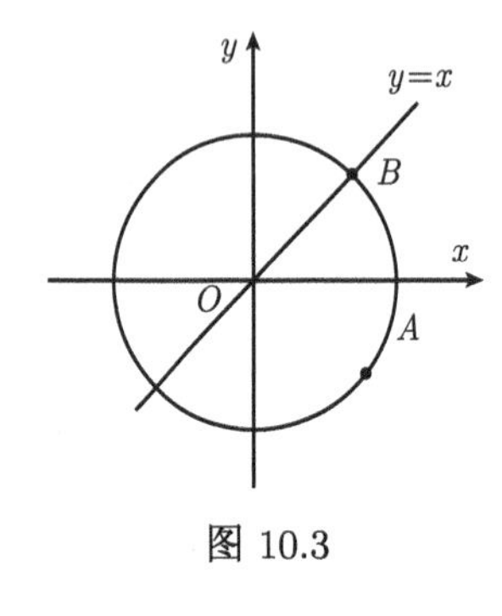

图 10.3

作为推论, 设平面曲线 L 的直角坐标方程为 $y=y(x)\ (a\leqslant x\leqslant b)$, 且 $y(x)$ 有连续的微商, 则有

$$\int_L f(x,y)\mathrm{d}l=\int_a^b f(x,y(x))\sqrt{1+y'^2(x)}\mathrm{d}x.$$

若平面曲线 L 的极坐标方程为 $r=r(\theta)\ (\alpha\leqslant\theta\leqslant\beta)$, 且 $r(\theta)$ 有连续的微商, 则有

$$\int_L f(x,y)\mathrm{d}l=\int_\alpha^\beta f(r(\theta)\cos\theta,r(\theta)\sin\theta)\sqrt{r^2(\theta)+r'^2(\theta)}\mathrm{d}\theta.$$

例 10.1.4　设曲线 L 为圆周 $x^2+y^2=a^2$, 直线 $y=x$ 及 x 轴在第一象限中所围图形的边界 (图 10.3), 计算曲线积分 $\int_L \mathrm{e}^{\sqrt{x^2+y^2}}\mathrm{d}l$.

解　L 分为三段:

OA:

$$y=0\quad(0\leqslant x\leqslant a),\quad \mathrm{d}l=\mathrm{d}x,$$

AB:

$$\begin{cases}x=a\cos t,\\ y=a\sin t,\end{cases}\ 0\leqslant t\leqslant\frac{\pi}{4},\ \mathrm{d}l=a\mathrm{d}t,$$

BO:

$$y=x\left(0\leqslant x\leqslant\frac{\sqrt{2}}{2}a\right),\ \mathrm{d}l=\sqrt{2}\mathrm{d}x,$$

$$\begin{aligned}\int_L \mathrm{e}^{\sqrt{x^2+y^2}}\mathrm{d}l&=\left(\int_{OA}+\int_{AB}+\int_{BO}\right)\mathrm{e}^{\sqrt{x^2+y^2}}\mathrm{d}l\\&=\int_0^a \mathrm{e}^x\mathrm{d}x+\int_0^{\frac{\pi}{4}}a\mathrm{e}^a\mathrm{d}t+\int_0^{\frac{\sqrt{2}}{2}a}\mathrm{e}^{\sqrt{2}x}\sqrt{2}\mathrm{d}x\\&=2(\mathrm{e}^a-1)+\frac{\pi}{4}a\mathrm{e}^a.\end{aligned}$$

例 10.1.5　计算曲线积分 $\int_L(x^2+y^2+z^2)\mathrm{d}l$, 其中 L 是螺旋线 $x=R\cos t, y=R\sin t, z=kt$ 在 $0\leqslant t\leqslant 2\pi$ 的弧段.

解　L 的弧长元素是

$$\mathrm{d}l=\sqrt{(-R\sin t)^2+(R\cos t)^2+k^2}\mathrm{d}t=\sqrt{R^2+k^2}\mathrm{d}t,$$

所以

$$\begin{aligned}\int_L(x^2+y^2+z^2)\mathrm{d}l&=\int_0^{2\pi}(R^2+k^2t^2)\sqrt{R^2+k^2}\mathrm{d}t\\&=2\pi\left(R^2+\frac{4}{3}\pi^2k^2\right)\sqrt{R^2+k^2}.\end{aligned}$$

若物质以线密度 $\rho(x,y,z)$ 分布在一条光滑曲线 L 上, 类似 9.4 节的讨论可知其重心位置是

$$x_G=\frac{\int_L x\rho(x,y,z)\mathrm{d}l}{\int_L\rho(x,y,z)\mathrm{d}l},\quad y_G=\frac{\int_L y\rho(x,y,z)\mathrm{d}l}{\int_L\rho(x,y,z)\mathrm{d}l},\quad z_G=\frac{\int_L z\rho(x,y,z)\mathrm{d}l}{\int_L\rho(x,y,z)\mathrm{d}l}.$$

习　题　10.1

1. 计算下列曲线的弧长:

(1) $\boldsymbol{r}(t)=\mathrm{e}^t\cos t\boldsymbol{i}+\mathrm{e}^t\sin t\boldsymbol{j}+\mathrm{e}^t\boldsymbol{k}\ (0\leqslant t\leqslant 2\pi)$;

(2) $x=3t,y=3t^2,z=2t^3$ 从 $O(0,0,0)$ 到 $A(3,3,2)$ 那一段;

(3) $z^2=2ax$ 与 $9y^2=16xz$ 的交线, 由点 $O(0,0,0)$ 到点 $A\left(2a,\dfrac{8a}{3},2a\right)$;

(4) $4ax=(y+z)^2$ 与 $4x^2+3y^2=3z^2$ 的交线, 由原点到点 $M(x,y,z)\ (a>0,z\geqslant 0)$.

2. 计算下列曲线积分:

(1) $\displaystyle\int_L y^2\mathrm{d}l$, L: $x=a(t-\sin t),y=a(1-\cos t),(0\leqslant t\leqslant 2\pi)$;

(2) $\displaystyle\int_L\frac{z^2}{x^2+y^2}\mathrm{d}l$, L: $x=a\cos t,y=a\sin t,z=at,(0\leqslant t\leqslant 2\pi)$;

(3) $\displaystyle\int_L(x+y)\mathrm{d}l$, L: 顶点为 $O(0,0),A(1,0),B(0,1)$ 的三角形周界;

(4) $\displaystyle\int_L\frac{\mathrm{d}l}{x-y}$, L: 连接点 $A(0,-2)$ 到点 $B(4,0)$ 的直线段;

(5) $\displaystyle\int_L(x+y+z)\mathrm{d}l$, L: 由直线段 AB: $A(1,1,0),B(1,0,0)$ 及螺线 BC: $x=\cos t,y=\sin t,z=t\,(0\leqslant t\leqslant 2\pi)$ 组成;

(6) $\displaystyle\int_L\mathrm{e}^{\sqrt{x^2+y^2}}\mathrm{d}l$, L: 由曲线 $r=a,\varphi=0,\varphi=\dfrac{\pi}{4}$ 所围成的区域边界;

(7) $\displaystyle\int_L x\mathrm{d}l$, L: 对数螺线 $r=a\mathrm{e}^{k\varphi}\,(k>0)$ 在圆 $r=a$ 内的那一段;

(8) $\int_L x\sqrt{x^2-y^2}\mathrm{d}l$, L: 双纽线 $(x^2+y^2)^2=a^2(x^2-y^2)\ (x\geqslant 0)$ 的一半;

(9) $\int_L (x^2+y^2+z^2)^n\mathrm{d}l$, L: 圆周 $x^2+y^2=a^2, z=0$;

(10) $\int_L x^2\mathrm{d}l$, L: 圆周 $x^2+y^2+z^2=a^2, x+y+z=0$.

3. 求曲线 $x=\mathrm{e}^t\cos t, y=\mathrm{e}^t\sin t, z=\mathrm{e}^t$ 从 $t=0$ 到任意点之间的那段弧的质量, 设曲线上各点的密度与该点到原点的距离平方成反比, 且在点 $(1,0,1)$ 处的密度为 1.

4. 求螺旋线一圈 $x=a\cos t, y=a\sin t, z=\dfrac{h}{2\pi}t\ (0\leqslant t\leqslant 2\pi)$ 对于各坐标轴的转动惯量 (设密度 $\rho=1$).

5. 求半径为 a 的均匀半圆弧 (密度为 ρ) 对于处在圆心 O 质量为 M 的质点的引力.

§10.2　第一型曲面积分

10.2.1　曲面的面积

在讨论二重积分的变量代换时, 得到了变量代换下平面区域的面积元素. 用类似的方法可以得到参数曲面上的面积元素, 从而算出曲面的面积, 并进而定义曲面上的积分.

设 S 是一张光滑的参数曲面:

$$\boldsymbol{r}=\boldsymbol{r}(u,v),\qquad (u,v)\in D,$$

或写成参数方程

$$x=x(u,v),\quad y=y(u,v),\quad z=z(u,v)\qquad (u,v)\in D.$$

用平行于坐标轴的直线 $u=u_i, v=v_j$ 去分割区域 D, 取其中的一个小区域 D_{ij}: $u_i\leqslant u\leqslant u_{i+1}, v_j\leqslant v\leqslant v_{j+1}$(图 10.4), 对应在 S 上就得到一个子曲面 S_{ij}, 它由两条 u 曲线 $v=v_j, v=v_{j+1}$ 和两条 v 曲线 $u=u_i, u=u_{i+1}$ 围成. 当 $\Delta u_i=u_{i+1}-u_i$ 和 $\Delta v_j=v_{j+1}-v_j$ 都很小时, S_{ij} 可以近似看成由 $\boldsymbol{r}(u_{i+1},v_j)-\boldsymbol{r}(u_i,v_j)$ 和 $\boldsymbol{r}(u_i,v_{j+1})-\boldsymbol{r}(u_i,v_j)$ 张成的平行四边形 (图 10.5).

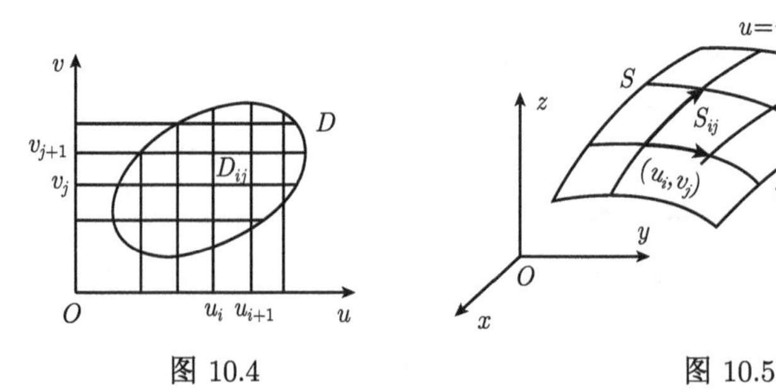

图 10.4　　图 10.5

因为

$$\boldsymbol{r}(u_{i+1},v_j)-\boldsymbol{r}(u_i,v_j)=\boldsymbol{r}'_u(u_i,v_j)\Delta u_i+o(\Delta u_i),$$
$$\boldsymbol{r}(u_i,v_{j+1})-\boldsymbol{r}(u_i,v_j)=\boldsymbol{r}'_v(u_i,v_j)\Delta v_j+o(\Delta v_j),$$

所以 S_{ij} 的面积

$$\Delta S_{ij}\approx|\boldsymbol{r}'_u(u_i,v_j)\times\boldsymbol{r}'_v(u_i,v_j)|\Delta u_i\Delta v_j.$$

于是曲面 S 的面积

$$S=\iint\limits_D|\boldsymbol{r}'_u(u,v)\times\boldsymbol{r}'_v(u,v)|\mathrm{d}u\mathrm{d}v.$$

由于

$$(\boldsymbol{r}'_u\times\boldsymbol{r}'_v)^2=\boldsymbol{r}'^2_u\boldsymbol{r}'^2_v-(\boldsymbol{r}'_u\cdot\boldsymbol{r}'_v)^2,$$

令

$$E=\boldsymbol{r}'^2_u=x'^2_u+y'^2_u+z'^2_u,$$
$$G=\boldsymbol{r}'^2_v=x'^2_v+y'^2_v+z'^2_v,$$
$$F=\boldsymbol{r}'_u\cdot\boldsymbol{r}'_v=x'_ux'_v+y'_uy'_v+z'_uz'_v,$$

就得到曲面 S 上的面积元素

$$\mathrm{d}S=|\boldsymbol{r}'_u\times\boldsymbol{r}'_v|\mathrm{d}u\mathrm{d}v=\sqrt{EG-F^2}\mathrm{d}u\mathrm{d}v$$

和曲面 S 的面积

$$S=\iint\limits_D\sqrt{EG-F^2}\mathrm{d}u\mathrm{d}v.$$

如果曲面 S 的方程是定义在区域 D 上的二元函数 $z=f(x,y)$, 且函数 $f(x,y)$ 在 D 上有连续的一阶偏微商, 这时可将 x,y 看作参数, 而曲面 S 的参数方程就取特别的形式

$$x=x,\quad y=y,\quad z=f(x,y).$$

于是求得

$$E=1+z'^2_x,\quad G=1+z'^2_y,\quad F=z'_xz'_y.$$

由此推知

$$\mathrm{d}S=\sqrt{1+z'^2_x+z'^2_y}\mathrm{d}x\mathrm{d}y,$$

及

$$S=\iint\limits_D\sqrt{1+z'^2_x+z'^2_y}\mathrm{d}x\mathrm{d}y.$$

如果曲面的方程为 $x = g(y,z)$ 或 $y = h(z,x)$, 这时可分别把曲面投影到平面 Oyz 上或平面 Ozx 上, 所得的投影区域记作 D_1 或 D_2, 则同样得到类似的计算曲面面积的公式

$$S = \iint\limits_{D_1} \sqrt{1 + x_y'^2 + x_z'^2}\mathrm{d}y\mathrm{d}z,$$

或

$$S = \iint\limits_{D_2} \sqrt{1 + y_x'^2 + y_z'^2}\mathrm{d}x\mathrm{d}z.$$

当曲面 S 是 Oxy 平面上的区域时, S 的参数方程为

$$x = x(u,v), \quad y = y(u,v), \quad z = 0, \qquad (u,v) \in D.$$

这时

$$|\boldsymbol{r}_u' \times \boldsymbol{r}_v'| = \left|\frac{\partial(x,y)}{\partial(u,v)}\right|,$$

面积元素

$$\mathrm{d}\sigma = \left|\frac{\partial(x,y)}{\partial(u,v)}\right|\mathrm{d}u\mathrm{d}v.$$

再次得到二重积分的换元公式中的面积元素.

例 10.2.1　求半径为 R 的球的表面积.

解　设球面 S 的参数方程为

$$x = R\sin\theta\cos\varphi, \quad y = R\sin\theta\sin\varphi, z = R\cos\theta, \qquad 0 \leqslant \theta \leqslant \pi, \quad 0 \leqslant \varphi \leqslant 2\pi,$$

计算可得

$$E = R^2, \quad F = 0, \quad G = R^2\sin^2\theta.$$

所以

$$\mathrm{d}S = R^2\sin\theta\mathrm{d}\theta\mathrm{d}\varphi.$$

故球面面积为

$$S = \int_0^{\pi}\mathrm{d}\theta\int_0^{2\pi} R^2\sin\theta\mathrm{d}\varphi = 4\pi R^2.$$

例 10.2.2　求球面 $x^2 + y^2 + z^2 = R^2$ 被柱面 $x^2 + y^2 = Ry$ 所截下的曲面面积 (图 10.6).

解　方法一: 由于对称性, 可知所求曲面的面积是它在第一卦限内面积的 4 倍. 采用球面坐标时, $\mathrm{d}S = R^2\sin\theta\mathrm{d}\theta\mathrm{d}\varphi$. 为确定参数 θ,φ 的变化区域 D, 把球面的参数方程代入到柱面方程 $x^2 + y^2 = Ry$, 可知有

$$\sin\theta = \sin\varphi.$$

因为在第一卦限中, $0 \leqslant \theta \leqslant \pi/2, 0 \leqslant \varphi \leqslant \pi/2$, 所以这两张曲面的交线在球面坐标下的方程为

$$\theta = \varphi.$$

因此 D 是由不等式 $0 \leqslant \varphi \leqslant \pi/2, 0 \leqslant \theta \leqslant \varphi$ 给出的区域, 从而算得

$$S = 4\iint_D R^2 \sin\theta \mathrm{d}\theta \mathrm{d}\varphi = 4R^2 \int_0^{\frac{\pi}{2}} \mathrm{d}\varphi \int_0^{\varphi} \sin\theta \mathrm{d}\theta$$

$$= 4R^2 \int_0^{\frac{\pi}{2}} (1 - \cos\varphi) \mathrm{d}\varphi = 2R^2(\pi - 2).$$

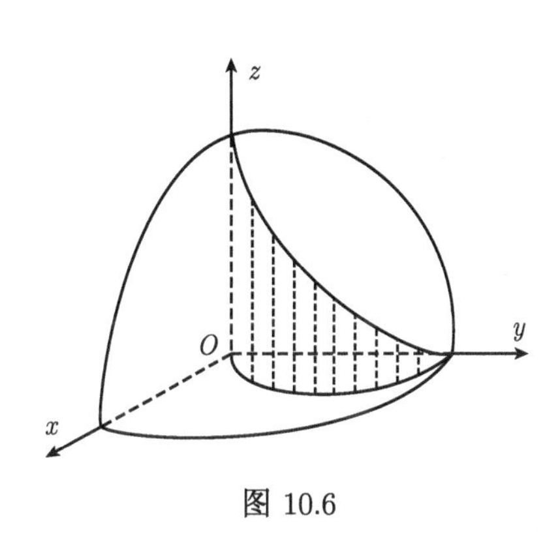

图 10.6

方法二: 所求曲面在第一卦限的显示方程为

$$z = \sqrt{R^2 - x^2 - y^2} \quad (x \geqslant 0, y \geqslant 0),$$

曲面在 Oxy 平面的投影区域 $D_{xy}: x^2 + y^2 \leqslant Ry\ (x \geqslant 0, y \geqslant 0)$, 由对称性,

$$S = 4\iint_{D_{xy}} \sqrt{1 + z_x'^2 + z_y'^2} \mathrm{d}x\mathrm{d}y = 4\iint_{D_{xy}} \frac{R}{\sqrt{R^2 - x^2 - y^2}} \mathrm{d}x\mathrm{d}y$$

$$= 4\int_0^{\frac{\pi}{2}} \mathrm{d}\theta \int_0^{R\sin\theta} \frac{R}{\sqrt{R^2 - r^2}} r\mathrm{d}r = 4\int_0^{\frac{\pi}{2}} R^2(1 - \cos\theta) \mathrm{d}\theta$$

$$= 2R^2(\pi - 2).$$

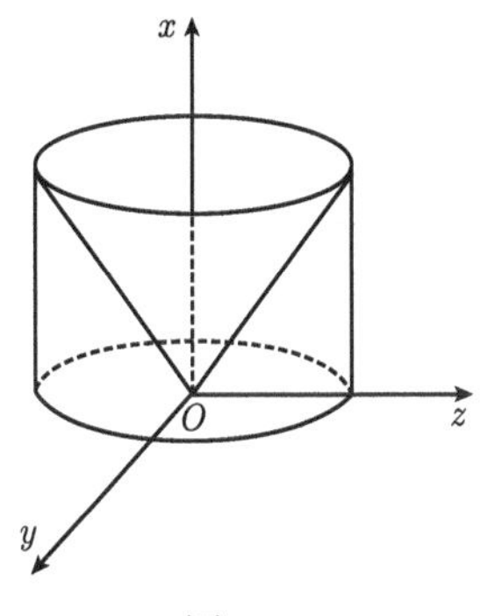

图 10.7

例 10.2.3 计算圆锥面 $y^2 + z^2 = x^2$ 被柱面 $y^2 + z^2 = R^2$ 所截下的曲面面积 S(图 10.7).

解 截出的曲面在平面 Oyz 上的投影区域 D 是半径为 R 的圆 $y^2 + z^2 \leqslant R^2$, 所以

$$S = 2\iint_D \sqrt{1 + x_y'^2 + x_z'^2} \mathrm{d}y\mathrm{d}z = 2\iint_D \sqrt{2} \mathrm{d}y\mathrm{d}z = 2\sqrt{2}\pi R^2.$$

10.2.2 第一型曲面积分

如同第一型曲线积分一样, 把平面区域的二重积分推广到空间的曲面上, 就得到第一型曲面积分的概念.

定义 10.2.1 设 S 是一张有界的光滑曲面, $f(x, y, z)$ 是定义在 S 上的函数. 用任意分法把 S 分成 n 块曲面 $S_1, S_2, \cdots, S_n$ (图 10.8), 这些小曲面块的面积记为 ΔS_i. 在每块小曲面 S_i 上任取一点 $M_i(x_i, y_i, z_i)$, 作和数

$$\sum_{i=1}^{n} f(x_i, y_i, z_i)\Delta S_i.$$

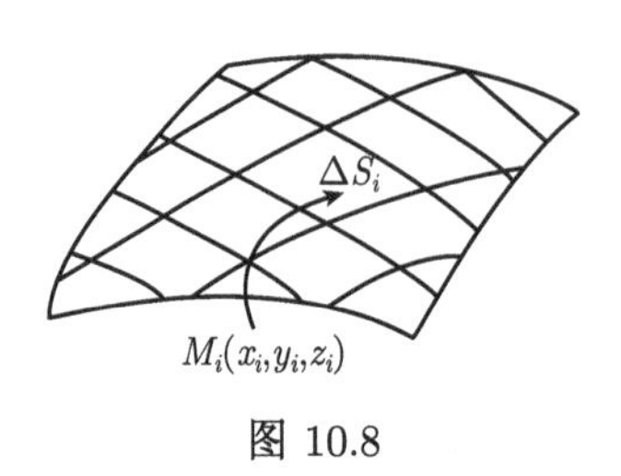

图 10.8

如果当所有小块曲面的最大直径 λ 趋向于零时, 这个和数对任意的分割和取点都有同一极限 A, 则称 A 为 $f(x,y,z)$ 在曲面 S 上的第一型曲面积分, 记成

$$A = \iint\limits_{S} f(x,y,z)\mathrm{d}S = \lim_{\lambda\to 0}\sum_{i=1}^{n} f(x_i, y_i, z_i)\Delta S_i,$$

其中 $\mathrm{d}S$ 称为曲面的面积元素.

例如, 已知曲面 S 上分布有某物质, 其面密度函数为 $\rho(x,y,z)$, 要计算 S 的质量 M, 就归结为求 $\rho(x,y,z)$ 在 S 上的第一型曲面积分, 即有

$$M = \iint\limits_{S} \rho(x,y,z)\mathrm{d}S.$$

正如第一型曲线积分可以化成定积分来计算一样, 第一型曲面积分也可以化成通常的二重积分来计算, 并且有相似的计算法则.

设光滑曲面的参数方程为

$$x = x(u,v),\quad y = y(u,v),\quad z = z(u,v),\qquad (u,v)\in D,$$

其中 D 是平面 $O'uv$ 上的有界闭区域. 如果函数 $f(x,y,z)$ 在 S 上连续, 则它在 S 上的第一型曲面积分存在, 且有

$$\iint\limits_{S} f(x,y,z)\mathrm{d}S = \iint\limits_{D} f(x(u,v), y(u,v), z(u,v))\sqrt{EG-F^2}\mathrm{d}u\mathrm{d}v.$$

这个公式的证明也与第一型曲线积分的相应公式完全类似.

特别可得, 若光滑曲面 S 由直角坐标方程 $z = z(x,y)$ 给出, 而 D 是 S 在平面 Oxy 上的投影区域, 则有

$$\iint\limits_{S} f(x,y,z)\mathrm{d}S = \iint\limits_{D} f(x,y,z(x,y))\sqrt{1+z_x'^2+z_y'^2}\mathrm{d}x\mathrm{d}y.$$

例 10.2.4　设 S是第一卦限的球面 $x^2+y^2+z^2=R^2\ (x\geqslant 0, y\geqslant 0, z\geqslant 0)$, 计算曲面积分 $\iint\limits_{S}(x^2+y^2)\mathrm{d}S$.

解　将球面 S 表示为参数方程

$$x = R\sin\theta\cos\varphi,\quad y = R\sin\theta\sin\varphi,\quad z = R\cos\theta,$$

则 θ,φ 的变化范围是平面 $O'\theta\varphi$ 上的矩形 D':

$$0\leqslant\theta\leqslant\frac{\pi}{2},\qquad 0\leqslant\varphi\leqslant\frac{\pi}{2}.$$

而球面的面积元素为

$$\mathrm{d}S=R^2\sin\theta\mathrm{d}\theta\mathrm{d}\varphi,$$

所以

$$\begin{aligned}\iint_S(x^2+y^2)\mathrm{d}S&=\iint_{D'}R^2\sin^2\theta\cdot R^2\sin\theta\mathrm{d}\theta\mathrm{d}\varphi\\&=R^4\int_0^{\frac{\pi}{2}}\mathrm{d}\varphi\int_0^{\frac{\pi}{2}}\sin^3\theta\mathrm{d}\theta=\frac{1}{3}\pi R^4.\end{aligned}$$

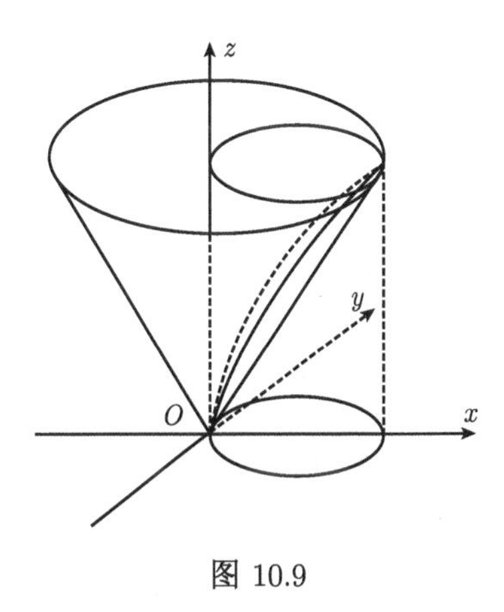

图 10.9

例 10.2.5 设 S 是锥面 $z^2=k^2(x^2+y^2)\,(z\geqslant 0)$ 被柱面 $x^2+y^2=2ax\,(a>0)$ 所截得的曲面 (图 10.9), 计算曲面积分

$$\iint_S(y^2z^2+z^2x^2+x^2y^2)\mathrm{d}S.$$

解 所给曲面 S 的面积元素是

$$\mathrm{d}S=\sqrt{1+z_x'^2+z_y'^2}\mathrm{d}x\mathrm{d}y=\sqrt{1+k^2}\mathrm{d}x\mathrm{d}y,$$

并且 S 在平面 Oxy 上的投影区域 D 是圆

$$x^2+y^2\leqslant 2ax,$$

于是算得

$$\begin{aligned}&\iint_S(y^2z^2+z^2x^2+x^2y^2)\mathrm{d}S\\&=\sqrt{1+k^2}\iint_D[k^2(x^2+y^2)^2+x^2y^2]\mathrm{d}x\mathrm{d}y\\&=2\sqrt{1+k^2}\int_0^{\frac{\pi}{2}}\mathrm{d}\varphi\int_0^{2a\cos\varphi}r^5(k^2+\cos^2\varphi\sin^2\varphi)\mathrm{d}r\\&=\frac{\pi}{24}a^6(80k^2+7)\sqrt{1+k^2}.\end{aligned}$$

类似于二重积分, 第一型曲面积分也有一些基本性质, 如线性、保序性、可积函数必有界、数 1 的曲面积分等于曲面面积, 以及积分的中值性质等. 分片光滑曲面上的第一型曲面积分可以利用积分对积分曲面的可加性来计算, 例如, 曲面 S 是

由光滑曲面 S_1 和 S_2 拼接而成, 那么

$$\iint_S f(x,y,z)\mathrm{d}S = \iint_{S_1} f(x,y,z)\mathrm{d}S + \iint_{S_2} f(x,y,z)\mathrm{d}S.$$

习　题　10.2

1. 求下列曲面在指定部分的面积:

(1) 锥面 $z=\sqrt{x^2+y^2}$ 包含在圆柱 $x^2+y^2=2x$ 内的部分;

(2) 柱面 $x^2+y^2=a^2$ 被平面 $x+z=0, x-z=0\,(x>0,y>0)$ 所截的那部分;

(3) 圆柱面 $x^2+y^2=a^2$ 被圆柱 $y^2+z^2=a^2$ 所割下的那部分;

(4) 球面 $x^2+y^2+z^2=3a^2$ 和抛物面 $x^2+y^2=2az\,(z\geqslant 0)$ 所围成的立体的全表面;

(5) 曲面 $x=(2y^2+z^2)/2$ 被柱面 $4y^2+z^2=1$ 所截下的那部分;

(6) 锥面 $z^2=x^2+y^2$ 被 Oxy 平面和 $z=\sqrt{2}\,(x/2+1)$ 所截下的那部分;

(7) 螺旋面 $x=r\cos\varphi, y=r\sin\varphi, z=h\varphi$ 在 $0<r<a, 0<\varphi<2\pi$ 的那部分;

(8) 曲面 $(x^2+y^2+z^2)^2=2a^2xy$ 的全部.

2. 计算下列曲面积分:

(1) $\iint\limits_S (x+y+z)\mathrm{d}S$, S: 立方体 $0\leqslant x\leqslant 1, 0\leqslant y\leqslant 1, 0\leqslant z\leqslant 1$ 的全表面;

(2) $\iint\limits_S xyz\mathrm{d}S$, S: $x+y+z=1$ 在第一卦限的部分;

(3) $\iint\limits_S (x^2+y^2)\mathrm{d}S$, S: 由 $z=\sqrt{x^2+y^2}$ 和 $z=1$ 所围成的立体表面;

(4) $\iint\limits_S (xy+yz+zx)\mathrm{d}S$, S: 锥面 $z=\sqrt{x^2+y^2}$ 被柱面 $x^2+y^2=2ax\,(a>0)$ 所割下的那块曲面;

(5) $\iint\limits_S (x^4-y^4+y^2z^2-x^2z^2+1)\mathrm{d}S$, S: 圆锥 $z=\sqrt{x^2+y^2}$ 被柱面 $x^2+y^2=2x$ 所截下的部分;

(6) $\iint\limits_S \dfrac{\mathrm{d}S}{r^2}$, S: 圆柱面 $x^2+y^2=R^2$ 界于平面 $z=0$ 和 $z=H$ 之间的部分, r 是 S 上的点到原点的距离;

(7) $\iint\limits_S |xyz|\mathrm{d}S$, S 为曲面 $z=x^2+y^2$ 介于两个平面 $z=0$ 和 $z=1$ 之间的部分.

3. 利用对称性计算曲面积分:

(1) $\iint\limits_S (x^2+y^2)\mathrm{d}S$, S: $x^2+y^2+z^2=R^2$;

(2) $\iint\limits_S (x+y+z)\mathrm{d}S$, S: $x^2+y^2+z^2=a^2\,(z\geqslant 0)$.

4. 设 G 是平面 $Ax+By+Cz+D=0\,(c\neq 0)$ 上的一个有界闭区域, 它在 Oxy 平面上的投影是 G_1, 试证

$$\frac{G\text{的面积}}{G_1\text{的面积}}=\sqrt{\frac{A^2+B^2+C^2}{C^2}}.$$

5. 求抛物面壳 $z=(x^2+y^2)/2(0\leqslant z\leqslant 1)$ 的质量, 其各点的密度为 $\rho=z$.

6. 一个半径为 R 的均匀球壳 (密度为 ρ) 绕其直径旋转, 求它的转动惯量.

7. 求一个密度为 ρ 的均匀截锥面 $z=\sqrt{x^2+y^2}\,(0<a\leqslant z\leqslant b)$ 对于处在锥顶的质量为 m 的质点的引力.

§10.3 第二型曲线积分

10.3.1 定向曲线

设 L 是连接 A,B 的曲线, 如果指定 A 是曲线的起点, B 是终点, 就记成 L_{AB}, 反之记成 L_{BA}. 这时曲线就有了一个确定的方向, 称为定向曲线.

设连接 A,B 的曲线 L 的参数方程为

$$\begin{aligned}&L:\ \ x=x(t),\ y=y(t),\ z=z(t),\qquad \alpha\leqslant t\leqslant\beta,\\&A(x(\alpha),y(\alpha),z(\alpha)),\qquad B(x(\beta),y(\beta),z(\beta)).\end{aligned}$$

我们可以把它看成是定向曲线 L_{AB} 的参数方程, 它表示参数 t 由 α 增加到 β, 称为 L 沿参数增加的方向, 习惯上称为参数曲线的正方向. 而 L_{BA} 记成

$$L_{BA}:\ \ x=x(t),\ y=y(t),\ z=z(t),\qquad \beta\geqslant t\geqslant\alpha.$$

它表示参数 t 由 β 减少到 α, 称为曲线的负方向.

设 $\boldsymbol{r}(t)=(x(t),y(t),z(t)),\boldsymbol{r}'(t)$ 连续且不为零向量, 这时 L 为光滑曲线, $\boldsymbol{r}'(t)$ 是 L 的一个切向量, 并且是指向参数 t 增加方向的. 所以指定单位切向量 $\boldsymbol{\tau}=\boldsymbol{r}'(t)/|\boldsymbol{r}'(t)|$ 相当于选择 L 的正方向, 指定单位切向量 $\boldsymbol{\tau}_1=-\boldsymbol{r}'(t)/|\boldsymbol{r}(t)|$ 相当于选择 L 的负方向.

如果 L 是 Oxy 平面上的一条封闭曲线, 习惯上称其逆时针方向为正方向. 这时 L 的内部区域在 L 行进方向的左边.

10.3.2 第二型曲线积分的定义

设空间区域 V 上有力场 $\boldsymbol{F}(M),L_{AB}$ 是 V 中的一段光滑定向曲线, 质点在 $\boldsymbol{F}(M)$ 的作用下沿 L_{AB} 由 A 运动到 B(图 10.10). 求力场所做的功.

把 L_{AB} 分成小段弧, 考虑 $\boldsymbol{F}(M)$ 在弧微元 $\mathrm{d}l$ 上所做的微元功 $\mathrm{d}w$. 因为 $\boldsymbol{F}$ 在单位切向量 $\boldsymbol{\tau}$ 上的投影为 $\boldsymbol{F}\cdot\boldsymbol{\tau}$, 于是就有

$$\mathrm{d}w=\boldsymbol{F}\cdot\boldsymbol{\tau}\mathrm{d}l,$$

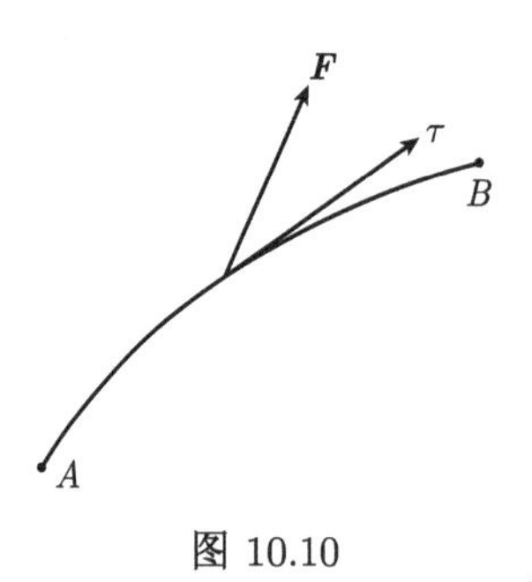

图 10.10

所以

$$W=\int_L \boldsymbol{F}\cdot\boldsymbol{\tau}\mathrm{d}l.$$

定义 10.3.1　设 $\boldsymbol{v}$ 是空间区域 V 中的向量场, L 是 V 中光滑定向曲线,$\boldsymbol{\tau}$ 是与 L 定向相一致的单位切向量, 则 $\int_L \boldsymbol{v}\cdot\boldsymbol{\tau}\mathrm{d}l$ 称为 $\boldsymbol{v}$ 沿定向曲线 L 的第二型曲线积分. 当 L 是封闭曲线时, $\int_L \boldsymbol{v}\cdot\boldsymbol{\tau}\mathrm{d}l$ 称为 $\boldsymbol{v}$ 沿回路 L 的环量, 并常记成

$$\oint_L \boldsymbol{v}\cdot\boldsymbol{\tau}\mathrm{d}l.$$

如果定向曲线 L 用自然方程 $\boldsymbol{r}=\boldsymbol{r}(l)$ 表示, l 是从起点到 L 上一点的弧长, 则与 L 定向一致的单位切向量

$$\boldsymbol{\tau}=\left(\frac{\mathrm{d}x}{\mathrm{d}l},\frac{\mathrm{d}y}{\mathrm{d}l},\frac{\mathrm{d}z}{\mathrm{d}l}\right)=(\cos\alpha,\cos\beta,\cos\gamma),$$

其中 α,β,γ 为 $\boldsymbol{\tau}$ 的方向角, 于是

$$\boldsymbol{\tau}\mathrm{d}l=(\cos\alpha\cdot\mathrm{d}l,\cos\beta\cdot\mathrm{d}l,\cos\gamma\cdot\mathrm{d}l)=(\mathrm{d}x,\mathrm{d}y,\mathrm{d}z)=\mathrm{d}\boldsymbol{r},$$

称 $\boldsymbol{\tau}\mathrm{d}l$ 为有向弧微元, $\mathrm{d}x=\cos\alpha\cdot\mathrm{d}l,\mathrm{d}y=\cos\beta\cdot\mathrm{d}l,\mathrm{d}z=\cos\gamma\cdot\mathrm{d}l$ 就是 $\boldsymbol{\tau}\mathrm{d}l$ 在 Ox,Oy,Oz 方向上的投影.

在取定的直角坐标系下, 向量场 $\boldsymbol{v}=P(x,y,z)\boldsymbol{i}+Q(x,y,z)\boldsymbol{j}+R(x,y,z)\boldsymbol{k}$. 则

$$\int_L \boldsymbol{v}\cdot\boldsymbol{\tau}\mathrm{d}l=\int_L(P\cos\alpha+Q\cos\beta+R\cos r)\mathrm{d}l.$$

因此 $\boldsymbol{v}$ 在 L 上的第二型曲线积分又可写成

$$\int_L P\mathrm{d}x+Q\mathrm{d}y+R\mathrm{d}z.$$

10.3.3　第二型曲线积分的计算与性质

设在取定的直角坐标系下,

$$\boldsymbol{v}=P(x,y,z)\boldsymbol{i}+Q(x,y,z)\boldsymbol{j}+R(x,y,z)\boldsymbol{k},$$

$$L:\quad \boldsymbol{r}=\boldsymbol{r}(t)=(x(t),y(t),z(t)),\qquad \alpha\leqslant t\leqslant\beta\ (\alpha\geqslant t\geqslant\beta),$$

由

$$\boldsymbol{\tau}=\varepsilon\frac{\boldsymbol{r}'(t)}{|\boldsymbol{r}'(t)|},\qquad \varepsilon=\pm1,$$

($\varepsilon=1$ 或 -1 分别对应于曲线按参数增加或按参数减小方向定向) 可知

$$\int_L P\mathrm{d}x+Q\mathrm{d}y+R\mathrm{d}z=\int_L \boldsymbol{v}\cdot\boldsymbol{\tau}\mathrm{d}l=\varepsilon\int_\alpha^\beta \boldsymbol{v}\frac{\boldsymbol{r}'(t)}{|\boldsymbol{r}'(t)|}|\boldsymbol{r}'(t)|\mathrm{d}t$$

$$=\int_{\text{起点参数}}^{\text{终点参数}}(P(x(t),y(t),z(t))x'(t)+Q(x(t),y(t),z(t))y'(t)+R(x(t),y(t),z(t))z'(t))\mathrm{d}t.$$

第二型曲线积分有以下一些性质.

1° 线性: 若 $\boldsymbol{v}=c_1\boldsymbol{v}_1+c_2\boldsymbol{v}_2, \boldsymbol{v}=(P,Q,R), \boldsymbol{v}_1=(P_1,Q_1,R_1), \boldsymbol{v}_2=(P_2,Q_2,R_2)$, 则有

$$\int_L \boldsymbol{v}\cdot\boldsymbol{\tau}\mathrm{d}l=c_1\int_L \boldsymbol{v}_1\cdot\boldsymbol{\tau}\mathrm{d}l+c_2\int_L \boldsymbol{v}_2\cdot\boldsymbol{\tau}\mathrm{d}l.$$

所以, 如果把 P,Q,R 看成 $(P,0,0),(0,Q,0),(0,0,R)$ 的和, 就有

$$\int_L P\mathrm{d}x+Q\mathrm{d}y+R\mathrm{d}z=\int_L P\mathrm{d}x+\int_L Q\mathrm{d}y+\int_L R\mathrm{d}z.$$

2° 对积分曲线的可加性: 若 L_{AC} 是由 L_{AB} 和 L_{BC} 连接而成的, 则有

$$\int_{L_{AC}}\boldsymbol{v}\cdot\boldsymbol{\tau}\mathrm{d}l=\int_{L_{AB}}\boldsymbol{v}\cdot\boldsymbol{\tau}\mathrm{d}l+\int_{L_{BC}}\boldsymbol{v}\cdot\boldsymbol{\tau}\mathrm{d}l.$$

3° 积分的方向性: $\int_{L_{AB}}\boldsymbol{v}\cdot\boldsymbol{\tau}\mathrm{d}l=-\int_{L_{BA}}\boldsymbol{v}\cdot\boldsymbol{\tau}\mathrm{d}l.$

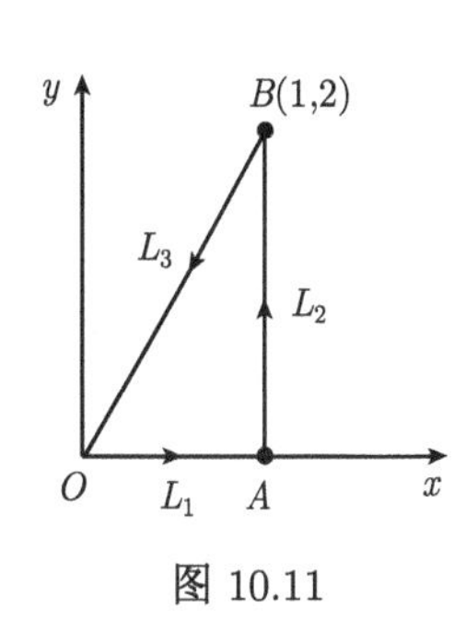

图 10.11

4° 特别地, 如果曲线 L 在垂直于 x 轴的平面内, $\int_L P\mathrm{d}x=\int_L P\cos\alpha\mathrm{d}l, \alpha=\dfrac{\pi}{2}$, 所以, $\int_L P\mathrm{d}x=0$. 类似地, 如果 L 在与 y 轴 (或 z 轴) 垂直的平面内, 则 $\int_L Q\mathrm{d}y=0$(或 $\int_L R\mathrm{d}z=0$).

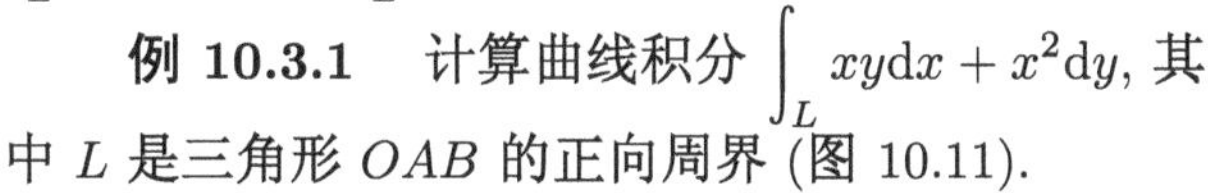

例 10.3.1 计算曲线积分 $\int_L xy\mathrm{d}x+x^2\mathrm{d}y$, 其中 L 是三角形 OAB 的正向周界 (图 10.11).

解 因为

$$\int_L xy\mathrm{d}x+x^2\mathrm{d}y=\int_{L_1}xy\mathrm{d}x+x^2\mathrm{d}y+\int_{L_2}xy\mathrm{d}x+x^2\mathrm{d}y+\int_{L_3}xy\mathrm{d}x+x^2\mathrm{d}y,$$

故可分别计算沿 L_1,L_2 与 L_3 的三个曲线积分. 在 L_1 上 $y=0$, x 从 0 变到 1, 所以

$$\int_{L_1}xy\mathrm{d}x+x^2\mathrm{d}y=\int_0^1 x\cdot 0\mathrm{d}x+x^2\mathrm{d}(0)=0;$$

在 L_2 上 $x=1$,y 从 0 变到 2, 所以

$$\int_{L_2}xy\mathrm{d}x+x^2\mathrm{d}y=\int_0^2 1\cdot y\mathrm{d}(1)+1\cdot\mathrm{d}y=2;$$

在 L_3 上 $y=2x$, x 从 1 变到 0, 所以

$$\int_{L_3}xy\mathrm{d}x+x^2\mathrm{d}y=\int_1^0 x\cdot 2x\mathrm{d}x+x^2\mathrm{d}(2x)=-\frac{4}{3}.$$

从而算得

$$\int_L xy\mathrm{d}x + x^2\mathrm{d}y = \frac{2}{3}.$$

例 10.3.2　设在力场 $F = y\boldsymbol{i} - x\boldsymbol{j} + z\boldsymbol{k}$ 的作用下, 质点由点 A 沿圆柱螺旋线 L:

$$x = R\cos t, \quad y = R\sin t, \quad z = kt \qquad (0 \leqslant t \leqslant 2\pi)$$

运动到点 B, 试求力场 $\boldsymbol{F}$ 对质点所做的功 (图 10.12).

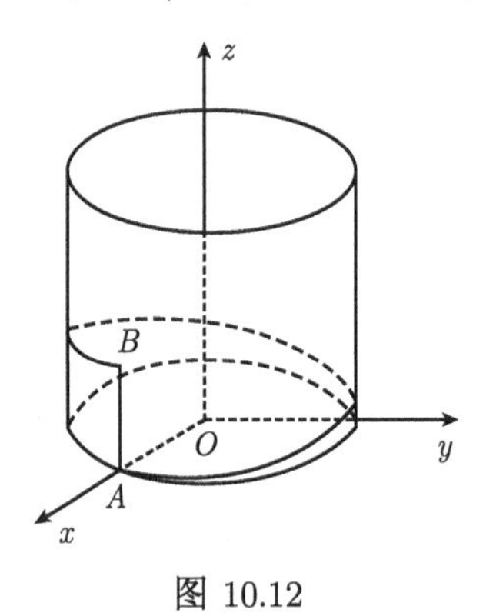

图 10.12

解　显然点 A 和 B 对应的参数值分别是 $t=0$ 和 $t=2\pi$, 而在圆柱螺旋线上

$$\mathrm{d}x = -R\sin t\mathrm{d}t, \quad \mathrm{d}y = R\cos t\mathrm{d}t, \quad \mathrm{d}z = k\mathrm{d}t,$$

故力场 $\boldsymbol{F}$ 对质点做的功为

$$\begin{aligned}\int_{L_{AB}} \boldsymbol{F}\cdot\boldsymbol{\tau}\mathrm{d}l &= \int_{L_{AB}} y\mathrm{d}x - x\mathrm{d}y + z\mathrm{d}z \\ &= \int_0^{2\pi}(-R^2 + k^2 t)\mathrm{d}t = 2\pi(\pi k^2 - R^2).\end{aligned}$$

顺便指出, 如果质点沿直线段由 A 运动到 B, 由于在这线段上有 $\mathrm{d}x = \mathrm{d}y = 0$, 所以力场对它做的功为

$$\int_{\overline{AB}} \boldsymbol{F}\cdot\boldsymbol{\tau}\mathrm{d}l = \int_{\overline{AB}} z\mathrm{d}z = \int_0^{2\pi} k^2 t\mathrm{d}t = 2\pi^2 k^2.$$

可见这个力场所做的功与质点从 A 运动到 B 所经过的路径有关.

例 10.3.3　设质量为 m 的质点在重力场的作用下沿任意路径 L 从点 A 运动到点 B, 求重力对该质点所做的功.

解　取地面为 Oxy 平面,z 轴竖直向上 (图 10.13), 则质量为 m 的质点在任一点 M 处所受的重力 $\boldsymbol{p} = -mg\boldsymbol{k}$, 这里 g 是重力加速度. 故质点沿任意路径 L 从 A 到 B 时, 重力所做的功为

$$\begin{aligned}W &= \int_{L_{AB}} \boldsymbol{p}\cdot\boldsymbol{\tau}\mathrm{d}l = \int_{L_{AB}}(-mg)\mathrm{d}z \\ &= -mg\int_{z_A}^{z_B}\mathrm{d}z = -mg(z_B - z_A).\end{aligned}$$

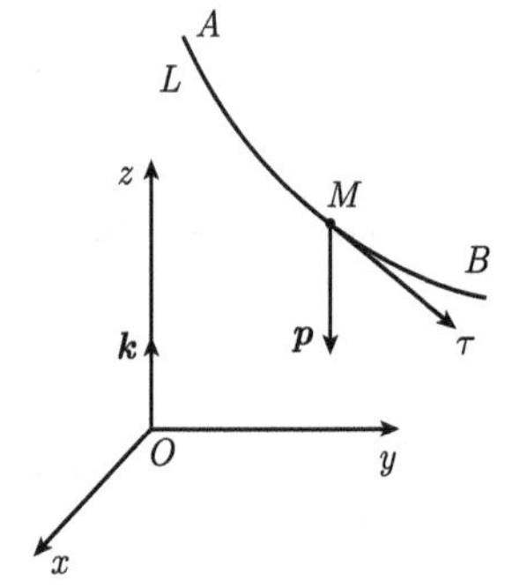

图 10.13

由此可知, 重力场 $\boldsymbol{p}$ 所做的功与路径 L 无关, 仅取决于点 A 及点 B. 如果把点 B 固定在地平面上, 那么质点 m 从点 A 沿任意路径落到地面时, 重力 $\boldsymbol{p}$ 所做的功等于

$$W(A) = mgz_A.$$

这个功就称为质点 m 在点 A 处的位能.

例 10.3.4 太阳对地球的引力为

$$\boldsymbol{F} = -k\frac{mM}{r^3}\boldsymbol{r},$$

其中 m 是地球质量, M 是太阳质量, k 是引力常数, $\boldsymbol{r}$ 是从太阳指向地球的位置向量. 试求地球从近日点 A 到远日点 B 运行半周时, 引力所做的功.

解 我们知道, 地球绕太阳运行的轨道是一个椭圆, 太阳位于这椭圆的一个焦点上 (图 10.14). 把坐标原点置于太阳上, 这时地球的运动规律可表成 $\boldsymbol{r} = \boldsymbol{r}(t)$, 它也是轨道的参数方程. 因此当地球沿轨道 L 从近日点 A 到远日点 B 时, 引力场做功为

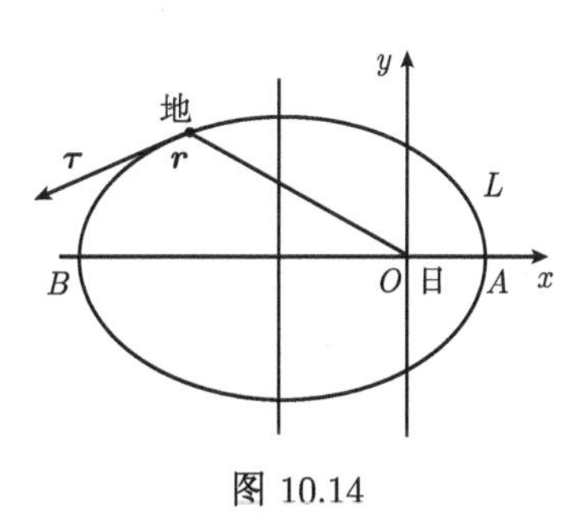

图 10.14

$$\begin{aligned} W &= \int_{L_{AB}} \boldsymbol{F}\cdot\boldsymbol{\tau}\mathrm{d}l = \int_{L_{AB}} \boldsymbol{F}\cdot\mathrm{d}\boldsymbol{r} \\ &= -kmM\int_{L_{AB}} \frac{1}{r^3}\boldsymbol{r}\cdot\mathrm{d}\boldsymbol{r}. \end{aligned}$$

但 $\boldsymbol{r}\cdot\mathrm{d}\boldsymbol{r} = (x(t)x'(t) + y(t)y'(t) + z(t)z'(t))\mathrm{d}t = \frac{1}{2}\mathrm{d}(r^2) = r\mathrm{d}r$, 所以

$$W = -kmM\int_{r_A}^{r_B} \frac{\mathrm{d}r}{r^2} = kmM\left(\frac{1}{r_B} - \frac{1}{r_A}\right),$$

其中 $r = |\boldsymbol{r}|$, r_A 和 r_B 分别表示近日点 A 和远日点 B 到太阳的距离.

上述计算的结果表明, 引力场 $\boldsymbol{F}$ 所做的功实际上只与路径的起点 A 和终点 B 有关, 而与连接 A, B 的路径无关.

10.3.4 Green 定理

Green① 公式建立起平面区域 D 上的的二重积分与 D 的边界曲线 L 上的第二型曲线积分之间的联系.

设区域 D 由一条或几条光滑曲线围成, 边界曲线 L 的正方向规定为: 当人在边界上沿该方向行进时, 区域 D 总在其左边 (图 10.15). 另一个方向即为负方向.

定理 10.3.1 (Green) 设 D 是有限条逐段光滑的曲线围成的平面有界闭区域, 函数 $P(x,y), Q(x,y) \in C^{(1)}(D)$, 则

$$\int_{\partial D} P\mathrm{d}x + Q\mathrm{d}y = \iint_D \left(\frac{\partial Q}{\partial x} - \frac{\partial P}{\partial y}\right)\mathrm{d}x\mathrm{d}y,$$

① George Green(1793—1841), 英国数学家、物理学家.

其中 ∂D 是 D 的边界正方向.

证 根据 D 的不同形状, 分为两种情形来证明.

1° 若 D 既是 y 型的, 又是 x 型的 (图 10.16), 这时区域 D 可表示为

$$y_1(x) \leqslant y \leqslant y_2(x), \quad a \leqslant x \leqslant b,$$

图 10.15

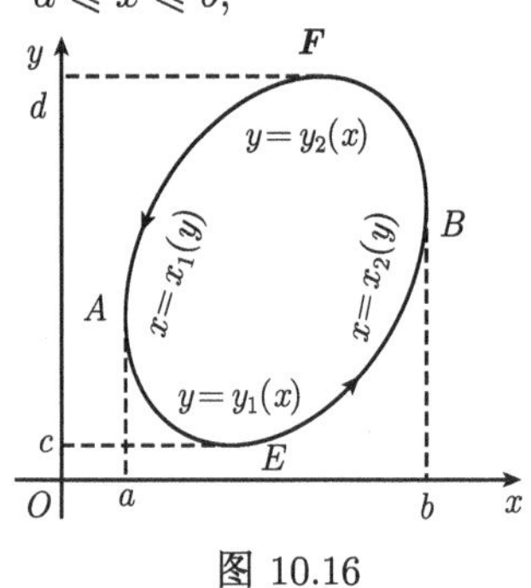

图 10.16

或

$$x_1(y) \leqslant x \leqslant x_2(y), \quad c \leqslant y \leqslant d,$$

这里 $y = y_1(x)$ 和 $y = y_2(x)$ 分别表示曲线 $\overset{\frown}{AEB}$ 和 $\overset{\frown}{BFA}$ 方程, 而 $x = x_1(y)$ 和 $x_2(y)$ 分别表示曲线 $\overset{\frown}{FAE}$ 和 $\overset{\frown}{EBF}$ 的方程, 于是

$$\begin{aligned}
\int_{\partial D} P\mathrm{d}x &= \left(\int_{\overset{\frown}{AEB}} + \int_{\overset{\frown}{BFA}}\right) P\mathrm{d}x \\
&= \int_a^b P(x, y_1(x))\mathrm{d}x + \int_b^a P(x, y_2(x))\mathrm{d}x \\
&= \int_a^b [P(x, y_1(x)) - P(x, y_2(x))]\mathrm{d}x \\
&= -\int_a^b \mathrm{d}x \int_{y_1(x)}^{y_2(x)} \frac{\partial P}{\partial y}\mathrm{d}y \\
&= -\iint_D \frac{\partial P}{\partial y}\mathrm{d}x\mathrm{d}y.
\end{aligned}$$

类似可得

$$\int_{\partial D} Q\mathrm{d}y = \iint_D \frac{\partial Q}{\partial x}\mathrm{d}x\mathrm{d}y.$$

将上述两个结果相加即得

$$\int_{\partial D} P\mathrm{d}x + Q\mathrm{d}y = \iint_D \left(\frac{\partial Q}{\partial x} - \frac{\partial P}{\partial y}\right)\mathrm{d}x\mathrm{d}y.$$

2° 若区域 D 由一条或多条分段光滑的曲线围成 (图 10.17(a),(b)), 可以用有限条光滑曲线将 D 分成有限个既是 y 型又是 x 型的区域, 注意到这些区域的公共边

界线是同一条曲线的不同方向, 在这两个方向上, 曲线积分之和为零, 所以结论仍成立. □

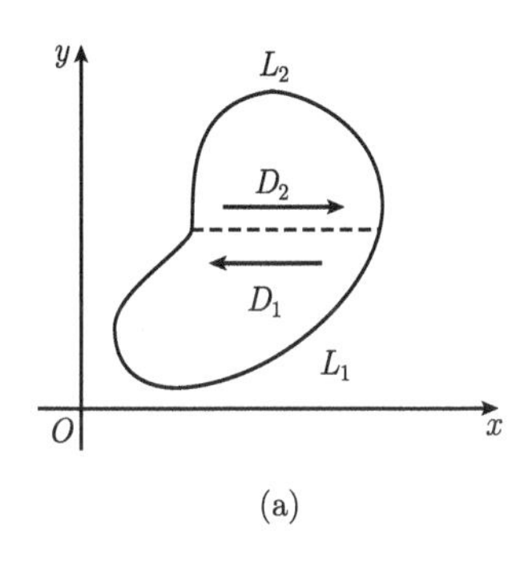

(a)

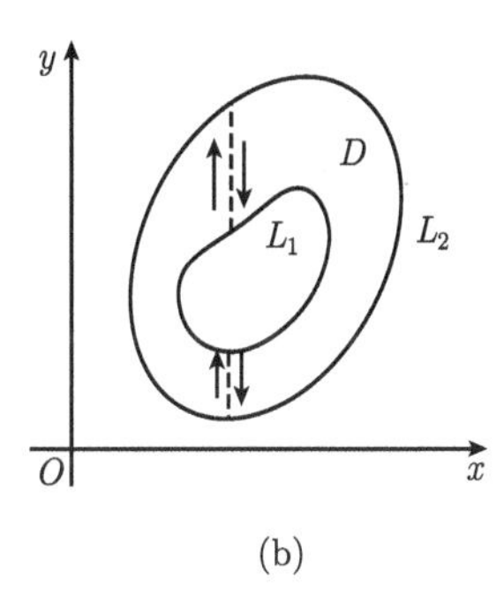

(b)

图 10.17

例 10.3.5 利用 Green 公式计算曲线积分 $\int_L (x+y)\mathrm{d}x+(y-x)\mathrm{d}y$, 其中 L 为椭圆 $\dfrac{x^2}{a^2}+\dfrac{y^2}{b^2}=1$ 的逆时针方向.

解 由 Green 公式知

$$\int_L (x+y)\mathrm{d}x+(y-x)\mathrm{d}y=\iint_D(-1-1)\mathrm{d}x\mathrm{d}y=-2\pi ab.$$

一般地, 如果用 A 表示平面区域 D 的面积,∂D(分段光滑曲线) 表示 D 的边界正方向, 则有

$$A=\frac{1}{2}\int_{\partial D}-y\mathrm{d}x+x\mathrm{d}y=\int_{\partial D}-y\mathrm{d}x=\int_{\partial D}x\mathrm{d}y.$$

当简单闭曲线 L 由参数方程

$$x=x(t),\quad y=y(t),\qquad \alpha\leqslant t\leqslant\beta$$

给出时,L 内部区域的面积

$$A=\left|\frac{1}{2}\int_L -y\mathrm{d}x+x\mathrm{d}y\right|=\frac{1}{2}\left|\int_\alpha^\beta(-y(t)x'(t)+x(t)y'(t))\mathrm{d}t\right|.$$

这是在第 4 章中曾经证明过的公式.

习　题　10.3

1. 计算下列第二型曲线积分:

(1) $\int_L (x^2+y^2)\mathrm{d}x+(x^2-y^2)\mathrm{d}y$, 其中 L 是曲线 $y=1-|1-x|$ 从点 $(0,0)$ 到点 $(2,0)$ 的部分;

(2) $\int_L \dfrac{\mathrm{d}x+\mathrm{d}y}{|x|+|y|}$, 其中 L 是沿以 $A(1,0)$, $B(0,1)$, $C(-1,0)$, $D(0,-1)$ 为顶点的正方形

依逆时针方向转一周的路径;

(3) $\int_L \dfrac{-x\mathrm{d}x+y\mathrm{d}y}{x^2+y^2}$, 其中 L 是沿圆周 $x^2+y^2=a^2$ 依逆时针方向转一周的路径;

(4) $\int_L y^2\mathrm{d}x+xy\mathrm{d}y+xz\mathrm{d}z$, 其中 L 是从 $O(0,0,0)$ 到 $A(1,0,0)$ 再到 $B(1,1,0)$, 最后到 $C(1,1,1)$ 的折线段;

(5) $\int_L \mathrm{e}^{x+y+z}\mathrm{d}x+\mathrm{e}^{x+y+z}\mathrm{d}y+\mathrm{e}^{x+y+z}\mathrm{d}z$, 其中 L 是 $x=\cos\varphi, y=\sin\varphi, z=\dfrac{\varphi}{\pi}$ 从点 $A(1,0,0)$ 到点 $B(0,1,1/2)$ 的部分;

(6) $\int_L y\mathrm{d}x+z\mathrm{d}y+x\mathrm{d}z$, 其中 L 是 $x+y=2$ 与 $x^2+y^2+z^2=2(x+y)$ 的交线, 从原点看去是顺时针方向.

2. 求向量场 $\boldsymbol{v}=(y+z)\boldsymbol{i}+(z+x)\boldsymbol{j}+(x+y)\boldsymbol{k}$ 沿曲线 L: $x=a\sin^2 t, y=2a\sin t\cos t, z=a\cos^2 t$ $(0\leqslant t\leqslant\pi)$ 参数增加方向的曲线积分.

3. 设一个质点处于弹性力场中, 弹力方向指向原点, 大小与质点离原点的距离成正比, 比例系数为 k, 若质点沿椭圆 $\dfrac{x^2}{a^2}+\dfrac{y^2}{b^2}=1$ 从点 $(a,0)$ 移到点 $(0,b)$, 求弹性力所做的功.

4. 利用 Green 公式, 计算下列曲线积分:

(1) $\oint_L (x+y)^2\mathrm{d}x+(x^2-y^2)\mathrm{d}y$, 其中 L 是顶点为 $A(1,1), B(3,3), C(3,5)$ 的三角形的周界, 沿逆时针方向;

(2) $\oint_L (xy+x+y)\mathrm{d}x+(xy+x-y)\mathrm{d}y$, 其中 L 是椭圆 $\dfrac{x^2}{a^2}+\dfrac{y^2}{b^2}=1$, 沿顺时针方向;

(3) $\oint_L (yx^3+\mathrm{e}^y)\mathrm{d}x+(xy^3+x\mathrm{e}^y-2y)\mathrm{d}y$, 其中 L 是对称于两坐标轴的闭曲线;

(4) $\oint_L \sqrt{x^2+y^2}\mathrm{d}x+y[xy+\ln(x+\sqrt{x^2+y^2})]\mathrm{d}y$, 其中 L 是 $y^2=x-1$ 与 $x=2$ 围成的封闭曲线, 沿逆时针方向;

(5) $\int_{AMB}(x^2+2xy-y^2)\mathrm{d}x+(x^2-2xy+y^2)\mathrm{d}y$, 其中 AMB 是从点 $A(0,-1)$ 沿直线 $y=x-1$ 到点 $M(1,0)$, 再从 M 沿圆周 $x^2+y^2=1$ 到点 $B(0,1)$;

(6) $\int_{AMO}(\mathrm{e}^x\sin y-my)\mathrm{d}x+(\mathrm{e}^x\cos y-m)\mathrm{d}y$, 其中 AMO 为由点 $A(a,0)$ 到点 $O(0,0)$ 的上半圆周 $x^2+y^2=ax$ $(a>0)$.

5. 利用曲线积分计算下列区域的面积:

(1) 星形线 $x=a\cos^3 t,\ y=a\sin^3 t$ $(0\leqslant t\leqslant 2\pi)$ 围成的区域;

(2) 旋轮线 $x=a(t-\sin t), y=a(1-\cos t)$ $(0\leqslant t\leqslant 2\pi)$ 与 Ox 轴所围成的区域.

6. 计算曲线积分 $\int_L \dfrac{-y\mathrm{d}x+x\mathrm{d}y}{x^2+y^2}$:

(1) L 为从点 $A(-a,0)$ 沿圆周 $y=\sqrt{a^2-x^2}$ 到点 $B(a,0), a>0$;

(2) L 为从点 $A(-1,0)$ 沿抛物线 $y=4-(x-1)^2$ 到点 $B(3,0)$.

§10.4 第二型曲面积分

10.4.1 双侧曲面及其定向

1. 单侧曲面和双侧曲面

设 S 是一张光滑曲面, 它有连续变化的非零的法向量 $\boldsymbol{n}(M)$, 显然 $-\boldsymbol{n}(M)$ 也是 S 在点 M 的法向量.

对任意一点 $M_0 \in S$, 取定 S 在 M_0 的单位法向量 $\boldsymbol{n}(M_0)$. 任作一条 S 上过点 M_0 的闭曲线 L, 让点 M 从 M_0 出发沿 L 移动. 在 M 经过的每一点取一个单位法向量 $\boldsymbol{n}(M)$, 使 $\boldsymbol{n}(M)$ 连续变化. 如果当 M 回到 M_0 时, 取到的单位法向量还是 $\boldsymbol{n}(M_0)$, 就称 S 是一张双侧曲面; 否则, 就称 S 是一张单侧曲面.

著名的 "Möbius 带" 是单侧曲面的一个典型的例子. 将一个长方形纸条 $ABCD$ 扭转 180°, 再沿 AB 和 CD 两边粘起来, 使 A 和 C 重合, B 和 D 重合, 就得到了这种带形的模型 (图 10.18). 这时, 长方形上的一条中位线, 被黏合成带上的一条闭曲线, 当动点沿该闭曲线环行一周时, 动点处的单位法向量从一个方向连续变化为相反的方向, 因此这种带形是单侧曲面.

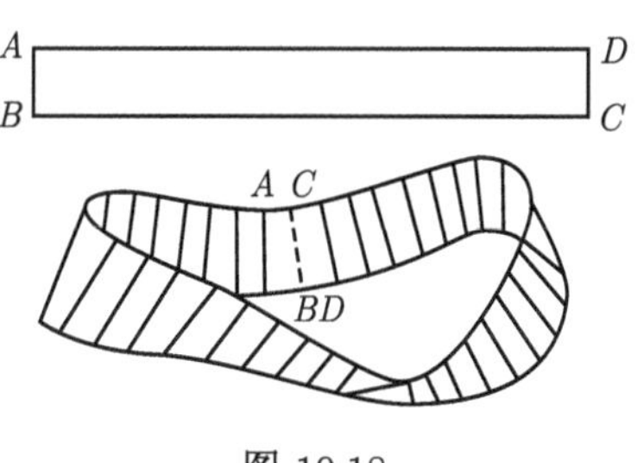

图 10.18

值得注意的是, 只要曲面 S 上有一个点 M_0 具有前述的 "双侧" 性, 那么 S 上所有的点就都具有这样的 "双侧" 性. 因为如果有 $M_1 \in S$ 及 S 上过点 M_1 的闭曲线 L, 使得当单位法向量 $\boldsymbol{n}(M_1)$ 沿 L 环行一周回到点 M_1 时, 成为 $-\boldsymbol{n}(M_1)$, 那么, 在 S 上任意取定一条连接 M_0 和 M_1 的曲线 L_1, 当 $\boldsymbol{n}(M_0)$ 沿 L_1 到达 M_1 时取到 $\boldsymbol{n}(M_1)$, 再绕 L 一周到 M_1 时取到 $-\boldsymbol{n}(M_1)$, 然后再沿 L_1 的反向返回 M_0 时, 根据法向量连续变化的原则, 应取到 $-\boldsymbol{n}(M_0)$, 这与 M_0 的双侧性相矛盾.

所以, S 上一个点的 "单侧" 性或 "双侧" 性就能确定 S 的单侧性或双侧性. 在双侧曲面上的一点 M_0 取定了法向量, $\boldsymbol{n}(M_0)$ 沿着 S 上连接 M_0 和 M 的曲线 L 由 M_0 到达 M, 就能唯一确定 M 的法向量 $\boldsymbol{n}(M)$.

今后我们只讨论双侧曲面.

2. 双侧曲面的定向

1° 用一个点的法向量来确定双侧曲面的方向.

设 S 是一个双侧曲面, S 上任意一点 M_0 有两个单位法方向 $\boldsymbol{n}(M_0)$ 和 $-\boldsymbol{n}(M_0)$, 我们取定其中一个, 例如, $\boldsymbol{n}(M_0)$, 则曲面上所有的点 M 就可以确定相对应的 $\boldsymbol{n}(M)$.

这样, 曲面上的所有点和通过上面的方法所得到的法方向就在 S 的一侧, 相反的侧就是曲面上所有的点 M 都取法方向 $-\boldsymbol{n}(M)$.

2° 光滑参数曲面的定向.

设 S 是一张光滑的参数曲面

$$x = x(u,v), \quad y = y(u,v), \quad z = z(u,v), \qquad (u,v) \in D,$$

则它有两个法向量

$$\boldsymbol{n} = \varepsilon\left(\frac{\partial(y,z)}{\partial(u,v)}, \frac{\partial(z,x)}{\partial(u,v)}, \frac{\partial(x,y)}{\partial(u,v)}\right), \qquad \varepsilon = \pm 1.$$

这时可以指定其中一个代表正侧方向, 另一个就代表负侧方向.

3° 封闭曲面的定向.

封闭曲面分为内侧和外侧, 习惯上把外侧称为正侧, 内侧称为负侧.

4° 显式曲面的定向.

$$S: \quad z = f(x,y), \qquad (x,y) \in D$$

称为显式曲面, 它有法向量

$$\boldsymbol{n} = \pm(-f'_x, -f'_y, 1).$$

具有法向量 $\boldsymbol{n} = (-f'_x, -f'_y, 1)$ 的那一侧称为上侧, 另一侧称为下侧. 上侧的法向量与 Oz 轴正方向的夹角为锐角, 下侧的法方向与 Oz 轴正方向的夹角为钝角.

5° 双侧曲面的方向与其边界线方向相协调的右手原则.

当双侧曲面 S 的边界由一条或多条曲线组成的时候, 按下面右手系原则来协调 S 的侧和边界的走向: 当观察者与法方向同向站立并沿边界正方向向前行进时, 曲面在他的左侧. 这样, 确定了曲面的方向就可以确定边界的正方向; 反过来确定了边界的正方向以后, 也就确定了曲面的方向.

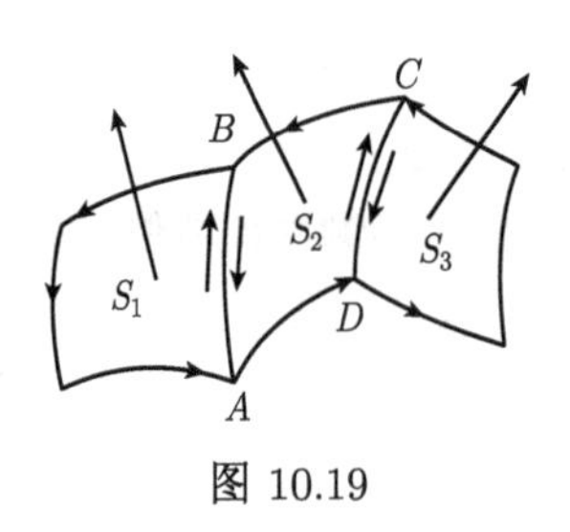

图 10.19

6° 拼接曲面方向的协调.

设 S 是由双侧曲面 S_1 和 S_2 拼接而成的. 如果确定了 S_1 的边界正方向, 则应取 S_2 的正方向使 S_1 和 S_2 的公共边界两侧有相反的走向 (图 10.19), 这就是拼接曲面方向的协调. 由多张双侧曲面拼接成的曲面 S 的定向也可按上述原则在有公共边界的子曲面之间协调.

10.4.2 第二型曲面积分的定义

设 $\boldsymbol{v}(M)$ 是一个不可压缩流体的速度场,S 是场中一张定向曲面 (即双侧曲面的确定侧). 我们来计算单位时间内流经曲面 S 的流体体积.

取 S 上一小块面积元素 $\mathrm{d}S$, 在 $\mathrm{d}S$ 上取一点 M, 作以 $\mathrm{d}S$ 为底, $\boldsymbol{v}(M)$ 为斜高的柱体 (图 10.20), 设 S 过 M 的单位法向量为 $\boldsymbol{n}$, 则流经 $\mathrm{d}S$ 的流体体积元为

$$\mathrm{d}N=\boldsymbol{v}\cdot\boldsymbol{n}\mathrm{d}S.$$

于是流过 S 的流体体积就是

$$\iint\limits_S \boldsymbol{v}\cdot\boldsymbol{n}\mathrm{d}S,$$

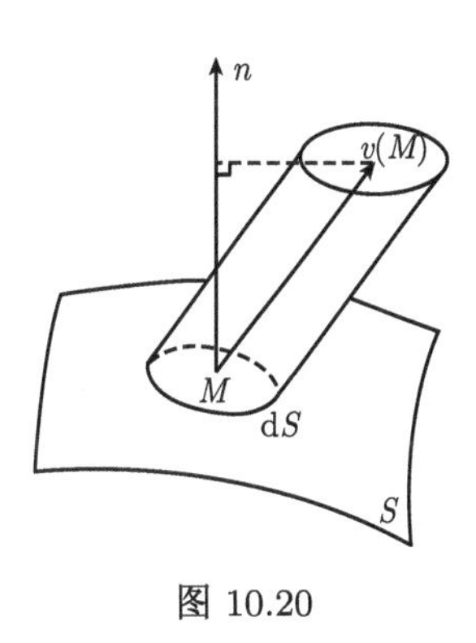

图 10.20

即 $\boldsymbol{v}\cdot\boldsymbol{n}$ 在 S 上的第一型曲面积分. 对于一般的向量场, 有下述定义.

定义 10.4.1 设 $\boldsymbol{v}(M)$ 是一个向量场, S 是一张定向曲面, $\boldsymbol{n}$ 是指定侧上的单位法向量, 称

$$\iint\limits_S \boldsymbol{v}\cdot\boldsymbol{n}\mathrm{d}S$$

为 $\boldsymbol{v}$ 沿曲面 S 指定侧上的第二型曲面积分. 在场的讨论中, 也称此积分为场$\boldsymbol{v}$流经曲面 S 指定侧的通量.

10.4.3 第二型曲面积分的计算

设在直角坐标系下

$$\boldsymbol{v}(M)=\boldsymbol{v}(x,y,z)=P(x,y,z)\boldsymbol{i}+Q(x,y,z)\boldsymbol{j}+R(x,y,z)\boldsymbol{k}.$$

S 是一张光滑曲面, 其参数方程为

$$\boldsymbol{r}(M)=\boldsymbol{r}(u,v)=x(u,v)\boldsymbol{i}+y(u,v)\boldsymbol{j}+z(u,v)\boldsymbol{k},\qquad (u,v)\in D.$$

曲面指定侧的单位法向量为

$$\boldsymbol{n}(M)=\varepsilon\frac{\boldsymbol{r}'_u\times\boldsymbol{r}'_v}{|\boldsymbol{r}'_u\times\boldsymbol{r}'_v|}\qquad(\varepsilon=1 \text{ 或 } -1).$$

按照第一型曲面积分的计算方法可知

$$\begin{aligned}\iint\limits_S \boldsymbol{v}\cdot\boldsymbol{n}\mathrm{d}S&=\varepsilon\iint\limits_D(\boldsymbol{r}'_u\times\boldsymbol{r}'_v)\cdot\boldsymbol{v}\mathrm{d}u\mathrm{d}v\\&=\varepsilon\iint\limits_D\begin{vmatrix}P&Q&R\\x'_u&y'_u&z'_u\\x'_v&y'_v&z'_v\end{vmatrix}\mathrm{d}u\mathrm{d}v\\&=\varepsilon\iint\limits_D\left(P\frac{\partial(y,z)}{\partial(u,v)}+Q\frac{\partial(z,x)}{\partial(u,v)}+R\frac{\partial(x,y)}{\partial(u,v)}\right)\mathrm{d}u\mathrm{d}v.\qquad(10.4.1)\end{aligned}$$

式中 $\varepsilon=1$ 或 -1 取决于 $\boldsymbol{r}'_u\times\boldsymbol{r}'_v$ 是否与曲面定侧一致.

如果 S 是显式曲面

$$z=f(x,y),\qquad (x,y)\in D,$$

则有

$$\begin{aligned}\iint_S \boldsymbol{v}\cdot\boldsymbol{n}\mathrm{d}S&=\varepsilon\iint_D\begin{vmatrix}P&Q&R\\1&0&f'_x\\0&1&f'_y\end{vmatrix}\mathrm{d}x\mathrm{d}y\\&=\varepsilon\iint_D(-Pf'_x-Qf'_y+R)\mathrm{d}x\mathrm{d}y.\end{aligned}\tag{10.4.2}$$

式中 $\varepsilon=1$ 或 -1 取决于 S 取成曲面的上侧还是下侧.

10.4.4 第二型曲面积分的性质

1° 对场的线性, 即若 $\boldsymbol{v}=c_1\boldsymbol{v}_1+c_2\boldsymbol{v}_2$, 则

$$\iint_S \boldsymbol{v}\cdot\boldsymbol{n}\mathrm{d}S=c_1\iint_S \boldsymbol{v}_1\cdot\boldsymbol{n}\mathrm{d}S+c_2\iint_S \boldsymbol{v}_2\cdot\boldsymbol{n}\mathrm{d}S.$$

2° 对积分曲面的可加性, 即若定向曲面 S 由曲面 S_1 和 S_2 协调拼接而成, 则有

$$\iint_S \boldsymbol{v}\cdot\boldsymbol{n}\mathrm{d}S=\iint_{S_1} \boldsymbol{v}\cdot\boldsymbol{n}\mathrm{d}S+\iint_{S_2} \boldsymbol{v}\cdot\boldsymbol{n}\mathrm{d}S.$$

3° 对曲面的方向性, 即若用 S^+ 和 S^- 表示曲面的不同两侧, 则

$$\iint_{S^-} \boldsymbol{v}\cdot\boldsymbol{n}\mathrm{d}S=-\iint_{S^+} \boldsymbol{v}\cdot\boldsymbol{n}\mathrm{d}S.$$

10.4.5 有向面积元素

把 $\boldsymbol{n}\mathrm{d}S$ 看成 S 的有向面积元, $\boldsymbol{n}=(\cos\alpha,\cos\beta,\cos\gamma)$, 则 $\cos\alpha\mathrm{d}S,\cos\beta\mathrm{d}S,\cos\gamma\mathrm{d}S$ 分别是这个面积元素在 Oyz,Ozx,Oxy 平面上的投影, 分别记成 $\mathrm{d}y\mathrm{d}z,\mathrm{d}z\mathrm{d}x,\mathrm{d}x\mathrm{d}y$. 于是 $\boldsymbol{n}\mathrm{d}S=(\cos\alpha\mathrm{d}S,\cos\beta\mathrm{d}S,\cos\gamma\mathrm{d}S)=(\mathrm{d}y\mathrm{d}z,\mathrm{d}z\mathrm{d}x,\mathrm{d}x\mathrm{d}y)$, 所以, 第二型曲面积分又可以记成

$$\begin{aligned}\iint_S \boldsymbol{v}\cdot\boldsymbol{n}\mathrm{d}S&=\iint_S(P\cos\alpha+Q\cos\beta+R\cos\gamma)\mathrm{d}S\\&=\iint_S P\mathrm{d}y\mathrm{d}z+Q\mathrm{d}z\mathrm{d}x+R\mathrm{d}x\mathrm{d}y.\end{aligned}\tag{10.4.3}$$

等式左边是二型曲面积分的向量记法, 右边是在直角坐标系下的记法.

10.4.6 例题

例 10.4.1 求 $\boldsymbol{E}=\dfrac{q}{r^3}\boldsymbol{r}$ 通过球面 $x^2+y^2+z^2=R^2$ 外侧的通量, 其中 $\boldsymbol{r}=x\boldsymbol{i}+y\boldsymbol{j}+z\boldsymbol{k}$, $r=|\boldsymbol{r}|=\sqrt{x^2+y^2+z^2}$.

解 在球面的外侧,$\boldsymbol{n}=\dfrac{\boldsymbol{r}}{r}=\dfrac{\boldsymbol{r}}{R}$, 故通量为

$$\begin{aligned}\iint\limits_S \boldsymbol{E}\cdot\boldsymbol{n}\mathrm{d}S&=\iint\limits_S \frac{q\boldsymbol{r}}{r^3}\cdot\frac{\boldsymbol{r}}{R}\mathrm{d}S=\iint\limits_S\frac{qr^2}{r^3R}\mathrm{d}S\\&=\iint\limits_S\frac{q}{R^2}\mathrm{d}S=\frac{q}{R^2}\cdot 4\pi R^2=4\pi q.\end{aligned}$$

例 10.4.2 设 S 是母线平行于 x 轴的定向柱面, 则

$$\iint\limits_S P\mathrm{d}y\mathrm{d}z=0.$$

证 命 $\boldsymbol{v}=(P,0,0)$, $\boldsymbol{n}=(0,\cos\beta,\cos\gamma)$, 就得到

$$\iint\limits_S P\mathrm{d}y\mathrm{d}z=\iint\limits_S \boldsymbol{v}\cdot\boldsymbol{n}\mathrm{d}S=0.$$

从式 (10.4.3) 来看, 因为 $\cos\alpha=0$, 故也得到

$$\iint\limits_S P\mathrm{d}y\mathrm{d}z=\iint\limits_S P\cos\alpha\mathrm{d}S=0.$$

类似地, 如果 S 是母线平行于 y 轴的定向柱面, 则

$$\iint\limits_S Q\mathrm{d}z\mathrm{d}x=0.$$

如果 S 是母线平行于 z 轴的定向柱面, 则

$$\iint\limits_S R\mathrm{d}x\mathrm{d}y=0.$$

例 10.4.3 设 S 是显式曲面 $z=f(x,y)$ $((x,y)\in D)$ 的上侧, 则

$$\begin{aligned}\iint\limits_S P\mathrm{d}y\mathrm{d}z+Q\mathrm{d}z\mathrm{d}x+R\mathrm{d}x\mathrm{d}y&=\iint\limits_D\begin{vmatrix}P&Q&R\\1&0&f'_x\\0&1&f'_y\end{vmatrix}\mathrm{d}x\mathrm{d}y\\&=\iint\limits_D(-P(x,y,f(x,y))f'_x-Q(x,y,f(x,y))f'_y\\&\quad+R(x,y,f(x,y)))\mathrm{d}x\mathrm{d}y.\end{aligned}$$

特别地,

$$\iint_S R(x,y,z)\mathrm{d}x\mathrm{d}y = \iint_D R(x,y,f(x,y))\mathrm{d}x\mathrm{d}y.$$

类似地, 如果 S 是显式曲面 $x = g(y,z)$ $((y,z)\in D)$ 的上侧 (从 Ox 轴正方向看), 则有

$$\iint_S P(x,y,z)\mathrm{d}y\mathrm{d}z = \iint_D P(g(y,z),y,z)\mathrm{d}y\mathrm{d}z.$$

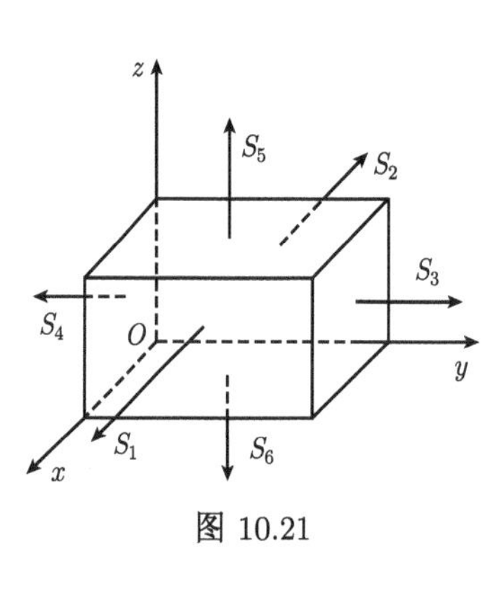

图 10.21

如果 S 是显式曲面 $y = h(z,x)$ $((z,x)\in D)$ 的上侧 (从 Oy 轴正方向看), 则

$$\iint_S Q(x,y,z)\mathrm{d}z\mathrm{d}x = \iint_D Q(x,h(z,x),z)\mathrm{d}z\mathrm{d}x.$$

例 10.4.4　设向量场 $\boldsymbol{v} = y(x-z)\boldsymbol{i} + x^2\boldsymbol{j} + (y^2+xz)\boldsymbol{k}$, 求 $\boldsymbol{v}$ 通过长方体:$0\leqslant x\leqslant a$, $0\leqslant y\leqslant b, 0\leqslant z\leqslant c$ 的外表面 S 的通量 (图 10.21).

解　设 S 的 6 个外侧为 S_1, S_2, S_3, S_4, S_5, S_6 (图 10.21). 由例 10.4.2 和例 10.4.3 可知

$$\begin{aligned}\iint_S y(x-z)\mathrm{d}y\mathrm{d}z &= \iint_{S_1} y(x-z)\mathrm{d}y\mathrm{d}z + \iint_{S_2} y(x-z)\mathrm{d}y\mathrm{d}z\\ &= \iint_{\substack{0\leqslant y\leqslant b\\ 0\leqslant z\leqslant c}} y(a-z)\mathrm{d}y\mathrm{d}z - \iint_{\substack{0\leqslant y\leqslant b\\ 0\leqslant z\leqslant c}} y(0-z)\mathrm{d}y\mathrm{d}z = \frac{1}{2}ab^2c.\end{aligned}$$

类似可得

$$\iint_S x^2\mathrm{d}z\mathrm{d}x = \iint_{S_3} x^2\mathrm{d}z\mathrm{d}x + \iint_{S_4} x^2\mathrm{d}z\mathrm{d}x = 0$$

和

$$\begin{aligned}\iint_S (y^2+xz)\mathrm{d}x\mathrm{d}y &= \iint_{S_5} (y^2+xz)\mathrm{d}x\mathrm{d}y + \iint_{S_6} (y^2+xz)\mathrm{d}x\mathrm{d}y\\ &= \int_0^a \mathrm{d}x\int_0^b (y^2+cx)\mathrm{d}y - \int_0^a \mathrm{d}x\int_0^b y^2\mathrm{d}y = \frac{1}{2}a^2bc.\end{aligned}$$

所以

$$\iint_S \boldsymbol{v}\cdot\boldsymbol{n}\mathrm{d}S = \frac{1}{2}abc(a+b).$$

例 10.4.5 求曲面积分

$$\iint_S x^2 \mathrm{d}y\mathrm{d}z + y^2 \mathrm{d}z\mathrm{d}x + z^2 \mathrm{d}x\mathrm{d}y,$$

其中 S 是半球面 $x^2+y^2+z^2=a^2\,(z \geqslant 0)$ 的上侧.

解 将半球面 S 分成子曲面 S_1, S_2, 其方程分别是

$$x = \sqrt{a^2-y^2-z^2} \qquad (z \geqslant 0),$$
$$x = -\sqrt{a^2-y^2-z^2} \qquad (z \geqslant 0),$$

于是

$$\iint_S x^2 \mathrm{d}y\mathrm{d}z = \iint_{S_1} x^2 \mathrm{d}y\mathrm{d}z + \iint_{S_2} x^2 \mathrm{d}y\mathrm{d}z.$$

沿 Ox 轴正方向看, 等式右边第一个积分取在 S_1 的上侧, 第二个积分取在 S_2 的下侧. 应用曲面积分的计算公式 (例 10.4.3), 化为二重积分得

$$\begin{aligned}&\iint_S x^2 \mathrm{d}y\mathrm{d}z\\ =&\iint_D (\sqrt{a^2-y^2-z^2})^2 \mathrm{d}y\mathrm{d}z - \iint_D (-\sqrt{a^2-y^2-z^2})^2 \mathrm{d}y\mathrm{d}z = 0,\end{aligned}$$

其中 D 是 S_1 和 S_2 在平面 Oyz 上的投影区域, 即半圆 $y^2+z^2 \leqslant a^2 (z \geqslant 0)$.

同样算得

$$\iint_S y^2 \mathrm{d}z\mathrm{d}x = 0.$$

因为在球面 S 上, $z^2=a^2-x^2-y^2$, 而 S 在平面 Oxy 上的投影区域 G 为圆 $x^2+y^2 \leqslant a^2$, 所以应用曲面积分上侧的计算公式 (例 10.4.3) 又得

$$\begin{aligned}\iint_S z^2 \mathrm{d}x\mathrm{d}y &= \iint_G (a^2-x^2-y^2)\mathrm{d}x\mathrm{d}y\\ &= \int_0^{2\pi} \mathrm{d}\varphi \int_0^a (a^2-r^2) r\mathrm{d}r = \frac{1}{2}\pi a^4.\end{aligned}$$

从而所求的曲面积分为

$$\iint_S x^2 \mathrm{d}y\mathrm{d}z + y^2 \mathrm{d}z\mathrm{d}x + z^2 \mathrm{d}x\mathrm{d}y = \frac{1}{2}\pi a^4.$$

例 10.4.6 计算曲面积分

$$\iint_S x^3 \mathrm{d}y\mathrm{d}z + y^3 \mathrm{d}z\mathrm{d}x,$$

其中 S 是上半椭球面 $\dfrac{x^2}{a^2}+\dfrac{y^2}{b^2}+\dfrac{z^2}{c^2}=1\,(z\geqslant 0)$ 的上侧.

解　将椭球面 S 表示成参数方程

$$x=a\sin\theta\cos\varphi,\quad y=b\sin\theta\sin\varphi,\quad z=c\cos\theta,$$

其中 θ,φ 的变化范围是矩形

$$\Delta:\quad 0\leqslant\varphi\leqslant 2\pi,\ \ 0\leqslant\theta\leqslant\frac{\pi}{2}.$$

因为

$$\frac{\partial(y,z)}{\partial(\theta,\varphi)}=bc\sin^2\theta\cos\varphi,$$

$$\frac{\partial(z,x)}{\partial(\theta,\varphi)}=ac\sin^2\theta\sin\varphi,$$

$$\frac{\partial(x,y)}{\partial(\theta,\varphi)}=ab\cos\theta\sin\theta>0,$$

所以向量 $\boldsymbol{r}'_\theta\times\boldsymbol{r}'_\varphi$ 指向 S 的上侧. 应取 $\varepsilon=1$, 故由曲面积分的计算公式得

$$\iint_S x^3\mathrm{d}y\mathrm{d}z=\iint_\Delta a^3\sin^3\theta\cos^3\varphi\cdot bc\sin^2\theta\cos\varphi\mathrm{d}\theta\mathrm{d}\varphi$$

$$=a^3bc\int_0^{2\pi}\cos^4\varphi\mathrm{d}\varphi\int_0^{\frac{\pi}{2}}\sin^5\theta\mathrm{d}\theta=\frac{2}{5}\pi a^3bc.$$

同样可得

$$\iint_S y^3\mathrm{d}z\mathrm{d}x=\frac{2}{5}\pi ab^3c.$$

从而所求曲面积分的值为

$$\iint_S x^3\mathrm{d}y\mathrm{d}z+y^3\mathrm{d}z\mathrm{d}x=\frac{2}{5}\pi abc(a^2+b^2).$$

习　题　10.4

1. 计算下列第二型曲面积分:

(1) $\displaystyle\iint_S(x+y^2+z)\mathrm{d}x\mathrm{d}y$, S 是椭球面 $\dfrac{x^2}{a^2}+\dfrac{y^2}{b^2}+\dfrac{z^2}{c^2}=1$ 的外侧;

(2) $\displaystyle\iint_S xyz\mathrm{d}x\mathrm{d}y$, S 是柱面 $x^2+z^2=R^2$ 在 $x\geqslant 0,y\geqslant 0$ 两卦限内被平面 $y=0$ 和 $y=h$ 所截下部分的外侧;

(3) $\iint\limits_S xy^2z^2\mathrm{d}y\mathrm{d}z$, S 是球面 $x^2+y^2+z^2=R^2$ 的外侧 $x\leqslant 0$ 那一半;

(4) $\iint\limits_S yz\mathrm{d}z\mathrm{d}x$, S 是球面 $x^2+y^2+z^2=1$ 外侧的上半部分 $(z\geqslant 0)$;

(5) $\iint\limits_S x^2\mathrm{d}y\mathrm{d}z+y^2\mathrm{d}z\mathrm{d}x+z^2\mathrm{d}x\mathrm{d}y$, S 是平面 $x+y+z=1$ 在第一卦限的部分, 从 Oz 正方向看的上侧;

(6) $\iint\limits_S (y-z)\mathrm{d}y\mathrm{d}z+(z-x)\mathrm{d}z\mathrm{d}x+(x-y)\mathrm{d}x\mathrm{d}y$, S 是圆锥面 $x^2+y^2=z^2\,(0\leqslant z\leqslant 1)$ 的下侧;

(7) $\iint\limits_S xz^2\mathrm{d}y\mathrm{d}z+x^2y\mathrm{d}z\mathrm{d}x+y^2z\mathrm{d}x\mathrm{d}y$, S 是通过上半球面 $z=\sqrt{a^2-x^2-y^2}$ 的上侧;

(8) $\iint\limits_S f(x)\mathrm{d}y\mathrm{d}z+g(y)\mathrm{d}z\mathrm{d}x+h(z)\mathrm{d}x\mathrm{d}y$, 其中 $f(x),g(y),h(z)$ 为连续函数,S 是直角平行六面体 $0\leqslant x\leqslant a$, $0\leqslant y\leqslant b$, $0\leqslant z\leqslant c$ 的外侧.

2. 求场 $\boldsymbol{v}=(x^3-yz)\boldsymbol{i}-2x^2y\boldsymbol{j}+z\boldsymbol{k}$ 通过长方体 $0\leqslant x\leqslant a, 0\leqslant y\leqslant b, 0\leqslant z\leqslant c$ 的外侧表面 S 的通量.

§10.5 Gauss① 定理和 Stokes② 定理

10.5.1 向量场的散度

设 S 是一个封闭曲面的外侧. 流体的速度场 $\boldsymbol{v}$ 通过 S 的通量

$$N=\iint\limits_S \boldsymbol{v}\cdot\boldsymbol{n}\mathrm{d}S$$

表示单位时间内流体经 S 流出的流量. 如果 $N>0$, 则说明 S 内部有产生流体的能力, 即 S 内有流体 "源"; 如果 $N<0$, 则说明流体从 S 内流失, 即 S 内有流体 "汇" 或 "漏".

任给空间区域 V 内的一点 M, 在 V 内取一个包含 M 在内的闭曲面 S, S 所围的体积为 ΔV, $\boldsymbol{n}$ 是 S 的外侧单位法向量, 则比值

$$\frac{1}{\Delta V}\iint\limits_S \boldsymbol{n}\cdot\boldsymbol{v}\mathrm{d}S$$

表示 M 附近单位体积在单位时间内产生的流量. 当 S 收缩到 M 时, 如果比值有极限, 那么这个极限就可以看成是点 M 产生流体的能力, 称为 M 的源密度.

① Garl Friedrich Gauss(1777—1855), 德国数学家、物理学家、天文学家.

② Sir George Gabriel Stokes(1819—1903), 英国数学家、物理学家.

如果 $\boldsymbol{v}$ 是一般的向量场, 上述极限称为 $\boldsymbol{v}$ 在 M 的散度, 记成 $\operatorname{div}\boldsymbol{v}$. 稍后将给出散度在直角坐标系下的表达式. 如果向量场的散度处处为零, 就称它是一个无源场.

10.5.2 Gauss 定理

Green 公式建立了沿平面封闭曲线的线积分与曲线所围区域上的二重积分之间的关系, 类似地, 空间封闭曲面上的曲面积分与曲面所围空间区域上的三重积分也有类似的关系, 这就是 Gauss 公式.

定理 10.5.1 (Gauss)　设 V 是分片光滑的曲面 S 围成的有界闭区域, $P(x,y,z), Q(x,y,z), R(x,y,z)\in C^{(1)}(V)$, 则

$$\iint_S P\mathrm{d}y\mathrm{d}z+Q\mathrm{d}z\mathrm{d}x+R\mathrm{d}x\mathrm{d}y=\iiint_V\left(\frac{\partial P}{\partial x}+\frac{\partial Q}{\partial y}+\frac{\partial R}{\partial z}\right)\mathrm{d}x\mathrm{d}y\mathrm{d}z,$$

其中 S 是 V 的外侧表面.

证　先假设 V 既是 z 型区域, 又是 x 型和 y 型区域 (图 10.22), V 可表示为

$$z_1(x,y)\leqslant z\leqslant z_2(x,y),\qquad (x,y)\in D,$$

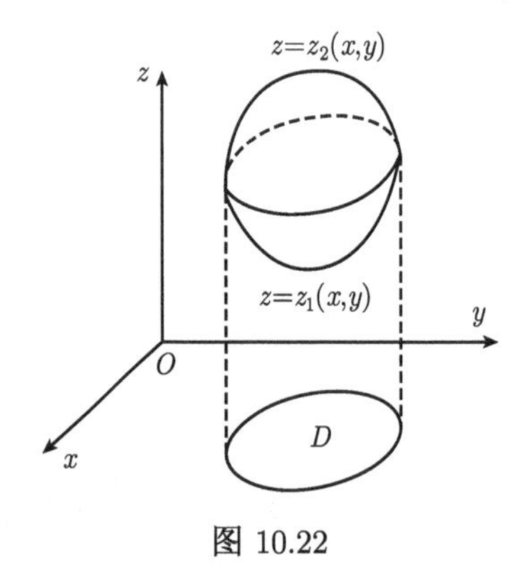

图 10.22

则由例 10.4.2 和例 10.4.3 可知

$$\begin{aligned}\iint_S R\mathrm{d}x\mathrm{d}y&=\iint_D[R(x,y,z_2(x,y))\\&\quad-R(x,y,z_1(x,y))]\mathrm{d}x\mathrm{d}y\\&=\iint_D\left(\int_{z_1(x,y)}^{z_2(x,y)}\frac{\partial R}{\partial z}\mathrm{d}z\right)\mathrm{d}x\mathrm{d}y\\&=\iiint_V\frac{\partial R}{\partial z}\mathrm{d}x\mathrm{d}y\mathrm{d}z.\end{aligned}$$

□

类似可得

$$\iint_S P\mathrm{d}y\mathrm{d}z=\iiint_V\frac{\partial P}{\partial x}\mathrm{d}x\mathrm{d}y\mathrm{d}z,$$

$$\iint_S Q\mathrm{d}z\mathrm{d}x=\iiint_V\frac{\partial Q}{\partial y}\mathrm{d}x\mathrm{d}y\mathrm{d}z.$$

三式相加可得

$$\iint_S P\mathrm{d}y\mathrm{d}z+Q\mathrm{d}z\mathrm{d}x+R\mathrm{d}x\mathrm{d}y=\iiint_V\left(\frac{\partial P}{\partial x}+\frac{\partial Q}{\partial y}+\frac{\partial R}{\partial z}\right)\mathrm{d}x\mathrm{d}y\mathrm{d}z.$$

同 Green 公式的证明相似, 如果区域 V 不满足上述条件, 通过加辅助面, 把 V 分成满足上述条件的子区域, 这些子区域公共边界面的两侧的曲面积分互相抵消, 因而在这些子区域外侧表面的积分之和最终还是上式的左边. □

作为 Gauss 定理的应用, 我们来求出散度的直角坐标表达式.

设向量场

$$\boldsymbol{v} = P(x,y,z)\boldsymbol{i} + Q(x,y,z)\boldsymbol{j} + R(x,y,z)\boldsymbol{k}$$

定义在空间区域 G 上, $P, Q, R \in C^{(1)}(G)$. 在 G 中任取一点 $M(x,y,z)$, 围绕点 M 作分片光滑的闭曲面 S, 它围成的区域记作 V, 于是由 Gauss 定理有

$$\begin{aligned}\iint\limits_S \boldsymbol{v}\cdot\boldsymbol{n}\mathrm{d}S &= \iint\limits_S P\mathrm{d}y\mathrm{d}z + Q\mathrm{d}z\mathrm{d}x + R\mathrm{d}x\mathrm{d}y\\ &= \iiint\limits_V \left(\frac{\partial P}{\partial x} + \frac{\partial Q}{\partial y} + \frac{\partial R}{\partial z}\right)\mathrm{d}x\mathrm{d}y\mathrm{d}z.\end{aligned}$$

由积分中值定理得

$$\iint\limits_S \boldsymbol{v}\cdot\boldsymbol{n}\mathrm{d}S = \left(\frac{\partial P}{\partial x} + \frac{\partial Q}{\partial y} + \frac{\partial R}{\partial z}\right)_{M'}\Delta V,$$

其中 M' 是区域 V 中的一点, ΔV 是 V 的体积. 令区域 V 收缩到点 M, 则 M' 趋于 M, 所以

$$\mathrm{div}\,\boldsymbol{v} = \lim_{V\to M}\frac{1}{\Delta V}\iint\limits_S \boldsymbol{v}\cdot\boldsymbol{n}\mathrm{d}S = \frac{\partial P}{\partial x} + \frac{\partial Q}{\partial y} + \frac{\partial R}{\partial z}.$$

从而 Gauss 定理又可以用向量的形式写成

$$\iint\limits_S \boldsymbol{v}\cdot\boldsymbol{n}\mathrm{d}S = \iiint\limits_V \mathrm{div}\,\boldsymbol{v}\mathrm{d}V,$$

这里法向量 $\boldsymbol{n}$ 指向曲面 S 的外侧.

Gauss 定理中的公式又称为 Gauss 公式, 它是场论中最基本的公式之一, 今后还要多次地用到它.

利用散度的表达式, 容易证明散度符合下列运算法则: 若 u 是可微的数量场, c_1, c_2 是任意常数, 则有

1° $\mathrm{div}\,(c_1\boldsymbol{v}_1 + c_2\boldsymbol{v}_2) = c_1\mathrm{div}\,\boldsymbol{v}_1 + c_2\mathrm{div}\,\boldsymbol{v}_2$;

2° $\mathrm{div}\,(u\boldsymbol{v}) = u\mathrm{div}\,\boldsymbol{v} + \mathbf{grad}\,u\cdot\boldsymbol{v}$.

例 10.5.1 求电场强度 $\boldsymbol{E} = \dfrac{q}{r^3}\boldsymbol{r}(r = |\boldsymbol{r}|)$ 的散度.

解 根据散度的运算法则,

$$\begin{aligned}\operatorname{div}\boldsymbol{E} &= \operatorname{div}\left(\frac{q}{r^3}\boldsymbol{r}\right) = \frac{q}{r^3}\operatorname{div}\boldsymbol{r} + \operatorname{grad}\left(\frac{q}{r^3}\right)\cdot\boldsymbol{r} \\ &= \frac{3q}{r^3} + \left(\frac{q}{r^3}\right)'\operatorname{grad} r\cdot\boldsymbol{r} = \frac{3q}{r^3} - \frac{3q}{r^4}\frac{\boldsymbol{r}}{r}\cdot\boldsymbol{r} = \frac{3q}{r^3} - \frac{3q}{r^3} = 0.\end{aligned}$$

例 10.5.2　利用 Gauss 公式再计算曲面积分

$$\iint\limits_S y(x-z)\mathrm{d}y\mathrm{d}z + x^2\mathrm{d}z\mathrm{d}x + (y^2+xz)\mathrm{d}x\mathrm{d}y,$$

其中 S 是长方体 $V:\ 0\leqslant x\leqslant a, 0\leqslant y\leqslant b, 0\leqslant z\leqslant c$ 的外侧表面.

解　因为

$$P = y(x-z),\quad Q = x^2,\quad R = y^2+xz,$$
$$\frac{\partial P}{\partial x} + \frac{\partial Q}{\partial y} + \frac{\partial R}{\partial z} = x + y,$$

所以算得

$$\begin{aligned}&\iint\limits_S y(x-z)\mathrm{d}y\mathrm{d}z + x^2\mathrm{d}z\mathrm{d}x + (y^2+xz)\mathrm{d}x\mathrm{d}y \\ =& \iiint\limits_V (x+y)\mathrm{d}x\mathrm{d}y\mathrm{d}z = \int_0^a \mathrm{d}x\int_0^b \mathrm{d}y\int_0^c (x+y)\mathrm{d}z \\ =& \frac{1}{2}abc(a+b).\end{aligned}$$

与直接计算曲面积分例 10.4.4 的方法对比, 这是何等的简单!

例 10.5.3　求场 $\boldsymbol{v} = yz\boldsymbol{i} + zx\boldsymbol{j} + xy\boldsymbol{k}$ 通过任意闭曲面 S 外侧的通量.

解　因为

$$\operatorname{div}\boldsymbol{v} = \frac{\partial}{\partial x}(yz) + \frac{\partial}{\partial y}(zx) + \frac{\partial}{\partial z}(xy) \equiv 0,$$

故由 Gauss 公式即得

$$\iint\limits_S \boldsymbol{v}\cdot\boldsymbol{n}\mathrm{d}S = 0.$$

例 10.5.4　证明电场强度 $\boldsymbol{E} = \dfrac{q}{r^3}\boldsymbol{r}$ 通过包围原点在内的任意闭曲面 S 外侧的通量都等于 $4\pi q$.

证　在 S 内以原点为中心作一个半径为 ε 的球面 S_ε, 用 V 表示由闭曲面 S 和 S_ε 所围成的环形区域 (图 10.23), 则由 Gauss 定理得

$$\iint\limits_{S+S_\varepsilon^-} \boldsymbol{E}\cdot\boldsymbol{n}\mathrm{d}S = \iiint\limits_V \operatorname{div}\boldsymbol{E}\mathrm{d}V.$$

这里 $\boldsymbol{n}$ 指向 V 的边界曲面的外侧, 具体地说, 在 S 上指向封闭曲面 S 的外侧, 而在 S_ε 上, 指向封闭曲面 S_ε 的内侧. 由于当 $\boldsymbol{r}$ 不等于零时, $\operatorname{div}\boldsymbol{E}$ 恒等于零, 故得

$$\iint\limits_{S+S_\varepsilon^-} \boldsymbol{E}\cdot\boldsymbol{n}\mathrm{d}S = 0,$$

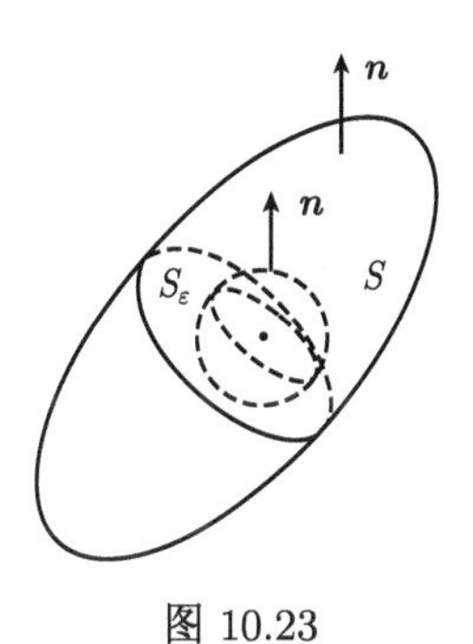

图 10.23

或者写成

$$\iint\limits_{S} \boldsymbol{E}\cdot\boldsymbol{n}\mathrm{d}S = \iint\limits_{S_\varepsilon^+} \boldsymbol{E}\cdot\boldsymbol{n}\mathrm{d}S,$$

其中法向量 $\boldsymbol{n}$ 都是指向 S 和 S_ε 的外侧 (图 10.22). 应用例 10.4.1, 就得到所要证明的公式

$$\iint\limits_{S} \boldsymbol{E}\cdot\boldsymbol{n}\mathrm{d}S = 4\pi q.$$

顺便指出, 如果 S 是不包围点电荷的任意闭曲面, 那么显然有

$$\iint\limits_{S} \boldsymbol{E}\cdot\boldsymbol{n}\mathrm{d}S = 0.$$

10.5.3 Stokes 定理

Stokes 定理是 Green 定理在空间的推广.

定理 10.5.2(Stokes) 设 S 是以曲线 L 为边界的分片光滑曲面. 如果函数 $P(x,y,z), Q(x,y,z), R(x,y,z)$ 在包含曲面 S 在内的某个空间区域上具有连续的一阶偏微商, 则有

$$\begin{aligned}&\oint_L P\mathrm{d}x + Q\mathrm{d}y + R\mathrm{d}z\\ =& \iint\limits_S \left(\frac{\partial R}{\partial y} - \frac{\partial Q}{\partial z}\right)\mathrm{d}y\mathrm{d}z + \left(\frac{\partial P}{\partial z} - \frac{\partial R}{\partial x}\right)\mathrm{d}z\mathrm{d}x + \left(\frac{\partial Q}{\partial x} - \frac{\partial P}{\partial y}\right)\mathrm{d}x\mathrm{d}y,\end{aligned}$$

其中 L 的取向与 S 的取向相协调.

证 先设平行于 z 轴的直线与曲面 S 至多相交于一点, 这时 S 可表示为显式方程 $z = z(x,y)$. 假定 S 在平面 Oxy 上的投影区域为 D, D 的边界记作 L_1. 若以

$$x = x(t), \quad y = y(t) \qquad (\alpha \leqslant t \leqslant \beta)$$

表示 L_1 的参数方程, 则曲线 L 的参数方程显然就是

$$x = x(t), \quad y = y(t), \quad z = z(x(t), y(t)) \qquad (\alpha \leqslant t \leqslant \beta).$$

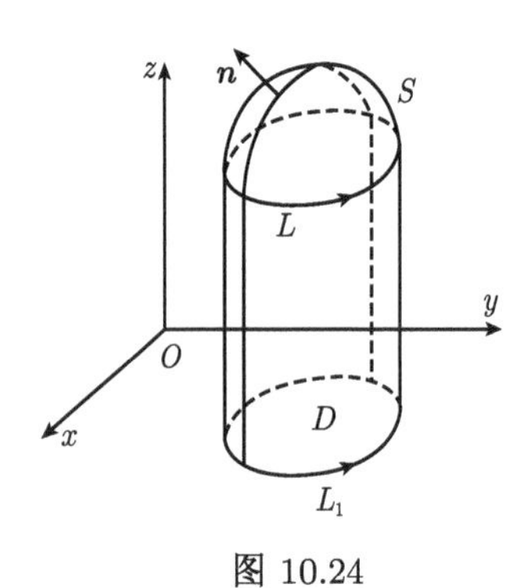

图 10.24

不失一般性, 这里可选取单位法向量 $\boldsymbol{n}$ 指向 S 的上侧, 且参数 t 的增加方向与 L 的环行方向一致 (图 10.24). 于是由曲线积分的计算法则得

$$\oint_L P(x,y,z)\mathrm{d}x = \int_\alpha^\beta P(x(t),y(t),z(x(t),y(t)))x'(t)\mathrm{d}t$$
$$= \oint_{L_1} P(x,y,z(x,y))\mathrm{d}x. \qquad (10.5.1)$$

右边的平面曲线积分应用 Green 公式后再化成二重积分, 有

$$\begin{aligned}
&\oint_{L_1} P(x,y,z(x,y))\mathrm{d}x \\
&= -\iint_D \frac{\partial}{\partial y}P(x,y,z(x,y))\mathrm{d}x\mathrm{d}y \\
&= -\iint_D \left(P_2'(x,y,z(x,y)) + P_3'(x,y,z(x,y))z_y'\right)\mathrm{d}x\mathrm{d}y.
\end{aligned} \qquad (10.5.2)$$

S 的显式方程可看成是 x,y 为参变量的参数方程

$$x = x, \quad y = y, \quad z = z(x,y), \qquad (x,y)\in D,$$

于是有

$$\iint_S \frac{\partial P}{\partial y}\mathrm{d}x\mathrm{d}y = \iint_D P_2'(x,y,z(x,y))\mathrm{d}x\mathrm{d}y, \qquad (10.5.3)$$

$$\begin{aligned}
\iint_S \frac{\partial P}{\partial z}\mathrm{d}z\mathrm{d}x &= \iint_D P_3'(x,y,z(x,y))\frac{\partial(z,x)}{\partial(x,y)}\mathrm{d}x\mathrm{d}y \\
&= -\iint_D P_3'(x,y,z(x,y))z_y'\mathrm{d}x\mathrm{d}y.
\end{aligned} \qquad (10.5.4)$$

将式 (10.5.3) 和式 (10.5.4) 代入式 (10.5.2), 再由式 (10.5.1), 即得

$$\oint_L P(x,y,z)\mathrm{d}x = \iint_S \frac{\partial P}{\partial z}\mathrm{d}z\mathrm{d}x - \frac{\partial P}{\partial y}\mathrm{d}x\mathrm{d}y. \qquad (10.5.5)$$

如果还假设曲面 S 与平行于 x 轴及 y 轴的直线相交不多于一点, 则根据同样的推理又得到

$$\oint_L Q(x,y,z)\mathrm{d}y = \iint\limits_S \frac{\partial Q}{\partial x}\mathrm{d}x\mathrm{d}y - \frac{\partial Q}{\partial z}\mathrm{d}y\mathrm{d}z; \tag{10.5.6}$$

$$\oint_L R(x,y,z)\mathrm{d}z = \iint\limits_S \frac{\partial R}{\partial y}\mathrm{d}y\mathrm{d}z - \frac{\partial R}{\partial x}\mathrm{d}z\mathrm{d}x. \tag{10.5.7}$$

将式 (10.5.5)~ 式 (10.5.7) 相加, 就在 S 是特殊的曲面时证明了 Stokes 定理.

为了便于记忆, Stokes 公式可以写成

$$\oint_L P\mathrm{d}x + Q\mathrm{d}y + R\mathrm{d}z = \iint\limits_S \begin{vmatrix} \mathrm{d}y\mathrm{d}z & \mathrm{d}z\mathrm{d}x & \mathrm{d}x\mathrm{d}y \\ \dfrac{\partial}{\partial x} & \dfrac{\partial}{\partial y} & \dfrac{\partial}{\partial z} \\ P & Q & R \end{vmatrix}.$$

对于一般的分片光滑曲面, 若可以引辅助曲线把它分成有限个子曲面, 使得每个子曲面满足上述条件, 即任何平行于坐标轴的直线与它相交不多于一点, 则对这些曲面及其边界分别使用上述结论, 相加以后由于在辅助曲线上的积分相互消去即可得到整个曲面及其边界 L 上的 Stokes 定理. □

Stokes 定理中的公式又称 Stokes 公式. 当曲面 S 是 Oxy 平面上的一个区域 D 时, 不难看出, 它就化成了 Green 公式.

例 10.5.5 设曲线 L 是椭圆抛物面 $z=3x^2+4y^2$ 与椭圆柱面 $4x^2+y^2=4y$ 的交线, 从 z 轴的正方向看,L 的方向是顺时针方向, 求向量场 $\boldsymbol{v}=y(z+1)\boldsymbol{i}+zx\boldsymbol{j}+(xy-z)\boldsymbol{k}$ 沿 L 的环量 (图 10.25).

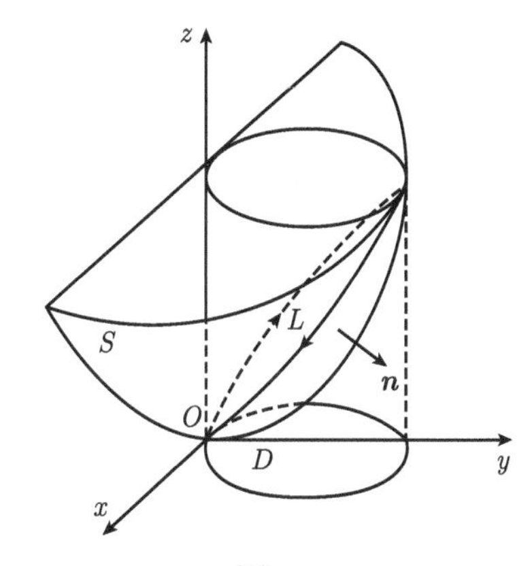

图 10.25

解 设 D 是平面区域 $4x^2+y^2\leqslant 4y$, S 是曲面 $z=3x^2+4y^2$, $(x,y)\in D$ 的下侧. 由 Stokes 公式可知有

$$\oint_L \boldsymbol{v}\cdot\boldsymbol{\tau}\mathrm{d}l = \iint\limits_S \begin{vmatrix} \mathrm{d}y\mathrm{d}z & \mathrm{d}z\mathrm{d}x & \mathrm{d}x\mathrm{d}y \\ \dfrac{\partial}{\partial x} & \dfrac{\partial}{\partial y} & \dfrac{\partial}{\partial z} \\ y(z+1) & zx & xy-z \end{vmatrix}$$

$$= -\iint\limits_S \mathrm{d}x\mathrm{d}y = \iint\limits_D \mathrm{d}x\mathrm{d}y = 2\pi.$$

10.5.4 旋度

向量

$$\boldsymbol{\Omega} = \left(\frac{\partial R}{\partial y} - \frac{\partial Q}{\partial z}, \frac{\partial P}{\partial z} - \frac{\partial R}{\partial x}, \frac{\partial Q}{\partial x} - \frac{\partial P}{\partial y}\right)$$

称为向量场

$$\boldsymbol{v}=(P,Q,R)$$

的旋度, 记成 $\mathrm{rot}\,\boldsymbol{v}$. 为了便于记忆, 可以记

$$\mathrm{rot}\,\boldsymbol{v}=\begin{vmatrix}\boldsymbol{i} & \boldsymbol{j} & \boldsymbol{k}\\ \dfrac{\partial}{\partial x} & \dfrac{\partial}{\partial y} & \dfrac{\partial}{\partial z}\\ P & Q & R\end{vmatrix}.$$

于是 Stokes 公式又可写成

$$\oint_{\partial s}\boldsymbol{v}\cdot\boldsymbol{\tau}\mathrm{d}l=\iint_S \mathrm{rot}\boldsymbol{v}\cdot\boldsymbol{n}\mathrm{d}s,$$

其中 ∂S 是曲面 S 的边界, 它们方向按定向相互协调.

如果向量场的旋度处处为零, 则称它是一个**无旋场**.

同考虑散度的情形一样, 设 $\boldsymbol{v}=(P,Q,R)$ 是定义在空间区域 V 上的向量场, M 是 V 中的任一点, $\boldsymbol{n}$ 是在 M 处取定的单位法向量, 过 M 点在 V 内任意作一光滑的曲面元 S, 面积为 ΔS, S 在点 M 的法向量为 $\boldsymbol{n}$, S 的边界是逐段光滑的闭曲线 L, $\boldsymbol{\tau}$ 为 L 的切向量, 且 $\boldsymbol{\tau}$ 的方向与 $\boldsymbol{n}$ 组成右手系, 如果当 S 无限收缩于 M 点, 平均环量

$$\frac{1}{\Delta S}\int_L \boldsymbol{v}\cdot\boldsymbol{\tau}\mathrm{d}l$$

的极限存在, 则称此极限为场 $\boldsymbol{n}$ 在点 M 绕方向 $\boldsymbol{n}$ 的**涡量**. 记作

$$\Omega_{\boldsymbol{n}}(M)=\lim_{S\to M}\frac{1}{\Delta S}\int_L \boldsymbol{v}\cdot\boldsymbol{\tau}\mathrm{d}l.$$

Stokes 公式表明

$$\int_L \boldsymbol{v}\cdot\boldsymbol{\tau}\mathrm{d}l=\iint_S \boldsymbol{\Omega}\cdot\boldsymbol{n}\mathrm{d}S=\boldsymbol{\Omega}(M_0)\cdot\boldsymbol{n}(M_0)\Delta S,$$

M_0 是 S 上的一点, 当 $S\to M$ 有 $M_0\to M$, 于是有

$$\Omega_{\boldsymbol{n}}(M)=\boldsymbol{\Omega}(M)\cdot\boldsymbol{n}(M)$$

显然, 在 M 点取定的法向量 $\boldsymbol{n}$ 与 $\boldsymbol{\Omega}(M)$ 方向一致的时候, $\Omega_{\boldsymbol{n}}(M)$ 取到最大值 $|\boldsymbol{\Omega}(M)|$, 涡量 $\Omega_{\boldsymbol{n}}(M)$ 与旋度 $\boldsymbol{\Omega}(M)$ 之间的关系, 类似于方向导数与梯度的关系. 在流体的速度场中, $\Omega_{\boldsymbol{n}}(M)$ 刻画在 M 处流体绕方向 $\boldsymbol{n}$ 转动的强度.

从数学上看旋度是一种微分运算. 下面列举一些它的运算性质.

若 u 是可微数量场, $\boldsymbol{v},\boldsymbol{v}_1$ 和 $\boldsymbol{v}_2$ 是可微向量场, c_1 和 c_2 是任意常数, 则有

1° $\mathrm{rot}\,(c_1\boldsymbol{v}_1+c_2\boldsymbol{v}_2)=c_1\mathrm{rot}\,\boldsymbol{v}_1+c_2\mathrm{rot}\,\boldsymbol{v}_2$;

2° $\mathrm{rot}\,(u\boldsymbol{v})=u\mathrm{rot}\,\boldsymbol{v}+\mathbf{grad}\,u\times\boldsymbol{v}$.

以 2° 为例. 设

$$u = u(x,y,z), \qquad \boldsymbol{v} = P(x,y,z)\boldsymbol{i} + Q(x,y,z)\boldsymbol{j} + R(x,y,z)\boldsymbol{k},$$

则有

$$\mathrm{rot}\,(u\boldsymbol{v}) = \begin{vmatrix} \boldsymbol{i} & \boldsymbol{j} & \boldsymbol{k} \\ \dfrac{\partial}{\partial x} & \dfrac{\partial}{\partial y} & \dfrac{\partial}{\partial z} \\ uP & uQ & uR \end{vmatrix}$$

$$= \left(\frac{\partial(uR)}{\partial y} - \frac{\partial(uQ)}{\partial z}\right)\boldsymbol{i} + \left(\frac{\partial(uP)}{\partial z} - \frac{\partial(uR)}{\partial x}\right)\boldsymbol{j} + \left(\frac{\partial(uQ)}{\partial x} - \frac{\partial(uP)}{\partial y}\right)\boldsymbol{k}.$$

它在 x 轴上的分量是

$$\mathrm{rot}_x(u\boldsymbol{v}) = \frac{\partial(uR)}{\partial y} - \frac{\partial(uQ)}{\partial z} = u\left(\frac{\partial R}{\partial y} - \frac{\partial Q}{\partial z}\right) + \frac{\partial u}{\partial y}R - \frac{\partial u}{\partial z}Q = u\mathrm{rot}_x\boldsymbol{v} + (\mathbf{grad}\,u \times \boldsymbol{v})_x.$$

同理可得

$$\mathrm{rot}_y(u\boldsymbol{v}) = u\mathrm{rot}_y\boldsymbol{v} + (\mathbf{grad}\,u \times \boldsymbol{v})_y,$$
$$\mathrm{rot}_z(u\boldsymbol{v}) = u\mathrm{rot}_z\boldsymbol{v} + (\mathbf{grad}\,u \times \boldsymbol{v})_z.$$

因此证得

$$\mathrm{rot}\,(u\boldsymbol{v}) = u\mathrm{rot}\,\boldsymbol{v} + \mathbf{grad}\,u \times \boldsymbol{v}.$$

例 10.5.6 设 $\boldsymbol{r} = x\boldsymbol{i} + y\boldsymbol{j} + z\boldsymbol{k}$, 求 $\mathrm{rot}\,\boldsymbol{r}$.

解

$$\mathrm{rot}\,\boldsymbol{r} = \begin{vmatrix} \boldsymbol{i} & \boldsymbol{j} & \boldsymbol{k} \\ \dfrac{\partial}{\partial x} & \dfrac{\partial}{\partial y} & \dfrac{\partial}{\partial z} \\ x & y & z \end{vmatrix} = \mathbf{0}.$$

例 10.5.7 求电场强度 $\boldsymbol{E} = \dfrac{q}{r^3}\boldsymbol{r}$ 的旋度.

解 利用旋度的运算法则与例 10.5.6 即得

$$\mathrm{rot}\,\boldsymbol{E} = \mathrm{rot}\left(\frac{q}{r^3}\boldsymbol{r}\right) = \frac{q}{r^3}\mathrm{rot}\,\boldsymbol{r} + \mathbf{grad}\,\frac{q}{r^3} \times \boldsymbol{r} = -\frac{3q}{r^4}\frac{\boldsymbol{r}}{r} \times \boldsymbol{r} = \mathbf{0}.$$

这就是说, 除电荷所在的点外, 电场强度 $\boldsymbol{E}$ 在整个空间中是无旋场.

习 题 10.5

1. 求下列向量场在指定点的散度:

(1) $\boldsymbol{v} = (3x^2 - 2yz, y^3 + yz^2, xyz - 3xz^2)$ 在 $M(1,-2,2)$ 处;

(2) $\boldsymbol{v} = x^2 \sin y\boldsymbol{i} + y^2 \sin(xz)\boldsymbol{j} + xy\sin(\cos z)\boldsymbol{k}$ 在 $M(x,y,z)$ 处.

2. 设 $\boldsymbol{w}$ 是常向量,$\boldsymbol{r} = x\boldsymbol{i} + y\boldsymbol{j} + z\boldsymbol{k}$, $r = |r|$, 求:

(1) $\mathrm{div}\,[(\boldsymbol{r}\cdot\boldsymbol{w})\boldsymbol{w}]$; (2) $\mathrm{div}\,\dfrac{\boldsymbol{r}}{r}$;

(3) $\mathrm{div}\,(\boldsymbol{w} \times \boldsymbol{r})$; (4) $\mathrm{div}\,(r^2\boldsymbol{w})$.

3. 计算下列曲面积分:

(1) $\iint\limits_S (x+1)\mathrm{d}y\mathrm{d}z+y\mathrm{d}z\mathrm{d}x+(xy+z)\mathrm{d}x\mathrm{d}y$, S : 以 $O(0,0,0), A(1,0,0), B(0,1,0), C(0,0,1)$ 为顶点的四面体的外表面;

(2) $\iint\limits_S xy\mathrm{d}y\mathrm{d}z+yz\mathrm{d}z\mathrm{d}x+zx\mathrm{d}x\mathrm{d}y$, S : 由 $x=0, y=0, z=0, x+y+z=1$ 所围成的四面体的外侧表面;

(3) $\iint\limits_S x^2\mathrm{d}y\mathrm{d}z+y^2\mathrm{d}z\mathrm{d}x+z^2\mathrm{d}x\mathrm{d}y$, S : 球面 $(x-a)^2+(y-b)^2+(z-c)^2=R^2$ 的外侧;

(4) $\iint\limits_S xy^2\mathrm{d}y\mathrm{d}z+yz^2\mathrm{d}z\mathrm{d}x+zx^2\mathrm{d}x\mathrm{d}y$, S : 球面 $x^2+y^2+z^2=z$ 的外侧;

(5) $\iint\limits_S (x-z)\mathrm{d}y\mathrm{d}z+(y-x)\mathrm{d}z\mathrm{d}x+(z-y)\mathrm{d}x\mathrm{d}y$, S : 旋转抛物面 $z=x^2+y^2$ $(0\leqslant z\leqslant 1)$ 的下侧;

(6) $\iint\limits_S (y^2+z^2)\mathrm{d}y\mathrm{d}z+(z^2+x^2)\mathrm{d}z\mathrm{d}x+(x^2+y^2)\mathrm{d}x\mathrm{d}y$, S : 上半球面 $x^2+y^2+z^2=a^2$ $(z\geqslant 0)$ 的上侧.

4. 求引力场 $\boldsymbol{F}=-km\dfrac{\boldsymbol{r}}{r^3}$ 通过下列闭曲面外侧的通量:

(1) 空间中任一包围质量 m(在原点) 的闭曲面;

(2) 空间中任一不包围质量 m 的闭曲面.

5. 设区域 V 是由曲面 $x^2+y^2-\dfrac{z^2}{2}=1$ 及平面 $z=1$, $z=-1$ 围成的, S 是 V 的全表面外侧, 又设

$$\boldsymbol{v}=(x^2+y^2+z^2)^{-\frac{3}{2}}(x\boldsymbol{i}+y\boldsymbol{j}+z\boldsymbol{k}).$$

(1) 求 $\operatorname{div}\boldsymbol{v}$;

(2) 求积分 $\iint\limits_S \dfrac{x\mathrm{d}y\mathrm{d}z+y\mathrm{d}z\mathrm{d}x+z\mathrm{d}x\mathrm{d}y}{\sqrt{(x^2+y^2+z^2)^3}}$.

6. 设对于半空间 $x>0$ 内任意的光滑有向封闭曲面 S, 都有 $\oint\!\!\!\!\oint\limits_S xf(x)\mathrm{d}y\mathrm{d}z-xyf(x)\mathrm{d}z\mathrm{d}x-\mathrm{e}^{2x}z\mathrm{d}x\mathrm{d}y=0$, 其中函数 $f(x)$ 在 $(0,+\infty)$ 内具有连续的一阶导数, 且 $\lim\limits_{x\to 0^+}f(x)=1$, 求 $f(x)$.

7. 证明: 任意光滑闭曲面 S 围成的立体体积可以表成

$$V=\frac{1}{3}\oint\!\!\!\!\oint\limits_S x\mathrm{d}y\mathrm{d}z+y\mathrm{d}z\mathrm{d}x+z\mathrm{d}x\mathrm{d}y,$$

其中积分沿 S 的外侧进行.

8. 设 $\boldsymbol{c}$ 是常向量, S 是任意的光滑闭曲面, 证明: $\displaystyle\iint\limits_S \cos(\widehat{\boldsymbol{c},\boldsymbol{n}})\mathrm{d}S=0$, 其中 $(\widehat{\boldsymbol{c},\boldsymbol{n}})$ 表示向量 $\boldsymbol{c}$ 与曲面法向量 $\boldsymbol{n}$ 的夹角.

9. 设 L 是 Oxy 平面上的光滑的简单闭曲线, 逆时针方向. 立体 V 是柱体, 它以 L 为准线, 以 L 在 Oxy 平面内所围的平面区域 D 为底, 侧面是母线平行于 z 轴的柱面, 高为 1. 试写出向量场 $\boldsymbol{v}=P(x,y)\boldsymbol{i}+Q(x,y)\boldsymbol{j}$ 在 V 上的 Gauss 公式, 并由此来证明 Green 公式.

10. 计算下列曲线积分:

(1) $\displaystyle\oint_L y\mathrm{d}x+z\mathrm{d}y+x\mathrm{d}z$, 其中 L 是顶点为 $A(1,0,0),B(0,1,0),C(0,0,1)$ 的三角形边界, 从原点看去, L 沿顺时针方向;

(2) $\displaystyle\oint_L (y-z)\mathrm{d}x+(z-x)\mathrm{d}y+(x-y)\mathrm{d}z$, 其中 L 是圆柱面 $x^2+y^2=a^2$ 和平面 $\dfrac{x}{a}+\dfrac{z}{h}=1\,(a>0,h>0)$ 的交线, 从 x 轴的正方向看去, L 沿逆时针方向;

(3) $\displaystyle\oint_L (y^2-z^2)\mathrm{d}x+(z^2-x^2)\mathrm{d}y+(x^2-y^2)\mathrm{d}z$, 其中 L 是平面 $x+y+z=\dfrac{3}{2}a$ 与立方体 $0\leqslant x\leqslant a,0\leqslant y\leqslant a,0\leqslant z\leqslant a$ 表面的交线, 从 z 轴正向看去, L 沿逆时针方向;

(4) $\displaystyle\oint_L y^2\mathrm{d}x+xy\mathrm{d}y+xz\mathrm{d}z$, 其中 L 是圆柱面 $x^2+y^2=2y$ 与平面 $y=z$ 的交线从 y 轴正向看去, L 沿顺时针方向;

(5) $\displaystyle\oint_L (y^2-y)\mathrm{d}x+(z^2-z)\mathrm{d}y+(x^2-x)\mathrm{d}z$, 其中 L 是球面 $x^2+y^2+z^2=a^2$ 与平面 $x+y+z=0$ 的交线, L 的方向与 z 轴正向成右手系;

(6) $\displaystyle\oint_L (y^2-z^2)\mathrm{d}x+(2z^2-x^2)\mathrm{d}y+(3x^2-y^2)\mathrm{d}z$, 其中 L 是平面 $x+y+z=2$ 与柱面 $|x|+|y|=1$ 的交线, 从 z 轴正向看去, L 沿逆时针方向.

11. 在积分 $\displaystyle\oint_L x^2y^3\mathrm{d}x+\mathrm{d}y+z\mathrm{d}z$ 中, 路径 L 是 Oxy 平面上正向的圆 $x^2+y^2=R^2,z=0$. 利用 Stokes 公式化曲线积分为以 L 为边界所围区域 S 上的曲面积分,

(1) S 取 Oxy 平面上的圆面 $x^2+y^2\leqslant R^2$;

(2) S 取半球面 $z=\sqrt{R^2-x^2-y^2}$.

结果相同吗?

12. 求下列向量场的旋度:

(1) $\boldsymbol{v}=y^2\boldsymbol{i}+z^2\boldsymbol{j}+x^2\boldsymbol{k}$;

(2) $\boldsymbol{v}=(x\mathrm{e}^y+y)\boldsymbol{i}+(z+\mathrm{e}^y)\boldsymbol{j}+(y+2z\mathrm{e}^y)\boldsymbol{k}$.

13. 设 $\boldsymbol{w}$ 是常向量,$\boldsymbol{r}=x\boldsymbol{i}+y\boldsymbol{j}+z\boldsymbol{k}$, $r=|\boldsymbol{r}|$, 求:

(1) $\mathrm{rot}\,(\boldsymbol{w}\times\boldsymbol{r})$; (2) $\mathrm{rot}\,[f(r)\boldsymbol{r}]$;

(3) $\mathrm{rot}\,[f(r)\boldsymbol{w}]$; (4) $\mathrm{div}\,[\boldsymbol{r}\times f(r)\boldsymbol{w}]$.

14. 证明常向量场 $\boldsymbol{c}$ 沿任意光滑闭曲线的环量都等于 0.

15. 求向量场$\boldsymbol{v}=(y^2+z^2)\boldsymbol{i}+(z^2+x^2)\boldsymbol{j}+(x^2+y^2)\boldsymbol{k}$ 沿曲线 L 的环量.L 为 $x^2+y^2+z^2=R^2$ $(z\geqslant 0)$ 与 $x^2+y^2=Rx$ 的交线, 从 Ox 轴正向看来,L 沿逆时针方向.

§10.6 保 守 场

10.6.1 恰当微分形式和有势场

设 V 是空间区域,$P(x,y,z),Q(x,y,z),R(x,y,z)\in C(V)$. 若有 $\varphi(x,y,z)$ 使得在 V 中有 $P\mathrm{d}x+Q\mathrm{d}y+R\mathrm{d}z=\mathrm{d}\varphi(x,y,z)$, 则称 $P\mathrm{d}x+Q\mathrm{d}y+R\mathrm{d}z$ 是一个**恰当微分形式或全微分**. 显然这是一元函数的原函数的一种推广.

设 $P,Q,R\in C(V),V=(P,Q,R)$. 若存在 $\varphi(x,y,z)$, 使得 $\mathrm{grad}\,\varphi=\boldsymbol{v}$, 则称 φ 是 $\boldsymbol{v}$ 的一个**势函数**, $\boldsymbol{v}$ 称为一个**有势场**. 显然, 对任何常数 $c,\varphi+c$ 也是 $\boldsymbol{v}$ 的势函数. 反之若 φ_1 也是 $\boldsymbol{v}$ 的势函数, 则有 $\mathrm{d}(\varphi_1-\varphi)\equiv 0$, 故 $\varphi_1=\varphi+c$. 所以 $\{\varphi+c|\,c\in\mathbf{R}\}$ 是 $\boldsymbol{v}$ 的全体势函数.

若 $P\mathrm{d}x+Q\mathrm{d}y+R\mathrm{d}z$ 是恰当微分形式, 也就是有 $\varphi(x,y,z)$, 使得 $P\mathrm{d}x+Q\mathrm{d}y+R\mathrm{d}z=\mathrm{d}\varphi(x,y,z)$, 由全微分的定义及其形式唯一性知 $\varphi(x,y,z)$ 就是向量场 $\boldsymbol{v}=(P,Q,R)$ 的一个势函数, 反之, 若 $\boldsymbol{v}=(P,Q,R)$ 是一个有势场, 则 $P\mathrm{d}x+Q\mathrm{d}y+R\mathrm{d}z$ 是恰当微分形式.

本节讨论的函数都假定其有必需的解析性质, 如连续性或连续可微性等, 不再声明.

10.6.2 全微分的积分

定理 10.6.1 设 $P\mathrm{d}x+Q\mathrm{d}y+R\mathrm{d}z=\mathrm{d}\varphi(x,y,z)$ 是区域 V 内的一个全微分, 又设 L_{AB} 是 V 内的一条逐段光滑的曲线, 起点为 A, 终点为 B, 则

$$\int_{L_{AB}}P\mathrm{d}x+Q\mathrm{d}y+R\mathrm{d}z=\varphi(B)-\varphi(A).$$

证 设 L_{AB} 的参数方程为

$$x=x(t),\quad y=y(t),\quad z=z(t),\qquad t\in[\alpha,\beta],$$

并设 $A(x(\alpha),y(\alpha),z(\alpha))$, $B(x(\beta),y(\beta),z(\beta))$, 由于

$$\begin{aligned}\frac{\mathrm{d}}{\mathrm{d}t}\varphi(x(t),y(t),z(t))=&P(x(t),y(t),z(t))x'(t)+Q(x(t),y(t),z(t))y'(t)\\&+R(x(t),y(t),z(t))z'(t),\end{aligned}$$

故

$$\int_{L_{AB}}P\mathrm{d}x+Q\mathrm{d}y+R\mathrm{d}z$$

$$
\begin{aligned}
&= \int_\alpha^\beta [P(x(t), y(t), z(t))x'(t) + Q(x(t), y(t), z(t))y'(t) \\
&\quad + R(x(t), y(t), z(t))z'(t)]\mathrm{d}t \\
&= \int_\alpha^\beta \frac{\mathrm{d}}{\mathrm{d}t}\varphi(x(t), y(t), z(t))\mathrm{d}t \\
&= \varphi(x(\beta), y(\beta), z(\beta)) - \varphi(x(\alpha), y(\alpha), z(\alpha)) \\
&= \varphi(B) - \varphi(A).
\end{aligned}
$$

□

定理 10.6.1 的结论表明, 全微分的积分值由曲线的起点和终点的位置所确定, 而与路径 (即连接起点 A 和终点 B 的逐段光滑的曲线) 的选取无关. 由于积分与路径无关, 所以可把积分 $\int_{L_{AB}} P\mathrm{d}x + Q\mathrm{d}y + R\mathrm{d}z$ 写成 $\int_A^B P\mathrm{d}x + Q\mathrm{d}y + R\mathrm{d}z$.

10.6.3 保守场

如果 $P\mathrm{d}x+Q\mathrm{d}y+R\mathrm{d}z$ 是全微分, 即 $\boldsymbol{v} = (P, Q, R)$ 有势函数, 则 $P\mathrm{d}x+Q\mathrm{d}y+R\mathrm{d}z$ 的积分与路径无关. 如果取 V 中的一条光滑闭曲线 (闭路), 则 $\int_L P\mathrm{d}x+Q\mathrm{d}y+R\mathrm{d}z = \int_{L_{AB}} + \int_{L_{BA}} P\mathrm{d}x + Q\mathrm{d}y + R\mathrm{d}z = 0$(图 10.26). 反之, 如果沿任何闭路 L, $\int_L P\mathrm{d}x + Q\mathrm{d}y + R\mathrm{d}z = 0$, 则由图 10.26 也容易看出积分与路径无关.

定义 10.6.1 设 $\boldsymbol{v}$ 是区域 V 中的连续向量场. 如果沿任何逐段光滑的闭路 L, 都有 $\int_L \boldsymbol{v}\cdot\boldsymbol{\tau}\mathrm{d}l = 0$, 则称 $\boldsymbol{v}$ 是一个保守场.

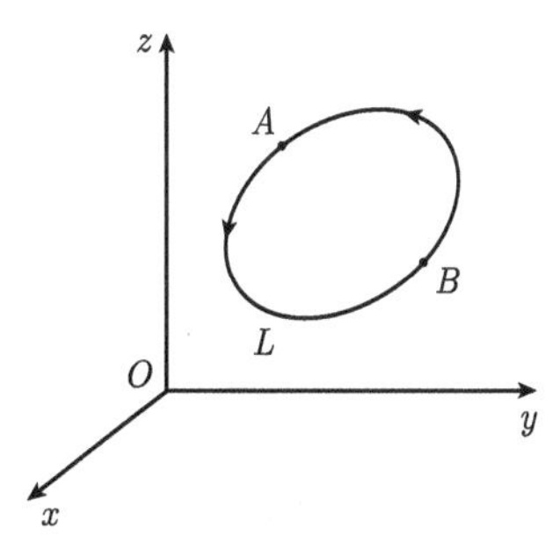

图 10.26

显然, 当 $P\mathrm{d}x + Q\mathrm{d}y + R\mathrm{d}z$ 是 V 中的全微分时,$\boldsymbol{v} = (P, Q, R)$ 就是 V 中的保守场. 但是反过来, 我们又有下述定理.

定理 10.6.2 设 $\boldsymbol{v} = (P, Q, R)$ 是 V 中的保守场, 则 $\boldsymbol{v}$ 有势函数 φ.

证 在 V 内取定一点 $M_0(x_0, y_0, z_0)$, 用 $M(x, y, z)$ 表示 V 内的任意一点. 因 V 是区域, 故存在全含在 V 内的折线将 M_0 与 M 连接起来. 由定理的条件,$\boldsymbol{v}$ 在 V 内的曲线积分与路径无关. 可令

$$\varphi(x, y, z) = \int_{(x_0, y_0, z_0)}^{(x, y, z)} P\mathrm{d}x + Q\mathrm{d}y + R\mathrm{d}z,$$

则 $\varphi(x, y, z)$ 在 V 内有定义. 因 V 是区域, $M \in V$, 故 M 是 V 的内点, 从而存在 $\delta > 0$, 使得 M 的 δ 邻域全落在 V 内. 记点 $N(x + \Delta x, y, z)$, 当 $\Delta x < \delta$ 时, 直线段

MN 全落在 M 的 δ 邻域内, 从而全落在 V 内. 用 $\overrightarrow{MN}$ 表示以 M 为起点, N 为终点的有向直线段 (图 10.27), 在 $\overrightarrow{MN}$ 上显然有 $\mathrm{d}y=\mathrm{d}z=0$, 因此

$$\begin{aligned}&\frac{1}{\Delta x}[\varphi(x+\Delta x,y,z)-\varphi(x,y,z)]=\frac{1}{\Delta x}[\varphi(N)-\varphi(M)]\\=&\frac{1}{\Delta x}\int_{\overrightarrow{MN}}P\mathrm{d}x+Q\mathrm{d}y+R\mathrm{d}z\\=&\frac{1}{\Delta x}\int_x^{x+\Delta x}P(x,y,z)\mathrm{d}x=P(\xi,y,z),\end{aligned}$$

其中 ξ 在 x 与 $x+\Delta x$ 之间. 由此可得

$$\frac{\partial\varphi}{\partial x}=\lim_{\Delta x\to 0}\frac{\varphi(N)-\varphi(M)}{\Delta x}=\lim_{\Delta x\to 0}P(\xi,y,z)=P(x,y,z).$$

同理可证

$$\frac{\partial\varphi}{\partial y}=Q(x,y,z),\qquad \frac{\partial\varphi}{\partial z}=R(x,y,z).$$

故 $\mathrm{d}\varphi=P\mathrm{d}x+Q\mathrm{d}y+R\mathrm{d}z$, 即 φ 是 $\boldsymbol{v}$ 的势函数. □

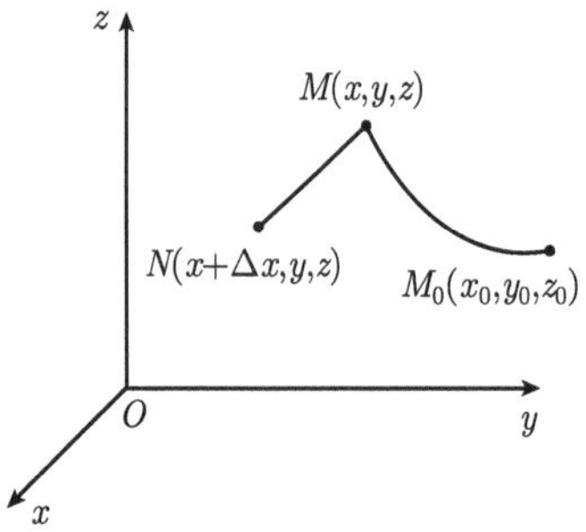

定理 10.6.2 的证明过程同时也给出了求势函数的方法, 那就是计算 "变上限" 的 "定积分"!

上面的讨论说明下面几个命题是等价的.

1° $\boldsymbol{v}=(P,Q,R)$ 是 V 中有势场 (即 $P\mathrm{d}x+Q\mathrm{d}y+R\mathrm{d}z$ 为恰当微分形式);

2° $\int_L \boldsymbol{v}\cdot\boldsymbol{\tau}\mathrm{d}l$ 只与 L 的起点和终点有关, 而与路径无关;

3° 沿任何 V 中闭路 L, $\int_L \boldsymbol{v}\cdot\boldsymbol{\tau}\mathrm{d}l=0$ (即 $\boldsymbol{v}$ 是 V 中保守场).

图 10.27

10.6.4 无旋场

定理 10.6.3 设 $\boldsymbol{v}$ 是区域 V 中的有势场, 则 $\boldsymbol{v}$ 是无旋场.

证 设 $\boldsymbol{v}=\mathbf{grad}\,\varphi$. 直接计算可知, 对任意一个函数 φ, 都有 $\mathrm{rot}\,\mathbf{grad}\,\varphi\equiv 0$. 所以 $\mathrm{rot}\,\boldsymbol{v}=0$. □

定义 10.6.2 设 V 是 $\mathbf{R}^3$ 中的区域. 如果对任何 V 中的闭路 L, 都有包含在 V 中且以 L 为边界的曲面 S, 则称 V 是曲面单连通的.

例如, 环面体 (自行车内胎) 就不是曲面单连通的.

定理 10.6.4 设 V 是曲面单连通区域, $\boldsymbol{v}$ 是 V 中的无旋场, 则 $\boldsymbol{v}$ 也是 V 中的有势场.

证 设 L 是 V 内任意一条闭路, 因 V 是曲面单连通区域, 故在 V 中存在以

L 为边界的曲面 S, 由 $\operatorname{rot}\boldsymbol{v}=\mathbf{0}$, 利用 Stokes 定理, 得 $\int_L \boldsymbol{v}\cdot\boldsymbol{\tau}\mathrm{d}l=0$. 由 L 的任意性;$\boldsymbol{v}$ 为保守场, 从而 $\boldsymbol{v}$ 为有势场. □

例 10.6.1 设 $\boldsymbol{v}=\dfrac{1}{x^2+y^2}(-y\boldsymbol{i}+x\boldsymbol{j})$, 试证 $\boldsymbol{v}$ 是其定义域 V 内的无旋场, 但不是有势场.

证 直接计算可得

$$\operatorname{rot}\boldsymbol{v}=\begin{vmatrix}\boldsymbol{i} & \boldsymbol{j} & \boldsymbol{k}\\ \dfrac{\partial}{\partial x} & \dfrac{\partial}{\partial y} & \dfrac{\partial}{\partial z}\\ \dfrac{-y}{x^2+y^2} & \dfrac{x}{x^2+y^2} & 0\end{vmatrix}=\mathbf{0},$$

故 $\boldsymbol{v}$ 是无旋场. 今选取一闭路 L, 它是 Oxy 平面上以原点为中心的单位圆周, 逆时针方向, 则有

$$\begin{aligned}&\int_L \frac{-y}{x^2+y^2}\mathrm{d}x+\frac{x}{x^2+y^2}\mathrm{d}y\\ =&\int_0^{2\pi}\left(\frac{-\sin\varphi}{\cos^2\varphi+\sin^2\varphi}(-\sin\varphi)+\frac{\cos\varphi}{\cos^2\varphi+\sin^2\varphi}\cos\varphi\right)\mathrm{d}\varphi=2\pi\neq 0.\end{aligned}$$

故 $\boldsymbol{v}$ 不是区域 V 内的保守场. 从而它不是 V 内的有势场.

例 10.6.2 证明向量场

$$\boldsymbol{v}=(x^2-yz)\boldsymbol{i}+(y^2-zx)\boldsymbol{j}+(z^2-xy)\boldsymbol{k}$$

是有势场, 并求出它的一个势函数.

解 由于

$$\begin{aligned}\operatorname{rot}\boldsymbol{v}&=\begin{vmatrix}\boldsymbol{i} & \boldsymbol{j} & \boldsymbol{k}\\ \dfrac{\partial}{\partial x} & \dfrac{\partial}{\partial y} & \dfrac{\partial}{\partial z}\\ x^2-yz & y^2-zx & z^2-xy\end{vmatrix}\\ &=(-x+x)\boldsymbol{i}+(-y+y)\boldsymbol{j}+(-z+z)\boldsymbol{k}=\mathbf{0},\end{aligned}$$

因此场 $\boldsymbol{v}$ 在整个空间中是无旋场, 所以也是有势场. 若把起点取在原点, 可得场 $\boldsymbol{v}$ 的一个势函数为

$$\begin{aligned}\varphi(x,y,z)&=\int_{(0,0,0)}^{(x,y,z)}(x^2-yz)\mathrm{d}x+(y^2-zx)\mathrm{d}y+(z^2-xy)\mathrm{d}z\\ &=\int_0^x x^2\mathrm{d}x+\int_0^y y^2\mathrm{d}y+\int_0^z(z^2-xy)\mathrm{d}z\\ &=\frac{1}{3}(x^3+y^3+z^3)-xyz.\end{aligned}$$

例 10.6.3 求电场强度 $\boldsymbol{E}=\dfrac{q}{r^3}\boldsymbol{r}$ 的势函数.

解 前面已经说明, 电场强度 $\boldsymbol{E}$ 在除去原点的整个空间上是无旋的, 所以它是有势场, 其势函数为

$$\begin{aligned}\varphi(M)&=\int_{M_0}^{M}\boldsymbol{E}\cdot\boldsymbol{\tau}\mathrm{d}l=\int_{M_0}^{M}\frac{q}{r^3}\boldsymbol{r}\cdot\mathrm{d}\boldsymbol{r}=\int_{r_0}^{r}\frac{q}{r^3}r\mathrm{d}r\\&=\int_{r_0}^{r}\frac{q}{r^2}\mathrm{d}r=-\left(\frac{q}{r}-\frac{q}{r_0}\right).\end{aligned}$$

这里点 M_0 可以任意选取. 为方便起见, 把点 M_0 取在无穷远处, 于是令 r_0 趋于无穷就得到 $\boldsymbol{E}$ 的一个势函数为

$$\varphi(M)=-\frac{q}{r}.$$

在静电学中常记

$$V=-\varphi=\frac{q}{r},$$

并称 V 为电场 $\boldsymbol{E}$ 的电位. 因此有

$$\boldsymbol{E}=-\mathbf{grad}\,V.$$

它表明电场 $\boldsymbol{E}$ 指向电位 V 减小最快的方向.

例 10.6.4 计算积分

$$\int_{(1,0)}^{(3,1)}(\mathrm{e}^y+1)\mathrm{d}x+(x\mathrm{e}^y-2y)\mathrm{d}y.$$

解 容易看出, 被积表达式是全微分

$$(\mathrm{e}^y+1)\mathrm{d}x+(x\mathrm{e}^y-2y)\mathrm{d}y=\mathrm{d}(x\mathrm{e}^y+x-y^2),$$

所以积分与路径无关, 且有

$$\int_{(1,0)}^{(3,1)}(\mathrm{e}^y+1)\mathrm{d}x+(x\mathrm{e}^y-2y)\mathrm{d}y=(x\mathrm{e}^y+x-y^2)\Big|_{(1,0)}^{(3,1)}=3\mathrm{e}.$$

10.6.5 全微分方程

如果

$$P(x,y)\mathrm{d}x+Q(x,y)\mathrm{d}y \tag{10.6.1}$$

是一个全微分形式, 则有势函数 $\varphi(x,y)$, 使

$$\mathrm{d}\varphi(x,y)=P(x,y)\mathrm{d}x+Q(x,y)\mathrm{d}y,$$

于是全微分方程

$$P(x,y)\mathrm{d}x+Q(x,y)\mathrm{d}y=0 \tag{10.6.2}$$

就有通解

$$\varphi(x,y)=c. \tag{10.6.3}$$

由定理 10.6.4 可知, 若在单连通域 D 中, $\dfrac{\partial Q}{\partial x}=\dfrac{\partial P}{\partial y}$, 则式 (10.6.1) 就是全微分形式, 而势函数 $\varphi(x,y)$ 可以用线积分求出. 方程 (10.6.2) 的通解为

$$\int_{(x_0,y_0)}^{(x,y)} P\mathrm{d}x+Q\mathrm{d}y=c,$$

其中 (x_0,y_0) 是 D 中的一个定点. 积分沿 D 中任意分段光滑曲线.

例 10.6.5 求解微分方程

$$(2x\cos y-y^2\sin x)\mathrm{d}x+(2y\cos x-x^2\sin y)\mathrm{d}y=0.$$

解 令

$$P(x,y)=2x\cos y-y^2\sin x,$$
$$Q(x,y)=2y\cos x-x^2\sin y.$$

则在全平面有

$$\frac{\partial Q}{\partial x}=\frac{\partial P}{\partial y}=-2y\sin x-2x\sin y.$$

故原方程为全微分方程, 其通解为

$$c=\int_0^x P(\xi,0)\mathrm{d}\xi+\int_0^y Q(x,\eta)\mathrm{d}\eta=x^2\cos y+y^2\cos x.$$

一般来说,

$$P(x,y)\mathrm{d}x+Q(x,y)\mathrm{d}y \tag{10.6.4}$$

不是全微分形式, 但可以证明, 存在 $\mu(x,y)$, 使得

$$\mu(x,y)P(x,y)\mathrm{d}x+\mu(x,y)Q(x,y)\mathrm{d}y$$

为全微分形式, $\mu(x,y)$ 称为式 (10.6.4) 的积分因子. 求 $\mu(x,y)$ 相当于求解一个偏微分方程, 从本质上讲, 是一个比求解常微分方程更难的问题. 但在某些时候能用观察法找出一个积分因子, 这时直接积分

$$\mu(x,y)P(x,y)\mathrm{d}x+\mu(x,y)Q(x,y)\mathrm{d}y=0$$

就能求出微分方程

$$P(x,y)\mathrm{d}x+Q(x,y)\mathrm{d}y=0$$

的通解.

例 10.6.6　求解微分方程

$$(x+y^2)\mathrm{d}x-2xy\mathrm{d}y=0.$$

解　容易看出 $\mu(x,y)=1/x^2$ 是方程的积分因子. 于是由

$$\frac{x+y^2}{x^2}\mathrm{d}x-\frac{2y}{x}\mathrm{d}y=\mathrm{d}\left(\ln|x|-\frac{y^2}{x}\right)=0$$

即得原方程的通积分为

$$x=c\mathrm{e}^{\frac{y^2}{x}}.$$

习　题　10.6

1. 设平面上有 4 条路径:

L_1: 折线, 从 $(0,0)$ 到 $(1,0)$ 再到 $(1,1)$;

L_2: 从 $(0,0)$ 沿着抛物线 $y=x^2$ 到 $(1,1)$;

L_3: 从 $(0,0)$ 到 $(1,1)$ 的直线段;

L_4: 折线, 从 $(0,0)$ 到 $(0,1)$ 再到 $(1,1)$.

求下列力场 $\boldsymbol{F}$ 沿上述 4 条路径所做的功, 并说明它们的值为什么会相等或不等.

(1) $\boldsymbol{F}=-y\boldsymbol{i}+x\boldsymbol{j}$;

(2) $\boldsymbol{F}=2xy\boldsymbol{i}+x^2\boldsymbol{j}$.

2. 求下列曲线积分:

(1) $\displaystyle\int_L(2x+y)\mathrm{d}x+(x+4y+2z)\mathrm{d}y+(2y-6z)\mathrm{d}z$, 其中 L 由点 $P_1(a,0,0)$ 沿曲线 $\begin{cases}x^2+y^2=a^2,\\ z=0\end{cases}$ 到 $P_2(0,a,0)$, 再由 P_2 沿直线 $\begin{cases}z+y=a,\\ x=0\end{cases}$ 到点 $P_3(0,0,a)$;

(2) $\displaystyle\int_{\overset{\frown}{AMB}}(x^2-yz)\mathrm{d}x+(y^2-zx)\mathrm{d}y+(z^2-xy)\mathrm{d}z$, 其中 $\overset{\frown}{AMB}$ 是柱面螺线 $x=a\cos\varphi, y=a\sin\varphi, z=\dfrac{h}{2\pi}\varphi$ 上的点 $A(a,0,0)$ 到 $B(a,0,h)$ 这一段.

3. 证明下列向量场是有势场, 并求出它们的势函数:

(1) $\boldsymbol{v}=(2x\cos y-y^2\sin x)\boldsymbol{i}+(2y\cos x-x^2\sin y)\boldsymbol{j}$;

(2) $\boldsymbol{v}=yz(2x+y+z)\boldsymbol{i}+xz(2y+z+x)\boldsymbol{j}+xy(2z+x+y)\boldsymbol{k}$;

(3) $\boldsymbol{v}=r^2\boldsymbol{r}$, $(\boldsymbol{r}=x\boldsymbol{i}+y\boldsymbol{j}+z\boldsymbol{k},\ r=|\boldsymbol{r}|)$.

4. 当 a 取何值时, 向量场 $\boldsymbol{F}=(x^2+5ay+3yz)\boldsymbol{i}+(5x+3axz-2)\boldsymbol{j}+[(a+2)xy-4z]\boldsymbol{k}$ 是有势场, 并求出这时的势函数.

5. 求下列全微分的原函数 u:

(1) $\mathrm{d}u=(3x^2+6xy^2)\mathrm{d}x+(6x^2y-4y^3)\mathrm{d}y$;

(2) $\mathrm{d}u=(x^2-2yz)\mathrm{d}x+(y^2-2xz)\mathrm{d}y+(z^2-2xy)\mathrm{d}z$.

6. 验证下列积分与路径无关, 并求出它们的值:

(1) $\int_{(0,0)}^{(1,1)}(x-y)(\mathrm{d}x-\mathrm{d}y)$;

(2) $\int_{(1,1)}^{(2,2)}\left(\frac{1}{y}\sin\frac{x}{y}-\frac{y}{x^2}\cos\frac{y}{x}+1\right)\mathrm{d}x+\left(\frac{1}{x}\cos\frac{y}{x}-\frac{x}{y^2}\sin\frac{x}{y}+\frac{1}{y^2}\right)\mathrm{d}y$;

(3) $\int_{(1,0)}^{(6,3)}\frac{x\mathrm{d}x+y\mathrm{d}y}{\sqrt{x^2+y^2}}$;

(4) $\int_{(0,0,2)}^{(2,3,-4)}x\mathrm{d}x+y^2\mathrm{d}y-z^3\mathrm{d}z$;

(5) $\int_{(1,1,1)}^{(2,2,2)}\left(1-\frac{1}{y}+\frac{y}{z}\right)\mathrm{d}x+\left(\frac{x}{z}+\frac{x}{y^2}\right)\mathrm{d}y-\frac{xy}{z^2}\mathrm{d}z$;

(6) $\int_{(x_1,y_1,z_1)}^{(x_2,y_2,z_2)}\frac{x\mathrm{d}x+y\mathrm{d}y+z\mathrm{d}z}{\sqrt{x^2+y^2+z^2}}$, 其中 $(x_1,y_1,z_1),(x_2,y_2,z_2)$ 在球面 $x^2+y^2+z^2=a^2$ 上.

7. 设 $f(u)$ 是连续函数, 但不一定可微, L 是分段光滑的任意闭曲线, 证明:

(1) $\oint_L f(x^2+y^2)(x\mathrm{d}x+y\mathrm{d}y)=0$;

(2) $\oint_L f(\sqrt{x^2+y^2+z^2})(x\mathrm{d}x+y\mathrm{d}y+z\mathrm{d}z)=0$.

8. 稳恒电流 I 通过无穷长的直导线 (作为 Oz 轴) 所产生的磁场为 $B=\frac{2I}{x^2+y^2}(-y\boldsymbol{i}+x\boldsymbol{j})$ $(x^2+y^2\neq 0)$, 试讨论 B 沿 Oxy 平面上任意的光滑闭曲线 (与 Oz 轴不相交) 的环量 Γ.

9. 试求二阶可微的函数 $f(x)$, 使得曲线积分 $\int_L(f'(x)+6f(x)+\mathrm{e}^{-2x})y\mathrm{d}x+f'(x)\mathrm{d}y$ 与积分的路径无关.

10. 已知 $\alpha(0)=0,\alpha'(0)=2,\beta(0)=2$.

(1) 求 $\alpha(x),\beta(x)$, 使得线积分 $\int_L P\mathrm{d}x+Q\mathrm{d}y$ 与路线无关, 其中 $P(x,y)=(2x\alpha'(x)+\beta(x))y^2-2y\beta(x)\tan 2x$, $Q(x,y)=(\alpha'(x)+4x\alpha(x))y+\beta(x)$;

(2) 求 $\int_{(0,0)}^{(0,2)}P\mathrm{d}x+Q\mathrm{d}y$.

11. 设函数 $Q(x,y)$ 在 Oxy 平面上具有一阶连续偏导数, 曲线积分 $\int_L 2xy\mathrm{d}x+Q(x,y)\mathrm{d}y$ 与路径无关, 并且对任意 t, 恒有 $\int_{(0,0)}^{(t,1)}2xy\mathrm{d}x+Q(x,y)\mathrm{d}y=\int_{(0,0)}^{(1,t)}2xy\mathrm{d}x+Q(x,y)\mathrm{d}y$, 求 $Q(x,y)$.

12. 求解下列微分方程:

(1) $(xy^2+2y-2y\cos x-y\sin x)\mathrm{d}x+(x^2y+2x+\cos x-2\sin x)\mathrm{d}y=0$;

(2) $2xy\mathrm{d}x+(y^2-x^2)\mathrm{d}y=0$.

13. 设 $f(x)$ 具有二阶连续导数, $f(0)=0, f'(0)=2$, 且 $(\mathrm{e}^x\sin y+x^2y+f(x)y)\mathrm{d}x+(f'(x)+\mathrm{e}^x\cos y+2x)\mathrm{d}y=0$ 为一全微分方程. 求 $f(x)$ 及此全微分方程的通解.

14. 确定常数 λ, 使得在右半平面 $x>0$ 上的向量场 $\boldsymbol{v}=2xy(x^4+y^2)^\lambda\boldsymbol{i}-x^2(x^4+y^2)^\lambda\boldsymbol{j}$ 为某二元函数 $u(x,y)$ 的梯度, 并求 $u(x,y)$.

§10.7 Hamilton 算符

算符

$$\nabla=\frac{\partial}{\partial x}\boldsymbol{i}+\frac{\partial}{\partial y}\boldsymbol{j}+\frac{\partial}{\partial z}\boldsymbol{k}=\left(\frac{\partial}{\partial x},\frac{\partial}{\partial y},\frac{\partial}{\partial z}\right)$$

称为 Hamilton 算符, 又称 nabla. ∇ 兼有微分和向量两种运算的功能, 既可以作用在数量场 u 上, 也可以作用在向量场 $\boldsymbol{v}$ 上, 还可以自己重复运算.

(1) ∇ 作用在数量场 u 上.

$$\nabla u=\left(\frac{\partial}{\partial x},\frac{\partial}{\partial y},\frac{\partial}{\partial z}\right)u=\left(\frac{\partial u}{\partial x},\frac{\partial u}{\partial y},\frac{\partial u}{\partial z}\right),$$

即为 u 的梯度 $\mathbf{grad}\,u$. 显然, 作用在数量场上,∇ 是线性运算.

(2) ∇ 作用在向量场 $\boldsymbol{v}=(P,Q,R)$ 上

1°

$$\nabla\cdot\boldsymbol{v}=\frac{\partial P}{\partial x}+\frac{\partial Q}{\partial y}+\frac{\partial R}{\partial z}=\operatorname{div}\boldsymbol{v},$$

即为 $\boldsymbol{v}$ 的散度;

2°

$$\nabla\times\boldsymbol{v}=\left(\frac{\partial}{\partial x},\frac{\partial}{\partial y},\frac{\partial}{\partial z}\right)\times(P,Q,R)=\begin{vmatrix}\boldsymbol{i}&\boldsymbol{j}&\boldsymbol{k}\\\dfrac{\partial}{\partial x}&\dfrac{\partial}{\partial y}&\dfrac{\partial}{\partial z}\\P&Q&R\end{vmatrix}=\operatorname{rot}\boldsymbol{v},$$

即为 $\boldsymbol{v}$ 的旋度.

显然, 作用在向量场上,∇ 是线性运算.

(3) $\Delta=\nabla\cdot\nabla=\nabla^2=\dfrac{\partial^2}{\partial x^2}+\dfrac{\partial^2}{\partial y^2}+\dfrac{\partial^2}{\partial z^2}$ 称为 Laplace 算符. Δ 作用在数量场 u 上, 就是

$$\Delta u=\frac{\partial^2u}{\partial x^2}+\frac{\partial^2u}{\partial y^2}+\frac{\partial^2u}{\partial z^2}.$$

方程

$$\Delta u=0$$

称为 Laplace 方程, Laplace 方程的解称为调和函数.

(4) 注意到算符 ∇ 的微分和向量运算的双重功能, 容易得到:

1° $\nabla(u_1u_2)=u_1\nabla u_2+u_2\nabla u_1$;

2° $\nabla\cdot(u\boldsymbol{v})=\boldsymbol{v}\cdot\nabla u+u(\nabla\cdot\boldsymbol{v})$;

3° $\nabla\times(u\boldsymbol{v})=\nabla u\times\boldsymbol{v}+u(\nabla\times\boldsymbol{v})$;

4° $\nabla\cdot(\boldsymbol{v}_1\times\boldsymbol{v}_2)=\boldsymbol{v}_2\cdot\nabla\times\boldsymbol{v}_1-\boldsymbol{v}_1\cdot\nabla\times\boldsymbol{v}_2$.

在 4° 的等式右边第二项中, 因为 ∇ 必须写在 $\boldsymbol{v}_2$ 之前, 所以前面要加负号.

(5) 利用 Hamilton 算符,Gauss 公式和 Stokes 公式可以写成

$$\iint\limits_{\partial V}\boldsymbol{v}\cdot\boldsymbol{n}\mathrm{d}S=\iiint\limits_{V}\nabla\cdot\boldsymbol{v}\mathrm{d}V \tag{10.7.1}$$

和

$$\int_{\partial S}\boldsymbol{v}\cdot\boldsymbol{\tau}\mathrm{d}l=\iint\limits_{S}(\nabla\times\boldsymbol{v})\cdot\boldsymbol{n}\mathrm{d}S. \tag{10.7.2}$$

利用式 (10.7.1) 和式 (10.7.2) 可以得出场论中某些积分的转换公式.

1° 利用式 (10.7.1) 可知

$$\begin{aligned}\iint\limits_{\partial V}u\boldsymbol{n}_x\mathrm{d}S&=\iint\limits_{\partial V}(u,0,0)\cdot\boldsymbol{n}\mathrm{d}S=\iiint\limits_{V}\nabla\cdot(u,0,0)\mathrm{d}V\\&=\iiint\limits_{V}\frac{\partial u}{\partial x}\mathrm{d}V,\end{aligned}$$

类似有

$$\iint\limits_{\partial V}u\boldsymbol{n}_y\mathrm{d}S=\iiint\limits_{V}\frac{\partial u}{\partial y}\mathrm{d}V,\qquad\iint\limits_{\partial V}u\boldsymbol{n}_z\mathrm{d}S=\iiint\limits_{V}\frac{\partial u}{\partial z}\mathrm{d}V,$$

这里的 $\boldsymbol{n}_x,\boldsymbol{n}_y,\boldsymbol{n}_z$ 是 ∂V 上的单位法向量 $\boldsymbol{n}$ 在 Ox,Oy,Oz 轴上的投影. 所以可以写成向量形式

$$\iint\limits_{\partial V}u\boldsymbol{n}\mathrm{d}S=\iiint\limits_{V}\nabla u\mathrm{d}V. \tag{10.7.3}$$

2° 由

$$(\boldsymbol{n}\times\boldsymbol{v})_x=\boldsymbol{i}\cdot(\boldsymbol{n}\times\boldsymbol{v})=(\boldsymbol{v}\times\boldsymbol{i})\cdot\boldsymbol{n},$$

利用式 (10.7.1), 就得到

$$\begin{aligned}\left(\iint\limits_{\partial V}\boldsymbol{n}\times\boldsymbol{v}\mathrm{d}S\right)_x&=\iint\limits_{\partial V}(\boldsymbol{n}\times\boldsymbol{v})_x\mathrm{d}S=\iint\limits_{\partial V}(\boldsymbol{v}\times\boldsymbol{i})\cdot\boldsymbol{n}\mathrm{d}S\\&=\iiint\limits_{V}\nabla\cdot(\boldsymbol{v}\times\boldsymbol{i})\mathrm{d}S=\boldsymbol{i}\cdot\iiint\limits_{V}\nabla\times\boldsymbol{v}\mathrm{d}V\end{aligned}$$

$$= \left(\iiint\limits_V \nabla \times \boldsymbol{v} \mathrm{d}V \right)_x .$$

类似有

$$\left(\iint\limits_{\partial V} \boldsymbol{n} \times \boldsymbol{v} \mathrm{d}S \right)_y = \left(\iiint\limits_V \nabla \times \boldsymbol{v} \mathrm{d}V \right)_y ,$$

$$\left(\iint\limits_{\partial V} \boldsymbol{n} \times \boldsymbol{v} \mathrm{d}S \right)_z = \left(\iiint\limits_V \nabla \times \boldsymbol{v} \mathrm{d}V \right)_z .$$

总起来, 就有

$$\iint\limits_{\partial V} \boldsymbol{n} \times \boldsymbol{v} \mathrm{d}S = \iiint\limits_V \nabla \times \boldsymbol{v} \mathrm{d}V.$$

3° 利用式 (10.7.2), 可知有

$$\begin{aligned} \left(\int_{\partial S} u \boldsymbol{\tau} \mathrm{d}l \right)_x &= \int_{\partial S} (u, 0, 0) \cdot \boldsymbol{\tau} \mathrm{d}l \\ &= \iint\limits_S (\nabla \times (u, 0, 0)) \cdot \boldsymbol{n} \mathrm{d}S = \iint\limits_S \left(\frac{\partial u}{\partial z} \boldsymbol{n}_y - \frac{\partial u}{\partial y} \boldsymbol{n}_z \right) \mathrm{d}S, \end{aligned}$$

直接计算可得

$$(\boldsymbol{n} \times \nabla u)_x = \frac{\partial u}{\partial z} \boldsymbol{n}_y - \frac{\partial u}{\partial y} \boldsymbol{n}_z ,$$

所以有

$$\left(\int_{\partial S} u \boldsymbol{\tau} \mathrm{d}l \right)_x = \left(\iint\limits_S \boldsymbol{n} \times \nabla u \mathrm{d}S \right)_x .$$

类似有

$$\left(\int_{\partial S} u \boldsymbol{\tau} \mathrm{d}l \right)_y = \left(\iint\limits_S \boldsymbol{n} \times \nabla u \mathrm{d}S \right)_y ,$$

$$\left(\int_{\partial S} u \boldsymbol{\tau} \mathrm{d}l \right)_z = \left(\iint\limits_S \boldsymbol{n} \times \nabla u \mathrm{d}S \right)_z .$$

所以,

$$\int_{\partial S} u \boldsymbol{\tau} \mathrm{d}l = \iint\limits_S \boldsymbol{n} \times \nabla u \mathrm{d}S.$$

习 题 10.7

1. 设 $\boldsymbol{\omega}$ 是常向量,$\boldsymbol{r} = x\boldsymbol{i} + y\boldsymbol{j} + z\boldsymbol{k}$, $r = |\boldsymbol{r}|$, $f(r)$ 是 r 的可微函数, 试通过 ∇ 运算求:

(1) $\nabla(\boldsymbol{\omega} \cdot f(r)\boldsymbol{r})$;

(2) $\nabla \cdot (\boldsymbol{\omega} \times f(r)\boldsymbol{r})$;

(3) $\nabla \times (\boldsymbol{\omega} \times f(r)\boldsymbol{r})$.

2. 设函数 $u(x, y, z)$ 在光滑曲面 S 所围成的闭区域 V 上具有直到二阶的连续偏微商, 而且满足 Laplace 方程:

$$\Delta u = \frac{\partial^2 u}{\partial x^2} + \frac{\partial^2 u}{\partial y^2} + \frac{\partial^2 u}{\partial z^2} = 0.$$

试证明:

(1) $\displaystyle\oiint_S \frac{\partial u}{\partial \boldsymbol{n}} \mathrm{d}S = 0$,

(2) $\displaystyle\oiint_S u \frac{\partial u}{\partial \boldsymbol{n}} \mathrm{d}S = \iiint_V (\nabla u)^2 \mathrm{d}V$,

其中 $\dfrac{\partial u}{\partial \boldsymbol{n}}$ 是 u 沿 S 外侧法向量 $\boldsymbol{n}$ 的方向微商.

第 11 章　广义积分和含参变量的积分

§11.1　广 义 积 分

11.1.1　无穷积分的收敛性

设 $f(x)$ 在 $[a,+\infty)$ 的任何闭子区间上可积, 无穷积分

$$\int_a^{+\infty} f(x)\mathrm{d}x \tag{11.1.1}$$

收敛是指极限

$$\lim_{b\to+\infty}\int_a^b f(x)\mathrm{d}x$$

存在. 如果记

$$F(b)=\int_a^b f(x)\mathrm{d}x,$$

则积分 (11.1.1) 收敛就是指 $F(+\infty)$ 存在. 所以, 对 $\forall\,\varepsilon>0, \exists\, B$, 当 $b>B$ 时,

$$\left|\int_a^b f(x)\mathrm{d}x-\int_a^{+\infty} f(x)\mathrm{d}x\right|=\left|\int_b^{+\infty} f(x)\mathrm{d}x\right|<\varepsilon.$$

由

$$F(b_2)-F(b_1)=\int_{b_1}^{b_2} f(x)\mathrm{d}x,$$

并利用函数极限的 Cauchy 判则, 就有下述定理.

定理 11.1.1　设 $f(x)$ 在 $[a,+\infty)$ 的任意闭子区间上可积, 则 $\displaystyle\int_a^{+\infty} f(x)\mathrm{d}x$ 收敛的充分必要条件是: $\forall\,\varepsilon>0$, $\exists\, B>a$, 只要 $b_1,b_2>B$, 就有

$$\left|\int_{b_1}^{b_2} f(x)\mathrm{d}x\right|<\varepsilon.$$

定理 11.1.2　设 $f(x)$ 在 $[a,+\infty)$ 的任意闭子区间上可积, $\displaystyle\int_a^{+\infty} |f(x)|\mathrm{d}x$ 收敛, 则 $\displaystyle\int_a^{+\infty} f(x)\mathrm{d}x$ 收敛.

证 因 $\int_a^{+\infty}|f(x)|\mathrm{d}x$ 收敛, 由定理 11.1.1 可知对 $\forall\,\varepsilon>0, \exists\,B>a$, 当 $b_1,b_2>B$ 时, 有

$$\left|\int_{b_1}^{b_2} f(x)\mathrm{d}x\right| \leqslant \int_{b_1}^{b_2}|f(x)|\mathrm{d}x<\varepsilon.$$

再由定理 11.1.1 就知道 $\int_a^{+\infty} f(x)\mathrm{d}x$ 收敛. □

如果 $\int_a^{+\infty} f(x)\mathrm{d}x$ 和 $\int_a^{+\infty}|f(x)|\mathrm{d}x$ 都收敛, 则称 $\int_a^{+\infty} f(x)\mathrm{d}x$ 绝对收敛; 如果 $\int_a^{+\infty} f(x)\mathrm{d}x$ 收敛, 但 $\int_a^{+\infty}|f(x)|\mathrm{d}x$ 发散, 则称 $\int_a^{+\infty} f(x)\mathrm{d}x$ 条件收敛.

定理 11.1.3 设在 $[a,+\infty)$ 上 $f(x)\geqslant 0$, $f(x)$ 在 $[a,+\infty)$ 的任意闭子区间上可积, 则 $\int_a^{+\infty} f(x)\mathrm{d}x$ 收敛的充分必要条件是: $\exists M>0$, 对 $\forall\,b>a$ 都有

$$\int_a^b f(x)\mathrm{d}x<M.$$

证 由于 $f(x)\geqslant 0$, 所以函数

$$F(b)=\int_a^b f(x)\mathrm{d}x$$

在 $[a,+\infty)$ 单调递增. 由此可知 $F(+\infty)$ 存在的充分必要条件是 $F(b)$ 有界.故 $\int_a^{+\infty} f(x)\mathrm{d}x$ 收敛的充分必要条件是 $\int_a^b f(x)\mathrm{d}x$ 有界. □

定理 11.1.4(比较判别法) 设 $f(x)$ 和 $g(x)$ 在 $[a,+\infty)$ 上有定义, $\forall b>a$, $f(x)$ 和 $g(x)$ 在 $[a,b]$ 上可积. 如果对充分大的 x, 成立不等式

$$0\leqslant f(x)\leqslant g(x),$$

则

1° 若 $\int_a^{+\infty} g(x)\mathrm{d}x$ 收敛, 则 $\int_a^{+\infty} f(x)\mathrm{d}x$ 收敛;

2° 若 $\int_a^{+\infty} f(x)\mathrm{d}x$ 发散, 则 $\int_a^{+\infty} g(x)\mathrm{d}x$ 发散.

由于当 $p>1$ 时 $\int_a^{+\infty}\frac{\mathrm{d}x}{x^p}\,(a>0)$ 收敛, 当 $p\leqslant 1$ 时 $\int_a^{+\infty}\frac{\mathrm{d}x}{x^p}$ 发散, 所以用 $\frac{1}{x^p}$ 与 $f(x)$ 比较, 就得到下述推论.

推论 11.1.1 设 $f(x)$ 在 $[a,+\infty)$ 上连续.

1° 若对充分大的 x, 成立不等式

$$|f(x)| \leqslant \frac{C}{x^p},$$

其中 $p>1$, C 为常数, 则 $\int_a^{+\infty} f(x)\mathrm{d}x$ 绝对收敛.

2° 若对充分大的 x, 成立不等式

$$f(x) \geqslant \frac{C}{x^p},$$

其中 $p \leqslant 1$, C 为正常数, 则 $\int_a^{+\infty} f(x)\mathrm{d}x$ 发散.

例 11.1.1　设 $a>0$, 求证: 当 $p>1$ 时, $\int_a^{+\infty} \frac{\sin x}{x^p}\mathrm{d}x$ 绝对收敛; 当 $0<p\leqslant 1$ 时, $\int_a^{+\infty} \frac{\sin x}{x^p}\mathrm{d}x$ 条件收敛.

证　由于

$$\left|\frac{\sin x}{x^p}\right| \leqslant \frac{1}{x^p},$$

当 $p>1$ 时, $\int_a^{+\infty} \frac{1}{x^p}\mathrm{d}x$ 收敛, 所以, $\int_a^{+\infty} \frac{\sin x}{x^p}\mathrm{d}x$ 绝对收敛.

当 $0<p\leqslant 1$ 时, 由分部积分法可得

$$\begin{aligned}\int_a^{+\infty} \frac{\sin x}{x^p}\mathrm{d}x &= -\frac{\cos x}{x^p}\bigg|_a^{+\infty} - p\int_a^{+\infty} \frac{\cos x}{x^{1+p}}\mathrm{d}x \\ &= \frac{\cos a}{a^p} - p\int_a^{+\infty} \frac{\cos x}{x^{1+p}}\mathrm{d}x.\end{aligned}$$

由于 $1+p>1$, 故上式右边的积分绝对收敛, 因而原积分收敛.

又由于 $|\sin x| \geqslant \sin^2 x = \frac{1}{2} - \frac{1}{2}\cos 2x$, 由比较判别法可知, 只需证明

$$\int_a^{+\infty} \frac{\sin^2 x}{x^p}\mathrm{d}x = \int_a^{+\infty} \left(\frac{1}{2x^p} - \frac{\cos 2x}{2x^p}\right)\mathrm{d}x$$

发散即可. 上式右端积分 $\int_a^{+\infty} \frac{\mathrm{d}x}{2x^p}$ 发散, 而积分 $\int_a^{+\infty} \frac{\cos 2x}{2x^p}\mathrm{d}x$ 收敛, 故左边积分也是发散的. 所以, 当 $0<p\leqslant 1$ 时, $\int_a^{+\infty} \frac{\sin x}{x^p}\mathrm{d}x$ 条件收敛.

类似地, 对 $\int_a^{+\infty} \frac{\cos x}{x^p}\mathrm{d}x$ 也有同样的结论.

例 11.1.2　对任意实数 α, $\int_1^{+\infty} x^\alpha \mathrm{e}^{-x}\mathrm{d}x$ 收敛.

证 由于

$$\lim_{x\to+\infty} x^{\alpha}\mathrm{e}^{-\frac{x}{2}}=0,$$

故当 x 充分大时, 有

$$x^{\alpha}\mathrm{e}^{-x}=x^{\alpha}\mathrm{e}^{-\frac{x}{2}}\mathrm{e}^{-\frac{x}{2}}<\mathrm{e}^{-\frac{x}{2}}.$$

由 $\int_1^{+\infty}\mathrm{e}^{-\frac{x}{2}}\mathrm{d}x$ 的收敛性就可推知原积分的收敛性.

类似无穷级数, 也有下述极限形式的比较判别法.

定理 11.1.5 设 $f(x)$ 和 $g(x)$ 在 $[a,+\infty)$ 上有定义且非负. 对 $\forall\ b>a, f(x)$ 和 $g(x)$ 在 $[a,b]$ 上可积, $\lim\limits_{x\to+\infty}\dfrac{f(x)}{g(x)}=k$, 则

1° 若 $0<k<+\infty$, 则 $\int_a^{+\infty}f(x)\mathrm{d}x$ 与 $\int_a^{+\infty}g(x)\mathrm{d}x$ 同敛散;

2° 若 $k=0$, 则当 $\int_a^{+\infty}g(x)\mathrm{d}x$ 收敛时, $\int_a^{+\infty}f(x)\mathrm{d}x$ 也收敛;

3° 若 $k=+\infty$, 则当 $\int_a^{+\infty}g(x)\mathrm{d}x$ 发散时, $\int_a^{+\infty}f(x)\mathrm{d}x$ 也发散.

例 11.1.3 $\displaystyle\int_1^{+\infty}\frac{x^2\mathrm{d}x}{\sqrt{x+1}(x^4+x+1)}$ 收敛.

证 当 $x\to+\infty$ 时,

$$\frac{x^2}{\sqrt{x+1}(x^4+x+1)}\sim\frac{1}{x^{5/2}}.$$

而 $\displaystyle\int_1^{+\infty}\frac{\mathrm{d}x}{x^{5/2}}$ 收敛, 由定理 11.1.5 即知原积分收敛.

11.1.2 收敛的精细判别法

分部积分法常用来判断无穷积分的敛散性.

定理 11.1.6(Dirichlet) 设函数 $f(x)$ 定义在 $[a,+\infty)$, 且在 $\forall\ [a,b]\ (b>a)$ 上可积, 满足

1° $\exists\ M>0$, 对 $\forall\ b>a, \left|\int_a^b f(x)\mathrm{d}x\right|\leqslant M$;

2° 当 $x\to+\infty$ 时, $g(x)$ 单调趋于零.

则积分 $\int_a^{+\infty}f(x)g(x)\mathrm{d}x$ 收敛.

证 一般情形的证明比较困难. 为简便计, 假设 $g(x)$ 在 $[a,+\infty)$ 上有连续导数. 不妨设 $g(x)$ 单调增加, 于是有 $g'(x)\geqslant 0$ 及 $g(x)\leqslant 0$. 又由 $F(b)=\int_a^b f(x)\mathrm{d}x$ 有界 (条件 1°) 可知, $\forall a<b_1<b_2$, 都有

$$\begin{aligned}\left|\int_{b_1}^{b_2} f(x)g(x)\mathrm{d}x\right| &= \left|\int_{b_1}^{b_2} F'(x)g(x)\mathrm{d}x\right|\\ &= \left|F(b_2)g(b_2)-F(b_1)g(b_1)-\int_{b_1}^{b_2} F(x)g'(x)\mathrm{d}x\right|\\ &\leqslant M(-g(b_1)-g(b_2))+M\int_{b_1}^{b_2} g'(x)\mathrm{d}x\\ &= -2Mg(b_1).\end{aligned}$$

由于 $\lim\limits_{x\to+\infty} g(x)=0$, 所以当 b_1 充分大时, $\left|\int_{b_1}^{b_2} f(x)g(x)\mathrm{d}x\right|$ 可以任意小. 由 Cauchy 准则知积分 $\int_a^{+\infty} f(x)g(x)\mathrm{d}x$ 收敛. □

定理 11.1.7(Abel)　设函数 $f(x)$ 定义在 $[a,+\infty)$, 且在 $\forall\,[a,b]\ (b>a)$ 上可积, 满足

1° $\int_a^{+\infty} f(x)\mathrm{d}x$ 收敛;

2° $g(x)$ 在 $[a,+\infty)$ 上单调有界.

则 $\int_a^{+\infty} f(x)g(x)\mathrm{d}x$ 收敛.

证　因为 $g(x)$ 单调有界, 故 $\lim\limits_{x\to+\infty} g(x)$ 存在, 设为 l, 于是 $g(x)-l$ 就单调趋于零. 又显然 $\int_a^b f(x)\mathrm{d}x$ 有界, 故由定理 11.1.6 可知

$$\int_a^{+\infty} f(x)(g(x)-l)\mathrm{d}x$$

收敛. 再由 $\int_a^{+\infty} f(x)\mathrm{d}x$ 的收敛性, 即可推知 $\int_a^{+\infty} f(x)g(x)\mathrm{d}x$ 收敛. □

例 11.1.4　设 $g(x)$ 在 $[a,+\infty)$ 有定义, 并且当 $x\to+\infty$ 时 $g(x)$ 单调趋于零, 则积分

$$\int_a^{+\infty} g(x)\sin x\mathrm{d}x,\qquad \int_a^{+\infty} g(x)\cos x\mathrm{d}x$$

都收敛.

证 由于对任意 $b > a$, 都有

$$\left|\int_a^b \sin x\mathrm{d}x\right| \leqslant 2, \qquad \left|\int_a^b \cos x\mathrm{d}x\right| \leqslant 2,$$

由定理 11.1.6 可知, 原积分都收敛.

若令 $g(x) = \dfrac{1}{x^p}$ $(p > 0)$, 即是例 11.1.1 中的积分.

这里我们只讨论了 $[a, +\infty)$ 上的积分. 可以用同样的方法或利用变量代换 $x = -t$ 来研究 $(-\infty, a]$ 上的积分.

11.1.3 瑕积分的收敛判别法

现在转向被积函数有瑕点的另一种类型的广义积分.

为方便叙述, 下面的定理中总是假设 $f(x)$ 与 $\varphi(x)$ 在区间 $(a, b]$ 上连续, 且以 a 为瑕点. 由于这些定理的证明和无穷积分对应定理的证明完全类似, 所以不再重复.

定理 11.1.8 (Cauchy收敛准则) 积分 $\displaystyle\int_a^b f(x)\mathrm{d}x$ 收敛的充分必要条件是: 对 $\forall\, \varepsilon > 0, \exists\, \delta > 0$, 只要 $0 < \delta',\ \delta'' < \delta$, 就有

$$\left|\int_{a+\delta'}^{a+\delta''} f(x)\mathrm{d}x\right| < \varepsilon.$$

定理 11.1.9 如果积分 $\displaystyle\int_a^b |f(x)|\mathrm{d}x$ 收敛, 那么积分 $\displaystyle\int_a^b f(x)\mathrm{d}x$ 也收敛.

定理 11.1.10 在 $(a, b]$ 上, $f(x) \geqslant 0$, 则 $\displaystyle\int_a^b f(x)\mathrm{d}x$ 收敛的充分必要条件是: $\exists\, M > 0$, 使对 $\forall\, a < c < b$ 都有 $\displaystyle\int_c^b f < M$.

定理 11.1.11 如果对于充分接近 a 的 $x(x > a)$ 有不等式

$$0 \leqslant f(x) \leqslant \varphi(x),$$

那么

1° 若 $\displaystyle\int_a^b \varphi(x)\mathrm{d}x$ 收敛, 则 $\displaystyle\int_a^b f(x)\mathrm{d}x$ 收敛;

2° 若 $\displaystyle\int_a^b f(x)\mathrm{d}x$ 发散, 则 $\displaystyle\int_a^b \varphi(x)\mathrm{d}x$ 发散.

推论 11.1.2 1° 如果对充分接近 a 的 $x(x > a)$, 有不等式

$$|f(x)| \leqslant \frac{c}{(x-a)^p} \qquad (p < 1, c \text{ 为正常数}),$$

则积分 $\int_a^b f(x)\mathrm{d}x$ 绝对收敛.

2° 如果对充分接近 a 的 $x(x>a)$, 有不等式

$$f(x) \geqslant \frac{c}{(x-a)^p} \qquad (p \geqslant 1, c \text{ 为正常数}),$$

则积分 $\int_a^b f(x)\mathrm{d}x$ 发散.

定理 11.1.12　设 $f(x)$ 和 $\varphi(x)$ 都是 $(a,b]$ 上的非负连续函数, 且

$$\lim_{x\to a^+}\frac{f(x)}{\varphi(x)} = k,$$

则

1° 若 $0<k<+\infty$, 则 $\int_a^b f(x)\mathrm{d}x$ 和 $\int_a^b \varphi(x)\mathrm{d}x$ 同敛散;

2° 若 $k=0$, 则当 $\int_a^b \varphi(x)\mathrm{d}x$ 收敛时, $\int_a^b f(x)\mathrm{d}x$ 收敛;

3° 若 $k=+\infty$, 则当 $\int_a^b \varphi(x)\mathrm{d}x$ 发散时, $\int_a^b f(x)\mathrm{d}x$ 发散.

例 11.1.5　研究椭圆积分 $\int_0^1 \frac{\mathrm{d}x}{\sqrt{(1-x^2)(1-k^2x^2)}}$ 的敛散性, 其中 $0<k<1$.

解　这里被积函数以积分上限 $x=1$ 为瑕点. 由于

$$\lim_{x\to 1^-}\frac{1}{\sqrt{(1-x^2)(1-k^2x^2)}}\Big/\frac{1}{\sqrt{1-x}} = \frac{1}{\sqrt{2(1-k^2)}},$$

又 $\int_0^1 \frac{1}{\sqrt{1-x}}\mathrm{d}x$ 收敛, 根据定理 11.1.12 知椭圆积分收敛.

例 11.1.6　研究积分 $\int_0^1 \frac{\ln x}{1-x^2}\mathrm{d}x$ 的敛散性.

解　看上去似乎 $x=0, x=1$ 都是瑕点, 但实际上 $x=1$ 并非瑕点, 因为有

$$\lim_{x\to 1}\frac{\ln x}{1-x^2} = -\frac{1}{2}.$$

考虑 $x=0$ 附近的情况. 对充分小的 x, 恒有 $1-x^2 \geqslant 1/2$, 所以

$$\left|\frac{\ln x}{1-x^2}\right| \leqslant 2|\ln x|.$$

而积分 $\int_0^1 |\ln x|\mathrm{d}x = -\int_0^1 \ln x\mathrm{d}x$ 是收敛的, 因此原积分收敛.

例 11.1.7　研究积分 $\int_0^{+\infty}\frac{x^\alpha \arctan x}{2+x^\beta}\mathrm{d}x\,(\beta \geqslant 0)$ 的收敛性.

解 因为 $x=0$ 可能是瑕点, 所以把积分拆成两部分来考虑:

$$\int_0^{+\infty}\frac{x^\alpha\arctan x}{2+x^\beta}\mathrm{d}x=\int_0^1\frac{x^\alpha\arctan x}{2+x^\beta}\mathrm{d}x+\int_1^{+\infty}\frac{x^\alpha\arctan x}{2+x^\beta}\mathrm{d}x.$$

当 $x\to0^+$ 时,

$$\frac{x^\alpha\arctan x}{2+x^\beta}\sim\frac{1}{2}x^{\alpha+1}.$$

故当 $\alpha+1>-1$, 即 $\alpha>-2$ 时, 第一个积分收敛. 当 $x\to+\infty$ 时,

$$\frac{x^\alpha\arctan x}{2+x^\beta}\sim\frac{\pi}{2}\frac{1}{x^{\beta-\alpha}}.$$

故当 $\beta-\alpha>1$ 时, 第二个积分收敛. 所以原积分当 $\alpha>-2$ 且 $\beta>1+\alpha$ 时收敛.

习 题 11.1

1. 判断下列广义积分的收敛性.

(1) $\displaystyle\int_0^{+\infty}\frac{\sin^2 x}{x^2}\mathrm{d}x$;　(2) $\displaystyle\int_0^{+\infty}\frac{\ln(x^2+1)}{x}\mathrm{d}x$;

(3) $\displaystyle\int_2^{+\infty}\frac{x\ln x}{(1-x^2)^2}\mathrm{d}x$;　(4) $\displaystyle\int_0^{+\infty}\sqrt{x}\mathrm{e}^{-x}\mathrm{d}x$;

(5) $\displaystyle\int_0^{+\infty}\frac{x\arctan x}{\sqrt[3]{1+x^4}}\mathrm{d}x$;　(6) $\displaystyle\int_{\mathrm{e}^2}^{+\infty}\frac{\mathrm{d}x}{x\ln\ln x}$;

(7) $\displaystyle\int_a^b\frac{x\mathrm{d}x}{\sqrt{(x-a)(b-x)}}\ (a<b)$;　(8) $\displaystyle\int_0^1\frac{\ln x}{\sqrt{1-x^2}}\mathrm{d}x$;

(9) $\displaystyle\int_0^1\frac{x^2}{\sqrt[3]{(1-x^2)^5}}\mathrm{d}x$;　(10) $\displaystyle\int_0^1\frac{\mathrm{d}x}{\mathrm{e}^{\sqrt{x}}-1}$;

(11) $\displaystyle\int_0^1\frac{\sqrt{x}}{\mathrm{e}^{\sin x}-1}\mathrm{d}x$;　(12) $\displaystyle\int_0^1\frac{\mathrm{d}x}{\mathrm{e}^x-\cos x}$;

(13) $\displaystyle\int_0^{\frac{\pi}{2}}\frac{\ln\sin x}{\sqrt{x}}\mathrm{d}x$;　(14) $\displaystyle\int_1^{+\infty}\frac{\ln x}{x(x^2-1)}\mathrm{d}x$;

(15) $\displaystyle\int_0^{\frac{\pi}{2}}\frac{\mathrm{d}x}{\sqrt{\sin x}\cos x}$;　(16) $\displaystyle\int_{\mathrm{e}}^{+\infty}\frac{\mathrm{d}x}{x(\ln x)^p}$;

(17) $\displaystyle\int_0^{+\infty}\frac{x^{\alpha-1}}{1+x}\mathrm{d}x$;　(18) $\displaystyle\int_0^{+\infty}\frac{\arctan x}{x^\mu}\mathrm{d}x$.

2. 研究下列积分的条件收敛性与绝对收敛性.

(1) $\displaystyle\int_1^{+\infty}\frac{\cos(1-2x)}{\sqrt[3]{x}\sqrt[3]{x^2+1}}\mathrm{d}x$;　(2) $\displaystyle\int_0^{+\infty}\frac{\sin x}{\sqrt[3]{x^2+x+1}}\mathrm{d}x$;

(3) $\displaystyle\int_2^{+\infty}\frac{\sin x}{x\ln x}\mathrm{d}x$;　(4) $\displaystyle\int_0^{+\infty}\frac{\sin x}{x(1+\sqrt{x})}\mathrm{d}x$;

(5) $\displaystyle\int_0^{+\infty}\frac{\ln(1+x)}{x^2(1+x^p)}\mathrm{d}x\ (p>0)$;　(6) $\displaystyle\int_0^{+\infty}\frac{\sin\frac{1}{x}}{x^p}\mathrm{d}x$.

3. 设 $f(x)$ 在 $[a,+\infty)$ 单调、连续, $\displaystyle\int_a^{+\infty}f(x)\mathrm{d}x$ 收敛, 求证:$f(+\infty)=0$.

§11.2　含参变量的常义积分

11.2.1　含参变量的常义积分的性质

设二元函数 $f(x,u)$ 在区间 $[a,b]\times[\alpha,\beta]$ 上有定义, 对于任意给定的 $u\in[\alpha,\beta]$, 函数 $f(x,u)$ 对变量 x 在 $[a,b]$ 上 Riemann 可积, 这时称积分

$$\int_a^b f(x,u)\mathrm{d}x$$

是**含参变量 u 的常义积分**.

这一节讨论含参变量的常义积分的性质.

定理 11.2.1　如果函数 $f(x,u)$ 在 $I=[a,b]\times[\alpha,\beta]$ 上连续, 则

$$\varphi(u)=\int_a^b f(x,u)\mathrm{d}x$$

在 $[\alpha,\beta]$ 上连续.

证　在区间 $[\alpha,\beta]$ 上任取一点 u_0, 于是

$$\begin{aligned}|\varphi(u)-\varphi(u_0)|&=\left|\int_a^b f(x,u)\mathrm{d}x-\int_a^b f(x,u_0)\mathrm{d}x\right|\\&\leqslant\int_a^b |f(x,u)-f(x,u_0)|\mathrm{d}x.\end{aligned}$$

由于 $f(x,u)$ 在闭区域 I 上连续, 因此必一致连续. 故对 $\forall\varepsilon>0$, $\exists\delta>0$, 只要 I 中两点 (x_1,u_1) 与 (x_2,u_2) 的距离小于 δ, 就有

$$|f(x_1,u_1)-f(x_2,u_2)|<\varepsilon.$$

特别地, 当 $|u-u_0|<\delta$ 时, 对任意 $x\in[a,b]$, 都有

$$|f(x,u)-f(x,u_0)|<\varepsilon.$$

从而得到

$$|\varphi(u)-\varphi(u_0)|<(b-a)\varepsilon.$$

这就证明了 $\varphi(u)$ 在点 u_0 处连续. 由 u_0 的任意性可知, $\varphi(u)$ 在 $[\alpha,\beta]$ 上连续.　□

由于

$$\lim_{u\to u_0}\varphi(u)=\varphi(u_0)$$

可写成

$$\lim_{u\to u_0}\int_a^b f(x,u)\mathrm{d}x=\int_a^b\lim_{u\to u_0}f(x,u)\mathrm{d}x,$$

所以说在定理 11.2.1 的条件下极限运算与积分运算的次序可以交换.

在确定了 $\varphi(u)$ 是 u 的连续函数之后, 就有可能来考察它在区间 $[\alpha,\beta]$ 上的积分

$$\int_\alpha^\beta\varphi(u)\mathrm{d}u=\int_\alpha^\beta\left[\int_a^b f(x,u)\mathrm{d}x\right]\mathrm{d}u.$$

当函数 $f(x,u)$ 在 I 上连续时, 上式右端积分等于 $f(x,u)$ 在 I 上的二重积分, 故也可写成

$$\int_\alpha^\beta\left[\int_a^b f(x,u)\mathrm{d}x\right]\mathrm{d}u=\int_a^b\left[\int_\alpha^\beta f(x,u)\mathrm{d}u\right]\mathrm{d}x,$$

这便是下面的定理.

定理 11.2.2 如果函数 $f(x,u)$ 在 $I=[a,b]\times[\alpha,\beta]$ 上连续, 则 $\varphi(u)=\int_a^b f(x,u)\mathrm{d}x$ 在 $[\alpha,\beta]$ 上可积, 并有

$$\int_\alpha^\beta\varphi(u)\mathrm{d}u=\int_\alpha^\beta\left[\int_a^b f(x,u)\mathrm{d}x\right]\mathrm{d}u=\int_a^b\left[\int_\alpha^\beta f(x,u)\mathrm{d}u\right]\mathrm{d}x.$$

现在进一步研究函数 $\varphi(u)$ 的可微性.

定理 11.2.3 设函数 $f(x,u)$ 在 $I=[a,b]\times[\alpha,\beta]$ 上连续, 且对 u 有连续偏微商, 则函数

$$\varphi(u)=\int_a^b f(x,u)\mathrm{d}x$$

在 $[\alpha,\beta]$ 上可微, 并有

$$\varphi'(u)=\int_a^b\frac{\partial f(x,u)}{\partial u}\mathrm{d}x.$$

证 令

$$\int_a^b\frac{\partial f(x,u)}{\partial u}\mathrm{d}x=g(u),$$

则 $g(u)$ 是 $[\alpha,\beta]$ 上的连续函数. 根据定理 11.2.2, 当 $\alpha\leqslant v\leqslant\beta$ 时, 有

$$\begin{aligned}\int_\alpha^v g(u)\mathrm{d}u&=\int_a^b\left[\int_\alpha^v\frac{\partial f(x,u)}{\partial u}\mathrm{d}u\right]\mathrm{d}x\\&=\int_a^b[f(x,v)-f(x,\alpha)]\mathrm{d}x=\varphi(v)-\varphi(\alpha).\end{aligned}$$

由定理 11.2.1 知, $g(u)$ 是 $[\alpha,\beta]$ 上的连续函数, 可见 $\varphi(v)$ 是 $g(v)$ 的原函数, 因此

$$\varphi'(v)=g(v).$$

这就是所要证明的公式. □

定理 11.2.3 中的区间 $[\alpha,\beta]$ 也可以不是封闭的. 例如, 把 $[\alpha,\beta]$ 换成 (α,β), 则对任意 $u_0\in(\alpha,\beta)$, 取 $\alpha<\alpha_1<u_0<\beta_1<\beta$, 则对 $[\alpha_1,\beta_1]$ 使用定理 11.2.3, 就得到 $\varphi'(u_0)=\int_a^b\frac{\partial f(x,u_0)}{\partial u}\mathrm{d}x$.

这个定理告诉我们, 在 $f(x,u)$ 与 $\frac{\partial f(x,u)}{\partial u}$ 连续的条件下, 微分和积分的次序可以交换.

例 11.2.1　试求积分 $\int_0^1\frac{\ln(1+x)}{1+x^2}\mathrm{d}x$ 的值.

解　考虑含参变量的积分

$$I(u)=\int_0^1\frac{\ln(1+ux)}{1+x^2}\mathrm{d}x.$$

这个积分的被积函数 $\frac{\ln(1+ux)}{1+x^2}$ 及其关于 u 的偏微商 $\frac{x}{(1+x^2)(1+ux)}$ 都在 $[0,1]^2$ 上连续, 由定理 11.2.3 就有

$$\begin{aligned}I'(u)&=\int_0^1\frac{x}{(1+x^2)(1+ux)}\mathrm{d}x\\&=\frac{1}{1+u^2}\int_0^1\left(\frac{x}{1+x^2}+\frac{u}{1+x^2}-\frac{u}{1+ux}\right)\mathrm{d}x\\&=\frac{1}{1+u^2}\left[\frac{\ln 2}{2}+\frac{\pi}{4}u-\ln(1+u)\right].\end{aligned}$$

将此式的两端关于 u 从 0 到 1 积分, 得

$$\begin{aligned}I(1)-I(0)&=\int_0^1\frac{1}{1+u^2}\left[\frac{\ln 2}{2}+\frac{\pi}{4}u-\ln(1+u)\right]\mathrm{d}u\\&=\frac{\ln 2}{2}\arctan u\Big|_0^1+\frac{\pi}{8}\ln(1+u^2)\Big|_0^1-\int_0^1\frac{\ln(1+u)}{1+u^2}\mathrm{d}u\\&=\frac{\pi}{4}\ln 2-I(1).\end{aligned}$$

又 $I(0)=0$, 故所求积分的值为 $I(1)=\frac{\pi}{8}\ln 2$.

另外, 也可根据定理 11.2.2 求得积分值 $I(1)$. 因为

$$\ln(1+ux)=\int_0^u\frac{x}{1+xy}\mathrm{d}y,$$

所以

$$I(u)=\int_0^1 \frac{x}{1+x^2}\left(\int_0^u \frac{\mathrm{d}y}{1+xy}\right)\mathrm{d}x.$$

由于 $\dfrac{x}{(1+x^2)(1+xy)}$ 在 $[0,1]\times[0,u]$ 上连续, 故有

$$\begin{aligned}I(u)&=\int_0^u\left[\int_0^1 \frac{x}{(1+x^2)(1+xy)}\mathrm{d}x\right]\mathrm{d}y\\&=\int_0^u \frac{1}{1+y^2}\left[\frac{\ln 2}{2}+\frac{\pi}{4}y-\ln(1+y)\right]\mathrm{d}y\\&=\frac{\ln 2}{2}\arctan u+\frac{\pi}{8}\ln(1+u^2)-\int_0^u \frac{\ln(1+x)}{1+x^2}\mathrm{d}x.\end{aligned}$$

取 $u=1$, 就得到

$$I(1)=\int_0^1 \frac{\ln(1+x)}{1+x^2}\mathrm{d}x=\frac{\pi}{8}\ln 2.$$

11.2.2 积分限依赖于参变量的积分的性质

在实际应用中, 经常要遇到这样的情形, 不仅被积函数含有参变量, 积分限也含有参变量, 这时积分可写成

$$\psi(u)=\int_{a(u)}^{b(u)} f(x,u)\mathrm{d}x.$$

它显然也确定一个参变量 u 的函数.

如同积分限是常数的情形一样, 也有关于函数 $\psi(u)$ 的连续性、可微性定理.

定理 11.2.4 设函数 $f(x,u)$ 在矩形区域 $I=[a,b]\times[\alpha,\beta]$ 上连续, 在 $[\alpha,\beta]$ 上函数 $a(u)$ 及 $b(u)$ 连续, 并且

$$a\leqslant a(u)\leqslant b,\qquad a\leqslant b(u)\leqslant b,$$

则

$$\psi(u)=\int_{a(u)}^{b(u)} f(x,u)\mathrm{d}x$$

在 $[\alpha,\beta]$ 上连续.

证 在 $[\alpha,\beta]$ 上任取一点 u_0, 并将参变量积分 $\psi(u)$ 写成

$$\psi(u)=\int_{a(u)}^{a(u_0)} f(x,u)\mathrm{d}x+\int_{a(u_0)}^{b(u_0)} f(x,u)\mathrm{d}x+\int_{b(u_0)}^{b(u)} f(x,u)\mathrm{d}x.$$

上式右端的第二个积分由于上下限都是常数, 所以它关于 u 是连续的, 于是有

$$\lim_{u\to u_0}\int_{a(u_0)}^{b(u_0)} f(x,u)\mathrm{d}x=\int_{a(u_0)}^{b(u_0)} f(x,u_0)\mathrm{d}x.$$

而上式右端的第一个与第三个积分有估计值

$$\left|\int_{a(u)}^{a(u_0)} f(x,u)\mathrm{d}x\right| \leqslant M|a(u)-a(u_0)|,$$

$$\left|\int_{b(u_0)}^{b(u)} f(x,u)\mathrm{d}x\right| \leqslant M|b(u)-b(u_0)|,$$

其中 M 是连续函数 $|f(x,u)|$ 在区域 I 上的最大值. 因为 $a(u), b(u)$ 在点 u_0 连续, 所以当 $u \to u_0$ 时, 这两个积分趋于零. 于是

$$\lim_{u\to u_0} \psi(u) = \int_{a(u_0)}^{b(u_0)} f(x,u_0)\mathrm{d}x = \psi(u_0),$$

即 $\psi(u)$ 在点 u_0 处连续. 由 u_0 的任意性知, $\psi(u)$ 在 $[\alpha,\beta]$ 上连续. □

定理 11.2.5　设函数 $f(x,u)$ 在 $I=[a,b]\times[\alpha,\beta]$ 上连续且对 u 有连续的偏微商, 在 $[\alpha,\beta]$ 上函数 $a(u)$ 及 $b(u)$ 可微, 并且

$$a \leqslant a(u) \leqslant b, \qquad a \leqslant b(u) \leqslant b,$$

则函数 $\psi(u)$ 在区间 $[\alpha,\beta]$ 上可微, 且有

$$\psi'(u) = \int_{a(u)}^{b(u)} \frac{\partial f(x,u)}{\partial u}\mathrm{d}x + f(b(u),u)b'(u) - f(a(u),u)a'(u).$$

证　令

$$F(u,y,z) = \int_y^z f(x,u)\mathrm{d}x,$$

其中 $y=a(u)$, $z=b(u)$, 于是 $\psi(u)$ 是由 $F(u,y,z)$ 与 $y=a(u)$, $z=b(u)$ 复合而成的复合函数. 由复合函数的可微性及链式法则, 有

$$\begin{aligned}\psi'(u) &= \frac{\partial F}{\partial u} + \frac{\partial F}{\partial y}\frac{\mathrm{d}y}{\mathrm{d}u} + \frac{\partial F}{\partial z}\frac{\mathrm{d}z}{\mathrm{d}u} \\ &= \int_y^z \frac{\partial f(x,u)}{\partial u}\mathrm{d}x + f(z,u)\frac{\mathrm{d}z}{\mathrm{d}u} - f(y,u)\frac{\mathrm{d}y}{\mathrm{d}u}.\end{aligned}$$

将 $y=a(u), z=b(u)$ 代入上式就得到

$$\psi'(u) = \int_{a(u)}^{b(u)} \frac{\partial f(x,u)}{\partial u}\mathrm{d}x + f(b(u),u)b'(u) - f(a(u),u)a'(u).$$ □

例 11.2.2　设 $I(u) = \displaystyle\int_u^{u^2} \frac{\sin ux}{x}\mathrm{d}x$, 求 $I'(u)$.

解 由于 $x=0$ 是 $\frac{\sin ux}{x}$ 的可去间断点, 故 $\frac{\sin ux}{x}$ 对任意 x,u 都是连续的, 且对 u 有连续的偏微商. 故由定理 11.2.5, 有

$$\begin{aligned}I'(u)&=\int_u^{u^2}\cos ux\mathrm{d}x+2u\frac{\sin u^3}{u^2}-\frac{\sin u^2}{u}\\&=\frac{\sin ux}{u}\bigg|_u^{u^2}+\frac{2\sin u^3}{u}-\frac{\sin u^2}{u}\\&=\frac{3\sin u^3-2\sin u^2}{u}.\end{aligned}$$

习 题 11.2

1. 试用两种方法计算以下极限:

(1) $\lim\limits_{\alpha\to 0}\int_{-1}^{1}\sqrt{x^2+\alpha^2}\mathrm{d}x$; (2) $\lim\limits_{\alpha\to 0}\int_{\alpha}^{1+\alpha}\frac{1}{1+x^2+\alpha^2}\mathrm{d}x$.

2. 求 $F'(\alpha)$:

(1) $F(\alpha)=\int_{\sin\alpha}^{\cos\alpha}\mathrm{e}^{\alpha\sqrt{1-x^2}}\mathrm{d}x$;

(2) $F(\alpha)=\int_{a+\alpha}^{b+\alpha}\frac{\sin\alpha x}{x}\mathrm{d}x$;

(3) $F(\alpha)=\int_0^{\alpha}\frac{\ln(1+\alpha x)}{x}\mathrm{d}x$;

(4) $F(\alpha)=\int_0^{\alpha}f(x+\alpha,x-\alpha)\mathrm{d}x$ ($f(u,v)$ 有连续偏导数).

3. 设 $f(x)$ 在 $[a,b]$ 上连续, 证明

$$y(x)=\frac{1}{k}\int_c^x f(t)\sin k(x-t)\mathrm{d}t,\qquad c,x\in[a,b)$$

满足常微分方程

$$y''+k^2y=f(x),$$

其中 c 与 k 为常数.

4. 应用对参数进行微分或积分的方法, 计算下列积分:

(1) $\int_0^{\frac{\pi}{2}}\ln(a^2\sin^2x+b^2\cos^2x)\mathrm{d}x$ $(a>0,b>0)$;

(2) $\int_0^{\pi}\ln(1-2a\cos x+a^2)\mathrm{d}x$ $(0\leqslant a<1)$;

(3) $\int_0^{\frac{\pi}{2}}\frac{\arctan(a\tan x)}{\tan x}\mathrm{d}x$ $(a\geqslant 0)$;

(4) $\int_0^{\frac{\pi}{2}}\ln\frac{1+a\cos x}{1-a\cos x}\cdot\frac{\mathrm{d}x}{\cos x}$ $(0\leqslant a<1)$.

§11.3 含参变量的广义积分

11.3.1 含参变量的广义积分的一致收敛性

这一节我们进一步考虑含参变量的广义积分. 为简单起见, 只讨论具有无穷上限的积分, 而对它建立起来的一切理论可以类推到具有无穷下限及无界函数的积分.

假设函数 $f(x,u)$ 在 $I=[a,+\infty)\times[\alpha,\beta]$ 上连续, 若对任意给定的 $u\in[\alpha,\beta]$, 广义积分

$$\int_a^{+\infty} f(x,u)\mathrm{d}x$$

都收敛, 则它就确定了区间 $[\alpha,\beta]$ 上的一个函数

$$\varphi(u)=\int_a^{+\infty} f(x,u)\mathrm{d}x.$$

这就是含参变量 u 的无穷积分.

我们知道, 在函数项级数的理论中, 一致收敛的概念起着重要的作用. 在讨论含参变量的广义积分所确定的函数 $\varphi(u)$ 的性质时, 类似的概念也具有决定性的意义.

所谓积分 $\displaystyle\int_a^{+\infty} f(x,u)\mathrm{d}x$ 收敛, 是指对于每个给定的 $u\in[\alpha,\beta]$, 有

$$\lim_{b\to+\infty}\int_a^b f(x,u)\mathrm{d}x=\int_a^{+\infty} f(x,u)\mathrm{d}x,$$

即对 $\forall\varepsilon>0$, $\exists\, B(B>a)$, 当 $b>B$ 时, 有

$$\left|\int_a^b f(x,u)\mathrm{d}x-\int_a^{+\infty} f(x,u)\mathrm{d}x\right|=\left|\int_b^{+\infty} f(x,u)\mathrm{d}x\right|<\varepsilon.$$

一般来说, 数 B 不仅依赖于 ε, 而且还依赖于参变量 u.

定义 11.3.1 如果对 $\forall\,\varepsilon>0$, $\exists\, B(B>a)$, 当 $b>B$ 时, 不等式

$$\left|\int_b^{+\infty} f(x,u)\mathrm{d}x\right|<\varepsilon$$

对 $\forall\, u\in[\alpha,\beta]$ 均成立, 则称广义积分 $\displaystyle\int_a^{+\infty} f(x,u)\mathrm{d}x$ 在 $[\alpha,\beta]$ 上一致收敛. 这里的 $[\alpha,\beta]$ 还可以换成开区间或无穷区间.

所以, 如果 $\exists\, \varepsilon_0 > 0$, 对 $\forall B$, 总 $\exists b_0 > B$ 及某个 $u_0 \in [\alpha, \beta]$, 使得

$$\left|\int_{b_0}^{+\infty} f(x, u_0)\mathrm{d}x\right| \geqslant \varepsilon_0$$

成立, 则广义积分 $\displaystyle\int_a^{+\infty} f(x,u)\mathrm{d}x$ 在 $[\alpha,\beta]$ 上不一致收敛.

定理 11.3.1 (Cauchy准则) 积分 $\displaystyle\int_a^{+\infty} f(x,u)\mathrm{d}x$ 在区间 $[\alpha,\beta]$上一致收敛的充分必要条件是: 对 $\forall\, \varepsilon > 0$,$\exists\, B$, 使得当 $b_1, b_2 > B$ 时, 不等式

$$\left|\int_{b_1}^{b_2} f(x,u)\mathrm{d}x\right| < \varepsilon$$

对 $\forall u \in [\alpha, \beta]$ 均成立.

定理的证明和函数项级数的 Cauchy 准则相仿, 留给读者做练习. 同样也有类似于函数项级数的比较判别法.

定理 11.3.2 (比较判别法) 设 $f(x,u)$ 在 $I = [a, +\infty) \times [\alpha, \beta]$ 上连续, 如果存在一个连续函数 $p(x,u)$, 使得对于一切充分大的 x 以及 $\forall u \in [\alpha,\beta]$, 都有

$$|f(x,u)| \leqslant p(x,u),$$

且积分 $\displaystyle\int_a^{+\infty} p(x,u)\mathrm{d}x$ 一致收敛, 则积分 $\displaystyle\int_a^{+\infty} f(x,u)\mathrm{d}x$ 在 $[\alpha,\beta]$ 上一致收敛.

证 由 $\displaystyle\int_a^{+\infty} p(x,u)\mathrm{d}x$ 一致收敛可知, $\exists\, B$, 当 $b_1, b_2 > B$ 时, 对 $\forall\, u \in [\alpha, \beta]$ 有

$$\left|\int_{b_1}^{b_2} p(x,u)\mathrm{d}x\right| < \varepsilon,$$

于是推得

$$\left|\int_{b_1}^{b_2} f(x,u)\mathrm{d}x\right| \leqslant \left|\int_{b_1}^{b_2} |f(x,u)|\mathrm{d}x\right| \leqslant \left|\int_{b_1}^{b_2} p(x,u)\mathrm{d}x\right| < \varepsilon.$$

由 Cauchy 准则可见所考查的积分一致收敛. □

例 11.3.1 研究积分 $\displaystyle\int_1^{+\infty} \frac{\sin ux}{x^2}\mathrm{d}x$ 在 $-\infty < u < +\infty$ 上的一致收敛性.

解 因为对 $\forall u \in (-\infty, +\infty)$, 有

$$\left|\frac{\sin ux}{x^2}\right| \leqslant \frac{1}{x^2},$$

而积分 $\displaystyle\int_1^{+\infty} \frac{\mathrm{d}x}{x^2}$ 收敛, 故由比较判别法知原积分关于 u 在实轴上一致收敛.

例 11.3.2 证明: 当 $\alpha > 0$ 时, 积分 $\int_0^{+\infty} \frac{x\sin\beta x}{\alpha^2+x^2}\mathrm{d}x$ 在 $\beta \geqslant \beta_0 > 0$ 上一致收敛.

证 我们有

$$\int_b^{+\infty} \frac{x\sin\beta x}{\alpha^2+x^2}\mathrm{d}x = -\left.\frac{x\cos\beta x}{\beta(\alpha^2+x^2)}\right|_b^{+\infty} + \frac{1}{\beta}\int_b^{+\infty}\cos\beta x\mathrm{d}\frac{x}{\alpha^2+x^2}$$
$$= \frac{b\cos b\beta}{\beta(\alpha^2+b^2)} + \frac{1}{\beta}\int_b^{+\infty}\cos\beta x\frac{\alpha^2-x^2}{(\alpha^2+x^2)^2}\mathrm{d}x.$$

由

$$\left|\frac{b\cos b\beta}{\beta(\alpha^2+b^2)}\right| \leqslant \frac{1}{b\beta_0}$$

及

$$\frac{1}{\beta}\int_b^{+\infty}\cos\beta x\frac{\alpha^2-x^2}{(\alpha^2+x^2)^2}\mathrm{d}x \leqslant \int_b^{+\infty}\frac{\mathrm{d}x}{\beta_0 x^2} = \frac{1}{b\beta_0},$$

即知 $\int_0^{+\infty}\frac{x\sin\beta x}{\alpha^2+x^2}\mathrm{d}x$ 在 $\beta \geqslant \beta_0 > 0$ 上一致收敛.

例 11.3.3 设 $0 < p \leqslant 1$, 证明 $\int_0^{+\infty}\mathrm{e}^{-ux}\frac{\sin x}{x^p}\mathrm{d}x$ 对 $u \geqslant 0$ 一致收敛.

证 任给 $0 \leqslant u < +\infty$, 我们有

$$\int_b^{+\infty}\mathrm{e}^{-ux}\frac{\sin x}{x^p}\mathrm{d}x$$
$$= -\left.\frac{\mathrm{e}^{-ux}\cos x}{x^p}\right|_b^{+\infty} - \int_b^{+\infty}\left(\frac{u\mathrm{e}^{-ux}\cos x}{x^p} + \frac{p\mathrm{e}^{-ux}\cos x}{x^{p+1}}\right)\mathrm{d}x$$
$$= \frac{\mathrm{e}^{-bu}\cos b}{b^p} - \int_b^{+\infty}\frac{u\mathrm{e}^{-ux}\cos x}{x^p}\mathrm{d}x - \int_b^{+\infty}\frac{p\mathrm{e}^{-ux}\cos x}{x^{p+1}}\mathrm{d}x,$$

$$\left|\int_b^{+\infty}\frac{u\mathrm{e}^{-ux}\cos x}{x^p}\mathrm{d}x\right| \leqslant \frac{1}{b^p}\int_b^{+\infty}u\mathrm{e}^{-ux}\mathrm{d}x = \begin{cases} 0, & u=0, \\ \dfrac{\mathrm{e}^{-bu}}{b^p}, & u>0, \end{cases}$$

$$\left|\int_b^{+\infty}p\frac{\mathrm{e}^{-ux}\cos x}{x^{p+1}}\mathrm{d}x\right| \leqslant \int_b^{+\infty}p\frac{\mathrm{e}^{-bu}}{x^{p+1}}\mathrm{d}x = \frac{\mathrm{e}^{-bu}}{b^p}.$$

故

$$\left|\int_b^{+\infty}\mathrm{e}^{-ux}\frac{\sin x}{x^p}\mathrm{d}x\right| \leqslant 3\frac{\mathrm{e}^{-bu}}{b^p} \leqslant \frac{3}{b^p}.$$

所以, $\forall\varepsilon > 0$, 当 b 充分大时, 对 $\forall u \in (-\infty, +\infty)$, 都有

$$\left|\int_b^{\infty}\mathrm{e}^{-ux}\frac{\sin x}{x^p}\mathrm{d}x\right| < \varepsilon.$$

因此, 积分 $\int_0^{+\infty} \mathrm{e}^{-ux}\frac{\sin x}{x^p}\mathrm{d}x$ 对 $u \geqslant 0$ 一致收敛.

例 11.3.4 证明积分 $\int_a^{+\infty} u\mathrm{e}^{-ux}\mathrm{d}x$ 在 $0 \leqslant u < +\infty$ 上不一致收敛.

证 显然积分在 $u \geqslant 0$ 收敛. 今证它不一致收敛. 取定正数 $\varepsilon_0 < \mathrm{e}^{-1}$, 对任意给定的 B, 取 $b_0 > B$ 及 $u_0 = 1/b_0$, 有

$$\left|\int_{b_0}^{+\infty} u_0\mathrm{e}^{-u_0 x}\mathrm{d}x\right| = \mathrm{e}^{-1} > \varepsilon_0,$$

因而积分 $\int_a^{+\infty} u\mathrm{e}^{-ux}\mathrm{d}x$ 在 $[0, +\infty)$ 上不一致收敛.

与函数项级数一样, 也有含参变量广义积分一致收敛的较精细的判别法 (Dirichlet 判别法和 Abel 判别法), 不再赘述.

11.3.2 一致收敛积分的性质

设含参变量的广义积分 $\int_a^{+\infty} f(x,u)\mathrm{d}x$ 在 $[\alpha,\beta]$ 上收敛, 我们要研究由它所确定的函数

$$\varphi(u) = \int_a^{+\infty} f(x,u)\mathrm{d}x$$

的性质. 它也有与函数项级数的和函数完全类似的关于连续、求导与积分等分析性质.

定理 11.3.3 若函数 $f(x,u)$ 在 $I = [a,+\infty)\times[\alpha,\beta]$ 上连续, 且积分

$$\varphi(u) = \int_a^{+\infty} f(x,u)\mathrm{d}x$$

在 $[\alpha,\beta]$ 上关于 u 一致收敛, 则函数 $\varphi(u)$ 在 $[\alpha,\beta]$ 上连续.

证 由于积分 $\int_a^{+\infty} f(x,u)\mathrm{d}x$ 在 $[\alpha,\beta]$ 上一致收敛, 故对 $\forall\varepsilon > 0$, $\exists B$, 只要 $b > B$, 就有

$$\left|\int_b^{+\infty} f(x,u)\mathrm{d}x\right| < \frac{\varepsilon}{3}$$

对 $\forall u \in [\alpha,\beta]$ 均成立. 在 $[\alpha,\beta]$ 上任取一点 u_0, 因为含参变量的常义积分 $\int_a^b f(x,u)\mathrm{d}x$ 在 $[\alpha,\beta]$ 上连续, 所以 $\exists\,\delta > 0$, 当 $|u-u_0| < \delta$ 时, 有

$$\left|\int_a^b f(x,u)\mathrm{d}x - \int_a^b f(x,u_0)\mathrm{d}x\right| < \frac{\varepsilon}{3}.$$

于是只要 $|u-u_0|<\delta$, 即可推得

$$\begin{aligned}|\varphi(u)-\varphi(u_0)| &= \left|\int_a^{+\infty} f(x,u)\mathrm{d}x - \int_a^{+\infty} f(x,u_0)\mathrm{d}x\right| \\ &\leqslant \left|\int_a^b f(x,u)\mathrm{d}x - \int_a^b f(x,u_0)\mathrm{d}x\right| + \left|\int_b^{+\infty} f(x,u)\mathrm{d}x\right| \\ &\quad + \left|\int_b^{+\infty} f(x,u_0)\mathrm{d}x\right| \\ &< \frac{\varepsilon}{3}+\frac{\varepsilon}{3}+\frac{\varepsilon}{3}=\varepsilon.\end{aligned}$$

这就证明了 $\varphi(u)$ 在点 u_0 连续. 由于 u_0 的任意性, 故 $\varphi(u)$ 在整个区间 $[\alpha,\beta]$ 上连续. □

这个定理也可写成

$$\lim_{u\to u_0}\int_a^{+\infty} f(x,u)\mathrm{d}x = \int_a^{+\infty} (\lim_{u\to u_0} f(x,u))\mathrm{d}x,$$

即在定理 11.3.3 的条件下, 极限号与积分号可以交换顺序.

定理 11.3.4　若函数 $f(x,u)$ 在 $I=[a,+\infty)\times[\alpha,\beta]$ 上连续, 且积分

$$\varphi(u)=\int_a^{+\infty} f(x,u)\mathrm{d}x$$

在 $[\alpha,\beta]$ 上关于 u 一致收敛, 则有

$$\int_\alpha^\beta \varphi(u)\mathrm{d}u = \int_\alpha^\beta \left[\int_a^{+\infty} f(x,u)\mathrm{d}x\right]\mathrm{d}u = \int_a^{+\infty}\left[\int_\alpha^\beta f(x,u)\mathrm{d}u\right]\mathrm{d}x.$$

证　由假设可知, 对 $\forall\ \varepsilon>0$, $\exists\ B$, 只要 $b>B$, 则 $\forall\ u\in[\alpha,\beta]$, 都有

$$\left|\int_b^{+\infty} f(x,u)\mathrm{d}x\right|<\varepsilon.$$

因为

$$\int_\alpha^\beta \varphi(u)\mathrm{d}u = \int_\alpha^\beta\left[\int_a^b f(x,u)\mathrm{d}x\right]\mathrm{d}u + \int_\alpha^\beta\left[\int_b^{+\infty} f(x,u)\mathrm{d}x\right]\mathrm{d}u,$$

而对含参变量的常义积分应有

$$\int_\alpha^\beta\left[\int_a^b f(x,u)\mathrm{d}x\right]\mathrm{d}u = \int_a^b\left[\int_\alpha^\beta f(x,u)\mathrm{d}u\right]\mathrm{d}x,$$

所以当 $b>B$ 时, 就得到

$$\left|\int_\alpha^\beta \varphi(u)\mathrm{d}u - \int_a^b\left[\int_\alpha^\beta f(x,u)\mathrm{d}u\right]\mathrm{d}x\right|$$

$$\leqslant \int_\alpha^\beta \left| \int_b^{+\infty} f(x,u)\mathrm{d}x \right| \mathrm{d}u < (\beta-\alpha)\varepsilon.$$

这正说明了积分

$$\int_a^{+\infty} \left[\int_\alpha^\beta f(x,u)\mathrm{d}u \right] \mathrm{d}x$$

收敛, 并且等于 $\int_\alpha^\beta \varphi(u)\mathrm{d}u$. □

例 11.3.5 计算积分 $\int_0^{+\infty} \frac{\mathrm{e}^{-ax}-\mathrm{e}^{-bx}}{x}\mathrm{d}x$, 其中 $0<a<b$.

解 被积函数可以表成积分

$$\frac{\mathrm{e}^{-ax}-\mathrm{e}^{-bx}}{x} = \int_a^b \mathrm{e}^{-ux}\mathrm{d}u,$$

于是所要计算的积分就变为

$$\int_0^{+\infty} \frac{\mathrm{e}^{-ax}-\mathrm{e}^{-bx}}{x}\mathrm{d}x = \int_0^{+\infty} \mathrm{d}x \int_a^b \mathrm{e}^{-ux}\mathrm{d}u.$$

由于对 $\forall\ u \in [a,b]$, 有

$$\mathrm{e}^{-ux} \leqslant \mathrm{e}^{-ax},$$

而无穷积分 $\int_0^{+\infty} \mathrm{e}^{-ax}\mathrm{d}x$ 收敛 $(a>0)$, 由比较判别法知, $\int_0^{+\infty} \mathrm{e}^{-ux}\mathrm{d}x$ 在 $[a,b]$上一致收敛. 又 e^{-ux} 在 $[0,+\infty)\times[a,b]$ 上连续, 根据定理 11.3.4 便得到

$$\int_0^{+\infty} \frac{\mathrm{e}^{-ax}-\mathrm{e}^{-bx}}{x}\mathrm{d}x = \int_a^b \mathrm{d}u \int_0^{+\infty} \mathrm{e}^{-ux}\mathrm{d}x = \int_a^b \frac{\mathrm{d}u}{u} = \ln\frac{b}{a}.$$

在定理 11.3.4 的条件下, 对 x 和 u 进行积分的次序可以交换, 这里关于 u 的积分区间 $[\alpha,\beta]$ 是有限的. 但在很多情况下, 往往需要知道两个无穷区间的积分次序是否可以交换, 即在什么条件下, 有等式

$$\int_a^{+\infty} \left[\int_\alpha^{+\infty} f(x,u)\mathrm{d}u \right] \mathrm{d}x = \int_\alpha^{+\infty} \left[\int_a^{+\infty} f(x,u)\mathrm{d}x \right] \mathrm{d}u.$$

我们有下面的定理.

定理 11.3.5 设函数 $f(x,u)$ 满足下列条件:

1° $f(x,u)$ 在 $[a,+\infty)\times[\alpha,+\infty)$ 上连续;

2° 积分

$$\int_a^{+\infty} f(x,u)\mathrm{d}x, \qquad \int_\alpha^{+\infty} f(x,u)\mathrm{d}u$$

分别关于 u 在任何 $[\alpha,\beta]$ 上, 关于 x 在任何 $[a,b]$ 上一致收敛;

3° 积分

$$\int_a^{+\infty}\mathrm{d}x\int_\alpha^{+\infty}|f(x,u)|\mathrm{d}u,\qquad \int_\alpha^{+\infty}\mathrm{d}u\int_a^{+\infty}|f(x,u)|\mathrm{d}x$$

中至少有一个存在, 则

$$\int_a^{+\infty}\mathrm{d}x\int_\alpha^{+\infty}f(x,u)\mathrm{d}u,\qquad \int_\alpha^{+\infty}\mathrm{d}u\int_a^{+\infty}f(x,u)\mathrm{d}x$$

都存在且相等, 即有

$$\int_a^{+\infty}\mathrm{d}x\int_\alpha^{+\infty}f(x,u)\mathrm{d}u=\int_\alpha^{+\infty}\mathrm{d}u\int_a^{+\infty}f(x,u)\mathrm{d}x.$$

证明从略.

最后再来研究含参变量广义积分的求导问题. 用类似证明定理 11.2.3 的方法可得下面的定理.

定理 11.3.6 设函数 $f(x,u)$ 满足下列条件:

1° $f(x,u)$ 和 $\dfrac{\partial f(x,u)}{\partial u}$ 在 $[a,+\infty)\times[\alpha,\beta]$ 上连续;

2° $\displaystyle\int_a^{+\infty}f(x,u)\mathrm{d}x$ 在 $[\alpha,\beta]$ 上收敛;

3° $\displaystyle\int_a^{+\infty}\frac{\partial f(x,u)}{\partial u}\mathrm{d}x$ 在 $[\alpha,\beta]$ 上一致收敛.

则 $\varphi(u)=\displaystyle\int_a^{+\infty}f(x,u)\mathrm{d}x$ 在 $[\alpha,\beta]$ 上可微, 并有

$$\varphi'(u)=\int_a^{+\infty}\frac{\partial f(x,u)}{\partial u}\mathrm{d}x\qquad(\alpha\leqslant u\leqslant\beta).$$

同样, 定理 11.3.6 中的区间 $[\alpha,\beta]$ 换成不封闭的区间时, 定理的结论依然成立.

例 11.3.6 计算积分

$$I(\beta)=\int_0^{+\infty}\mathrm{e}^{-x^2}\cos 2\beta x\mathrm{d}x,\qquad \beta\in(-\infty,+\infty).$$

解 因为对任意的实数 β, 有

$$|\mathrm{e}^{-x^2}\cos 2\beta x|\leqslant \mathrm{e}^{-x^2},$$

而积分 $\displaystyle\int_0^{+\infty}\mathrm{e}^{-x^2}\mathrm{d}x$ 收敛, 故积分 $\displaystyle\int_0^{+\infty}\mathrm{e}^{-x^2}\cos 2\beta x\mathrm{d}x$ 收敛. 现计算它的值. 可将 β

视为参数, 由于当 $x>0$ 时, 有不等式

$$\left|\frac{\partial}{\partial\beta}(\mathrm{e}^{-x^2}\cos 2\beta x)\right| = |2x\mathrm{e}^{-x^2}\sin 2\beta x| \leqslant 2x\mathrm{e}^{-x^2},$$

而积分 $\int_0^{+\infty} x\mathrm{e}^{-x^2}\mathrm{d}x$ 收敛, 所以积分 $\int_0^{+\infty} x\mathrm{e}^{-x^2}\sin 2\beta x\mathrm{d}x$在整个数轴上关于 β 一致收敛. 故依定理 11.3.6 得

$$\begin{aligned}\frac{\mathrm{d}I(\beta)}{\mathrm{d}\beta} &= \int_0^{+\infty}\frac{\partial}{\partial\beta}(\mathrm{e}^{-x^2}\cos 2\beta x)\mathrm{d}x\\ &= -2\int_0^{+\infty} x\mathrm{e}^{-x^2}\sin 2\beta x\mathrm{d}x.\end{aligned}$$

用分部积分法可得 $\int_0^{+\infty} x\mathrm{e}^{-x^2}\sin 2\beta x\mathrm{d}x = \beta I(\beta)$, 因而有

$$\frac{\mathrm{d}I(\beta)}{\mathrm{d}\beta} = -2\beta I(\beta).$$

解微分方程, 并注意到 $I(0) = \int_0^{+\infty}\mathrm{e}^{-x^2}\mathrm{d}x = \frac{\sqrt{\pi}}{2}$, 即得

$$I(\beta) = \frac{\sqrt{\pi}}{2}\mathrm{e}^{-\beta^2}.$$

以上我们所讨论的含参变量的广义积分都限于积分区间为无穷的情形, 但是对于它所建立起来的全部理论, 只要做不多的改变就能适用于无界函数的积分. 这里就不再叙述了.

11.3.3 几个重要的积分

下面计算几个重要的广义积分.

1. Dirichlet 积分 $\int_0^{+\infty}\frac{\sin x}{x}\mathrm{d}x$

由例 11.1.5 可知这个积分收敛, 但不绝对收敛. 引进收敛因子 e^{-ux}, 并考虑含参变量的积分

$$I(u) = \int_0^{+\infty}\mathrm{e}^{-ux}\frac{\sin x}{x}\mathrm{d}x.$$

由于当 $u\geqslant 0$ 时, 此积分是一致收敛的 (例 11.3.3), 而被积函数在区域 $[0,+\infty)\times[0,+\infty)$ 上连续, 因而 $I(u)$ 就在 $[0,+\infty)$ 上连续, 特别在点 $u=0$ 连续, 可推得

$$\lim_{u\to 0^+} I(u) = I(0) = \int_0^{+\infty}\frac{\sin x}{x}\mathrm{d}x.$$

另外, 将 $I(u)$ 微商又得

$$I'(u) = -\int_0^{+\infty} \mathrm{e}^{-ux} \sin x \mathrm{d}x,$$

其中在积分号下对 u 微商的合理性是因为当 $u \geqslant u_0 > 0$ 时, 积分 $\int_0^{+\infty} \mathrm{e}^{-ux} \sin x \mathrm{d}x$ 是一致收敛的. 容易算出这个积分的值, 从而得到

$$I'(u) = -\frac{1}{1+u^2}.$$

所以求得

$$I(u) = -\arctan u + c.$$

当 $u > 0$ 时, 我们有

$$|I(u)| = \left|\int_0^{+\infty} \mathrm{e}^{-ux} \frac{\sin x}{x} \mathrm{d}x\right| \leqslant \int_0^{+\infty} \mathrm{e}^{-ux} \mathrm{d}x = \frac{1}{u},$$

可知当 $u \to +\infty$ 时 $I(u) \to 0$, 由此定出常数 $c = \pi/2$. 故有

$$I(u) = \frac{\pi}{2} - \arctan u \qquad (u > 0).$$

令 u 趋于零, 即得

$$\int_0^{+\infty} \frac{\sin x}{x} \mathrm{d}x = I(0) = \frac{\pi}{2}.$$

进一步有

$$\int_0^{+\infty} \frac{\sin \beta x}{x} \mathrm{d}x = \begin{cases} \dfrac{\pi}{2}, & \beta > 0, \\ 0, & \beta = 0, \\ -\dfrac{\pi}{2}, & \beta < 0. \end{cases}$$

2. Laplace 积分

$$I(\beta) = \int_0^{+\infty} \frac{\cos \beta x}{\alpha^2 + x^2} \mathrm{d}x \qquad (\alpha > 0,\ \beta \geqslant 0),$$

$$J(\beta) = \int_0^{+\infty} \frac{x \sin \beta x}{\alpha^2 + x^2} \mathrm{d}x \qquad (\alpha > 0,\ \beta > 0).$$

因为对任意的 $\beta \geqslant 0$ 和 $\alpha > 0$, 有

$$\frac{|\cos \beta x|}{\alpha^2 + x^2} \leqslant \frac{1}{\alpha^2 + x^2},$$

故 $I(\beta)$ 在 $\beta \in [0, +\infty)$ 上一致收敛.

另外, 由例 11.3.2 知, $J(\beta)$ 对任意的 $\beta \geqslant \beta_0 > 0$ 一致收敛. 因而, $I(\beta)$ 与 $J(\beta)$ 都在 $\beta \geqslant \beta_0 > 0$ 上一致收敛. 由可微性定理 11.3.6 知, $I(\beta)$ 对 β 的微商可在积分号下进行, 并有

$$I'(\beta) = \int_0^{+\infty} \frac{\partial}{\partial\beta}\left(\frac{\cos\beta x}{\alpha^2 + x^2}\right)\mathrm{d}x = -\int_0^{+\infty} \frac{x\sin\beta x}{\alpha^2 + x^2}\mathrm{d}x = -J(\beta).$$

当 $\beta > 0$ 时, 有

$$\frac{\pi}{2} = \int_0^{+\infty} \frac{\sin\beta x}{x}\mathrm{d}x,$$

于是有

$$\begin{aligned} I'(\beta) + \frac{\pi}{2} &= -\int_0^{+\infty} \frac{x\sin\beta x}{\alpha^2 + x^2}\mathrm{d}x + \int_0^{+\infty} \frac{\sin\beta x}{x}\mathrm{d}x \\ &= \alpha^2 \int_0^{+\infty} \frac{\sin\beta x}{x(\alpha^2 + x^2)}\mathrm{d}x. \end{aligned}$$

上式又可对 β 在积分号下求微商, 于是又有

$$I''(\beta) = \alpha^2 \int_0^{+\infty} \frac{\cos\beta x}{\alpha^2 + x^2}\mathrm{d}x = \alpha^2 I(\beta).$$

这是一个二阶常系数线性微分方程, 求得通解为

$$I(\beta) = c_1\mathrm{e}^{\alpha\beta} + c_2\mathrm{e}^{-\alpha\beta},$$

其中 c_1, c_2 为任意常数. 由于对 $\beta > 0$ 有

$$|I(\beta)| \leqslant \int_0^{+\infty} \frac{\mathrm{d}x}{\alpha^2 + x^2} = \frac{\pi}{2\alpha},$$

可知 $I(\beta)$ 有界. 又因为 $\alpha > 0$, 所以 c_1 必须为零. 故有

$$I(\beta) = c_2\mathrm{e}^{-\alpha\beta}.$$

注意 到此为止, 运算都是在 $\beta > 0$ 的假设下进行的.

下面来确定 c_2 的值. 由于积分 $I(\beta)$ 在 $\beta \in [0, +\infty)$ 上一致收敛, 故 $I(\beta)$ 在 $[0, +\infty)$ 上连续, 特别在 $\beta = 0$ 处右连续, 于是有

$$c_2 = \lim_{\beta \to 0^+} I(\beta) = I(0) = \int_0^{+\infty} \frac{\mathrm{d}x}{\alpha^2 + x^2} = \frac{\pi}{2\alpha}.$$

故得到

$$I(\beta) = \int_0^{+\infty} \frac{\cos\beta x}{\alpha^2 + x^2}\mathrm{d}x = \frac{\pi}{2\alpha}\mathrm{e}^{-\alpha\beta} \qquad (\alpha > 0, \beta \geqslant 0).$$

最后, 对 $\alpha>0,\beta>0$, 有

$$J(\beta)=-I'(\beta)=\frac{\pi}{2}\mathrm{e}^{-\alpha\beta}.$$

于是得到

$$\int_0^{+\infty}\frac{x\sin\beta x}{\alpha^2+x^2}\mathrm{d}x=\frac{\pi}{2}\mathrm{e}^{-\alpha\beta}\qquad(\alpha>0,\beta>0).$$

3. Fresnel① 积分

$$\int_0^{+\infty}\sin x^2\mathrm{d}x,\qquad\int_0^{+\infty}\cos x^2\mathrm{d}x.$$

由例 11.1.5 可知

$$\int_0^{+\infty}\sin x^2\mathrm{d}x=\frac{1}{2}\int_0^{+\infty}\frac{\sin t}{\sqrt{t}}\mathrm{d}t$$

是条件收敛的. 当 $t>0$ 时, 由

$$\frac{1}{\sqrt{t}}=\frac{2}{\sqrt{\pi}}\int_0^{+\infty}\mathrm{e}^{-tu^2}\mathrm{d}u,$$

$v>0$ 时有

$$\int_0^{+\infty}\frac{\sin t}{\sqrt{t}}\mathrm{e}^{-vt}\mathrm{d}t=\frac{2}{\sqrt{\pi}}\int_0^{+\infty}\mathrm{e}^{-vt}\sin t\mathrm{d}t\int_0^{+\infty}\mathrm{e}^{-tu^2}\mathrm{d}u,\tag{11.3.1}$$

交换积分次序就得到

$$\begin{aligned}\int_0^{+\infty}\frac{\sin t}{\sqrt{t}}\mathrm{e}^{-vt}\mathrm{d}t&=\frac{2}{\sqrt{\pi}}\int_0^{+\infty}\mathrm{d}u\int_0^{+\infty}\mathrm{e}^{-(u^2+v)t}\sin t\mathrm{d}t\\&=\frac{2}{\sqrt{\pi}}\int_0^{+\infty}\frac{\mathrm{d}u}{1+(u^2+v)^2}.\end{aligned}$$

等式右端的积分关于 v 在 $[0,+\infty)$ 上一致收敛, 而由例 11.3.3 可知等式左端的积分关于 v 在 $[0,+\infty)$ 上一致收敛. 因此当 $v\to0^+$ 时, 可以在等式两端的积分号下取极限值, 即有

$$\int_0^{+\infty}\frac{\sin t}{\sqrt{t}}\mathrm{d}t=\frac{2}{\sqrt{\pi}}\int_0^{+\infty}\frac{\mathrm{d}u}{1+u^4}=\frac{2}{\sqrt{\pi}}\frac{\pi}{2\sqrt{2}}=\sqrt{\frac{\pi}{2}}.$$

所以

$$\int_0^{+\infty}\sin x^2\mathrm{d}x=\sqrt{\frac{\pi}{8}}.$$

类似可得

$$\int_0^{+\infty}\cos x^2\mathrm{d}x=\sqrt{\frac{\pi}{8}}.$$

还需验证式 (11.3.1) 右端积分交换次序的合理性.

① Augustan Jean Fresnel (1788—1827), 法国物理学家、数学家.

1° 首先 $\int_0^{+\infty}\mathrm{d}u\int_0^{+\infty}\mathrm{e}^{-t(u^2+v)}|\sin t|\mathrm{d}t$ 存在, 因为

$$\int_b^{+\infty}\mathrm{d}u\int_0^{+\infty}\mathrm{e}^{-t(u^2+v)}|\sin t|\mathrm{d}t\leqslant\int_b^{+\infty}\left|\int_0^{+\infty}\mathrm{e}^{-t(u^2+v)}\mathrm{d}t\right|\mathrm{d}u$$
$$=\int_b^{+\infty}\frac{\mathrm{d}u}{u^2+v}<\frac{1}{b};$$

2° 其次 $\int_0^{+\infty}\mathrm{e}^{-t(u^2+v)}\sin t\mathrm{d}t$ 关于 u 在 $[0,+\infty)$ 上一致收敛, 因为有

$$|\mathrm{e}^{-t(u^2+v)}\sin t|\leqslant\mathrm{e}^{-tv};$$

3° 最后证明 $\int_0^{+\infty}\mathrm{e}^{-t(u^2+v)}\sin t\mathrm{d}u$ 关于 t 在 $[0,+\infty)$ 上一致收敛.

考虑积分 $\left|\int_b^{+\infty}\mathrm{e}^{-t(u^2+v)}\sin t\mathrm{d}u\right|$. 当 t 很小时, 因为 $\sin t$ 很小,故积分值也很小, 而当 t 较大时, 因式 e^{-tu^2} 会使积分值很小. 具体而言, 任给 $1>\varepsilon>0$, 当 $0\leqslant t<\varepsilon^2$ 时,

$$\left|\int_b^{+\infty}\mathrm{e}^{-t(u^2+v)}\sin t\mathrm{d}u\right|\leqslant t\int_0^{+\infty}\mathrm{e}^{-tu^2}\mathrm{d}u=\sqrt{t}\,\frac{\sqrt{\pi}}{2}<\varepsilon;$$

当 $t\geqslant\varepsilon^2$ 时, 对 $b>1/\varepsilon$, 都有

$$\left|\int_b^{+\infty}\mathrm{e}^{-t(u^2+v)}\sin t\mathrm{d}u\right|<\int_b^{+\infty}\mathrm{e}^{-\varepsilon^2u^2}\mathrm{d}u=\frac{1}{\varepsilon}\int_{\varepsilon b}^{+\infty}\mathrm{e}^{-y^2}\mathrm{d}y$$
$$<\frac{1}{\varepsilon}\int_{\varepsilon b}^{+\infty}\mathrm{e}^{-y}\mathrm{d}y=\frac{\mathrm{e}^{-\varepsilon b}}{\varepsilon}.$$

于是, 当 b 充分大时, 对任意的 $t\in[0,+\infty)$, 都有

$$\left|\int_b^{+\infty}\mathrm{e}^{-t(u^2+v)}\sin t\mathrm{d}u\right|<\frac{\mathrm{e}^{-\varepsilon b}}{\varepsilon}<\varepsilon.$$

因而 $\int_0^{+\infty}\mathrm{e}^{-t(u^2+v)}\sin t\mathrm{d}u$ 关于 t 在 $[0,+\infty)$ 上一致收敛.

由定理 11.3.5 就可以肯定交换积分次序的合理性.

习 题 11.3

1. 确定下列广义参变量积分的收敛域:

(1) $\int_0^{+\infty} x^u \mathrm{d}x$;　　(2) $\int_1^{+\infty} x^u \dfrac{x+\sin x}{x-\sin x}\mathrm{d}x$;

(3) $\int_2^{+\infty} \dfrac{\mathrm{d}x}{x^u \ln x}$;　　(4) $\int_0^{\pi} \dfrac{\mathrm{d}x}{\sin^u x}$;

(5) $\int_0^{+\infty} \dfrac{\sin^2 x}{x^\alpha(1+x)}\mathrm{d}x$;　　(6) $\int_0^{+\infty} \dfrac{\ln(1+x^2)}{x^\alpha}\mathrm{d}x$.

2. 研究下列积分在指定区间上的一致收敛性:

(1) $\int_{-\infty}^{+\infty} \dfrac{\cos ux}{1+x^2}\mathrm{d}x \ (-\infty < u < +\infty)$;

(2) $\int_0^{+\infty} \mathrm{e}^{-\alpha x}\sin\beta x\mathrm{d}x$, (a) $0<\alpha_0 \leqslant \alpha < +\infty$, (b) $0<\alpha<+\infty$;

(3) $\int_0^{+\infty} \sqrt{\alpha}\mathrm{e}^{-\alpha x^2}\mathrm{d}x \ (0 \leqslant \alpha < +\infty)$;

(4) $\int_1^{+\infty} \dfrac{\ln(1+x^2)}{x^\alpha}\mathrm{d}x \ (1<\alpha<+\infty)$;

(5) $\int_1^{+\infty} \mathrm{e}^{-\alpha x}\dfrac{\cos x}{x^p}\mathrm{d}x \ (0\leqslant\alpha<+\infty)$ (其中 $p>0$ 为常数);

(6) $\int_0^{+\infty} \dfrac{\sin(x^2)}{1+x^p}\mathrm{d}x \ (0 \leqslant p < +\infty)$.

3. 设 $f(x,u)$ 在 $a \leqslant x < +\infty$, $\alpha \leqslant u \leqslant \beta$ 上连续, 又对于 $[\alpha,\beta)$ 上每一 u, 积分 $\int_a^{+\infty} f(x,u)\mathrm{d}x$ 收敛, 而当 $u=\beta$ 时 $\int_a^{+\infty} f(x,\beta)\mathrm{d}x$ 发散. 试证积分 $\int_a^{+\infty} f(x,u)\mathrm{d}x$在 $[\alpha,\beta)$ 上必不一致收敛.

4. 证明 $F(\alpha)=\int_0^{+\infty} \dfrac{\cos x}{1+(x+\alpha)^2}\mathrm{d}x$ 在 $0\leqslant\alpha<+\infty$ 上是连续且可微的函数.

5. 计算下列积分:

(1) $\int_0^1 \dfrac{x^\beta - x^\alpha}{\ln x}\mathrm{d}x \ (\alpha>-1,\beta>-1)$;

(2) $\int_0^{+\infty} \dfrac{1-\mathrm{e}^{-ax}}{x\mathrm{e}^x}\mathrm{d}x \ (a>-1)$;

(3) $\int_0^{+\infty} \dfrac{1-\mathrm{e}^{-ax^2}}{x^2}\mathrm{d}x \ (a>0)$;

(4) $\int_0^{+\infty} \dfrac{\mathrm{e}^{-\alpha x^2}-\mathrm{e}^{-\beta x^2}}{x}\mathrm{d}x \ (\alpha>0,\beta>0)$;

(5) $\int_0^{+\infty} \dfrac{\arctan ax}{x(1+x^2)}\mathrm{d}x$;

(6) $\int_0^{+\infty} \left[\mathrm{e}^{-\left(\frac{a}{x}\right)^2} - \mathrm{e}^{-\left(\frac{b}{x}\right)^2}\right]\mathrm{d}x \ (0<a<b)$.

6. 利用 $\int_0^{+\infty} \mathrm{e}^{-x^2}\mathrm{d}x = \dfrac{\sqrt{\pi}}{2}$ 和 $\int_0^{+\infty} \dfrac{\sin x}{x}\mathrm{d}x = \dfrac{\pi}{2}$ 计算:

(1) $\int_{-\infty}^{+\infty} \dfrac{x}{\sigma\sqrt{2\pi}}\mathrm{e}^{-\frac{1}{2}\left(\frac{x-a}{\sigma}\right)^2}\mathrm{d}x \ (\sigma>0)$;

(2) $\int_{-\infty}^{+\infty} \dfrac{(x-a)^2}{\sigma\sqrt{2\pi}}\mathrm{e}^{-\frac{1}{2}\left(\frac{x-a}{\sigma}\right)^2}\mathrm{d}x \ (\sigma>0)$;

(3) $\int_0^{+\infty} \frac{\sin ax \cos bx}{x} \mathrm{d}x \quad (a>0, b>0)$;

(4) $\int_0^{+\infty} \frac{\sin^2 x}{x^2} \mathrm{d}x$;

(5) $\int_0^{+\infty} x^{2n} \mathrm{e}^{-x^2} \mathrm{d}x \quad$ (n 是正整数);

(6) $\int_0^{+\infty} \frac{\sin^4 x}{x^2} \mathrm{d}x$.

§11.4 Euler 积分

作为含参变量的广义积分理论的应用, 下面讨论两个重要的含参变量积分.

Euler 在解一个微分方程时, 引出具有如下形式的含参变量积分:

$$\Gamma(x) = \int_0^{+\infty} t^{x-1} \mathrm{e}^{-t} \mathrm{d}t,$$

称为 Γ 函数.

另外一个含参变量的积分为

$$\mathrm{B}(x,y) = \int_0^1 t^{x-1}(1-t)^{y-1} \mathrm{d}t,$$

它是参变量 x, y 的函数, 称为 B 函数. 由于这些函数在理论上与应用上的重要性, 人们做了深入的研究, 并编制了精确的 Γ 函数与 B 函数表.

11.4.1 Γ 函数的性质

在 $\Gamma(x)$ 函数的积分定义

$$\Gamma(x) = \int_0^{+\infty} t^{x-1} \mathrm{e}^{-t} \mathrm{d}t$$

中, 如果 $x<1$, 则 $t=0$ 是瑕点. 故把积分拆成两部分

$$\int_0^{+\infty} t^{x-1} \mathrm{e}^{-t} \mathrm{d}t = \int_0^1 t^{x-1} \mathrm{e}^{-t} \mathrm{d}t + \int_1^{+\infty} t^{x-1} \mathrm{e}^{-t} \mathrm{d}t,$$

当 $t \to 0$ 时,

$$t^{x-1} \mathrm{e}^{-t} \sim t^{x-1},$$

所以第一个积分当 $x>0$ 时收敛; 又

$$\lim_{t\to\infty} t^2 t^{x-1} \mathrm{e}^{-t} = 0,$$

所以第二个积分 x 无论取何值都收敛. 就是说, $\Gamma(x)$ 的定义域为 $x>0$.

定理 11.4.1 $\Gamma(x)$ 是 $(0,+\infty)$ 中的连续函数.

证 对任意的 $\beta>\alpha>0$, 当 $\alpha\leqslant x\leqslant\beta$, $0<t\leqslant 1$ 时, 有

$$t^{x-1}\mathrm{e}^{-t}\leqslant t^{\alpha-1}\mathrm{e}^{-t},$$

因为积分 $\int_0^1 t^{\alpha-1}\mathrm{e}^{-t}\mathrm{d}t$ 收敛, 故积分 $\int_0^1 t^{x-1}\mathrm{e}^{-t}\mathrm{d}t$ 在 $[\alpha,\beta]$ 上一致收敛;又当 $\alpha\leqslant x\leqslant\beta$, $1\leqslant t<+\infty$ 时, 有

$$t^{x-1}\mathrm{e}^{-t}\leqslant t^{\beta-1}\mathrm{e}^{-t},$$

因为积分 $\int_1^{+\infty} t^{\beta-1}\mathrm{e}^{-t}\mathrm{d}t$ 收敛, 于是积分 $\int_1^{+\infty} t^{x-1}\mathrm{e}^{-t}\mathrm{d}t$ 在 $[\alpha,\beta]$ 上一致收敛. 故由定理 11.3.3 知, $\Gamma(x)$ 在 $[\alpha,\beta]$ 上连续. 由于 $\beta>\alpha$ 是任意的两个正数, 所以 $\Gamma(x)$ 在 $(0,+\infty)$ 上连续. □

再来推导 Γ 函数的递推公式.

定理 11.4.2 当 $x>0$ 时, 有 $\Gamma(x+1)=x\Gamma(x)$.

证 由分部积分法得

$$\begin{aligned}\Gamma(x+1)&=\int_0^{+\infty} t^x\mathrm{e}^{-t}\mathrm{d}t=-t^x\mathrm{e}^{-t}\Big|_0^{+\infty}+x\int_0^{+\infty} t^{x-1}\mathrm{e}^{-t}\mathrm{d}t\\&=x\Gamma(x).\end{aligned}$$

□

设 $n-1<x\leqslant n$(n 为自然数), 重复应用上面的递推公式便得

$$\Gamma(x+1)=x(x-1)\cdots(x-n+1)\Gamma(x-n+1).$$

因为 $0<x-n+1\leqslant 1$, 所以对 $x>1$ 的 Γ 函数值的计算总可以归结为计算 $0<x<1$ 的 Γ 函数值.

特别, 当 $x=n$ $(n\in\mathbf{N})$ 时, 就有

$$\Gamma(n+1)=n(n-1)\cdots 1\Gamma(1)=n!\,\Gamma(1).$$

但 $\Gamma(1)=\int_0^{+\infty}\mathrm{e}^{-t}\mathrm{d}t=1$, 从而得到

$$\Gamma(n+1)=n!.$$

此外, $\Gamma(1/2)$ 的值也可定出. 这只需在积分

$$\Gamma\left(\frac{1}{2}\right)=\int_0^{+\infty} t^{-\frac{1}{2}}\mathrm{e}^{-t}\mathrm{d}t$$

中作变量代换 $t=x^2$, 即得到

$$\Gamma\left(\frac{1}{2}\right)=2\int_0^{+\infty}\mathrm{e}^{-x^2}\mathrm{d}x=\sqrt{\pi}.$$

由此又可定出当 x 为半整数 $n+1/2$ 时的 Γ 函数的值

$$\begin{aligned}\Gamma\left(n+\frac{1}{2}\right)&=\left(n-\frac{1}{2}\right)\left(n-\frac{3}{2}\right)\cdots\frac{1}{2}\Gamma\left(\frac{1}{2}\right)\\&=\frac{(2n-1)!!}{2^n}\sqrt{\pi}.\end{aligned}$$

最后, 指出 Γ 函数的另一个重要性质 ——**余元公式**.

若 $0<x<1$, 则有

$$\Gamma(x)\Gamma(1-x)=\frac{\pi}{\sin\pi x}. \tag{11.4.1}$$

余元公式的证明将在复变函数课程中给出.

不难看出, 式 (11.4.1) 又将 Γ 函数值的计算缩成区间 $(0,1/2)$ 内的 Γ 函数值的计算. 当 $x=1/2$ 时, 它再次给出 $\Gamma(1/2)=\sqrt{\pi}$; 当 $x=1/4$ 时, 就成为

$$\Gamma\left(\frac{1}{4}\right)\Gamma\left(\frac{3}{4}\right)=\sqrt{2}\pi.$$

11.4.2 B 函数的性质

在 B 函数的积分定义

$$\mathrm{B}(x,y)=\int_0^1 t^{x-1}(1-t)^{y-1}\mathrm{d}t$$

中, 如果 $x<1$, 则 $t=0$ 是瑕点; 如果 $y<1$, 则 $t=1$ 是瑕点. 故把积分拆成两部分

$$\int_0^1 t^{x-1}(1-t)^{y-1}\mathrm{d}t=\int_0^a t^{x-1}(1-t)^{y-1}\mathrm{d}t+\int_a^1 t^{x-1}(1-t)^{y-1}\mathrm{d}t,$$

其中 $0<a<1$. 当 $t\to 0$ 时,

$$t^{x-1}(1-t)^{y-1}\sim t^{x-1},$$

所以第一个积分当 $x>0$ 时收敛; 当 $t\to 1$ 时,

$$t^{x-1}(1-t)^{y-1}\sim(1-t)^{y-1},$$

所以第二个积分当 $y>0$ 时收敛. 就是说, $\mathrm{B}(x,y)$ 的定义域为 $x>0,y>0$.

定理 11.4.3 $\mathrm{B}(x,y)$ 在 $I=(0,+\infty)\times(0,+\infty)$ 上连续.

证　在 I 上任取一点 (x_0, y_0), 取 $x_0 > x_1 > 0$, $y_0 > y_1 > 0$, 则当 $x \geqslant x_1, y \geqslant y_1$ 时, 无论 t 是区间 $(0,1)$ 上怎样的数值, 都有

$$t^{x-1}(1-t)^{y-1} \leqslant t^{x_1-1}(1-t)^{y_1-1}.$$

由于积分 $\int_0^1 t^{x_1-1}(1-t)^{y_1-1}\mathrm{d}t$ 收敛,因而积分 $\int_0^1 t^{x-1}(1-t)^{y-1}\mathrm{d}t$ 在 $[x_1,+\infty) \times [y_1,+\infty)$ 上一致收敛, 故 $\mathrm{B}(x,y)$ 在点 (x_0,y_0) 连续. 由点 (x_0,y_0) 的任意性可知, $\mathrm{B}(x,y)$ 在其定义域上连续. □

B 函数还可以表示为另外一种经常使用的形式.

定理 11.4.4　对任意的 $x>0, y>0$, 有

$$\mathrm{B}(x,y) = \int_0^{+\infty} \frac{z^{y-1}}{(1+z)^{x+y}}\mathrm{d}z.$$

证　由定义知

$$\mathrm{B}(x,y) = \int_0^1 t^{x-1}(1-t)^{y-1}\mathrm{d}t.$$

令 $t = \frac{1}{1+z}$, 即有 $1-t = \frac{z}{1+z}$, $\mathrm{d}t = -\frac{\mathrm{d}z}{(1+z)^2}$, 代入上式后就有

$$\mathrm{B}(x,y) = \int_0^{+\infty} \frac{z^{y-1}}{(1+z)^{x+y}}\mathrm{d}z \qquad (x>0, y>0).$$ □

定理 11.4.5　对任意的 $x>0, y>0$, 有

$$\mathrm{B}(x,y) = \frac{\Gamma(x)\Gamma(y)}{\Gamma(x+y)}.$$

证　当 $x>0, y>0$ 时,

$$\Gamma(x)\Gamma(y) = \int_0^{+\infty} u^{x-1}\mathrm{e}^{-u}\mathrm{d}u \int_0^{+\infty} v^{y-1}\mathrm{e}^{-v}\mathrm{d}v.$$

在上式中令 $v = ut$, 再交换积分次序, 就得到

$$\begin{aligned}\Gamma(x)\Gamma(y) &= \int_0^{+\infty} u^{x-1}\mathrm{e}^{-u}\mathrm{d}u \int_0^{+\infty} u^y t^{y-1}\mathrm{e}^{-ut}\mathrm{d}t \\ &= \int_0^{+\infty} t^{y-1}\mathrm{d}t \int_0^{+\infty} u^{x+y-1}\mathrm{e}^{-(1+t)u}\mathrm{d}u.\end{aligned}$$

在右端用变量代换 $w = u(1+t)$, 最后得到

$$\Gamma(x)\Gamma(y) = \int_0^{+\infty} t^{y-1}\mathrm{d}t \int_0^{+\infty} \frac{w^{x+y-1}\mathrm{e}^{-w}}{(1+t)^{x+y}}\mathrm{d}w$$

$$
\begin{aligned}
&= \Gamma(x+y)\int_0^{+\infty}\frac{t^{y-1}}{(1+t)^{x+y}}\mathrm{d}t \\
&= \Gamma(x+y)\mathrm{B}\,(x,y).
\end{aligned}
$$

从而得到

$$
\mathrm{B}(x,y)=\frac{\Gamma(x)\Gamma(y)}{\Gamma(x+y)}\qquad(x>0,y>0).
$$

□

在这里交换积分次序的合理性是需要证明的, 但证明相当繁琐, 故略去.

应用定理 11.4.5 与 Γ 函数的递推公式, 立即得到 B 函数的递推公式

$$
\mathrm{B}(x+1,y+1)=\frac{xy}{(x+y)(x+y+1)}\mathrm{B}(x,y).
$$

实际上, 我们有

$$
\begin{aligned}
\mathrm{B}(x+1,y+1)&=\frac{\Gamma(x+1)\Gamma(y+1)}{\Gamma(x+y+2)}\\
&=\frac{x\Gamma(x)y\Gamma(y)}{(x+y+1)(x+y)\Gamma(x+y)}\\
&=\frac{xy}{(x+y)(x+y+1)}\mathrm{B}(x,y).
\end{aligned}
$$

根据定理 11.4.5 及 Γ 函数的性质又很容易推得 B 函数的另一些性质:

1° $\mathrm{B}(x,y)=\mathrm{B}(y,x)$, 即 B 函数关于变量 x,y 是对称的;

2° $\mathrm{B}(m,n)=\dfrac{(m-1)!(n-1)!}{(m+n-1)!}$, 这里 m,n 为自然数.

此外, 由定理 11.4.5 还可以推出 Γ 函数的另一重要性质 ——**加倍公式**.

当 $x>0$ 时, 有

$$
\Gamma(2x)=\frac{2^{2x-1}}{\sqrt{\pi}}\Gamma(x)\Gamma\left(x+\frac{1}{2}\right),
$$

这个公式又称 Legendre[①]公式.

事实上, 在积分

$$
\begin{aligned}
\mathrm{B}(x,x)&=\int_0^1 t^{x-1}(1-t)^{x-1}\mathrm{d}t=\int_0^1\left[\frac{1}{4}-\left(\frac{1}{2}-t\right)^2\right]^{x-1}\mathrm{d}t\\
&=2\int_0^{\frac{1}{2}}\left[\frac{1}{4}-\left(\frac{1}{2}-t\right)^2\right]^{x-1}\mathrm{d}t
\end{aligned}
$$

中作变量代换 $\frac{1}{2}-t=\frac{1}{2}\sqrt{\tau}$, 则可算得

$$
\mathrm{B}(x,x)=\frac{1}{2^{2x-1}}\int_0^1\tau^{-\frac{1}{2}}(1-\tau)^{x-1}\mathrm{d}\tau=\frac{1}{2^{2x-1}}\mathrm{B}\left(\frac{1}{2},x\right).
$$

① Adrien-Marie Legendre (1752—1833), 法国数学家.

将这个等式两边的 B 函数用 Γ 函数来表示就成为

$$\frac{\Gamma^2(x)}{\Gamma(2x)}=\frac{1}{2^{2x-1}}\frac{\Gamma\left(\frac{1}{2}\right)\Gamma(x)}{\Gamma\left(x+\frac{1}{2}\right)},$$

把 $\Gamma(1/2)=\sqrt{\pi}$ 代入上式即得加倍公式

$$\Gamma(2x)=\frac{2^{2x-1}}{\sqrt{\pi}}\Gamma(x)\Gamma\left(x+\frac{1}{2}\right).$$

例 11.4.1　求积分

$$\int_0^{\frac{\pi}{2}}\sin^n x\cos^m x\mathrm{d}x$$

的值, 其中 n 和 m 都是非负整数.

解　作变量代换 $t=\sin^2 x$, 得

$$\begin{aligned}\int_0^{\frac{\pi}{2}}\sin^n x\cos^m x\mathrm{d}x&=\frac{1}{2}\int_0^1 t^{\frac{n-1}{2}}(1-t)^{\frac{m-1}{2}}\mathrm{d}t=\frac{1}{2}\mathrm{B}\left(\frac{n+1}{2},\frac{m+1}{2}\right)\\&=\frac{1}{2}\frac{\Gamma\left(\frac{n+1}{2}\right)\Gamma\left(\frac{m+1}{2}\right)}{\Gamma\left(\frac{n+m}{2}+1\right)}.\end{aligned}$$

在这个表达式中, Γ 函数的自变量所取的值或是整数, 或是半整数, 因此所给积分是可以算出来的. 特别地, 当 $m=0$ 时, 就有

$$\begin{aligned}\int_0^{\frac{\pi}{2}}\sin^n x\mathrm{d}x&=\frac{1}{2}\frac{\Gamma\left(\frac{1}{2}\right)\Gamma\left(\frac{n+1}{2}\right)}{\Gamma\left(\frac{n}{2}+1\right)}\\&=\begin{cases}\dfrac{(n-1)!!}{n!!}\dfrac{\pi}{2}, & n\text{ 为偶数},\\ \dfrac{(n-1)!!}{n!!}, & n\text{ 为奇数}.\end{cases}\end{aligned}$$

设 $0<\alpha<1$, 则有

$$\Gamma(\alpha)\Gamma(1-\alpha)=\mathrm{B}(1-\alpha,\alpha)=\int_0^{\infty}\frac{t^{\alpha-1}}{1+t}\mathrm{d}t.$$

在复变函数的课程中, 将用复积分的方法证明

$$\int_0^{\infty}\frac{t^{\alpha-1}}{1+t}\mathrm{d}t=\frac{\pi}{\sin\alpha\pi}.$$

这样就得到余元公式

$$\Gamma(x)\Gamma(1-x)=\frac{\pi}{\sin x\pi} \qquad (0<x<1).$$

习 题 11.4

1. 利用 Euler 积分计算:

(1) $\int_0^1 \sqrt{x-x^2}\mathrm{d}x$;

(2) $\int_0^a x^2\sqrt{a^2-x^2}\mathrm{d}x$;

(3) $\int_0^{\frac{\pi}{2}} \sin^6 x\cos^4 x\mathrm{d}x$;

(4) $\int_0^1 x^{n-1}(1-x^m)^{q-1}\mathrm{d}x \quad (n,m,q>0)$;

(5) $\int_0^{+\infty} \mathrm{e}^{-at}\frac{1}{\sqrt{\pi t}}\mathrm{d}t \quad (a>0)$;

(6) $\int_0^{\frac{\pi}{2}} \tan^\alpha x\mathrm{d}x \quad (|\alpha|<1)$;

(7) $\int_0^1 \sqrt{\frac{1}{x}\ln\frac{1}{x}}\mathrm{d}x$;

(8) $\int_a^b \left(\frac{b-x}{x-a}\right)^p\mathrm{d}x \quad (0<p<1)$;

(9) $\lim\limits_{n\to\infty}\int_1^2 (x-1)^2\cdot\sqrt[n]{\frac{2-x}{x-1}}\mathrm{d}x$;

(10) $\lim\limits_{n\to\infty}\int_0^{+\infty}\frac{1}{1+x^n}\mathrm{d}x$.

2. 设 $a>0$, 试求由曲线 $x^n+y^n=a^n$ 和两坐标轴所围成的平面图形在第一象限的面积.

第 12 章 Fourier[①] 分析

自然界中, 普遍存在着周期现象, 即经历一定的时间 T 后, 又恢复到原状的现象. 周期现象可以用周期函数来描述, 而最简单的周期函数是三角函数. 本章主要研究如何把一个周期函数用三角函数所组成的三角级数来表示, 以及定义在整个数轴上的非周期函数表示成 Fourier积分的方法, 此外, 还将引出平方可积函数按任意正交函数系展开的广义 Fourier 级数.

§12.1 周期函数的 Fourier 级数

12.1.1 三角函数系的正交性和 Fourier 级数

称

$$1, \cos x, \sin x, \cos 2x, \sin 2x, \cdots, \cos nx, \sin nx, \cdots \tag{12.1.1}$$

为基本三角函数系, 它们都以 2π 为周期, 这个函数系有一个重要性质:

1° 系中任意两相异函数的乘积在 $[-\pi, \pi]$ 上的积分都等于零;

2° 该函数系的每个函数的自乘积在 $[-\pi, \pi]$ 上的积分不为零.

这个性质称为三角函数系 (12.1.1) 的正交性. 事实上, 我们有

$$\int_{-\pi}^{\pi} 1 \cdot \cos nx \mathrm{d}x = \frac{1}{n}[\sin n\pi - \sin(-n\pi)] = 0,$$

$$\int_{-\pi}^{\pi} 1 \cdot \sin nx \mathrm{d}x = \frac{1}{n}[\cos(-n\pi) - \cos n\pi] = 0 \qquad (n = 1, 2, \cdots),$$

$$\int_{-\pi}^{\pi} \sin mx \cos nx \mathrm{d}x = \frac{1}{2}\int_{-\pi}^{\pi} [\sin(m+n)x + \sin(m-n)x]\mathrm{d}x = 0.$$

以及当 $m \neq n$ 时,

$$\int_{-\pi}^{\pi} \sin mx \sin nx \mathrm{d}x = \int_{-\pi}^{\pi} \cos mx \cos nx \mathrm{d}x = 0.$$

但是有

$$\int_{-\pi}^{\pi} 1^2 \mathrm{d}x = 2\pi,$$

---

① Jean Baptiste Joseph Baron Fourier(1768—1830), 法国数学家、物理学家.

$$\int_{-\pi}^{\pi} \cos^2 mx \mathrm{d}x = \frac{1}{2}\int_{-\pi}^{\pi}(1+\cos 2mx)\mathrm{d}x = \pi,$$

$$\int_{-\pi}^{\pi} \sin^2 mx \mathrm{d}x = \frac{1}{2}\int_{-\pi}^{\pi}(1-\cos 2mx)\mathrm{d}x = \pi \qquad (m=1,2,\cdots).$$

上述各式就说明了三角函数系的正交性, 下面讨论在区间 $[-\pi,\pi]$ 上收敛的三角级数的性质.

设三角级数

$$\frac{a_0}{2}+\sum_{n=1}^{\infty}(a_n\cos nx+b_n\sin nx)$$

在区间 $[-\pi,\pi]$ 上一致收敛于 $f(x)$, 即有

$$f(x)=\frac{a_0}{2}+\sum_{n=1}^{\infty}(a_n\cos nx+b_n\sin nx). \tag{12.1.2}$$

自然要问右端的系数 $a_0,a_1,b_1,\cdots,a_n,b_n,\cdots$ 与和函数 $f(x)$ 有什么关系? 为此, 将等式 (12.1.2) 的两端在 $[-\pi,\pi]$ 上逐项积分得

$$\int_{-\pi}^{\pi} f(x)\mathrm{d}x=\frac{a_0}{2}\int_{-\pi}^{\pi}\mathrm{d}x+\sum_{n=1}^{\infty}\left(a_n\int_{-\pi}^{\pi}\cos nx\mathrm{d}x+b_n\int_{-\pi}^{\pi}\sin nx\mathrm{d}x\right).$$

根据三角函数系的正交性, 这个积分等式的右端除第一项外, 其余各项均为零, 于是

$$a_0=\frac{1}{\pi}\int_{-\pi}^{\pi}f(x)\mathrm{d}x.$$

设 $m\in\mathbf{N}$, 由三角函数系的正交性可知有

$$\begin{aligned}&\int_{-\pi}^{\pi}f(x)\cos mx\mathrm{d}x\\=&\frac{a_0}{2}\int_{-\pi}^{\pi}\cos mx\mathrm{d}x+\sum_{n=1}^{\infty}\left(a_n\int_{-\pi}^{\pi}\cos nx\cos mx\mathrm{d}x+b_n\int_{-\pi}^{\pi}\sin nx\cos mx\mathrm{d}x\right)\\=&\pi a_m,\end{aligned}$$

即有

$$a_m=\frac{1}{\pi}\int_{-\pi}^{\pi}f(x)\cos mx\mathrm{d}x \quad (m=1,2,\cdots).$$

类似, 用 $\sin mx$ 乘式 (12.1.2) 两端可得到

$$b_m=\frac{1}{\pi}\int_{-\pi}^{\pi}f(x)\sin mx\mathrm{d}x \quad (m=1,2,\cdots).$$

注意到当 $m=0$ 时, a_m 的表达式正好就是 a_0, 于是得 Fourier 系数公式:

$$\begin{aligned} a_m &= \frac{1}{\pi}\int_{-\pi}^{\pi} f(x)\cos mx \mathrm{d}x \quad (m=0,1,2,\cdots), \\ b_m &= \frac{1}{\pi}\int_{-\pi}^{\pi} f(x)\sin mx \mathrm{d}x \quad (m=1,2,\cdots). \end{aligned} \tag{12.1.3}$$

下面转而考察与此相反的问题. 假设 $f(x)$ 是一个周期为 2π 的函数. 如果 $f(x)$ 是有界函数, 就假定它是可积的; 如果 $f(x)$ 是无界函数, 就假定它是广义可积且广义绝对可积的 (这时简称 $f(x)$ 绝对可积). 由系数公式 (12.1.3) 可以计算出它的 Fourier 系数 a_0, a_n 和 $b_n (n=1,2,\cdots)$, 依此作出的三角级数

$$\frac{a_0}{2} + \sum_{n=1}^{\infty}(a_n \cos nx + b_n \sin nx),$$

称为函数 $f(x)$ 的 Fourier 级数. 并记成

$$f(x) \sim \frac{a_0}{2} + \sum_{n=1}^{\infty}(a_n \cos nx + b_n \sin nx).$$

自然要问: 这个级数是否收敛? 如果收敛的话, 它的和是否就等于 $f(x)$?

定理 12.1.1 (Dirichlet)

1° 设函数 $f(x)$ 以 2π 为周期, 并在任何有限区间上逐段光滑, 则它的 Fourier 级数在整个数轴上都收敛, 在每个连续点处收敛于 $f(x)$, 而在每个间断点处收敛于函数 $f(x)$ 左右极限的平均值, 即有

$$\frac{a_0}{2} + \sum_{n=1}^{\infty}(a_n \cos nx + b_n \sin nx) = \frac{f(x+0)+f(x-0)}{2};$$

2° 如果函数 $f(x)$ 以 2π 为周期, 在整个数轴上处处连续, 且在任何有限区间上逐段光滑, 则其 Fourier 级数就在整个数轴上绝对一致收敛于 $f(x)$.

这里所谓函数 $f(x)$ 在有限区间 $[a,b]$ 上逐段光滑是指可以把 $[a,b]$ 分成有限个子区间, 在每个子区间内 $f(x)$ 连续且有连续的微商 $f'(x)$, 而这些子区间的端点只能是 $f(x)$ 及 $f'(x)$ 的第一类间断点.

定理的证明比较长, 我们将其略去.

例 12.1.1　设 $f(x)$ 以 2π 为周期, 在 $[-\pi,\pi)$ 上,

$$f(x) = \begin{cases} 0, & -\pi \leqslant x < 0, \\ x, & 0 \leqslant x < \pi. \end{cases}$$

把 $f(x)$ 展成 Fourier 级数.

解 显然 $f(x)$ 满足 Dirichlet 定理的条件, 因此其 Fourier 级数收敛, 并有

$$a_0 = \frac{1}{\pi}\int_{-\pi}^{\pi} f(x)\mathrm{d}x = \frac{1}{\pi}\int_0^{\pi} x\mathrm{d}x = \frac{\pi}{2},$$
$$a_n = \frac{1}{\pi}\int_{-\pi}^{\pi} f(x)\cos nx\mathrm{d}x = \frac{1}{\pi}\int_0^{\pi} x\cos nx\mathrm{d}x = \frac{(-1)^n-1}{n^2\pi},$$
$$b_n = \frac{1}{\pi}\int_{-\pi}^{\pi} f(x)\sin nx\mathrm{d}x = \frac{1}{\pi}\int_0^{\pi} x\sin nx\mathrm{d}x = \frac{(-1)^{n+1}}{n}.$$

所以, 当 $x \neq (2k-1)\pi\,(k\in\mathbf{Z})$ 时,

$$f(x) = \frac{\pi}{4} + \sum_{n=1}^{\infty}\left[\frac{(-1)^n-1}{n^2\pi}\cos nx + \frac{(-1)^{n+1}}{n}\sin nx\right];$$

而在 $x=(2k-1)\pi$ 处, 由于 $f(x)$ 不连续, 其 Fourier 级数收敛于 $\frac{1}{2}[f(x+0)+f(x-0)] = \frac{\pi}{2}$(图 12.1).

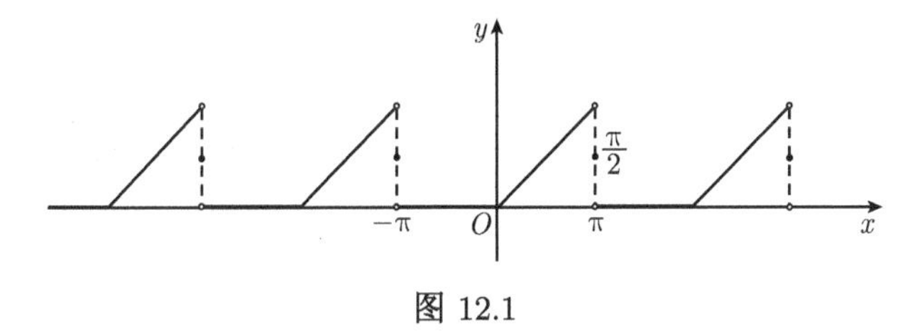

图 12.1

应用这个展开式容易得到几个数项级数的和. 在展开式中令 $x=0$, 由于 $f(0)=0$, 就得到

$$0 = \frac{\pi}{4} - \frac{2}{\pi}\sum_{k=1}^{\infty}\frac{1}{(2k-1)^2},$$

即

$$1+\frac{1}{3^2}+\frac{1}{5^2}+\cdots+\frac{1}{(2k-1)^2}+\cdots = \frac{\pi^2}{8}.$$

进而又可求得其他几个有用的和式的和. 因为

$$\sum_{n=1}^{\infty}\frac{1}{n^2} = \sum_{k=1}^{\infty}\frac{1}{(2k-1)^2} + \sum_{k=1}^{\infty}\frac{1}{(2k)^2} = \frac{\pi^2}{8} + \frac{1}{4}\sum_{k=1}^{\infty}\frac{1}{k^2},$$

从而得到

$$1+\frac{1}{2^2}+\frac{1}{3^2}+\cdots+\frac{1}{n^2}+\cdots = \frac{\pi^2}{6}.$$

同样, 由级数 $\sum_{n=1}^{\infty}\frac{(-1)^{n-1}}{n^2}$ 绝对收敛, 故有

$$\sum_{n=1}^{\infty}\frac{(-1)^{n-1}}{n^2}=\sum_{k=1}^{\infty}\frac{1}{(2k-1)^2}-\sum_{k=1}^{\infty}\frac{1}{(2k)^2}=\frac{\pi^2}{8}-\frac{1}{4}\sum_{k=1}^{\infty}\frac{1}{k^2},$$

又得到

$$1-\frac{1}{2^2}+\frac{1}{3^2}-\cdots+\frac{(-1)^{n-1}}{n^2}+\cdots=\frac{\pi^2}{12}.$$

12.1.2 偶函数与奇函数的 Fourier 级数

如果周期函数 $f(x)$ 是偶函数, 即 $f(-x)=f(x)$, 这时 $f(x)\sin nx$ 是奇函数, $f(x)\cos nx$ 是偶函数, 便有

$$\begin{aligned}a_n&=\frac{1}{\pi}\int_{-\pi}^{\pi}f(x)\cos nx\mathrm{d}x\\&=\frac{2}{\pi}\int_0^{\pi}f(x)\cos nx\mathrm{d}x\qquad(n=0,1,2,\cdots),\\b_n&=\frac{1}{\pi}\int_{-\pi}^{\pi}f(x)\sin nx\mathrm{d}x=0\qquad(n=1,2,\cdots).\end{aligned}$$

因此 $f(x)$ 的 Fourier 级数只含余弦项, 即有

$$f(x)\sim\frac{a_0}{2}+\sum_{n=1}^{\infty}a_n\cos nx.$$

这样的级数称为余弦级数.

如果周期函数 $f(x)$ 是奇函数, 即 $f(-x)=-f(x)$, 这时 $f(x)\cos nx$ 也是奇函数, 所以 $a_n=0$. 因此 $f(x)$ 的 Fourier 级数只含正弦项, 即有

$$f(x)\sim\sum_{n=1}^{\infty}b_n\sin nx.$$

这样的级数称为正弦级数, 其中

$$b_n=\frac{2}{\pi}\int_0^{\pi}f(x)\sin nx\mathrm{d}x.$$

例 12.1.2　设 $f(x)$ 以 2π 为周期, 在 $[-\pi,\pi]$ 上, $f(x)=|x|$ (图 12.2), 试求 $f(x)$ 的 Fourier 级数.

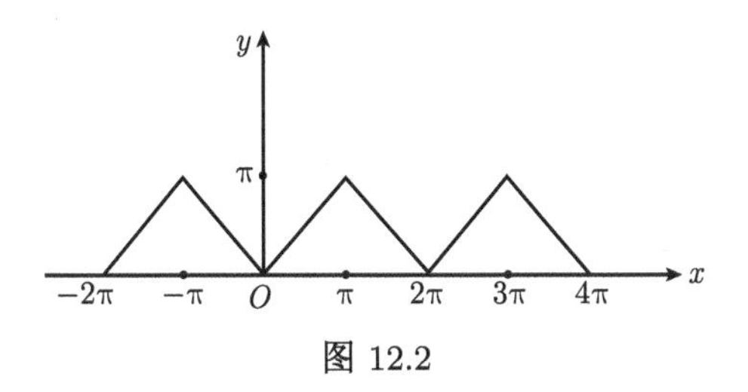

图 12.2

解 因为 $f(x)$ 是逐段光滑并在全数轴上连续的偶函数, 所以它可展为绝对一致收敛的余弦级数, 其 Fourier 系数为

$$a_0=\frac{2}{\pi}\int_0^{\pi}f(x)\mathrm{d}x=\frac{2}{\pi}\int_0^{\pi}x\mathrm{d}x=\pi,$$

$$a_n=\frac{2}{\pi}\int_0^{\pi}f(x)\cos nx\mathrm{d}x=\frac{2}{\pi}\int_0^{\pi}x\cos nx\mathrm{d}x=\frac{2}{n^2\pi}[(-1)^n-1]$$

$$=\begin{cases}0, & n=2k,\\ -\dfrac{4}{(2k-1)^2\pi}, & n=2k-1.\end{cases}$$

于是

$$f(x)=\frac{\pi}{2}-\frac{4}{\pi}\sum_{k=1}^{\infty}\frac{1}{(2k-1)^2}\cos(2k-1)x\qquad(-\infty<x<+\infty).$$

将上式两端从 0 到 $x(0<x\leqslant\pi)$ 积分, 得到

$$\frac{x^2}{2}=\frac{\pi}{2}x-\frac{4}{\pi}\sum_{k=1}^{\infty}\frac{\sin(2k-1)x}{(2k-1)^3},$$

再积分一次, 就有

$$\frac{x^3}{6}=\frac{\pi}{4}x^2+\frac{4}{\pi}\sum_{k=1}^{\infty}\frac{\cos(2k-1)x}{(2k-1)^4}-\frac{4}{\pi}\sum_{k=1}^{\infty}\frac{1}{(2k-1)^4}.$$

将 $x=\pi$ 代入上式, 得

$$\frac{\pi^3}{6}=\frac{\pi^3}{4}-\frac{8}{\pi}\sum_{k=1}^{\infty}\frac{1}{(2k-1)^4}.$$

立即得到

$$\sum_{k=1}^{\infty}\frac{1}{(2k-1)^4}=\frac{\pi^4}{96}.$$

例 12.1.3 设 $f(x)$ 以 2π 为周期, 在 $[-\pi,\pi)$ 上 $f(x)=x$(图 12.3), 试将 $f(x)$ 展成 Fourier 级数.

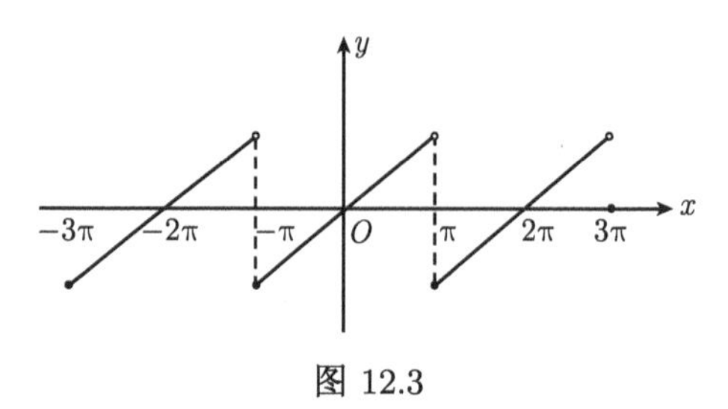

图 12.3

解　$f(x)$ 是奇函数并满足 Dirichlet 定理的条件, 故可展成正弦级数. 由于

$$b_n = \frac{2}{\pi}\int_0^{\pi} x\sin nx\mathrm{d}x = \frac{2}{n}(-1)^{n-1},$$

故有

$$f(x) = 2\sum_{n=1}^{\infty}\frac{(-1)^{n-1}}{n}\sin nx \qquad (x \neq (2k-1)\pi,\ k\in\mathbf{Z}).$$

当 $x=(2k-1)\pi$ 时, 级数收敛于 $\dfrac{f(x+0)+f(x-0)}{2}=0.$

12.1.3　任意周期的情形

前面的讨论只限于具有周期 2π 的周期函数.现在讨论 $f(x)$ 的周期为 $2l$ 的情形, 作变换 $x=\dfrac{l}{\pi}t$, 并记 $f(x)=f\left(\dfrac{l}{\pi}t\right)=g(t)$ 从而

$$g(t+2\pi) = f\left(\frac{l}{2\pi}(t+2\pi)\right) = f\left(\frac{l}{2\pi}t+2l\right) = f\left(\frac{l}{2\pi}t\right) = g(t),$$

故 $g(t)$ 以 2π 为周期. 如果 $g(t)$ 满足 Dirichlet 定理的条件, 便有

$$g(t) = \frac{a_0}{2} + \sum_{n=1}^{\infty}(a_n\cos nt + b_n\sin nt),$$

其中

$$a_n = \frac{1}{\pi}\int_{-\pi}^{\pi} g(t)\cos nt\mathrm{d}t \qquad (n=0,1,2,\cdots),$$

$$b_n = \frac{1}{\pi}\int_{-\pi}^{\pi} g(t)\sin nt\mathrm{d}t \qquad (n=1,2,\cdots).$$

由 $t=\dfrac{\pi}{l}x$, 回到原来的变量 x, 即有

$$f(x) = \frac{a_0}{2} + \sum_{n=1}^{\infty}\left(a_n\cos\frac{n\pi}{l}x + b_n\sin\frac{n\pi}{l}x\right),$$

其中

$$a_n = \frac{1}{l}\int_{-l}^{l} f(x)\cos\frac{n\pi x}{l}\mathrm{d}x \qquad (n=0,1,2,\cdots),$$

$$b_n = \frac{1}{l}\int_{-l}^{l} f(x)\sin\frac{n\pi x}{l}\mathrm{d}x \qquad (n=1,2,\cdots).$$

这就是周期为 $2l$ 的函数的 Fourier 展开式.

同样, 如果 $f(x)$ 是偶函数, 则它的 Fourier 级数就是余弦级数

$$f(x) = \frac{a_0}{2} + \sum_{n=1}^{\infty} a_n \cos\frac{n\pi x}{l},$$

其中

$$a_n = \frac{2}{l}\int_0^l f(x)\cos\frac{n\pi x}{l}\mathrm{d}x \qquad (n=0,1,2,\cdots).$$

如果 $f(x)$ 是奇函数, 则它的 Fourier 级数就是正弦级数

$$f(x) = \sum_{n=1}^{\infty} b_n \sin\frac{n\pi x}{l},$$

其中

$$b_n = \frac{2}{l}\int_0^l f(x)\sin\frac{n\pi x}{l}\mathrm{d}x \qquad (n=1,2,\cdots).$$

例 12.1.4 交流电压 $E(t)=E\sin\omega t$ 经半波整流后负压消失 (图 12.4), 试求半波整流函数的 Fourier 级数.

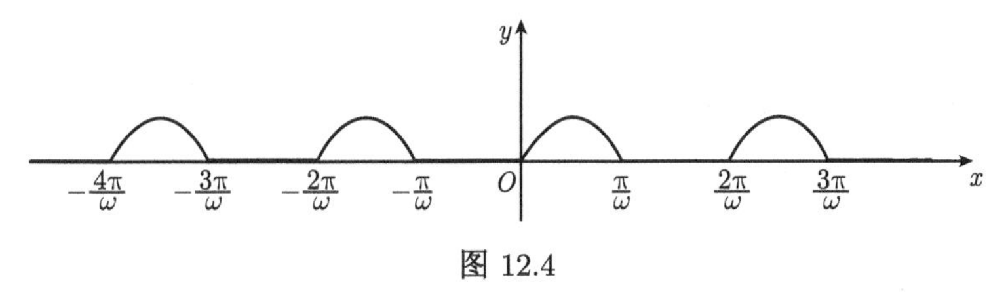

图 12.4

解 这个半波整流函数的周期是 $2\pi/\omega$, 在区间 $[-\pi/\omega, \pi/\omega)$ 上, 它的表达式为

$$f(t) = \begin{cases} 0, & -\dfrac{\pi}{\omega} \leqslant t < 0, \\ E\sin\omega t, & 0 \leqslant t < \dfrac{\pi}{\omega}. \end{cases}$$

由此可得

$$a_0 = \frac{\omega}{\pi}\int_0^{\frac{\pi}{\omega}} E\sin\omega t\mathrm{d}t = \frac{2E}{\pi},$$

$$a_n=\frac{\omega}{\pi}\int_0^{\frac{\pi}{\omega}}E\sin\omega t\cos n\omega t\mathrm{d}t$$
$$=\frac{E\omega}{2\pi}\int_0^{\frac{\pi}{\omega}}[\sin(n+1)\omega t-\sin(n-1)\omega t]\mathrm{d}t.$$

当 $n=1$ 时,

$$a_1=\frac{E\omega}{2\pi}\int_0^{\frac{\pi}{\omega}}\sin 2\omega t\mathrm{d}t=0,$$

当 $n\neq 1$ 时,

$$a_n=\frac{E\omega}{2\pi}\int_0^{\frac{\pi}{\omega}}[\sin(n+1)\omega t-\sin(n-1)\omega t]\mathrm{d}t$$
$$=\frac{E}{2\pi}\left[-\frac{\cos(n+1)\omega t}{n+1}+\frac{\cos(n-1)\omega t}{n-1}\right]\Bigg|_0^{\frac{\pi}{\omega}}$$
$$=\frac{[(-1)^{n-1}-1]E}{(n^2-1)\pi}\qquad(n=2,3,\cdots).$$

于是有 $a_{2k-1}=0$, $a_{2k}=\dfrac{2E}{(1-4k^2)\pi}$.

再计算 b_n, 因为

$$b_n=\frac{\omega}{\pi}\int_0^{\frac{\pi}{\omega}}E\sin\omega t\sin n\omega t\mathrm{d}t$$
$$=\frac{E\omega}{2\pi}\int_0^{\frac{\pi}{\omega}}[\cos(n-1)\omega t-\cos(n+1)\omega t]\mathrm{d}t,$$

当 $n=1$ 时,

$$b_1=\frac{E\omega}{2\pi}\int_0^{\frac{\pi}{\omega}}(1-\cos 2\omega t)\mathrm{d}t=\frac{E}{2},$$

当 $n\neq 1$ 时,

$$b_n=\frac{E\omega}{2\pi}\int_0^{\frac{\pi}{\omega}}[\cos(n-1)\omega t-\cos(n+1)\omega t]\mathrm{d}t$$
$$=\frac{E}{2\pi}\left[\frac{\sin(n-1)\omega t}{n-1}-\frac{\sin(n+1)\omega t}{n+1}\right]\Bigg|_0^{\frac{\pi}{\omega}}=0.$$

由于半波整流函数在整个数轴上连续, 且在任何有限区间上逐段光滑, 根据 Dirichlet 定理, 它所对应的 Fourier 级数在整个数轴上绝对一致收敛于自身. 特别地, 在区间 $[-\pi/\omega,\pi/\omega]$ 上就有

$$f(t)=\frac{E}{\pi}+\frac{E}{2}\sin\omega t+\frac{2E}{\pi}\sum_{k=1}^{\infty}\frac{1}{1-4k^2}\cos 2k\omega t.$$

在无线电电路的理论中, 周期函数常表示系统所发生的周期波, 展开这个周期波为 Fourier 级数就相当于把它分解成一系列不同频率的正弦波的叠加.级数中的常数项 $\dfrac{a_0}{2}$ 称为周期波的直流成分; 一次项正弦波 $a_1\cos\dfrac{\pi x}{l}+b_1\sin\dfrac{\pi x}{l}$ 称为基波, 它的频率是 $\omega_1=\dfrac{\pi}{l}$; 高次项正弦波 $a_n\cos\dfrac{n\pi x}{l}+b_n\sin\dfrac{n\pi x}{l}$ 称为 n 次谐波,它的频率是 $\omega_n=\dfrac{n\pi}{l}$, 即等于基波频率的 n 倍.从半波整流后的电压所对应的 Fourier 级数可以看出, 这个电压由直流和交流两种成分构成, 在交流成分中含有基波和偶次谐波. 第 $2n$ 次谐波的振幅是

$$A_n=\frac{2E}{\pi}\frac{1}{4n^2-1}.$$

显然当 n 越大即谐波次数越高时, 振幅就越小. 因此在实际应用中, 由于高次谐波的振幅迅速减小, 只要取展开式中前面几个低次谐波就足够了.

12.1.4 有限区间上的函数的 Fourier 级数

以上讨论了定义在整个数轴上的周期函数的 Fourier 级数. 可是, 在实际问题中, 所研究的对象一般说来是定义在有限区间上的, 自然也希望把定义在有限区间上的函数展开成 Fourier 级数. 这只要利用所谓的 "周期开拓" 的方法就可以做到.

先设 $f(x)$ 是定义在区间 $[-l,l]$ 上的函数, 这时可以把 $f(x)$ 以 $2l$ 为周期开拓出去 (图 12.5), 即作一个定义在整个数轴上的周期为 $2l$ 的函数

$$F(x)=f(x-2nl),\qquad (2n-1)l\leqslant x<(2n+1)l,\quad n\in\mathbf{Z}.$$

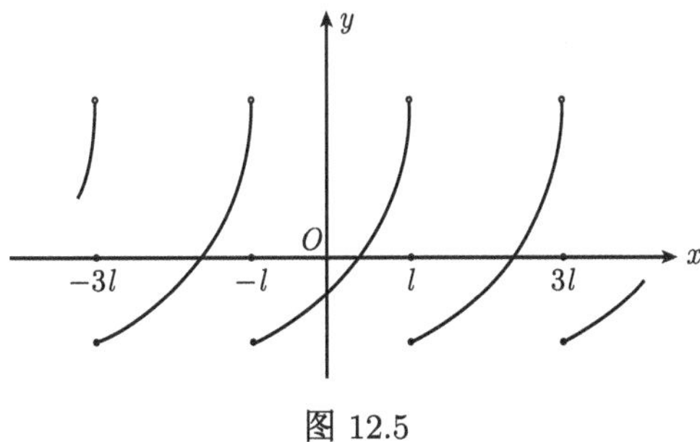

图 12.5

然后求出它的 Fourier 级数

$$F(x)\sim\frac{a_0}{2}+\sum_{n=1}^{\infty}\left(a_n\cos\frac{n\pi x}{l}+b_n\sin\frac{n\pi x}{l}\right),$$

其中

$$a_n=\frac{1}{l}\int_{-l}^{l}F(x)\cos\frac{n\pi x}{l}\mathrm{d}x=\frac{1}{l}\int_{-l}^{l}f(x)\cos\frac{n\pi x}{l}\mathrm{d}x,$$

$$b_n=\frac{1}{l}\int_{-l}^{l}F(x)\sin\frac{n\pi x}{l}\mathrm{d}x=\frac{1}{l}\int_{-l}^{l}f(x)\sin\frac{n\pi x}{l}\mathrm{d}x.$$

如果 $F(x)$ 满足 Dirichlet 定理的条件, 那么局限于区间 $[-l,l]$ 上来考虑, 它就能表示原来给定的函数 $f(x)$. 即在 $[-l,l]$ 上有

$$\frac{a_0}{2}+\sum_{n=1}^{\infty}\left(a_n\cos\frac{n\pi x}{l}+b_n\sin\frac{n\pi x}{l}\right)=\frac{1}{2}(f(x-0)+f(x+0)).$$

例 12.1.5　展开函数

$$f(x)=\begin{cases}\dfrac{1}{2h}, & |x|<h,\\ 0, & h\leqslant|x|\leqslant l\end{cases}$$

为 Fourier 级数.

解　函数 $f(x)$ 及周期开拓后的函数 $F(x)$ 都是偶函数 (图 12.6), 因此有 $b_n=0$, 而

$$a_0=\frac{2}{l}\int_0^l f(x)\mathrm{d}x=\frac{2}{l}\int_0^h\frac{1}{2h}\mathrm{d}x=\frac{1}{l},$$
$$a_n=\frac{2}{l}\int_0^l f(x)\cos\frac{n\pi x}{l}\mathrm{d}x=\frac{2}{l}\int_0^h\frac{1}{2h}\cos\frac{n\pi x}{l}\mathrm{d}x=\frac{1}{n\pi h}\sin\frac{n\pi h}{l}.$$

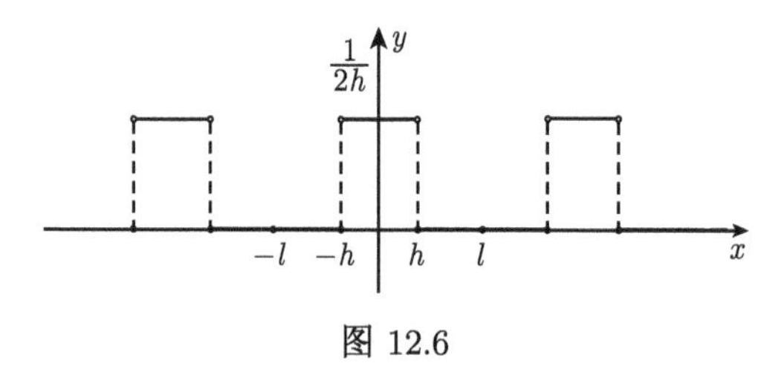

图 12.6

又因为在区间的端点 $x=\pm l$ 处有 $f(l)=f(-l)=0$, 所以

$$f(x)=\frac{1}{2l}+\frac{1}{\pi h}\sum_{n=1}^{\infty}\frac{1}{n}\sin\frac{n\pi h}{l}\cos\frac{n\pi x}{l}\qquad(|x|\leqslant l,\ |x|\neq h).$$

当 $x=\pm h$ 时, 这个级数收敛于 $\dfrac{1}{4h}$.

设 $f(x)$ 是定义在区间 $[0,l]$ 上的函数, 为了把它展开为 Fourier 级数, 可将函数 $f(x)$ 任意地延拓到 $[-l,0]$ 上, 然后将定义在 $[-l,l]$ 上的函数以 $2l$ 为周期开拓到整个数轴上去, 化为前面讨论过的情形. 显然, 采用不同的延拓方式, 得到的 Fourier 级数也不一样, 但在 $(0,l)$ 中, 它们都收敛于同一个函数.

有两种延拓方法是最常用的: 一种是偶性延拓, 即令

$$f_1(x)=\begin{cases}f(x), & 0\leqslant x\leqslant l,\\ f(-x), & -l\leqslant x\leqslant 0.\end{cases}$$

$f_1(x)$ 是 $[-l,l]$ 中的偶函数, 它的 Fourier 级数是余弦级数

$$f_1(x)\sim\frac{a_0}{2}+\sum_{n=1}^{\infty}a_n\cos\frac{n\pi x}{l},$$

其中

$$a_n=\frac{2}{l}\int_0^l f(x)\cos\frac{n\pi x}{l}\mathrm{d}x\quad(n=0,1,2,\cdots).\tag{12.1.4}$$

另一种是奇性延拓, 即令

$$f_2(x)=\begin{cases}f(x), & 0<x\leqslant l,\\ 0, & x=0,\\ -f(-x), & -l<x<0.\end{cases}$$

$f_2(x)$ 是 $(-l,l)$ 中的奇函数, 它的 Fourier 级数是正弦级数

$$f_2(x)\sim\sum_{n=1}^{\infty}b_n\sin\frac{n\pi x}{l},$$

其中

$$b_n=\frac{2}{l}\int_0^l f(x)\sin\frac{n\pi x}{l}\mathrm{d}x\qquad(n=1,2,\cdots).\tag{12.1.5}$$

例 12.1.6 展开函数

$$f(x)=\begin{cases}x, & 0\leqslant x<\dfrac{l}{2},\\ l-x, & \dfrac{l}{2}\leqslant x\leqslant l\end{cases}$$

为正弦级数和余弦级数.

解 先求正弦级数. 延拓函数 $f(x)$ 到 $[-l,0)$ 上, 使其成为奇函数 (图 12.7), 这时依式 (12.1.5), 有

$$\begin{aligned}b_n=&\frac{2}{l}\int_0^l f(x)\sin\frac{n\pi x}{l}\mathrm{d}x\\=&\frac{2}{l}\int_0^{\frac{l}{2}}x\sin\frac{n\pi x}{l}\mathrm{d}x+\frac{2}{l}\int_{\frac{l}{2}}^l(l-x)\sin\frac{n\pi x}{l}\mathrm{d}x\end{aligned}$$

$$
\begin{aligned}
&= \frac{2}{l}\int_0^{\frac{l}{2}} x\left(\sin\frac{n\pi x}{l} + \sin\frac{n\pi(l-x)}{l}\right)\mathrm{d}x \\
&= \begin{cases} 0, & n = 2k, \\ \dfrac{(-1)^{k-1}4l}{(2k-1)^2\pi^2}, & n = 2k-1. \end{cases}
\end{aligned}
$$

故

$$
f(x) = \frac{4l}{\pi^2}\sum_{k=1}^{\infty}\frac{(-1)^{k-1}}{(2k-1)^2}\sin\frac{(2k-1)\pi x}{l} \qquad (0 \leqslant x \leqslant l).
$$

然后求余弦级数. 延拓函数 $f(x)$ 到 $[-l, 0)$ 上, 使其成为偶函数 (图 12.8), 这时依式 (12.1.4), 有

$$
\begin{aligned}
a_0 &= \frac{2}{l}\int_0^l f(x)\mathrm{d}x \\
&= \frac{2}{l}\int_0^{\frac{l}{2}} x\mathrm{d}x + \frac{2}{l}\int_{\frac{l}{2}}^l (l-x)\mathrm{d}x = \frac{l}{2}, \\
a_n &= \frac{2}{l}\int_0^l f(x)\cos\frac{n\pi x}{l}\mathrm{d}x \\
&= \frac{2}{l}\int_0^{\frac{l}{2}} x\cos\frac{n\pi x}{l}\mathrm{d}x + \frac{2}{l}\int_{\frac{l}{2}}^l (l-x)\cos\frac{n\pi x}{l}\mathrm{d}x \\
&= \frac{2}{l}\int_0^{\frac{l}{2}} x\left(\cos\frac{n\pi x}{l} + \cos\frac{n\pi(l-x)}{l}\right)\mathrm{d}x \\
&= \begin{cases} 0, & n = 2k-1, \\ \dfrac{4}{l}\displaystyle\int_0^{\frac{l}{2}} x\cos\frac{2k\pi x}{l}\mathrm{d}x, & n = 2k. \end{cases}
\end{aligned}
$$

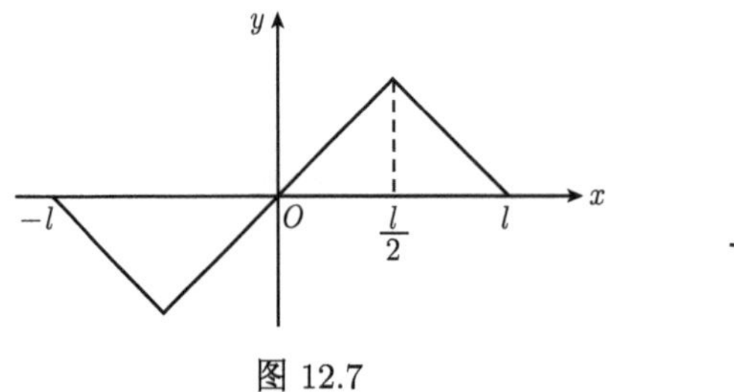

图 12.7

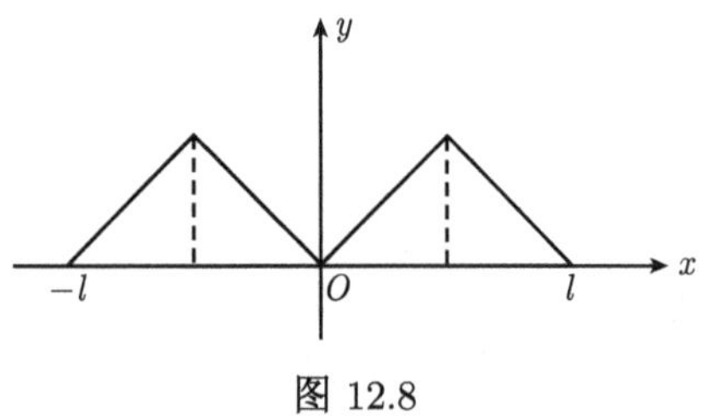

图 12.8

除 $a_{4k+2} = -\dfrac{2l}{(2k+1)^2\pi^2}$ 外, 其余 a_n 都为零. 于是

$$
f(x) = \frac{l}{4} - \frac{2l}{\pi^2}\sum_{k=0}^{\infty}\frac{1}{(2k+1)^2}\cos\frac{(4k+2)\pi x}{l} \qquad (0 \leqslant x \leqslant l).
$$

更一般地, 如果 $f(x)$ 定义在有限区间 $[a,b]$ 上, 可以 $2l=b-a$ 为周期开拓到整个数轴上去, 这时它的 Fourier 级数为

$$f(x)\sim\frac{a_0}{2}+\sum_{n=1}^{\infty}\left(a_n\cos\frac{2n\pi x}{b-a}+b_n\sin\frac{2n\pi x}{b-a}\right),$$

其中

$$a_n=\frac{2}{b-a}\int_a^b f(x)\cos\frac{2n\pi x}{b-a}\mathrm{d}x\qquad(n=0,1,2,\cdots),$$
$$b_n=\frac{2}{b-a}\int_a^b f(x)\sin\frac{2n\pi x}{b-a}\mathrm{d}x\qquad(n=1,2,\cdots).$$

例 12.1.7 把 $[0,1]$ 上的函数 $f(x)=x^2$ 展开为 Fourier 级数.

解 以 $2l=1$ 为周期将函数 $f(x)$ 开拓到整个数轴上, 于是有

$$\begin{aligned}a_0&=2\int_0^1 f(x)\mathrm{d}x=2\int_0^1 x^2\mathrm{d}x=\frac{2}{3},\\a_n&=2\int_0^1 f(x)\cos 2n\pi x\mathrm{d}x\\&=2\int_0^1 x^2\cos 2n\pi x\mathrm{d}x=\frac{1}{n^2\pi^2}\qquad(n=1,2,\cdots),\\b_n&=2\int_0^1 f(x)\sin 2n\pi x\mathrm{d}x\\&=2\int_0^1 x^2\sin 2n\pi x\mathrm{d}x=-\frac{1}{n\pi}\qquad(n=1,2,\cdots).\end{aligned}$$

因为 $f(x)=x^2$ 在 $[0,1]$ 上连续, 但 $f(0)=0$, $f(1)=1$, 所以, 当 $0<x<1$ 时, 有

$$f(x)=x^2=\frac{1}{3}+\frac{1}{\pi^2}\sum_{n=1}^{\infty}\left(\frac{1}{n^2}\cos 2n\pi x-\frac{\pi}{n}\sin 2n\pi x\right),$$

而当 $x=0$ 或 1 时, 上述三角级数收敛于 1/2.

12.1.5 Bessel 不等式

以下假定函数 $f(x)$ 在区间 $[-\pi,\pi]$ 上是可积 (因而也是平方可积) 的或广义可积并广义平方可积的 (这时, 称 $f(x)$ 在 $[-\pi,\pi]$ 上可积并平方可积). 称

$$g_n(x)=\frac{\alpha_0}{2}+\sum_{k=1}^{n}(\alpha_k\cos kx+\beta_k\sin kx)$$

为 “n 次三角多项式”, 式中 $\alpha_0, \alpha_1, \beta_1, \cdots, \alpha_n, \beta_n$ 是常数. 现在要来确定这些常数, 使得 $f(x)$ 与 $g_n(x)$ 的平方平均偏差

$$\Delta_n = \int_{-\pi}^{\pi} [f(x) - g_n(x)]^2 \mathrm{d}x$$

为最小. 为此目的, 我们先计算这个偏差 Δ_n 的表达式. 因为

$$\Delta_n = \int_{-\pi}^{\pi} f^2(x)\mathrm{d}x - 2\int_{-\pi}^{\pi} f(x)g_n(x)\mathrm{d}x + \int_{-\pi}^{\pi} g_n^2(x)\mathrm{d}x,$$

容易算得

$$\begin{aligned}
&\int_{-\pi}^{\pi} f(x)g_n(x)\mathrm{d}x \\
&= \frac{\alpha_0}{2}\int_{-\pi}^{\pi} f(x)\mathrm{d}x + \sum_{k=1}^{n}\left(\alpha_k \int_{-\pi}^{\pi} f(x)\cos kx\mathrm{d}x + \beta_k \int_{-\pi}^{\pi} f(x)\sin kx\mathrm{d}x\right) \\
&= \pi\left[\frac{\alpha_0 a_0}{2} + \sum_{k=1}^{n}(\alpha_k a_k + \beta_k b_k)\right],
\end{aligned}$$

其中 $a_0, a_k, b_k\ (k = 1, 2, \cdots, n)$ 是 $f(x)$ 的 Fourier 系数. 由三角函数系的正交性, 容易算得

$$\begin{aligned}
\int_{-\pi}^{\pi} g_n^2(x)\mathrm{d}x &= \int_{-\pi}^{\pi}\left[\frac{\alpha_0}{2} + \sum_{k=1}^{n}(\alpha_k\cos kx + \beta_k\sin kx)\right]^2\mathrm{d}x \\
&= \int_{-\pi}^{\pi}\left[\frac{\alpha_0^2}{4} + \sum_{k=1}^{n}(\alpha_k^2\cos^2 kx + \beta_k^2\sin^2 kx)\right]\mathrm{d}x \\
&= \pi\left[\frac{\alpha_0^2}{2} + \sum_{k=1}^{n}(\alpha_k^2 + \beta_k^2)\right],
\end{aligned}$$

于是就有

$$\begin{aligned}
\Delta_n &= \int_{-\pi}^{\pi} f^2(x)\mathrm{d}x + \pi\left[-\alpha_0 a_0 - 2\sum_{k=1}^{n}(\alpha_k a_k + \beta_k b_k) + \frac{\alpha_0^2}{2} + \sum_{k=1}^{n}(\alpha_k^2 + \beta_k^2)\right] \\
&= \int_{-\pi}^{\pi} f^2(x)\mathrm{d}x - \pi\left[\frac{a_0^2}{2} + \sum_{k=1}^{n}(a_k^2 + b_k^2)\right] \\
&\quad + \pi\left\{\frac{1}{2}(\alpha_0 - a_0)^2 + \sum_{k=1}^{n}[(\alpha_k - a_k)^2 + (\beta_k - b_k)^2]\right\}.
\end{aligned}$$

由此可见, 当 $\alpha_0 = a_0, \alpha_k = a_k, \beta_k = b_k (k = 1, 2, \cdots, n)$ 时, Δ_n 为最小. 从而证明了下述定理.

定理 12.1.2 设 $f(x)$ 是区间 $[-\pi,\pi]$ 上的可积且平方可积的函数, 则在所有的 n 次三角多项式中, 当其系数是 $f(x)$ 的 Fourier 系数时, 它与 $f(x)$ 的平方平均偏差 Δ_n 为最小, 并有

$$\Delta_n=\int_{-\pi}^{\pi}f^2(x)\mathrm{d}x-\pi\left[\frac{a_0^2}{2}+\sum_{k=1}^{n}(a_k^2+b_k^2)\right].$$

应当注意: 若 $f(x)$ 连续或至多有有限个第一类间断点, 则它本身及其平方就是可积的. 但是在广义积分的意义下, $f(x)$ 可积, 其平方未必可积. 为了保持一般的形式, 所以我们在定理中规定 $f(x)$ 可积并平方可积.

设 $g_n(x)=\dfrac{a_0}{2}+\sum\limits_{k=1}^{n}(a_k\cos kx+b_k\sin kx)$, 由于 $\Delta_n=\displaystyle\int_{-\pi}^{\pi}[f(x)-g_n(x)]^2\mathrm{d}x\geqslant 0$, 所以有

$$\frac{a_0^2}{2}+\sum_{k=1}^{n}(a_k^2+b_k^2)\leqslant\frac{1}{\pi}\int_{-\pi}^{\pi}f^2(x)\mathrm{d}x.$$

由此可见正项级数

$$\frac{a_0^2}{2}+\sum_{k=1}^{\infty}(a_k^2+b_k^2)$$

的部分和有界, 故级数收敛, 因而有下面的推论.

推论 12.1.1 设 $f(x)$ 在区间 $[-\pi,\pi]$ 上可积且平方可积, 则由它的 Fourier 系数 a_k 和 b_k 所构成的级数

$$\frac{a_0^2}{2}+\sum_{k=1}^{\infty}(a_k^2+b_k^2)$$

收敛, 并且满足不等式

$$\frac{a_0^2}{2}+\sum_{k=1}^{\infty}(a_k^2+b_k^2)\leqslant\frac{1}{\pi}\int_{-\pi}^{\pi}f^2(x)\mathrm{d}x.$$

这个不等式称为**Bessel 不等式**. 如果再做进一步的讨论, 还可以证明在推论 12.1.1 的条件下,Bessel 不等式实际上是等式, 即有

$$\frac{a_0^2}{2}+\sum_{k=1}^{\infty}(a_k^2+b_k^2)=\frac{1}{\pi}\int_{-\pi}^{\pi}f^2(x)\mathrm{d}x,$$

称为**Parseval**①**等式**.

因为收敛级数的通项当 n 无限增大时趋于零, 所以又有下面的推论.

① Marc-Antoine Parseval(1755—1836), 法国数学家.

推论 12.1.2 设 $f(x)$ 在区间 $[-\pi,\pi]$ 上可积且平方可积, 则

$$\lim a_n = \lim_{n\to+\infty}\frac{1}{\pi}\int_{-\pi}^{\pi} f(x)\cos nx\mathrm{d}x = 0,$$

$$\lim b_n = \lim_{n\to+\infty}\frac{1}{\pi}\int_{-\pi}^{\pi} f(x)\sin nx\mathrm{d}x = 0.$$

此外, 由 Parseval 等式还可以得到一些不易直接求出的级数的和. 例如, 由例 12.1.2 可知, 在 $[-\pi,\pi]$ 上, 有

$$|x| = \frac{\pi}{2} - \frac{4}{\pi}\sum_{n=1}^{\infty}\frac{1}{(2n-1)^2}\cos(2n-1)x,$$

于是由 Parseval 等式就得到

$$\frac{\pi^2}{2} + \left(\frac{4}{\pi}\right)^2\sum_{n=1}^{\infty}\frac{1}{(2n-1)^4} = \frac{1}{\pi}\int_{-\pi}^{\pi}|x|^2\mathrm{d}x = \frac{2}{3}\pi^2.$$

由此给出

$$\sum_{n=1}^{\infty}\frac{1}{(2n-1)^4} = \frac{\pi^4}{96}.$$

这与前面所得结果一致. 从而又有

$$\sum_{n=1}^{\infty}\frac{1}{n^4} = \sum_{k=1}^{\infty}\frac{1}{(2k-1)^4} + \sum_{k=1}^{\infty}\frac{1}{(2k)^4} = \frac{\pi^4}{96} + \frac{1}{16}\sum_{k=1}^{\infty}\frac{1}{k^4},$$

即

$$\sum_{n=1}^{\infty}\frac{1}{n^4} = \frac{\pi^4}{90}.$$

一般, 若 $f(x)$ 在 $[-l,l]$ 上可积并平方可积, 则仍然有 Parseval 等式

$$\frac{a_0^2}{2} + \sum_{k=1}^{\infty}(a_k^2 + b_k^2) = \frac{1}{l}\int_{-l}^{l} f^2(x)\mathrm{d}x.$$

*12.1.6 Fourier 级数的复数形式

设 $f(x)$ 是定义在区间 $[-l,l]$ 上的函数, 且在这区间上可以展成 Fourier 级数

$$f(x) = \frac{a_0}{2} + \sum_{n=1}^{\infty}(a_n\cos n\omega x + b_n\sin n\omega x),$$

其中 $\omega = \pi/l$ 和

$$a_n = \frac{1}{l}\int_{-l}^{l} f(x)\cos n\omega x\mathrm{d}x \qquad (n = 0,1,2,\cdots),$$

$$b_n = \frac{1}{l}\int_{-l}^{l} f(x)\sin n\omega x \mathrm{d}x \qquad (n = 1, 2, \cdots).$$

应用 Euler 公式

$$\cos n\omega x = \frac{\mathrm{e}^{\mathrm{i}n\omega x} + \mathrm{e}^{-\mathrm{i}n\omega x}}{2}, \qquad \sin n\omega x = \frac{\mathrm{e}^{\mathrm{i}n\omega x} - \mathrm{e}^{-\mathrm{i}n\omega x}}{2\mathrm{i}},$$

就得到

$$\begin{aligned} f(x) &= \frac{a_0}{2} + \sum_{n=1}^{\infty}\left(a_n\frac{\mathrm{e}^{\mathrm{i}n\omega x} + \mathrm{e}^{-\mathrm{i}n\omega x}}{2} + \mathrm{i}b_n\frac{\mathrm{e}^{-\mathrm{i}n\omega x} - \mathrm{e}^{\mathrm{i}n\omega x}}{2}\right) \\ &= \frac{a_0}{2} + \sum_{n=1}^{\infty}\frac{a_n - \mathrm{i}b_n}{2}\mathrm{e}^{\mathrm{i}n\omega x} + \sum_{n=1}^{\infty}\frac{a_n + \mathrm{i}b_n}{2}\mathrm{e}^{-\mathrm{i}n\omega x}, \end{aligned}$$

或者写成

$$f(x) = \sum_{n=-\infty}^{\infty} F_n \mathrm{e}^{\mathrm{i}n\omega x},$$

其中

$$\begin{aligned} F_0 &= \frac{a_0}{2} = \frac{1}{2l}\int_{-l}^{l} f(x)\mathrm{d}x, \\ F_{\pm n} &= \frac{1}{2}(a_n \mp \mathrm{i}b_n) = \frac{1}{2l}\int_{-l}^{l} f(x)(\cos n\omega x \mp \mathrm{i}\sin n\omega x)\mathrm{d}x \\ &= \frac{1}{2l}\int_{-l}^{l} f(x)\mathrm{e}^{\mp\mathrm{i}n\omega x}\mathrm{d}x \qquad (n = 1, 2, 3, \cdots). \end{aligned} \tag{12.1.6}$$

这就是 $f(x)$ 的 Fourier 级数的复数形式, 它的系数 F_n 与 F_{-n} 是互为共轭的复数, 即 $F_{-n} = \overline{F}_n$.

复指数的函数列

$$\cdots, \mathrm{e}^{-\mathrm{i}n\omega x}, \cdots, \mathrm{e}^{-\mathrm{i}\omega x}, 1, \mathrm{e}^{\mathrm{i}\omega x}, \cdots, \mathrm{e}^{\mathrm{i}n\omega x}, \cdots$$

在区间 $[-l, l]$ 上具有正交性, 即有

$$\int_{-l}^{l} \mathrm{e}^{\mathrm{i}(m+n)\omega x}\mathrm{d}x = \begin{cases} 0, & m + n \neq 0, \\ 2l, & m + n = 0. \end{cases}$$

所以复数形式的 Fourier 级数也可以直接导出. 事实上, 设

$$f(x) = \sum_{n=-\infty}^{\infty} F_n \mathrm{e}^{\mathrm{i}n\omega x},$$

以 $\mathrm{e}^{\mathrm{i}m\omega x}$ 乘这个等式的两端, 再从 $-l$ 到 l 逐项积分, 就得到

$$\int_{-l}^{l} f(x)\mathrm{e}^{\mathrm{i}m\omega x}\mathrm{d}x = \sum_{n=-\infty}^{\infty} F_n \int_{-l}^{l} \mathrm{e}^{\mathrm{i}(n+m)\omega x}\mathrm{d}x.$$

根据复指数函数系的正交性, 等式右端除了 $m+n=0$ 一项外, 其余各项均为零, 从而可得式 (12.1.6).

习 题 12.1

1. 证明三角函数系 $1, \cos\dfrac{\pi}{L}x, \sin\dfrac{\pi}{L}x, \cdots, \cos\dfrac{n\pi}{L}, \sin\dfrac{n\pi}{L}, \cdots$ 在 $[-L, L]$ 上是正交的.

2. 作出下列周期为 2π 的函数的图形, 并把它们展开成 Fourier 级数 (说明收敛情况):

(1) 在 $[-\pi, \pi)$ 中, $f(x) = \begin{cases} -\pi, & -\pi \leqslant x \leqslant 0, \\ x, & 0 < x < \pi; \end{cases}$

(2) 在 $[-\pi, \pi)$ 中, $f(x) = \cos\dfrac{x}{2}$;

(3) 在 $[-\pi, \pi)$ 中, $f(x) = \begin{cases} \mathrm{e}^{x}, & -\pi \leqslant x \leqslant 0, \\ 1, & 0 \leqslant x < \pi. \end{cases}$

3. 将下列函数展开成以指定区间长度为周期的 Fourier 级数, 并说明收敛情况:

(1) $f(x) = 1 - \sin\dfrac{x}{2}\ \ (0 \leqslant x \leqslant \pi)$;

(2) $f(x) = \dfrac{x}{3}\ \ (0 \leqslant x \leqslant T)$;

(3) $f(x) = \mathrm{e}^{ax}\ \ (-l \leqslant x \leqslant l)$;

(4) $f(x) = \begin{cases} 1, & |x| < 1, \\ -1, & 1 \leqslant |x| \leqslant 2. \end{cases}$

4. 把下列函数展开成正弦级数和余弦级数:

(1) $f(x) = 2x^2\ \ (0 \leqslant x \leqslant \pi)$;

(2) $f(x) = \begin{cases} A, & 0 \leqslant x < \dfrac{l}{2}, \\ 0, & \dfrac{l}{2} \leqslant x \leqslant l; \end{cases}$

(3) $f(x) = \begin{cases} 1 - \dfrac{x}{2h}, & 0 \leqslant x \leqslant 2h, \\ 0, & 2h < x \leqslant \pi. \end{cases}$

5. 已知函数的 Fourier 级数展开式, 求常数 a 的值:

(1) $\displaystyle\sum_{n=1}^{\infty} \frac{\cos(2n-1)x}{(2n-1)^2} = a(2a - |x|)$, 其中 $-\pi \leqslant x \leqslant \pi$;

(2) $\sum_{n=1}^{\infty}\frac{(-1)^{n-1}}{n}\sin nx=ax$, 其中 $-\pi<x<\pi$.

6. (1) 设

$$f(x)=\begin{cases}x, & 0\leqslant x\leqslant\frac{1}{2},\\ 2-2x, & \frac{1}{2}<x<1,\end{cases}$$

$$S(x)=\frac{a_0}{2}+\sum_{n=1}^{\infty}a_n\cos n\pi x,\qquad -\infty<x<+\infty,$$

其中 $a_n=2\int_0^1 f(x)\cos n\pi x\mathrm{d}x\ (n=0,1,2,\cdots)$. 求 $S\left(\frac{9}{4}\right),S\left(-\frac{5}{2}\right)$.

(2) 设 $f(x)=\begin{cases}-1, & -\pi<x\leqslant 0,\\ 1+x^2, & 0<x\leqslant\pi,\end{cases}$ 其以 2π 为周期的 Fourier 级数的和函数为 $S(x),-\infty<x<+\infty$. 求 $S(3\pi),S(-4\pi)$.

7. 设 $f(x)$ 是一个以 2π 为周期的函数.

(1) 如果 $f(x\pm\pi)=-f(x)$, 试证明 $f(x)$ 在 $(-\pi,\pi)$ 内的 Fourier 展开只含有奇次谐波, 即 $a_{2n}=0(n=0,1,2,\cdots),b_{2n}=0(n=1,2,\cdots)$;

(2) 如果 $f(x\pm\pi)=f(x)$, 试证明 $f(x)$ 在 $(-\pi,\pi)$ 内的 Fourier 展开只含有偶次谐波, 即 $a_{2n-1}=b_{2n-1}=0(n=1,2,\cdots)$.

8. 已知周期为 2π 的函数 $f(x)$ 的 Fourier 系数是 a_n 和 b_n, 试证明 “平移” 了的函数 $f(x+h)$(h 为常数) 的 Fourier 系数为

$$\overline{a}_n=a_n\cos nh+b_n\sin nh\qquad(n=0,1,2,\cdots),$$
$$\overline{b}_n=b_n\cos nh-a_n\sin nh\qquad(n=1,2,\cdots).$$

9. 将 $y=1-x^2$ 在 $[-\pi,\pi]$ 上展开成 Fourier 级数, 并利用其结果求下列级数的和:

(1) $\sum_{n=1}^{\infty}\frac{(-1)^{n-1}}{n^2}$;　　(2) $\sum_{n=1}^{\infty}\frac{1}{n^4}$.

10. 将函数 $f(x)=\operatorname{sgn}x\ (-\pi<x<\pi)$ 展为 Fourier 级数, 并利用其结果求级数 $\sum_{n=1}^{\infty}\frac{(-1)^{n-1}}{2n-1}$ 的和.

11. 将 $f(x)=1+x\ (0\leqslant x\leqslant\pi)$ 展成周期为 2π 的余弦级数, 并求 $\sum_{n=1}^{\infty}\frac{\cos(2n-1)}{(2n-1)^2}$ 与 $\sum_{n=1}^{\infty}\frac{\cos 4(2n-1)}{(2n-1)^2}$.

12. 将 $f(x)=\begin{cases}1, & |x|<a,\\ 0, & a\leqslant|x|<\pi\end{cases}$ 展开成 Fourier 级数, 然后利用 Parseval 等式求下列级数的和:

(1) $\sum_{n=1}^{\infty}\frac{\sin^2 na}{n^2}$;　　　　(2) $\sum_{n=1}^{\infty}\frac{\cos^2 na}{n^2}$.

13. 设 $f(x)$ 在 $[-T/2,T/2]$ 这个周期上可表示为

$$f(x)=\begin{cases}0, & -\dfrac{T}{2}\leqslant x<-\dfrac{\tau}{2},\\ H, & -\dfrac{\tau}{2}\leqslant x<\dfrac{\tau}{2},\\ 0, & \dfrac{\tau}{2}\leqslant x\leqslant\dfrac{T}{2},\end{cases}$$

试把它展开成 Fourier 级数的复数形式.

§12.2　Fourier 积分与 Fourier 变换

12.2.1　Fourier 积分

前面已经讨论了怎样把有限区间上的函数展开成 Fourier 级数的问题. 下面将进一步讨论定义在整个数轴上的非周期函数的表示方法.

设函数 $f(x)$ 在 $(-\infty,+\infty)$ 上绝对可积, 且在任何有限区间 $[-l,l]$ 上可以展开成 Fourier 级数, 于是有

$$f_l(x)=\frac{a_0}{2}+\sum_{n=1}^{\infty}\left(a_n\cos\frac{n\pi}{l}x+b_n\sin\frac{n\pi}{l}x\right),\tag{12.2.1}$$

其中

$$a_n=\frac{1}{l}\int_{-l}^{l}f(t)\cos\frac{n\pi}{l}t\mathrm{d}t\qquad(n=0,1,2,\cdots),$$
$$b_n=\frac{1}{l}\int_{-l}^{l}f(t)\sin\frac{n\pi}{l}t\mathrm{d}t\qquad(n=1,2,\cdots).$$

将 a_n,b_n 的积分表达式代入式 (12.2.1), 得到

$$f_l(x)=\frac{1}{2l}\int_{-l}^{l}f(t)\mathrm{d}t+\sum_{n=1}^{\infty}\frac{1}{l}\int_{-l}^{l}f(t)\cos\frac{n\pi}{l}(x-t)\mathrm{d}t.\tag{12.2.2}$$

显然 l 越大 $f_l(x)$ 与 $f(x)$ 相等的范围也越大, 这表明当 $l\to+\infty$ 时 $f_l(x)$ 可转化为 $f(x)$, 即有

$$\lim_{l\to+\infty}f_l(x)=f(x).$$

令 $\lambda_n=\dfrac{n\pi}{l}$, 当 $n\in\mathbf{Z}$ 时, λ_n 所对应的点均匀地分布在整个数轴上, 若相邻的

两个点的距离用 $\Delta\lambda$ 表示, 即

$$\Delta\lambda=\lambda_n-\lambda_{n-1}=\frac{\pi}{l}$$

则当 $l\to+\infty$ 时, $\Delta\lambda\to 0$. 当 x 固定时, $\int_{-l}^{l}f(t)\cos\lambda(x-t)\mathrm{d}t$ 是参数 λ 的函数, 记

$$\Phi_l(\lambda)=\int_{-l}^{l}f(t)\cos\lambda(x-t)\mathrm{d}t,$$

由式 (12.2.2), 得

$$f_l(x)=\frac{1}{2l}\int_{-l}^{l}f(t)\mathrm{d}t+\frac{1}{\pi}\sum_{n=1}^{\infty}\Phi_l(\lambda_n)\Delta\lambda.$$

于是有

$$f(x)=\lim_{l\to+\infty}f_l(x)=\frac{1}{\pi}\lim_{\Delta\lambda\to0}\sum_{n=1}^{\infty}\Phi_l(\lambda_n)\Delta\lambda,$$

显然,当 $l\to+\infty$ 时, $\Delta\lambda\to 0$, 于是 $\Phi_l(\lambda)\to\int_{-\infty}^{+\infty}f(t)\cos\lambda(x-t)\mathrm{d}t=\Phi(\lambda)$, 从而 $f(x)$ 可以看作是 $\Phi(\lambda)$ 在 $(0,+\infty)$ 上的积分, 即

$$f(x)=\frac{1}{\pi}\int_{0}^{+\infty}\mathrm{d}\lambda\int_{-\infty}^{+\infty}f(t)\cos\lambda(x-t)\mathrm{d}t. \tag{12.2.3}$$

称式 (12.2.3) 为 $f(x)$ 的**Fourier 积分公式**, 等式右边的积分为 $f(x)$ 的**Fourier 积分**.

因为

$$\begin{aligned}&\int_{-\infty}^{+\infty}f(t)\cos\lambda(x-t)\mathrm{d}t\\=&\int_{-\infty}^{+\infty}f(t)\cos\lambda t\cos\lambda x\mathrm{d}t+\int_{-\infty}^{+\infty}f(t)\sin\lambda t\sin\lambda x\mathrm{d}t,\end{aligned}$$

所以 Fourier 积分公式又可写成

$$f(x)=\int_{0}^{+\infty}[a(\lambda)\cos\lambda x+b(\lambda)\sin\lambda x]\mathrm{d}\lambda, \tag{12.2.4}$$

其中

$$a(\lambda)=\frac{1}{\pi}\int_{-\infty}^{+\infty}f(t)\cos\lambda t\mathrm{d}t,$$
$$b(\lambda)=\frac{1}{\pi}\int_{-\infty}^{+\infty}f(t)\sin\lambda t\mathrm{d}t.$$

与有限区间上 Fourier 公式相比, 式 (12.2.4) 只不过是把离散变量 n 换成了连续变量 λ, 而 Fourier 系数的积分表达式则完全是一样的.

由 Euler 公式 $\mathrm{e}^{\mathrm{i}x}=\cos x+\mathrm{i}\sin x$ 知

$$\cos x=\frac{1}{2}(\mathrm{e}^{\mathrm{i}x}+\mathrm{e}^{-\mathrm{i}x}),$$

从而

$$\begin{aligned}&\int_0^{+\infty}\mathrm{d}\lambda\int_{-\infty}^{+\infty}f(t)\cos\lambda(x-t)\mathrm{d}t\\=&\frac{1}{2}\int_0^{+\infty}\left[\int_{-\infty}^{+\infty}f(t)\mathrm{e}^{\mathrm{i}\lambda(x-t)}\mathrm{d}t+\int_{-\infty}^{+\infty}f(t)\mathrm{e}^{-\mathrm{i}\lambda(x-t)}\mathrm{d}t\right]\mathrm{d}\lambda\\=&\frac{1}{2}\int_0^{+\infty}\mathrm{d}\lambda\int_{-\infty}^{+\infty}f(t)\mathrm{e}^{\mathrm{i}\lambda(x-t)}\mathrm{d}t+\frac{1}{2}\int_0^{+\infty}\mathrm{d}\lambda\int_{-\infty}^{+\infty}f(t)\mathrm{e}^{-\mathrm{i}\lambda(x-t)}\mathrm{d}t.\end{aligned}$$

在上式第二个积分中, 用 $-\lambda$ 代替 λ, 就得到

$$\begin{aligned}f(x)\sim&\frac{1}{\pi}\int_0^{+\infty}\mathrm{d}\lambda\int_{-\infty}^{+\infty}f(t)\cos\lambda(x-t)\mathrm{d}t\\=&\frac{1}{2\pi}\int_{-\infty}^{+\infty}\mathrm{d}\lambda\int_{-\infty}^{+\infty}f(t)\mathrm{e}^{\mathrm{i}\lambda(x-t)}\mathrm{d}t.\end{aligned}$$

这是 Fourier 积分的复数形式. 后文主要用这种形式.

类似有限区间的情形, 有下面的收敛定理.

定理 12.2.1 如果定义在整个数轴上的函数 $f(x)$ 在任何有限区间上逐段光滑, 并且在区间 $(-\infty,+\infty)$ 上绝对可积, 则对任何 $x\in(-\infty,+\infty)$, 有

$$\frac{f(x+0)+f(x-0)}{2}=\frac{1}{\pi}\int_0^{+\infty}\mathrm{d}\lambda\int_{-\infty}^{+\infty}f(t)\cos\lambda(x-t)\mathrm{d}t.$$

特别在 $f(x)$ 的连续点上,Fourier 积分公式 (12.2.4) 成立.

12.2.2 Fourier 变换

在应用 Fourier 积分公式解决实际问题时, 常把它改写成积分变换的形式. 在 Fourier 积分公式中令

$$F(\lambda)=\int_{-\infty}^{+\infty}f(t)\mathrm{e}^{-i\lambda t}\mathrm{d}t,\tag{12.2.5}$$

则

$$f(x)=\frac{1}{2\pi}\int_{-\infty}^{+\infty}F(\lambda)\mathrm{e}^{i\lambda x}\mathrm{d}\lambda.\tag{12.2.6}$$

通常把 $F(\lambda)$ 称为 $f(x)$ 的 Fourier 变换或像函数, 而 $f(x)$ 称为 $F(\lambda)$ 的逆变换或像原函数. 由像函数回到像原函数的公式 (式 (12.2.6)) 称为 Fourier 变换的反演公式.

如同 Fourier 级数一样, 奇函数与偶函数的 Fourier 变换具有比较简单的形式. 若 $f(x)$ 是偶函数, 则 $f(x)\sin\lambda x$ 是奇函数, 于是有

$$\begin{aligned}F(\lambda)&=\int_{-\infty}^{+\infty}f(t)\mathrm{e}^{-\mathrm{i}\lambda t}\mathrm{d}t\\&=\int_{-\infty}^{+\infty}f(t)(\cos\lambda t-\mathrm{i}\sin\lambda t)\mathrm{d}t\\&=2\int_{0}^{+\infty}f(t)\cos\lambda t\mathrm{d}t.\end{aligned}$$

称它为 $f(x)$ 的余弦变换. 由于 $F(\lambda)$ 也是 λ 的偶函数, 因此, 它的逆变换是

$$\begin{aligned}f(x)&=\frac{1}{2\pi}\int_{-\infty}^{+\infty}F(\lambda)\mathrm{e}^{\mathrm{i}\lambda x}\mathrm{d}\lambda\\&=\frac{1}{2\pi}\int_{-\infty}^{+\infty}F(\lambda)(\cos\lambda x+\mathrm{i}\sin\lambda x)\mathrm{d}\lambda\\&=\frac{1}{\pi}\int_{0}^{+\infty}F(\lambda)\cos\lambda x\mathrm{d}\lambda.\end{aligned}$$

若 $f(x)$ 是奇函数, 则其 Fourier 变换为

$$F(\lambda)=-2\mathrm{i}\int_{0}^{+\infty}f(t)\sin\lambda t\mathrm{d}t.$$

为避免复数因子 i, 定义

$$G(\lambda)=\mathrm{i}F(\lambda)=2\int_{0}^{+\infty}f(t)\sin\lambda t\mathrm{d}t$$

为 $f(x)$ 的正弦变换, 与此相对应的逆变换公式为

$$f(x)=\frac{1}{\pi}\int_{0}^{+\infty}G(\lambda)\sin\lambda x\mathrm{d}\lambda.$$

余弦变换和正弦变换实际上只利用了 $f(x)$ 在区间 $[0,+\infty)$ 上的函数值, 因此, 对于定义在区间 $[0,+\infty)$ 上的函数 $f(x)$, 可以按照问题的需要作正弦变换或余弦变换.

例 12.2.1 求指数衰减函数 (图 12.9)

$$f(x)=\begin{cases}\mathrm{e}^{-\beta x}, & x\geqslant 0,\\ 0, & x<0\end{cases}\qquad(\beta>0)$$

的 Fourier 变换.

解　由定义可知

$$F(\lambda)=\int_{-\infty}^{+\infty}f(t)\mathrm{e}^{-\mathrm{i}\lambda t}\mathrm{d}t=\int_{0}^{+\infty}\mathrm{e}^{(-\mathrm{i}\lambda-\beta)t}\mathrm{d}t=\frac{1}{\beta+\mathrm{i}\lambda}=\frac{\beta-\mathrm{i}\lambda}{\beta^2+\lambda^2},$$

因 $f(x)$ 在 $x=0$ 不连续, 故依收敛定理, 我们有

$$\frac{1}{2\pi}\int_{-\infty}^{+\infty}\frac{\beta-\mathrm{i}\lambda}{\beta^2+\lambda^2}\mathrm{e}^{\mathrm{i}\lambda x}\mathrm{d}\lambda=\begin{cases}f(x), & x\neq 0,\\ 1/2, & x=0.\end{cases}$$

例 12.2.2　求分段函数 (图 12.10)

$$f(x)=\begin{cases}1, & |x|<a,\\ \dfrac{1}{2}, & x=\pm a,\\ 0, & |x|>a\end{cases}$$

的 Fourier 变换.

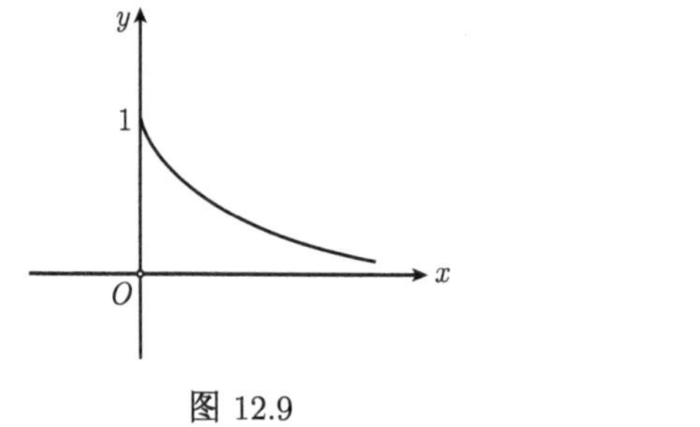

图 12.9

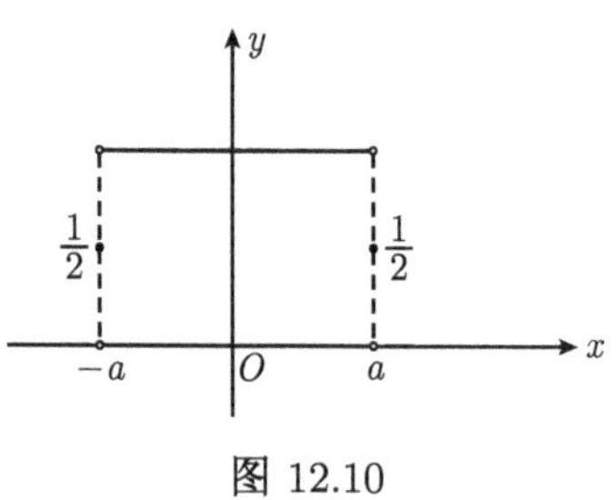

图 12.10

解　因 $f(x)$ 是偶函数, 所以它的 Fourier 变换是余弦变换, 且为

$$F(\lambda)=2\int_{0}^{+\infty}f(t)\cos\lambda t\mathrm{d}t=2\int_{0}^{a}\cos\lambda t\mathrm{d}t=\frac{2\sin\lambda a}{\lambda}.$$

又因 $f(x)$ 在不连续点 $x=\pm a$ 已定义为其左右极限的平均值, 故反演公式在整个数轴上成立, 于是

$$f(x)=\frac{2}{\pi}\int_{0}^{+\infty}\frac{\sin\lambda a}{\lambda}\cos\lambda x\mathrm{d}\lambda\qquad(-\infty<x<+\infty).$$

例 12.2.3　求函数 $f(x)=\mathrm{e}^{-a|x|}\ (a>0)$ 的 Fourier 变换.

解　$f(x)$ 是偶函数, 它的 Fourier 变换是

$$F(\lambda)=2\int_{0}^{+\infty}\mathrm{e}^{-at}\cos\lambda t\mathrm{d}t=\frac{2a}{a^2+\lambda^2}.$$

例 12.2.4 求函数 $f(x)=\dfrac{1}{\sqrt{x}}\,(x>0)$ 的正弦变换.

解 把 $f(x)$ 开拓到负半轴, 使之成为奇函数, 即当 $x<0$ 时补充定义

$$f(x)=-\frac{1}{\sqrt{-x}}.$$

对开拓后的函数求正弦变换得

$$F(\lambda)=2\int_0^{+\infty}\frac{1}{\sqrt{t}}\sin\lambda t\mathrm{d}t=\frac{2}{\sqrt{\lambda}}\int_0^{+\infty}\frac{\sin u}{\sqrt{u}}\mathrm{d}u.$$

在 11.3.3 小节, 可知

$$\int_0^{+\infty}\frac{\sin u}{\sqrt{u}}\mathrm{d}u=\sqrt{\frac{\pi}{2}},$$

所以

$$F(\lambda)=\frac{\sqrt{2\pi}}{\sqrt{\lambda}}.$$

同样这个函数的余弦变换也是

$$F(\lambda)=\frac{\sqrt{2\pi}}{\sqrt{\lambda}}.$$

细心的读者可能已经注意到, 例 12.2.4 中的函数 $f(x)=1/\sqrt{x}$ 不满足收敛定理的条件, 但仍可求出它的 Fourier 变换. 这是因为收敛定理的条件, 不是必要的. 实际上, 收敛定理的条件可放宽为

1° 函数 $f(x)$ 在每个有限区间上可积;

2° 存在数 $M>0$, 当 $|x|\geqslant M$ 时 $f(x)$ 单调, 且 $\lim\limits_{x\to\infty}f(x)=0$.

显然, $f(x)=1/\sqrt{x}$ 满足这些收敛条件.

12.2.3 Fourier 变换的性质

这里不做证明地介绍 Fourier 变换的一些简单的性质, 这些性质对求函数的 Fourier 变换有直接的意义, 为方便起见, 用记号 $F[f]$ 表示函数 $f(x)$ 的 Fourier 变换, 即

$$F[f]=F(\lambda)=\int_{-\infty}^{+\infty}f(x)\mathrm{e}^{-\mathrm{i}\lambda x}\mathrm{d}x.$$

1°**线性关系** 若函数 $f(x)$ 与 $g(x)$ 存在 Fourier 变换, 则对任意常数 α 与 β, 函数 $\alpha f(x)+\beta g(x)$ 也存在 Fourier 变换, 且有

$$F[\alpha f+\beta g]=\alpha F[f]+\beta F[g].$$

2°**频移特性**　若函数 $f(x)$ 存在 Fourier 变换, 则对任意的实数 λ_0, $f(x)\mathrm{e}^{-\mathrm{i}\lambda_0 x}$ 也存在 Fourier 变换, 且有

$$F[f(x)\mathrm{e}^{-\mathrm{i}\lambda_0 x}] = F(\lambda + \lambda_0).$$

3°**微分关系**　若 $f(\pm\infty) = 0$, 而微商 $f'(x)$ 的 Fourier 变换存在, 则有

$$F[f'(x)] = \mathrm{i}\lambda F[f(x)].$$

一般地, 若 $f(\pm\infty) = f'(\pm\infty) = \cdots = f^{(k-1)}(\pm\infty) = 0$, k 阶微商 $f^{(k)}(x)$ 的 Fourier 变换存在, 则

$$F[f^{(k)}(x)] = (\mathrm{i}\lambda)^k F[f(x)].$$

4°**微分特性**　若函数 $f(x)$ 与 $xf(x)$ 的 Fourier 变换存在, 则 $f(x)$ 的 Fourier 变换是可微的, 且有

$$F'(\lambda) = F[-\mathrm{i}xf(x)].$$

5°**Parseval 等式**　设 $f(x)$ 在 $(-\infty, +\infty)$ 上可积且平方可积, 则

$$\int_{-\infty}^{+\infty} f^2(t)\mathrm{d}t = \frac{1}{2\pi}\int_{-\infty}^{+\infty} |F(\lambda)|^2 \mathrm{d}\lambda,$$

其中 $F(\lambda)$ 是 $f(x)$ 的 Fourier 变换.

例 12.2.5　试由 Fourier 变换的性质求正弦衰减函数

$$f(x) = \begin{cases} \mathrm{e}^{-\beta x}\sin\omega_0 x, & x \geqslant 0, \\ 0, & x < 0 \end{cases} \quad (\beta > 0)$$

的 Fourier 变换.

解　由例 12.2.1 知衰减函数

$$g(x) = \begin{cases} \mathrm{e}^{-\beta x}, & x \geqslant 0, \\ 0, & x < 0 \end{cases}$$

的 Fourier 变换为

$$F[g(x)] = F(\lambda) = \frac{1}{\beta + \mathrm{i}\lambda}.$$

而

$$f(x) = g(x)\sin\omega_0 x = -\frac{\mathrm{i}}{2}(\mathrm{e}^{\mathrm{i}\omega_0 x} - \mathrm{e}^{-\mathrm{i}\omega_0 x})g(x),$$

根据线性关系和频移特征即得此函数的 Fourier 变换

$$F[f] = -\frac{\mathrm{i}}{2}\{F[\mathrm{e}^{\mathrm{i}\omega_0 x}g(x)] - F[\mathrm{e}^{-\mathrm{i}\omega_0 x}g(x)]\}$$

$$
\begin{aligned}
&= -\frac{\mathrm{i}}{2}[F(\lambda-\omega_0)-F(\lambda+\omega_0)] \\
&= -\frac{\mathrm{i}}{2}\left\{\frac{1}{\beta+\mathrm{i}(\lambda-\omega_0)}-\frac{1}{\beta+\mathrm{i}(\lambda+\omega_0)}\right\} \\
&= \frac{\omega_0}{(\beta+\mathrm{i}\lambda)^2+\omega_0^2}.
\end{aligned}
$$

这与直接从定义算得的结果完全一致.

习　题　12.2

1. 用 Fourier 积分表示下列函数:

(1) $f(x)=\begin{cases}0, & x\leqslant 0,\\ kx, & 0<x<T,\\ 0, & x\geqslant T;\end{cases}$　　(2) $f(x)=\begin{cases}\operatorname{sgn} x, & |x|\leqslant 1,\\ 0, & |x|>1;\end{cases}$

(3) $f(x)=\dfrac{1}{a^2+x^2}\ (a>0)$.

2. 求下列函数的 Fourier 变换:

(1) $f(x)=x\mathrm{e}^{-a|x|}\ (a>0)$;　　(2) $f(x)=\mathrm{e}^{-a|x|}\cos bx\ (a>0)$;

(3) $f(x)=\begin{cases}\cos x, & |x|\leqslant \dfrac{\pi}{2},\\ 0, & |x|>\dfrac{\pi}{2}.\end{cases}$

3. 按指定的要求将函数 $f(x)=\mathrm{e}^{-x}\ (0\leqslant x<+\infty)$ 表示成 Fourier 积分:

(1) 用偶性开拓;　　(2) 用奇性开拓.

4. 求函数

$$f(x)=\begin{cases}0, & |x|>1,\\ 1, & |x|<1\end{cases}$$

的 Fourier 变换. 由此证明

$$\int_0^{+\infty}\frac{\sin\alpha\cos\alpha x}{\alpha}\mathrm{d}\alpha=\begin{cases}\dfrac{\pi}{2}, & |x|<1,\\ \dfrac{\pi}{4}, & |x|=1,\\ 0, & |x|>1.\end{cases}$$

5. 求函数 $F(\lambda)=\lambda\mathrm{e}^{-\beta|\lambda|}\ (\beta>0)$ 的 Fourier 逆变换.

*§12.3　广义 Fourier 级数与 Bessel 不等式

12.3.1　广义 Fourier 级数

定义 12.3.1　设 $\{\varphi_n(x)\}$ 是定义在 $[a,b]$ 上的一列可积并且平方可积的函数,

如果它满足

$$\int_a^b \varphi_m(x)\varphi_n(x)\mathrm{d}x=\begin{cases}0, & m\neq n,\\ 1, & m=n,\end{cases}$$

就称它是 $[a,b]$ 上的一个规范正交函数系.

例如, $\dfrac{1}{\sqrt{2\pi}},\dfrac{\cos x}{\sqrt{\pi}},\dfrac{\sin x}{\sqrt{\pi}},\cdots,\dfrac{\cos nx}{\sqrt{\pi}},\dfrac{\sin nx}{\sqrt{\pi}},\cdots$ 就是一个 $[-\pi,\pi]$ 上的规范正交函数系. 它是由三角函数系规范化后得到的. 一般地, 一个正交函数系, 都可以给每个函数乘上一个 "规范化" 因子, 使之规范化.

例 12.3.1　证明函数系

$$P_n(x)=\sqrt{\frac{2n+1}{2}}\frac{1}{2^n\cdot n!}\frac{\mathrm{d}^n}{\mathrm{d}x^n}(x^2-1)^n\qquad(n=1,2,\cdots)$$

是区间 $[-1,1]$ 上的一个规范正交函数系.

证　当 $n\neq m$ 时, 不妨设 $n>m$, 考虑积分

$$\int_{-1}^1 P_n(x)P_m(x)\mathrm{d}x=C_{nm}\int_{-1}^1\frac{\mathrm{d}^n}{\mathrm{d}x^n}(x^2-1)^n\cdot\frac{\mathrm{d}^m}{\mathrm{d}x^m}(x^2-1)^m\mathrm{d}x,$$

其中

$$C_{nm}=\frac{\sqrt{(2n+1)(2m+1)}}{2^{n+m+1}n!m!}.$$

由于当 $1\leqslant k\leqslant n$ 时,

$$\left.\frac{\mathrm{d}^{n-k}}{\mathrm{d}x^{n-k}}(x^2-1)^n\right|_{x=\pm1}=0,$$

连续 n 次使用分部积分法得到

$$\begin{aligned}&\int_{-1}^1\frac{\mathrm{d}^n}{\mathrm{d}x^n}(x^2-1)^n\cdot\frac{\mathrm{d}^m}{\mathrm{d}x^m}(x^2-1)^m\mathrm{d}x\\=&(-1)^n\int_{-1}^1(x^2-1)^n\cdot\frac{\mathrm{d}^{n+m}}{\mathrm{d}x^{n+m}}(x^2-1)^m\mathrm{d}x.\end{aligned}$$

但 $n>m$, 故 $\dfrac{\mathrm{d}^{n+m}}{\mathrm{d}x^{n+m}}(x^2-1)^m=0$, 从而

$$\int_{-1}^1 P_n(x)P_m(x)\mathrm{d}x=0.$$

另外, 当 $n=m$ 时, 对积分

$$\int_{-1}^1 P_n^2(x)\mathrm{d}x=\frac{2n+1}{2^{2n+1}(n!)^2}\int_{-1}^1\frac{\mathrm{d}^n}{\mathrm{d}x^n}(x^2-1)^n\frac{\mathrm{d}^n}{\mathrm{d}x^n}(x^2-1)^n\mathrm{d}x$$

连续 n 次使用分部积分法, 就有

$$\begin{aligned}\int_{-1}^{1} P_n^2(x)\mathrm{d}x &= \frac{(-1)^n(2n+1)!}{2^{2n+1}(n!)^2}\int_{-1}^{1}(x^2-1)^n\mathrm{d}x \\ &= \frac{(2n+1)!}{2^{2n+1}(n!)^2}\cdot 2\int_0^{\frac{\pi}{2}}\cos^{2n+1} t\mathrm{d}t \\ &= \frac{(2n+1)!}{2^{2n}(n!)^2}\cdot\frac{(2n)!!}{(2n+1)!!} = 1.\end{aligned}$$

这就证明了所给函数系为规范正交函数系.

如同讨论 Fourier 级数一样, 假设在 $[a,b]$ 上, 级数

$$\sum_{n=1}^{\infty} a_n\varphi_n(x)$$

一致收敛于 $f(x)$. 由 $\{\varphi_n(x)\}$ 的规范正交性可得

$$\int_a^b f(x)\varphi_n(x)\mathrm{d}x = \sum_{m=1}^{\infty} a_m\int_a^b \varphi_m(x)\varphi_n(x)\mathrm{d}x = a_n.$$

反过来, 对每一个在 $[a,b]$ 上可积的函数 $f(x)$, 都可以构造一个广义 Fourier 级数

$$f(x)\sim\sum_{n=1}^{\infty} a_n\varphi_n(x),$$

其中

$$a_n = \int_a^b f(x)\varphi_n(x)\mathrm{d}x \qquad (n=1,2,\cdots).$$

称 a_n 为 $f(x)$ 的广义 Fourier 系数.

12.3.2 Bessel 不等式和正交函数系的完备性

由于我们对规范正交函数系 $\{\varphi_n(x)\}$ 的限制比较少, 所以一般来说, $f(x)$ 的广义 Fourier 级数 $\sum\limits_{n=1}^{\infty} a_n\varphi_n(x)$ 并不收敛于 $f(x)$. 现在从另一个角度来考虑它们之间的关系. 以下总假定 $f(x)$ 在 $[a,b]$ 上可积并平方可积.

用 $S_n(x)$ 表示 $f(x)$ 的广义 Fourier 级数前 n 项的和, 即

$$S_n(x) = \sum_{k=1}^{n} a_k\varphi_k(x).$$

由 $\{\varphi_n(x)\}$ 的规范正交性和类似 12.1.5 小节的讨论可知, 在所有 "n 次 φ 多项式"

$$g_n(x)=\sum_{k=1}^{n}\alpha_k\varphi_k(x)$$

中, 以 $S_n(x)$ 与 $f(x)$ 的平方平均偏差最小, 并且有

$$\begin{aligned}\Delta_n&=\int_a^b[f(x)-S_n(x)]^2\mathrm{d}x\\&=\int_a^b f^2(x)\mathrm{d}x-2\sum_{k=1}^{n}a_k\int_a^b f(x)\varphi_k(x)\mathrm{d}x\\&\quad+\sum_{k=1}^{n}\sum_{l=1}^{n}\int_a^b a_ka_l\varphi_k(x)\varphi_l(x)\mathrm{d}x\\&=\int_a^b f^2(x)\mathrm{d}x-\sum_{k=1}^{n}a_k^2.\end{aligned}$$

上式表明对任何 $n\in\mathbf{N}$, 都有

$$\sum_{k=1}^{n}a_k^2\leqslant\int_a^b f^2(x)\mathrm{d}x.$$

由此可知, 级数

$$\sum_{n=1}^{\infty}a_n^2$$

收敛, 并有

$$\sum_{n=1}^{\infty}a_n^2\leqslant\int_a^b f^2(x)\mathrm{d}x.\tag{12.3.1}$$

式 (12.3.1) 称为 Bessel 不等式. 如果 $\displaystyle\sum_{n=1}^{\infty}a_n^2=\int_a^b f^2(x)\mathrm{d}x$, 即有

$$\lim_{n\to+\infty}\int_a^b[f(x)-S_n(x)]^2\mathrm{d}x=0,$$

这时我们称级数 $\displaystyle\sum_{n=1}^{\infty}a_n\varphi_n(x)$ 平方平均收敛于 $f(x)$. 如果对所有 $f(x)$, 式 (12.3.1) 中的等式都成立, 就称规范正交系 $\{\varphi_n(x)\}$ 是完备的. 例如

$$\frac{1}{\sqrt{2\pi}},\frac{\cos x}{\sqrt{\pi}},\frac{\sin x}{\sqrt{\pi}},\cdots,\frac{\cos nx}{\sqrt{\pi}},\frac{\sin nx}{\sqrt{\pi}},\cdots$$

就是一个完备的规范正交系.

设 $\varphi_1(x),\cdots,\varphi_n(x),\cdots$ 是 $[a,b]$ 上一个完备的规范化正交系, 则有下列性质.

1° 如果 $f(x)$ 在 $[a,b]$ 上连续, 则当且仅当 $f(x)\equiv 0$ 时, $f(x)$ 的广义 Fourier 系数 $a_n\equiv 0$.

证 由

$$0=\sum_{n=1}^{\infty}a_n^2=\int_a^b f^2(x)\mathrm{d}x$$

及 $f(x)$ 的连续性可知 $f(x)\equiv 0$.

2° 如果从 $\{\varphi_n(x)\}$ 中删去一项, 则新的函数系就不是完备的.

证 不妨设删去的是 $\varphi_1(x)$, 则新的函数系就是

$$\varphi_2(x),\cdots,\varphi_n(x),\cdots.$$

如果这个函数系还是完备的, 则 $\varphi_1(x)$ 按它展开的广义 Fourier 级数的系数 $a_n\equiv 0\ (n\geqslant 2)$. 由其完备性可知, 要有

$$0=\sum_{n=2}^{\infty}a_n^2=\int_a^b \varphi_1^2(x)\mathrm{d}x=1.$$

矛盾.

3° 设 $\int_a^b \varphi_0^2(x)\mathrm{d}x=1$, 如果把 $\varphi_0(x)$ 添加到 $\{\varphi_n(x)\}$ 中, 则新的函数系不能是正交系.

证 若 $\varphi_0(x),\varphi_1(x),\cdots,\varphi_n(x),\cdots$ 还是正交系, 则 $\varphi_0(x)$ 按 $\varphi_1(x),\cdots,\varphi_n(x),\cdots$ 展开的广义 Fourier 级数的系数 $a_n\equiv 0(n\geqslant 1)$. 于是由 $\varphi_1(x),\cdots,\varphi_n(x),\cdots$ 的完备性, 可知有

$$0=\sum_{n=1}^{\infty}a_n^2=\int_a^b \varphi_0^2(x)\mathrm{d}x=1.$$

矛盾.

以上性质说明, 完备的规范正交系具有 (无穷维) 线性空间的单位正交基底的特征.

习 题 12.3

1. 证明下列函数系是正交系, 并求其对应的规范正交系:

(1) $1,\cos x,\cos 2x,\cdots,\cos nx,\cdots$, 在 $[0,\pi]$ 上;

(2) $\sin\frac{\pi}{l}x,\sin\frac{2\pi}{l}x,\cdots,\sin\frac{n\pi}{l}x,\cdots$, 在 $[0,l]$ 上;

(3) $\sin x, \sin 3x, \cdots, \sin(2n+1)x, \cdots$, 在 $\left[0, \dfrac{\pi}{2}\right]$ 上;

(4) $\cos\dfrac{\pi}{2l}x, \cos\dfrac{3\pi}{2l}x, \cdots, \cos\dfrac{(2n+1)\pi}{2l}x, \cdots$, 在 $[0, l]$ 上.

2. $f(x) = a\left(1 - \dfrac{x}{l}\right)$ $(0 \leqslant x \leqslant l)$, 按题 1(2) 的函数系求 $f(x)$ 的广义 Fourier 级数.

3. $f(x) = x$ $(0 \leqslant x \leqslant l)$, 按题 1(4) 的函数系求 $f(x)$ 的广义 Fourier 级数.

附录 I　部分习题参考答案及提示

习题 7.1

4. (1) 0　(2) 0

9. (1) 散　(2) 敛　(3) 散　(4) 散　(5) 敛　(6) 散　(7) 散　(8) 敛　(9) 敛
(10) 敛　(11) 敛　(12) 敛　(13) 敛　(14) $k>1$, 敛; $k\leqslant 1$, 散　(15) 敛
(16) $a<1$, 敛; $a\geqslant 1$, 散

13. (1) 绝对收敛　(2) 绝对收敛　(3) 条件收敛　(4) 条件收敛　(5) 条件收敛
(6) $p>1$, 绝对收敛; $0<p\leqslant 1$, 条件收敛; $p\leqslant 0$, 发散　(7) 条件收敛
(8) 绝对收敛　(9) 绝对收敛
(10) $p>\frac{1}{2}$ 绝对收敛; $0<p\leqslant\frac{1}{2}$ 条件收敛, $p\leqslant 0$ 发散

14. (1) 对任意 x 都收敛　(2) 敛　(3) 敛　(4) 敛

习题 7.2

2. (1) $R=1$　(2) $R=4$　(3) $R=\frac{\sqrt{2}}{2}$　(4) $\max(a,b)$　(5) $R=+\infty$　(6) $R=\frac{1}{3}$
(7) $R=1$　(8) $R=1$

4. (1) $\arctan x,\ -1\leqslant x\leqslant 1$　(2) $\frac{1}{(1-x)^2},\ -1<x<1$　(3) $\frac{2}{(1-x)^3},\ |x|<1$
(4) $1+\frac{1-x}{x}\ln(1-x),\ |x|\leqslant 1$　(5) $\mathrm{e}^{\frac{1}{2}x^2}\int_0^x \mathrm{e}^{-\frac{1}{2}t^2}\mathrm{d}t$

5. (1) $\frac{3}{4}\ln\frac{1}{2}+\frac{5}{8}$　(2) $\frac{22}{27}$　(3) $\frac{3\ln 2+\sqrt{3}\pi}{9}$　(4) $5\mathrm{e}$

6. (1) $-3+4(x-1)+(x-1)^2+(x-1)^3,\quad |x|<+\infty$
(2) $\mathrm{e}\sum_{n=0}^{\infty}\frac{(x-a)^n}{n!a^n},\quad |x|<+\infty$
(3) $\sum_{n=0}^{\infty}(-1)^n\frac{(x-1)^{n+1}}{n+1},\quad 0<x\leqslant 2$
(4) $\sum_{n=0}^{\infty}\left(\frac{1}{2^{n+1}}-\frac{1}{3^{n+1}}\right)(x+4)^n,\quad -6<x<-2$
(5) $\sum_{n=1}^{\infty}\frac{(-1)^{n-1}2^n-1}{n}x^n,\quad -\frac{1}{2}<x\leqslant\frac{1}{2}$
(6) $\frac{\sqrt{2}}{2}\sum_{n=0}^{\infty}(-1)^{\frac{n(n+1)}{2}}\cdot\frac{\left(x-\frac{\pi}{4}\right)^n}{n!},\quad |x|<+\infty$

7. (1) $\sum_{n=1}^{\infty}(-1)^{n+1}\frac{2^{2n-1}}{(2n)!}x^{2n}, \quad |x|<+\infty$

(2) $x+\sum_{n=1}^{\infty}\frac{(2n-1)!!}{(2n)!!}\frac{x^{2n+1}}{2n+1}, \quad |x|\leqslant 1$

(3) $\sum_{n=0}^{\infty}\frac{x^{2n+1}}{2n+1}, \quad |x|<1$

(4) $x+\sum_{n=1}^{\infty}(-1)^{n+1}\frac{x^{n+1}}{n(n+1)}, \quad |x|\leqslant 1$

(5) $\sum_{n=0}^{\infty}(-1)^{n}\frac{x^{4n+1}}{(2n)!(4n+1)}, \quad |x|<+\infty$

(6) $\sum_{n=0}^{\infty}\frac{(-1)^{n}x^{2n+1}}{(2n+1)(2n+1)!}, \quad |x|<+\infty$

(7) $\sum_{n=0}^{\infty}(-1)^{n}\frac{x^{2n+1}}{n!(2n+1)}, \quad |x|<+\infty$

(8) $\sum_{n=1}^{\infty}\left(1-\frac{1}{3}+\frac{1}{5}-\cdots+(-1)^{n-1}\frac{1}{2n-1}\right)x^{2n-1}, \quad -1\leqslant x\leqslant 1$

8. $y(x)\approx\frac{1}{1+\lambda}x+\frac{\lambda}{3!(1+\lambda)^{4}}x^{3}$

习题 7.3

4. (1) $x>0$　(2) $[-1,1)$　(3) $x\geqslant 0$　(4) $|x|>\frac{1}{2}$　(5) $0<x<6$　(6) $|x|<\mathrm{e}$
(7) $x>0$　(8) $|x|<1$

5. (1) 一致收敛　(2) 一致收敛　(3) (a) 一致收敛; (b) 不一致收敛　(4) 一致收敛
(5) 一致收敛　(6) 不一致收敛　(7) 一致收敛　(8) 一致收敛

7. $1, \ -\frac{1}{4}$

8. $\frac{1}{2}$

习题 7.4

1. $y=c_1x+c_2\left(1-\frac{1}{2!}x^2-\frac{1}{4!}x^4-\cdots-\frac{(2k-3)!!}{(2k)!}x^{2k}-\cdots\right)$

2. $y=1-\frac{x^3}{3!}+\frac{x^5}{5!}+\cdots$

3. (1) 1　(2) e

4. (1) 发散　(2) $p>\frac{3}{2}$ 收敛; $p\leqslant\frac{3}{2}$ 发散

习题 8.2

1. (1) $|x|\leqslant 1$, 闭区域　(2) $|x|\leqslant 1$, $|y|\geqslant 1$ 不是区域　(3) $(x-1)^2+y^2<1$, 开区域

(4) $2k\pi \leqslant x^2+y^2 \leqslant 2k\pi+\pi$, 不是区域

(5) 圆锥面 $z^2=x^2+y^2$ 内部, 上、下两部分, 不是区域

(6) $x^2+y^2+(z-a)^2 \leqslant a^2$, 闭区域

2. 1, $\dfrac{2xy}{x^2+y^2}$, $\dfrac{2xy}{x^2+y^2}$, $\dfrac{2uv}{u^2+v^2}$, $\sin 2t$

3. $F(t)=\begin{cases}1, & 2k\pi+\dfrac{\pi}{4} \leqslant t \leqslant (2k+1)\pi+\dfrac{\pi}{4},\\ 0, & (2k-1)\pi+\dfrac{\pi}{4} < t < 2k\pi+\dfrac{\pi}{4},\end{cases}$ $k=0,\pm1,\pm2,\cdots$

4. -2, $f(x,y)=\dfrac{(1-y)x^2}{1+y}$

5. $(x+y)^{x-y}$, x^y+x-y, $x+y-x^y$

6. (1) 0　(2) a　(3) 0　(4) e　(5) 0　(6) 0　(7) 0　(8) $\ln 2$　(9) 2　(10) 不存在

(11) 不存在　(12) 不存在

7. (1) $k\pi+\dfrac{\pi}{4}<\varphi<k\pi+\dfrac{3\pi}{4}$ $(k=0,1)$

(2) $k\pi+\dfrac{\pi}{4}<\varphi<k\pi+\dfrac{3\pi}{4}$ $(k=0,1)$ 或 $\varphi=\dfrac{k\pi}{2}$, $k=0,1,2,3,4$

8. (1) 全平面上直线 $y=x$ 上的点为不连续点, 其余均为连续点

(2) 全平面上 x 轴 (除坐标原点) 上的点为不连续点, 其余均为连续点

(3) 全平面上点点连续

(4) 全平面上直线 $x+y=0$ 上的点为不连续点, 其余均为连续点

习题 8.3

1. (1) $\dfrac{2}{5}$　(2) -2π　(3) $-\dfrac{1}{(1+\sqrt{x})\sqrt{x-x^2}}$, $-\dfrac{x}{(1+\sqrt{x})\sqrt{x-x^2}}$

(4) $\dfrac{y^2+2y}{\sqrt{1+(y^2+y)^2}}$, $\dfrac{1+2y}{\sqrt{1+(y^2+y)^2}}$

2. (1) $\dfrac{\partial z}{\partial x}=\dfrac{e^y}{y^2}$, $\dfrac{\partial z}{\partial y}=xe^y\left(\dfrac{1}{y^2}-\dfrac{2}{y^3}\right)$

(2) $\dfrac{\partial z}{\partial x}=-\dfrac{y}{x^2}3^{\frac{y}{x}}\ln 3$, $\dfrac{\partial z}{\partial y}=\dfrac{1}{x}3^{\frac{y}{x}}\ln 3$

(3) $\dfrac{\partial z}{\partial x}=\dfrac{y}{x^2}\sin\dfrac{x}{y}\sin\dfrac{y}{x}+\dfrac{1}{y}\cos\dfrac{y}{x}\cos\dfrac{x}{y}$

$\dfrac{\partial z}{\partial y}=-\dfrac{x}{y^2}\cos\dfrac{x}{y}\cos\dfrac{y}{x}-\dfrac{1}{x}\sin\dfrac{x}{y}\sin\dfrac{y}{x}$

(4) $\dfrac{\partial z}{\partial x}=\dfrac{1}{\sqrt{x^2+y^2}}$, $\dfrac{\partial z}{\partial y}=\dfrac{y}{x^2+y^2+x\sqrt{x^2+y^2}}$

(5) $\dfrac{\partial u}{\partial x}=-\dfrac{y}{x^2+y^2}$, $\dfrac{\partial u}{\partial y}=\dfrac{x}{x^2+y^2}$

(6) $\dfrac{\partial u}{\partial x}=(3x^2+y^2+z^2)\mathrm{e}^{x(x^2+y^2+z^2)}$, $\dfrac{\partial u}{\partial y}=2xy\mathrm{e}^{x(x^2+y^2+z^2)}$

$\dfrac{\partial u}{\partial z}=2xz\mathrm{e}^{x(x^2+y^2+z^2)}$

(7) $\dfrac{\partial u}{\partial x}=\dfrac{x}{\sqrt{x^2+y^2+z^2}}$, $\dfrac{\partial u}{\partial y}=\dfrac{y}{\sqrt{x^2+y^2+z^2}}$, $\dfrac{\partial u}{\partial z}=\dfrac{z}{\sqrt{x^2+y^2+z^2}}$

(8) $\dfrac{\partial u}{\partial x}=yz(xy)^{z-1}$, $\dfrac{\partial u}{\partial y}=xz(xy)^{z-1}$, $\dfrac{\partial u}{\partial z}=(xy)^z\ln(xy)$

(9) $\dfrac{\partial u}{\partial x}=y^z\cdot x^{y^z-1}$, $\dfrac{\partial u}{\partial y}=zy^{z-1}x^{y^z}\ln x$, $\dfrac{\partial u}{\partial z}=y^z x^{y^z}\ln x\ln y$

(10) $\dfrac{\partial u}{\partial x}=\mathrm{e}^{-z}+\dfrac{1}{x+\ln y}$, $\dfrac{\partial u}{\partial y}=\dfrac{1}{y(x+\ln y)}$, $\dfrac{\partial u}{\partial z}=-x\mathrm{e}^{-z}+1$

3. $\dfrac{\partial f}{\partial x}=\dfrac{2\sin x^2y}{x}$, $\dfrac{\partial f}{\partial y}=\dfrac{\sin x^2y}{y}$

4. $f'_x(0,0)=0$, $f'_y(0,0)$ 不存在

6. $\dfrac{\pi}{4}$

7. $\dfrac{\pi}{2}$, $\dfrac{\pi}{6}$, $\dfrac{\pi}{3}$

8. (1) $\mathrm{d}z=-0.2$, $\Delta z\approx-0.20404$

(2) $\mathrm{d}z=0.25\mathrm{e}$, $\Delta z\approx 0.82481$

(3) $\mathrm{d}z=0.04$, $\Delta z\approx 0.04306$

9. (1) $\mathrm{d}z\big|_{(0,0)}=0$, $\mathrm{d}z\big|_{(1,1)}=-4\mathrm{d}x-4\mathrm{d}y$ (2) $\mathrm{d}z\big|_{(1,0)}=0$, $\mathrm{d}z\big|_{(0,1)}=\mathrm{d}x$

10. (1) $\dfrac{2}{x^2+y^2}(x\mathrm{d}x+y\mathrm{d}y)$ (2) $\dfrac{x^2-y^2}{(x^2+y^2)^2}(-y\mathrm{d}x+x\mathrm{d}y)$

(3) $\dfrac{2}{(s-t)^2}(s\mathrm{d}t-t\mathrm{d}s)$ (4) $\dfrac{1}{x^2+y^2}(x\mathrm{d}y-y\mathrm{d}x)$

(5) $(x\mathrm{d}y+y\mathrm{d}x)\cos(xy)$ (6) $x^{yz-1}(yz\mathrm{d}x+zx\ln x\mathrm{d}y+xy\ln x\mathrm{d}z)$

14. (1) $\dfrac{\partial^2 z}{\partial x^2}=-\dfrac{4y}{(x+y)^3}$, $\dfrac{\partial^2 z}{\partial x\partial y}=\dfrac{2(x-y)}{(x+y)^3}$, $\dfrac{\partial^2 z}{\partial y^2}=\dfrac{4x}{(x+y)^3}$

(2) $\dfrac{\partial^2 z}{\partial x^2}=-\dfrac{2x}{(1+x^2)^2}$, $\dfrac{\partial^2 z}{\partial x\partial y}=0$, $\dfrac{\partial^2 z}{\partial y^2}=-\dfrac{2y}{(1+y^2)^2}$

(3) $\dfrac{\partial^2 z}{\partial x^2}=-\dfrac{x}{(x^2+y^2)^{3/2}}$, $\dfrac{\partial^2 z}{\partial x\partial y}=-\dfrac{y}{(x^2+y^2)^{3/2}}$,

$\dfrac{\partial^2 z}{\partial y^2}=\dfrac{x^3+(x^2-y^2)\sqrt{x^2+y^2}}{(x^2+y^2)^{3/2}(x+\sqrt{x^2+y^2})^2}$

(4) $\dfrac{\partial^2 z}{\partial x^2}=2a^2\cos 2(ax+by)$, $\dfrac{\partial^2 z}{\partial x\partial y}=2ab\cos 2(ax+by)$,

$$\frac{\partial^2 z}{\partial y^2} = 2b^2 \cos 2(ax+by)$$

(5) $\dfrac{\partial^2 z}{\partial x^2} = \dfrac{(\ln y - 1)\ln y}{x^2} \mathrm{e}^{\ln x \ln y}$, $\dfrac{\partial^2 z}{\partial x \partial y} = \dfrac{\ln x \ln y + 1}{xy} \mathrm{e}^{\ln x \ln y}$,

$\dfrac{\partial^2 z}{\partial y^2} = \dfrac{\ln x(\ln x - 1)}{y^2} \mathrm{e}^{\ln x \ln y}$

(6) $\dfrac{\partial^2 z}{\partial x^2} = \dfrac{xy^3}{(1-x^2y^2)^{3/2}}$, $\dfrac{\partial^2 z}{\partial x \partial y} = \dfrac{1}{(1-x^2y^2)^{3/2}}$, $\dfrac{\partial^2 z}{\partial y^2} = \dfrac{x^3 y}{(1-x^2y^2)^{3/2}}$

15. $\dfrac{\partial^3 u}{\partial x \partial y \partial z} = (x^2y^2z^2 + 3xyz + 1)\mathrm{e}^{xyz}$, $\dfrac{\partial^3 u}{\partial x \partial y^2} = (x^2yz^3 + 2xz^2)\mathrm{e}^{xyz}$

习题 8.4

1. (1) $\dfrac{\partial u}{\partial x} = yx^{y-1}\left[\mathrm{e}^{x^y} + \dfrac{2x^y}{1+(1+x^{2y})^2}\right]$, $\dfrac{\partial u}{\partial y} = \left[\mathrm{e}^{x^y} + \dfrac{2x^y}{1+(1+x^{2y})^2}\right] x^y \ln x$

(2) $\dfrac{\partial u}{\partial s} = \dfrac{2s}{1+(1+s^2-t^2)^2}$, $\dfrac{\partial u}{\partial t} = \dfrac{-2t}{1+(1+s^2-t^2)^2}$

(3) $\dfrac{\partial u}{\partial r} = \mathrm{e}^{r^{s+2}} r^{s+1}(s+2)$, $\dfrac{\partial u}{\partial s} = \mathrm{e}^{r^{s+2}} \cdot r^{s+2} \ln r$

(4) $\dfrac{\partial u}{\partial r} = \dfrac{2\mathrm{e}^{2(t+s+r)}}{\mathrm{e}^{2(t+s+r)} + 16(s^2+t^2)^2}$,

$\dfrac{\partial u}{\partial s} = \dfrac{2\mathrm{e}^{2(t+s+r)}}{\mathrm{e}^{2(t+s+r)} + 16(s^2+t^2)^2} + \dfrac{64s(s^2+t^2)}{\mathrm{e}^{2(t+s+r)} + 16(s^2+t^2)^2}$

$\dfrac{\partial u}{\partial t} = \dfrac{2\mathrm{e}^{2(t+s+r)}}{\mathrm{e}^{2(t+s+r)} + 16(s^2+t^2)^2} + \dfrac{64 \cdot t(s^2+t^2)}{\mathrm{e}^{2(t+s+r)} + 16(s^2+t^2)^2}$

(5) $\dfrac{\mathrm{d}u}{\mathrm{d}x} = \mathrm{e}^{ax} \sin x$

(6) $\dfrac{\partial u}{\partial \varphi} = 2(\varphi + \theta \tan(\varphi\theta) \sec^2(\varphi\theta))$, $\dfrac{\partial u}{\partial \theta} = 2(\theta + \varphi \tan(\varphi\theta) \sec^2(\varphi\theta))$

2. $-\dfrac{3}{\sqrt{11}}$

3. $\dfrac{1}{2}$

4. $\mathbf{grad}\, u\big|_{(1,1,-1)} = 6\boldsymbol{i} + 3\boldsymbol{j} - 12\boldsymbol{k}$, $\left(\dfrac{\partial u}{\partial l}\right)_{\max} = 3\sqrt{21}$

5. (1) $-\dfrac{2}{r^4}\boldsymbol{r}$　(2) $\dfrac{1}{r^2}\boldsymbol{r}$

6. (1) $\dfrac{\mathrm{d}u}{\mathrm{d}t} = 3t^2 \dfrac{\partial f}{\partial x} + 4t \dfrac{\partial f}{\partial y}$　(2) $\dfrac{\mathrm{d}u}{\mathrm{d}t} = \dfrac{\partial f}{\partial x} \cos t - \dfrac{\partial f}{\partial y} \sin t + \dfrac{\partial f}{\partial z} \mathrm{e}^t$

(3) $\dfrac{\partial u}{\partial x} = 2xf_1' + y\mathrm{e}^{xy} f_2'$,

$$\frac{\partial^2 u}{\partial x \partial y} = -4xyf''_{11} + 2e^{xy}(x^2 - y^2)f''_{12} + xye^{2xy}f''_{22} + e^{xy}(1 + xy)f'_2$$

(4) $\dfrac{\partial u}{\partial x} = f'_1 + 2xf'_2, \quad \dfrac{\partial^2 u}{\partial x^2} = f''_{11} + 4xf''_{12} + 4x^2 f''_{22} + 2f'_2,$

$$\frac{\partial^2 u}{\partial x \partial y} = f''_{11} + 2(x + y)f''_{12} + 4xyf''_{22}$$

(5) $\dfrac{\partial u}{\partial x} = \dfrac{1}{y}f'_1, \quad \dfrac{\partial u}{\partial y} = -\dfrac{x}{y^2}f'_1 + \dfrac{1}{z}f'_2,$

$$\frac{\partial u}{\partial z} = -\frac{y}{z^2}f'_2, \quad \frac{\partial^2 u}{\partial x \partial y} = -\frac{x}{y^3}f''_{11} + \frac{1}{yz}f''_{12} - \frac{1}{y^2}f'_1,$$

$$\frac{\partial^3 u}{\partial x \partial y \partial z} = \frac{x}{y^2 z^2}f'''_{112} - \frac{1}{z^3}f'''_{122}$$

(6) $\dfrac{\partial u}{\partial x} = f'_1 + yf'_2 + yzf'_3, \quad \dfrac{\partial u}{\partial y} = xf'_2 + xzf'_3, \quad \dfrac{\partial u}{\partial z} = xyf'_3,$

$$\frac{\partial^2 u}{\partial x^2} = f''_{11} + 2yf''_{12} + 2yzf''_{13} + y^2 f''_{22} + 2y^2 z f''_{23} + y^2 z^2 f''_{33},$$

$$\frac{\partial^2 u}{\partial y^2} = x^2 f''_{22} + 2x^2 z f''_{23} + x^2 z^2 f''_{33}, \quad \frac{\partial^2 u}{\partial z^2} = x^2 y^2 f''_{33},$$

$$\frac{\partial^2 u}{\partial x \partial y} = f'_2 + zf'_3 + xf''_{12} + xzf''_{13} + xyf''_{22} + 2xyzf''_{23} + xyz^2 f''_{33}$$

7. $\dfrac{\partial u}{\partial x} = f'(t)(y\varphi'_1 + \varphi'_2), \quad \dfrac{\partial u}{\partial y} = f'(t)(x\varphi'_1 + \varphi'_2),$

$$\frac{\partial^2 u}{\partial x \partial y} = f''(t)[xy\varphi_1'^2 + (x + y)\varphi'_1\varphi'_2 + \varphi_2'^2] + f'(t)[\varphi'_1 + xy\varphi''_{11} + (x + y)\varphi''_{12} + \varphi''_{22}]$$

14. $a = 3$

17. $\dfrac{\partial u}{\partial y} = -\dfrac{1}{2}$

18. $u''_{11}(x, 2x) = u''_{22}(x, 2x) = -\dfrac{4}{3}x, \quad u''_{12}(x, 2x) = \dfrac{5}{3}x$

19. (1) $\mathrm{d}u = f'(t)(\mathrm{d}x + \mathrm{d}y)$　(2) $\mathrm{d}u = \left(yf'_1 + \dfrac{1}{y}f'_2\right)\mathrm{d}x + \left(xf'_1 - \dfrac{x}{y^2}f'_2\right)\mathrm{d}y$

(3) $\mathrm{d}u = (f'_1 + 2tf'_2 + 3t^2 f'_3)\mathrm{d}t$

(4) $\mathrm{d}u = (f'_1 + 2xf'_2 + 2xf'_3)\mathrm{d}x + 2y(f'_2 + f'_3)\mathrm{d}y + 2zf'_3\mathrm{d}z$

(5) $\mathrm{d}u = 2(xf'_1 + xf'_2 + yf'_3)\mathrm{d}x + 2(yf'_1 - yf'_2 + xf'_3)\mathrm{d}y$

习题 8.5

1. (1) $\dfrac{\mathrm{d}y}{\mathrm{d}x} = \dfrac{ye^{xy} - ye^x - e^y}{xe^y + e^x - xe^{xy}}$　(2) $\dfrac{\mathrm{d}y}{\mathrm{d}x} = \dfrac{y(2x + e^{xy} - \cos xy)}{x(\cos xy - e^{xy} - x)}$

(3) $\dfrac{\mathrm{d}y}{\mathrm{d}x} = \dfrac{x + y}{x - y}, \quad \dfrac{\mathrm{d}^2 y}{\mathrm{d}x^2} = \dfrac{2(x^2 + y^2)}{(x - y)^3}$

(4) $\dfrac{\mathrm{d}y}{\mathrm{d}x}=\dfrac{y^2(\ln x-1)}{x^2(\ln y-1)}$,

$$\frac{\mathrm{d}^2y}{\mathrm{d}x^2}=\frac{y^2[x(\ln y-1)^2+2(x-y)(\ln x-1)(\ln y-1)-y(\ln x-1)^2]}{x^4(\ln y-1)^3}$$

2. (1) $\dfrac{\partial z}{\partial x}=\dfrac{y\mathrm{e}^{-xy}}{\mathrm{e}^z-2}$,　$\dfrac{\partial z}{\partial y}=\dfrac{x\mathrm{e}^{-xy}}{\mathrm{e}^z-2}$,

$\dfrac{\partial x}{\partial y}=-\dfrac{x}{y}$,　$\dfrac{\partial^2 z}{\partial x^2}=-\dfrac{y^2\mathrm{e}^{-xy}[(\mathrm{e}^z-2)^2+\mathrm{e}^z\mathrm{e}^{-xy}]}{(\mathrm{e}^z-2)^3}$

(2) $\dfrac{\partial z}{\partial x}=\dfrac{yz}{\mathrm{e}^z-xy}$,　$\dfrac{\partial z}{\partial y}=\dfrac{xz}{\mathrm{e}^z-xy}$,　$\dfrac{\partial x}{\partial y}=-\dfrac{x}{y}$,　$\dfrac{\partial^2 z}{\partial x^2}=-\dfrac{z(z^2-2z+2)}{x^2(z-1)^3}$

(3) $\dfrac{\partial z}{\partial x}=\dfrac{ayz-x^2}{z^2-axy}$,　$\dfrac{\partial z}{\partial y}=\dfrac{axz-y^2}{z^2-axy}$,

$\dfrac{\partial x}{\partial y}=\dfrac{axz-y^2}{x^2-ayz}$,　$\dfrac{\partial^2 z}{\partial x^2}=\dfrac{2xy^3z(1-a^3)}{(z^2-axy)^3}$

(4) $\dfrac{\partial z}{\partial x}=\dfrac{z}{x+z}$,　$\dfrac{\partial z}{\partial y}=\dfrac{z^2}{y(x+z)}$,　$\dfrac{\partial x}{\partial y}=-\dfrac{z}{y}$,　$\dfrac{\partial^2 z}{\partial x^2}=-\dfrac{z^2}{(x+z)^3}$

4. (1) $\dfrac{\partial z}{\partial x}=-\left(1+\dfrac{F_1'+F_2'}{F_3'}\right)$,　$\dfrac{\partial z}{\partial y}=-\left(1+\dfrac{F_2'}{F_3'}\right)$

(2) $\dfrac{\partial z}{\partial x}=-\dfrac{zF_1'}{xF_1'+yF_2'}$,　$\dfrac{\partial z}{\partial y}=-\dfrac{zF_2'}{xF_1'+yF_2'}$

5. (1) $\mathrm{d}z=-\dfrac{1}{\sin 2z}(\sin 2x\mathrm{d}x+\sin 2y\mathrm{d}y)$

(2) $\mathrm{d}z=-\dfrac{(1-yz)\mathrm{d}x+(1-xz)\mathrm{d}y}{1-xy}$

(3) $\mathrm{d}u=-\dfrac{u^2(\mathrm{d}x+\mathrm{d}y)-z^2\mathrm{d}z}{u[2(x+y)-u]}$

(4) $\mathrm{d}u=\dfrac{yz\mathrm{d}x+xz\mathrm{d}y+xy\mathrm{d}z}{(1+x^2y^2z^2)(1+\mathrm{e}^u)}$

(5) $\mathrm{d}z=\dfrac{(F_1'-F_3')\mathrm{d}x+(F_2'-F_1')\mathrm{d}y}{F_2'-F_3'}$

11. $\dfrac{\mathrm{d}z}{\mathrm{d}x}=\dfrac{2(x^2-y^2)}{x-2y}$,　$\dfrac{\mathrm{d}^2z}{\mathrm{d}x^2}=\dfrac{4x-2y}{x-2y}+\dfrac{6x}{(x-2y)^3}$

12. 0

13. $\dfrac{\mathrm{d}y}{\mathrm{d}x}=\dfrac{\dfrac{\mathrm{d}f}{\mathrm{d}u}\left(\dfrac{\partial g}{\partial t}-\dfrac{\partial g}{\partial x}\right)}{\dfrac{\partial g}{\partial t}+\dfrac{\mathrm{d}f}{\mathrm{d}u}}$, 其中 $u=x+t$

14. (1) $\dfrac{\mathrm{d}y}{\mathrm{d}x}=-\dfrac{(6z+1)x}{(6z+2)y}$,　$\dfrac{\mathrm{d}z}{\mathrm{d}x}=\dfrac{x}{3z+1}$

(2) $\dfrac{\mathrm{d}x}{\mathrm{d}z}=\dfrac{y-z}{x-y},\quad \dfrac{\mathrm{d}y}{\mathrm{d}z}=\dfrac{z-x}{x-y}$

(3) $\dfrac{\mathrm{d}y}{\mathrm{d}x}=\dfrac{\partial(F,G)}{\partial(z,x)}\Big/\dfrac{\partial(F,G)}{\partial(y,z)},\quad \dfrac{\mathrm{d}z}{\mathrm{d}x}=\dfrac{\partial(F,G)}{\partial(x,y)}\Big/\dfrac{\partial(F,G)}{\partial(y,z)}$

15. (1) $\dfrac{\partial u}{\partial x}=\dfrac{v-x}{u-v},\quad \dfrac{\partial v}{\partial x}=\dfrac{x-u}{u-v},\quad \dfrac{\partial u}{\partial y}=\dfrac{v-y}{u-v},\quad \dfrac{\partial v}{\partial y}=\dfrac{y-u}{u-v}$

(2) $\dfrac{\partial u}{\partial x}=-\dfrac{xu+yv}{x^2+y^2},\quad \dfrac{\partial v}{\partial x}=\dfrac{yu-xv}{x^2+y^2},\quad \dfrac{\partial u}{\partial y}=\dfrac{xv-yu}{x^2+y^2},$

$\dfrac{\partial v}{\partial y}=-\dfrac{xu+yv}{x^2+y^2},\quad (x^2+y^2\neq 0)$

(3) $\dfrac{\partial u}{\partial x}=\dfrac{\sin v+x\cos v}{x\cos v+y\cos u},\quad \dfrac{\partial u}{\partial y}=\dfrac{x\cos v-\sin u}{x\cos v+y\cos u},$

$\dfrac{\partial v}{\partial x}=\dfrac{y\cos u-\sin v}{x\cos v+y\cos u},\quad \dfrac{\partial v}{\partial y}=\dfrac{\sin u+y\cos u}{x\cos v+y\cos u}$

(4) $\dfrac{\partial u}{\partial x}=\dfrac{uf_1'(1-2vyg_2')-g_1'f_2'}{(1-xf_1')(1-2vyg_2')-g_1'f_2'},\quad \dfrac{\partial u}{\partial y}=\dfrac{f_2'(1-2vyg_2')+f_2'g_2'v^2}{(1-xf_1')(1-2vyg_2')-g_1'f_2'},$

$\dfrac{\partial v}{\partial x}=\dfrac{-g_1'(1-xf_1')+g_1'uf_1'}{(1-xf_1')(1-2vyg_2')-g_1'f_2'},\quad \dfrac{\partial v}{\partial y}=\dfrac{g_2'v^2(1-xf_1')+f_2'g_1'}{(1-xf_1')(1-2vyg_2')-g_1'f_2'}$

16. (1) $\dfrac{\partial u}{\partial x}=\dfrac{\partial g}{\partial v}\Big/\dfrac{\partial(f,g)}{\partial(u,v)},\quad \dfrac{\partial v}{\partial x}=-\dfrac{\partial g}{\partial u}\Big/\dfrac{\partial(f,g)}{\partial(u,v)},$

$\dfrac{\partial u}{\partial y}=-\dfrac{\partial f}{\partial v}\Big/\dfrac{\partial(f,g)}{\partial(u,v)},\quad \dfrac{\partial v}{\partial y}=\dfrac{\partial f}{\partial u}\Big/\dfrac{\partial(f,g)}{\partial(u,v)}$

(2) $\dfrac{\partial u}{\partial x}=\dfrac{\sin v}{\mathrm{e}^u(\sin v-\cos v)+1},\quad \dfrac{\partial v}{\partial x}=\dfrac{\cos v-\mathrm{e}^u}{u\mathrm{e}^u(\sin v-\cos v)+u},$

$\dfrac{\partial u}{\partial y}=\dfrac{-\cos v}{\mathrm{e}^u(\sin v-\cos v)+1},\quad \dfrac{\partial v}{\partial y}=\dfrac{\mathrm{e}^u+\sin v}{u\mathrm{e}^u(\sin v-\cos v)+u}$

18. $\dfrac{\mathrm{d}u}{\mathrm{d}x}=\dfrac{\partial f}{\partial x}+\dfrac{\partial f}{\partial y}\cos x-\dfrac{\partial f}{\partial z}\cdot\dfrac{1}{\varphi_3'}(2x\varphi_1'+\mathrm{e}^{\sin x}\cos x\cdot\varphi_2')$

19. $\dfrac{\mathrm{d}z}{\mathrm{d}x}=\dfrac{F_2'f(x+y)+xF_2'f'(x+y)-F_1'xf'(x+y)}{F_2'+xF_3'f'(x+y)}$

20. $\mathrm{d}u=\dfrac{(F_4'G_1'-F_1'G_4')\mathrm{d}x+(F_4'G_2'-F_2'G_4')\mathrm{d}y}{\dfrac{\partial(F,G)}{\partial(u,v)}}$

$\mathrm{d}v=\dfrac{(F_1'G_3'-F_3'G_1')\mathrm{d}x+(F_2'G_3'-F_3'G_2')\mathrm{d}y}{\dfrac{\partial(F,G)}{\partial(u,v)}}$

21. $\dfrac{\partial u}{\partial x}=\dfrac{\partial f}{\partial x},\quad \dfrac{\partial u}{\partial y}=\dfrac{\partial f}{\partial y}+\dfrac{\partial g}{\partial y}\cdot\dfrac{\partial(h,f)}{\partial(z,t)}\Big/\dfrac{\partial(g,h)}{\partial(z,t)}$

习题 8.6

1. $\boldsymbol{r}'(t)=(a\cos t,a\sin t,2bt),\quad \boldsymbol{r}''(t)=(-a\sin t,a\cos t,2b)$

5. 是简单曲线, 是光滑曲线. 切线:$\dfrac{x-\frac{1}{2}}{1}=\dfrac{y-2}{-4}=\dfrac{z-1}{8}$　法平面:$2x-8y+16z=1$.

6. (1) $\begin{cases}\dfrac{x}{a}+\dfrac{z}{c}=1,\\ y=\dfrac{b}{2},\end{cases}$　$ax-cz=\dfrac{1}{2}(a^2-c^2)$

(2) $\begin{cases}6x-4z=3\pi-4,\\ y=4,\end{cases}$　$2x+3z-\pi-3=0$

7. (1) $x+y-2=0,\ y=x$　(2) $x+2y-1=0,\ 2x-y-2=0$

8. (1) $\dfrac{x-1}{12}=\dfrac{y-3}{-4}=\dfrac{z-4}{3},\ 12x-4y+3z-12=0$

(2) $\dfrac{x+2}{27}=\dfrac{y-1}{28}=\dfrac{z-6}{4},\ 27x+28y+4z+2=0$

9. (1) $a\sin v_0x-a\cos v_0y+u_0z=au_0v_0$,

$$\frac{x-u_0\cos v_0}{a\sin v_0}=\frac{y-u_0\sin v_0}{-a\cos v_0}=\frac{z-av_0}{u_0}$$

(2) $bc\sin^2\theta_0\cos\varphi_0(x-a\sin\theta_0\cos\varphi_0)+ac\sin^2\theta_0\sin\varphi_0(y-b\sin\theta_0\sin\varphi_0)+ab\sin\theta_0\cos\theta_0(z-c\cos\theta_0)=0$,

$$\frac{x-a\sin\theta_0\cos\varphi_0}{bc\sin^2\theta_0\cos\varphi_0}=\frac{y-b\sin\theta_0\sin\varphi_0}{ac\sin^2\theta_0\sin\varphi_0}=\frac{z-c\cos\theta_0}{ab\sin\theta_0\cos\theta_0}$$

10. (1) $17x+11y+5z=60$,　$\dfrac{x-3}{17}=\dfrac{y-4}{11}=\dfrac{z+7}{5}$

(2) $2x-2y+4z=\pi$,　$\dfrac{x-1}{1}=\dfrac{y-1}{-1}=\dfrac{z-\frac{\pi}{4}}{2}$

(3) $x+2y-4=0$,　$\begin{cases}\dfrac{x-2}{1}=\dfrac{y-1}{2},\\ z=0\end{cases}$

(4) $5x+4y+z-28=0$,　$\dfrac{x-2}{5}=\dfrac{y-3}{4}=\dfrac{z-6}{1}$

11. $x-y+2z=\pm\sqrt{\dfrac{11}{2}}$

12. $(-3,-1,3)$,　$\dfrac{x+3}{1}=\dfrac{y+1}{3}=\dfrac{z-3}{1}$

13. $x+2z=7$ 和 $x+4y+6z=21$

14. $a=-5,\ b=-2$

习题 8.7

1. (1) $\Delta f=15h^2-6hk+k^2+h^3$

(2) $\Delta f=h-3k+(-h^2-2hk+k^2)+(h^2k+hk^2)$

3. $f(x,y)=5+2(x-1)^2-(x-1)(y+2)-(y+2)^2$

4. (1) $f(x,y)=y+\dfrac{1}{2!}(2xy-y^2)+\dfrac{1}{3!}(3x^2y-3xy^2+2y^3)+R_3$

(2) $f(x,y)=1-\frac{1}{2}(x^2+y^2)-\frac{1}{8}(x^2+y^2)^2+R_2$

(3) $f(x,y)=1+(x+y)+\cdots+\frac{x^{n+1}-y^{n+1}}{x-y}+R_n$

(4) $f(x,y)=1+(x+y)+\frac{1}{2!}(x^2+y^2+2xy)+\cdots+\frac{1}{n!}[x^n+\mathrm{C}_n^1x^{n-1}y+\cdots+y^n]+R_n$

(5) $f(x,y)=\sum\limits_{k=0}^{n}\frac{(-1)^k(x^2+y^2)^{2k+1}}{(2k+1)!}+R_{2k+2}$

(6) $f(x,y)=\frac{1}{2}+\frac{1}{2}\left(x-\frac{\pi}{4}\right)+\frac{1}{2}\left(y-\frac{\pi}{4}\right)-\frac{1}{4}\left[\left(x-\frac{\pi}{4}\right)^2-2\left(x-\frac{\pi}{4}\right)\left(y-\frac{\pi}{4}\right)\right.$

$\left.+\left(y-\frac{\pi}{4}\right)^2\right]+R_2$

(7) $f(x,y)=1+(x-1)+(x-1)(y-1)+R_2$

5. $z=1+2(x-1)-(y-1)-8(x-1)^2+10(x-1)(y-1)-3(y-1)^2+R_2$

7. (1) 极大 $f(2,-2)=8$　(2) 极小 $f(5,2)=30$　(3) 极小 $f\left(\frac{1}{2},-1\right)=-\frac{\mathrm{e}}{2}$　(4) 无极值

8. (1) 极大 $y(-1)=1$,　极小 $y(1)=-1$

(2) 在 $\left(\pm\sqrt{\frac{3}{8}}a,\sqrt{\frac{1}{8}}a\right)$ 的邻域内,隐函数有极大值 $\sqrt{\frac{1}{8}}a$, 在 $\left(\pm\sqrt{\frac{3}{8}}a,-\sqrt{\frac{1}{8}}a\right)$ 的邻域内隐函数有极小值 $-\sqrt{\frac{1}{8}}a$

(3) 极大 $z\left(\frac{16}{7},0\right)=-\frac{8}{7}$, 极小 $z(-2,0)=1$

(4) 极大 $z(1,-1)=6$, 极小 $z(1,-1)=-2$

9. (1) 极小 $u\left(\frac{ab^2}{a^2+b^2},\frac{a^2b}{a^2+b^2}\right)=\frac{a^2b^2}{a^2+b^2}$　(2) 极小 $(3,3,3)=9$

(3) 极大 $u\left(\frac{\pi}{6},\frac{\pi}{6},\frac{\pi}{6}\right)=\frac{1}{8}$

(4) 有两个变量都等于 $\frac{1}{\sqrt{6}}$, 第三个等于 $-\frac{2}{\sqrt{6}}$, 有极小值 $-\frac{1}{3\sqrt{6}}$;

有两个变量都等于 $-\frac{1}{\sqrt{6}}$, 第三个等于 $\frac{2}{\sqrt{6}}$ 时, 有极大值 $\frac{1}{3\sqrt{6}}$

10. (1) 最大值 $f(2,0)=f(-2,0)=4$, 最小值 $f(0,2)=f(0,-2)=-4$

(2) 最大值 $f(1,0)=f(-1,0)=f(0,-1)=f(0,1)=1$, 最小值 $f(0,0)=0$

(3) 最大值 $\frac{3\sqrt{3}}{2}$, 最小值 0

(4) 最大值 $f(2,1)=4$, 最小值 $f(4,2)=-64$

11. $\left(\frac{21}{13},2,\frac{63}{26}\right)$

12. 纵坐标为最大值的点为 $(0,-\sqrt{2},4)$ 和 $(0,\sqrt{2},4)$

纵坐标为最小值的点为 $(-\sqrt{2},0,2)$ 和 $(\sqrt{2},0,2)$

15. a^3

16. $M\left(\dfrac{a}{\sqrt{2}},\dfrac{b}{\sqrt{2}}\right)$, $\min A=ab$

17. $x_0=\dfrac{x_1+x_2+\cdots+x_n}{n}$,　$y_0=\dfrac{y_1+y_2+\cdots+y_n}{n}$

18. $\dfrac{8\sqrt{3}}{9}abc$

19. 最远点 $\left(-\dfrac{4}{3},-\dfrac{1}{3},-\dfrac{2}{3}\right)$, 最近点 $\left(\dfrac{4}{3},\dfrac{1}{3},\dfrac{2}{3}\right)$

20. $x+y+z=\dfrac{a}{3}$,　$V_{\max}=\dfrac{1}{162}a^3$

习题 9.1

1. (1) $\ln\dfrac{2+\sqrt{2}}{1+\sqrt{3}}$

(2) 0

(3) $\dfrac{1}{4}\ln\dfrac{4}{3}$

2. (1) $\int_0^1 \mathrm{d}y\int_{-\sqrt{1-y^2}}^{\sqrt{1-y^2}} f(x,y)\mathrm{d}x$

(2) $\int_0^4 \mathrm{d}y\int_0^{\frac{y}{2}} f(x,y)\mathrm{d}x+\int_4^6 \mathrm{d}y\int_0^{6-y} f(x,y)\mathrm{d}x$

(3) $\int_0^{2a} \mathrm{d}x\int_0^{\sqrt{2ax-x^2}} f(x,y)\mathrm{d}y$

(4) $\int_a^b \mathrm{d}x\int_a^x f(x,y)\mathrm{d}y$

(5) $\int_0^1 \mathrm{d}y\int_y^{2-y} f(x,y)\mathrm{d}x$

(6) $\int_{\frac{1}{2}}^1 \mathrm{d}x\int_0^{\frac{1}{x}} f(x,y)\mathrm{d}y$

3. (1) -2　(2) $\dfrac{2}{3}a^3$　(3) $a^2(7a-2)$　(4) $1-\sin 1$　(5) $-\dfrac{\pi}{16}$　(6) $\dfrac{9}{4}$　(7) $\dfrac{5}{3}+\dfrac{\pi}{2}$

(8) $\dfrac{\pi}{2}-1$

4. (1) 0　(2) $\dfrac{8}{3}$　(3) 0　(4) $\dfrac{2}{15}$

5. $f(0,0)$

习题 9.2

1. (1) $\frac{\pi}{4}[(1+R^2)\ln(1+R^2)-R^2]$　(2) $\frac{1}{15}$　(3) $\frac{3}{4}\pi R^4$　(4) $\frac{R^3}{2}$　(5) $\frac{2}{9}a^3$
2. (1) $\frac{\pi}{2}(b^4-a^4)$　(2) $\frac{8}{9}\sqrt{2}$　(3) $\frac{8}{3}ab\arctan\frac{a}{b}$　(4) $\frac{3\pi}{16}$
3. (1) $\frac{9}{8}$　(2) $\frac{1}{3}(a-b)(m-n)$　(3) $\frac{1}{6}(b^2-a^2)\ln\frac{d}{c}$　(4) $\frac{\pi}{4}$　(5) 0　(6) $\frac{1}{2}(1-\cos 1)$
4. (1) $\frac{3\sqrt{2}}{2}\left(\arcsin\sqrt{\frac{2}{3}}-\arcsin\sqrt{\frac{1}{3}}\right)-\ln 2$　(2) πa^2　(3) $\frac{(b^2-a^2)(m-k)}{2(m+1)(k+1)}$
8. (1) 2π　(2) 当 $\alpha>2$ 时, $\frac{1}{(\alpha-1)(\alpha-2)}$; 当 $\alpha\leqslant 2$, 发散　(3) $\frac{\sqrt{2\pi}}{4}$

习题 9.3

1. (1) $-\frac{9}{8}$　(2) $\frac{1}{364}$　(3) $\frac{\pi^2}{16}-\frac{1}{2}$　(4) $\frac{1}{8}a^4$
2. (1) $\frac{8}{9}a^2$　(2) $\frac{4}{15}\pi R^5$　(3) $\frac{\pi}{8}$　(4) $\frac{\pi}{15}(2\sqrt{2}-1)$
3. (1) $\frac{16\pi}{3}$　(2) $\frac{\pi}{6}$　(3) $\frac{13}{4}\pi$　(4) $\frac{1}{48}$　(5) $\frac{7}{216}$　(6) 16π　(7) 2π　(8) $\frac{2e^3-5}{e^4}\pi$
4. (1) 0　(2) 0　(3) $\frac{\pi}{10}$　(4) $\frac{4}{15}\pi(R^5-r^5)$　(5) $\frac{1}{4}abc\pi^2$　(6) 0
5. (1) 12　(2) $\frac{3}{35}$　(3) 3π　(4) $\frac{3\pi}{2}$　(5) $4\frac{1}{2}$　(6) πa^3　(7) $\frac{2}{3}(2-\sqrt{2})\pi abc$
6. $\frac{6}{5}$
7. $4\pi t^2 f(t^2)$

习题 9.4

1. $\frac{\pi}{2}ab$
2. $2\pi r(R-r)$
3. $2k\pi(R^2-r^2)$
4. 取圆盘中心为坐标原点, x 轴正向通过小圆中心, 则 $x_G=\frac{-6a}{5(3\pi-2)}$, $y_G=0$
5. $b=\sqrt{\frac{2}{3}}a$
6. $x_G=y_G=0$,　$z_G=\frac{3}{4}c$
7. $x_G=y_G=0$,　$z_G=\frac{4}{5}a$
8. $\frac{\sqrt{2}}{2}a$
9. (1) (a) $\frac{1}{2}mR^2$　(b) $\frac{1}{4}mR^2$

(2) $\frac{2}{5}mR^2$

10. 取锥体顶点为坐标原点, z 轴正向为锥体轴线,则 $F_x = F_y = 0$, $F_z = k\pi\rho R\sin^2\alpha$

习题 10.1

1. (1) $\sqrt{3}(e^{2\pi}-1)$　(2) 5　(3) $4a$　(4) $\sqrt{2}z$

2. (1) $\frac{256}{15}a^3$　(2) $\frac{8\sqrt{2}}{3}a\pi^3$　(3) $1+\sqrt{2}$　(4) $\sqrt{5}\ln 2$　(5) $2\sqrt{2}\pi^2+\frac{3}{2}$

   (6) $2(e^a-1)+\frac{\pi}{4}ae^a$　(7) $\frac{2ka^2\sqrt{1+k^2}}{1+4k^2}$　(8) $\frac{2\sqrt{2}a^3}{3}$　(9) $2\pi a^{2n+1}$　(10) $\frac{2\pi a^3}{3}$

3. $\sqrt{3}(1-e^{-t})$

4. $I_x = I_y = \left(\frac{a^2}{2}+\frac{h^2}{3}\right)\sqrt{4\pi^2a^2+h^2}$, $I_z = a^2\sqrt{4\pi^2a^2+h^2}$

5. $F_x = 0$, $F_y = \frac{2k\rho M}{a}$

习题 10.2

1. (1) $\sqrt{2}\pi$　(2) $2a^2$　(3) $8a^2$　(4) $\frac{16}{3}\pi a^2$　(5) $\frac{\pi}{3}(2\sqrt{2}-1)$　(6) 8π

   (7) $\pi\left[a\sqrt{a^2+h^2}+h^2\ln\frac{a+\sqrt{a^2+h^2}}{h}\right]$　(8) $\frac{\pi^2a^2}{2}$

2. (1) 9　(2) $\frac{\sqrt{3}}{120}$　(3) $\frac{\pi}{2}(1+\sqrt{2})$　(4) $\frac{64}{15}\sqrt{2}a^4$

   (5) $\sqrt{2}\pi$　(6) $2\pi\arctan\frac{H}{R}$　(7) $\frac{125\sqrt{5}-1}{420}$

3. (1) $\frac{8}{3}\pi R^4$　(2) πa^3

5. $\frac{2}{15}(1+6\sqrt{3})\pi$

6. $\frac{8}{3}\pi\rho R^4$

7. $F_x = F_y = 0$, $F_z = k\pi\rho m\ln\frac{b}{a}$

习题 10.3

1. (1) $\frac{4}{3}$　(2) 0　(3) 0　(4) 1　(5) $e(\sqrt{e}-1)$　(6) $-2\sqrt{2}\pi$

2. 0

3. $\frac{1}{2}k(a^2-b^2)$

4. (1) -12　(2) 0　(3) 0　(4) $\frac{4}{15}$　(5) $\frac{2}{3}$　(6) $\frac{\pi ma^2}{8}$

5. (1) $\frac{3\pi}{8}a^2$　(2) $3\pi a^2$

6. (1) $-\pi$　(2) $-\pi$

习题 10.4

1. (1) $\frac{4}{3}\pi abc$　(2) $\frac{1}{3}R^3h^2$　(3) $\frac{2}{105}\pi R^7$　(4) $\frac{1}{4}\pi$　(5) $\frac{1}{4}$　(6) 0　(7) $\frac{2}{5}\pi a^5$

　(8) $abc\left[\frac{f(a)-f(0)}{a}+\frac{g(b)-g(0)}{b}+\frac{h(c)-h(0)}{c}\right]$

2. $\frac{1}{3}abc(a^2+3)$

习题 10.5

1. (1) 8　(2) $2x\sin y+2y\sin(xz)-xy\sin z\cos(\cos z)$

2. (1) $\boldsymbol{\omega}^2$　(2) $\frac{2}{r}$　(3) 0　(4) $2\boldsymbol{r}\cdot\boldsymbol{\omega}$

3. (1) $\frac{1}{2}$　(2) $\frac{1}{8}$　(3) $\frac{8}{3}\pi(a+b+c)R^3$　(4) $\frac{\pi}{15}$　(5) $\frac{\pi}{2}$　(6) $\frac{\pi}{2}a^4$

4. (1) $-4\pi km$　(2) 0

5. (1) 0　(2) 4π

6. $f(x)=\frac{e^x}{x}(e^x-1)$

10. (1) $-\frac{3}{2}$　(2) $-2\pi a(a+h)$　(3) $-\frac{9a^3}{2}$　(4) 0　(5) $\sqrt{3}\pi a^2$　(6) -24

11. $-\frac{\pi R^6}{8}$

12. (1) $-2(z\boldsymbol{i}+x\boldsymbol{j}+y\boldsymbol{k})$　(2) $2ze^y\boldsymbol{i}-(1+xe^y)\boldsymbol{k}$

13. (1) $2\boldsymbol{\omega}$　(2) $\boldsymbol{0}$　(3) $\frac{f'(r)}{r}(\boldsymbol{r}\times\boldsymbol{\omega})$　(4) $\boldsymbol{0}$

15. 0

习题 10.6

1. (1) $\mathrm{rot}\,\boldsymbol{F}\neq 0$, 曲线积分与路径有关, 1, $\frac{1}{3}$, 0, -1

　(2) $\mathrm{rot}\,\boldsymbol{F}=0$, 曲线积分与路径无关, 都等于 1

2. (1) $-4a^2$　(2) $\frac{h^3}{3}$

3. (1) $\varphi=x^2\cos y+y^2\cos x$　(2) $\varphi=x^2yz+y^2zx+z^2xy$　(3) $\varphi=\frac{1}{4}r^4$

4. $a=1$, $\varphi=\frac{1}{3}x^3+5xy+3xyz-2y-2z^2$

5. (1) $u=x^3+3x^2y^2-y^4+c$　(2) $u=\frac{1}{3}(x^3+y^3+z^3)-2xyz+c$

6. (1) 0　(2) $\frac{3}{2}$　(3) 9　(4) -49　(5) 2　(6) 0

9. $f(x)=c_1\mathrm{e}^{3x}+c_2\mathrm{e}^{-2x}-\dfrac{1}{5}x\mathrm{e}^{-2x}$

10. $\alpha(x)=(1+x)\sin 2x,\ \beta(x)=2\cos 2x,\quad (2)\ 8$

11. $Q(x,y)=x^2+2y-1$

12. (1) $\dfrac{1}{2}x^2y^2+2xy+(\cos x-2\sin x)y=c$

(2) 积分因子 $\dfrac{1}{y^2}$, 通积分为 $x^2+y^2=cy$

13. $f(x)=\mathrm{e}^x-\mathrm{e}^{-x}-x^2,\quad \mathrm{e}^x\sin y+(\mathrm{e}^x+\mathrm{e}^{-x})y=c$

14. $\lambda=-1,\quad u(x,y)=-\arctan\dfrac{y}{x^2}+c$

习题 10.7

1. (1) $f(r)\boldsymbol{\omega}+(\boldsymbol{\omega}+\boldsymbol{r})f'(r)\dfrac{\boldsymbol{r}}{r}$　(2) 0　(3) $(2f(r)+rf'(r))\boldsymbol{\omega}-(\boldsymbol{\omega}\cdot\boldsymbol{r})f'(r)\dfrac{\boldsymbol{r}}{r}$

习题 11.1

1. (1) 收敛　(2) 发散　(3) 收敛　(4) 收敛　(5) 发散　(6) 发散　(7) 收敛
(8) 收敛　(9) 发散　(10) 收敛　(11) 收敛　(12) 发散　(13) 收敛
(14) 收敛　(15) 发散　(16) $p>1$ 收敛;$p\leqslant 1$ 发散　(17) $0<\alpha<1$ 收敛
(18) $1<\mu<2$ 收敛

2. (1) 条件收敛　(2) 条件收敛　(3) 条件收敛　(4) 绝对收敛　(5) 发散
(6) $0<p<1$ 绝对收敛;$1\leqslant p<2$ 条件收敛. 其他情况发散

习题 11.2

1. (1) 1　(2) $\dfrac{\pi}{4}$

2. (1) $\displaystyle\int_{\sin\alpha}^{\cos\alpha}\sqrt{1-x^2}\mathrm{e}^{\alpha\sqrt{1-x^2}}\mathrm{d}x-(\sin\alpha\cdot\mathrm{e}^{\alpha|\sin\alpha|}+\cos\alpha\cdot\mathrm{e}^{\alpha|\cos\alpha|})$

(2) $\left(\dfrac{1}{\alpha}+\dfrac{1}{b+\alpha}\right)\sin[\alpha(b+\alpha)]-\left(\dfrac{1}{\alpha}+\dfrac{1}{a+\alpha}\right)\sin[\alpha(a+\alpha)]$

(3) $\dfrac{2}{\alpha}\ln(1+\alpha^2)$

(4) $\displaystyle\int_0^{\alpha}[f'_u(u,v)-f'_v(u,v)]\mathrm{d}x+f(2\alpha,0)$, 其中 $u=x+\alpha,\ v=x-\alpha$

4. (1) $\pi\ln\dfrac{|a|+|b|}{2}$　(2) 0　(3) $\dfrac{\pi}{2}\operatorname{sgn}a\cdot\ln(1+|a|)$　(4) $\pi\arcsin a$

习题 11.3

1. (1) 处处发散　(2) $u<-1$　(3) $u>1$　(4) $u<1$　(5) $0<\alpha<3$　(6) $1<\alpha<3$

2. (1) 一致收敛　(2) (a) 一致收敛; (b) 非一致收敛　(3) 非一致收敛
(4) 非一致收敛　(5) 一致收敛　(6) 一致收敛

5. (1) $\ln\dfrac{\beta+1}{\alpha+1}$　(2) $\ln(a+1)$　(3) $\sqrt{\pi a}$　(4) $\dfrac{1}{2}\ln\dfrac{\beta}{\alpha}$

(5) $\dfrac{\pi}{2}\ln(1+a)$, 当 $a\geqslant 0$; $-\dfrac{\pi}{2}\ln(1-a)$, 当 $a<0$　(6) $\sqrt{\pi}(b-a)$

6. (1) a　(2) σ^2　(3) $\dfrac{\pi}{2}(a>b)$; $\dfrac{\pi}{4}(a=b)$; $0(a<b)$　(4) $\dfrac{\pi}{2}$

(5) $\dfrac{(2n-1)!!}{2^{n+1}}\sqrt{\pi}$　(6) $\dfrac{\pi}{4}$

习题 11.4

1. (1) $\dfrac{\pi}{8}$　(2) $\dfrac{a^4}{16}\pi$　(3) $\dfrac{3}{512}\pi$　(4) $\dfrac{1}{m}\mathrm{B}\left(\dfrac{n}{m},q\right)$　(5) $\dfrac{1}{\sqrt{a}}$　(6) $\dfrac{\pi}{2\cos\dfrac{\alpha\pi}{2}}$

(7) $\sqrt{2\pi}$　(8) $(b-a)p\dfrac{\pi}{\sin p\pi}$　(9) $\dfrac{1}{3}$　(10) 1

2. $\dfrac{a^2}{2n}\Gamma^2\left(\dfrac{1}{n}\right)\Big/\Gamma\left(\dfrac{2}{n}\right)$

习题 12.1

2. (1) $$-\frac{\pi}{4}+\sum_{n=1}^{\infty}\left[\frac{(-1)^n-1}{n^2\pi}\cos nx+\frac{1-(-1)^n\cdot 2}{n}\sin nx\right]$$

$$=\begin{cases}-\pi, & -\pi<x<0,\\ x, & 0<x<\pi,\\ 0, & x=\pm\pi,\\ -\dfrac{\pi}{2}, & x=0\end{cases}$$

(2) $$\cos\frac{x}{2}=\frac{2}{\pi}+\frac{4}{\pi}\sum_{n=1}^{\infty}\frac{(-1)^{n-1}}{4n^2-1}\cos nx\quad(-\pi\leqslant x\leqslant\pi)$$

(3) $$f(x)=\frac{1+\pi-\mathrm{e}^{-\pi}}{2\pi}+\frac{1}{\pi}\sum_{n=1}^{\infty}\left\{\frac{1-(-1)^n\mathrm{e}^{-\pi}}{1+n^2}\cos nx\right.$$
$$\left.+\left[\frac{-n+(-1)^n n\mathrm{e}^{-\pi}}{1+n^2}+\frac{1}{n}(1-(-1)^n)\right]\sin nx\right\}\quad(-\pi<x<\pi)$$

3. (1) $$1-\sin\frac{x}{2}=1-\frac{2}{\pi}+\frac{4}{\pi}\sum_{n=1}^{\infty}\left[\frac{1}{16n^2-1}\cos 2nx+\frac{4n}{16n^2-1}\sin 2nx\right]\quad(0<x<\pi)$$

(2) $$\frac{x}{3}=\frac{T}{6}-\frac{T}{3\pi}\sum_{n=1}^{\infty}\frac{1}{n}\sin\frac{2n\pi x}{T}\quad(0<x<T)$$

(3) $$\mathrm{e}^{ax}=2\mathrm{sh}\,(al)\left[\frac{1}{2al}+\sum_{n=1}^{\infty}\frac{(-1)^n}{n^2\pi^2+a^2l^2}\left(al\cos\frac{n\pi x}{l}-n\pi\sin\frac{n\pi x}{l}\right)\right]\quad(-l<x<l)$$

(4) $\frac{4}{\pi}\sum_{n=1}^{\infty}\frac{(-1)^{n-1}}{2n-1}\cos\frac{(2n-1)\pi}{2}x=\begin{cases}1, & |x|<1,\\ -1, & 1<|x|\leqslant 2,\\ 0, & x=\pm 1\end{cases}$

4. (1) $f(x)=\frac{2}{3}\pi^2+8\sum_{n=1}^{\infty}\frac{(-1)^n}{n^2}\cos nx \quad (0\leqslant x\leqslant \pi)$

$$f(x)=\frac{4}{\pi}\sum_{n=1}^{\infty}\left[-\frac{2}{n^3}+(-1)^n\left(\frac{2}{n^3}-\frac{\pi^2}{n}\right)\right]\sin nx \quad (0\leqslant x<\pi)$$

(2) $f(x)=\frac{A}{2}+\frac{2A}{\pi}\sum_{n=0}^{\infty}\frac{(-1)^n}{2n+1}\cos\frac{(2n+1)\pi}{l}x \quad \left(0\leqslant x<\frac{l}{2},\ \frac{l}{2}<x\leqslant l\right)$

$$f(x)=\frac{2A}{\pi}\sum_{n=1}^{\infty}\frac{1-\cos\frac{n\pi}{2}}{n}\sin\frac{n\pi}{l}x \quad \left(0<x<\frac{l}{2},\ \frac{l}{2}<x\leqslant l\right)$$

(3) $f(x)=\frac{h}{\pi}+\frac{1}{\pi h}\sum_{n=1}^{\infty}\frac{1-\cos 2nh}{n^2}\cos nx \quad (0\leqslant x\leqslant \pi)$

$$f(x)=\frac{1}{\pi h}\sum_{n=1}^{\infty}\frac{2nh-\sin 2nh}{n^2}\sin nx \quad (0<x\leqslant \pi)$$

5. (1) $a=\frac{\pi}{4}$　(2) $a=\frac{1}{2}$

6. (1) $S\left(\frac{9}{4}\right)=\frac{1}{4},\quad S\left(-\frac{5}{2}\right)=\frac{3}{4}$　(2) $S(3\pi)=\frac{\pi^2}{2},\quad S(-4\pi)=0$

9. $1-x^2=\left(1-\frac{\pi^2}{3}\right)+\sum_{n=1}^{\infty}4\frac{(-1)^{n-1}}{n^2}\cos nx \quad (-\pi\leqslant x\leqslant \pi)$

(1) $\frac{\pi^2}{12}$　(2) $\frac{\pi^4}{90}$

10. $\operatorname{sgn} x=\frac{4}{\pi}\sum_{n=1}^{\infty}\frac{\sin(2n-1)x}{2n-1} \quad (0<|x|<\pi)$; $\frac{\pi}{4}$

11. $1+x=1+\frac{\pi}{2}-\frac{4}{\pi}\sum_{n=1}^{\infty}\frac{1}{(2n-1)^2}\cos(2n-1)x \quad (0\leqslant x\leqslant \pi)$

$\frac{\pi}{4}\left(\frac{\pi}{2}-1\right),\quad \pi-\frac{3}{8}\pi^2$

12. $f(x)=\frac{a}{\pi}+\sum_{n=1}^{\infty}\frac{2}{n\pi}\sin na\cos nx, \quad (|x|\leqslant \pi,\ |x|\neq a)$

(1) $\frac{a(\pi-a)}{2}$　(2) $\frac{\pi^2-3\pi a+3a^2}{6}$

13. $\frac{H\tau}{T}+\left(\sum_{k=-\infty}^{-1}+\sum_{k=1}^{\infty}\right)\frac{H}{k\pi}\sin\frac{k\pi\tau}{T}\mathrm{e}^{\mathrm{i}\frac{2k\pi x}{T}}$

习题 12.2

1. (1) $\int_0^{+\infty}(A(\lambda)\cos\lambda x+B(\lambda)\sin\lambda x)\mathrm{d}\lambda=\begin{cases}f(x), & x\neq T,\\ \dfrac{kT}{2}, & x=T\end{cases}$

其中 $A(\lambda)=\dfrac{k}{\pi\lambda^2}(\lambda T\sin\lambda T+\cos\lambda T-1)$,

$B(\lambda)=\dfrac{k}{\pi\lambda^2}(\sin\lambda T-\lambda T\cos\lambda T)$

(2) $\dfrac{2}{\pi}\int_0^{+\infty}\dfrac{1}{\lambda}(1-\cos\lambda)\sin\lambda x\mathrm{d}\lambda$

(3) $\dfrac{1}{a}\int_0^{+\infty}\mathrm{e}^{-a\lambda}\cos\lambda x\mathrm{d}\lambda$

2. (1) $\dfrac{-4\mathrm{i}a\lambda}{(a^2+\lambda^2)^2}$　(2) $\dfrac{a}{(\lambda-b)^2+a^2}+\dfrac{a}{(\lambda+b)^2+a^2}$　(3) $\dfrac{2\cos\dfrac{\lambda\pi}{2}}{1-\lambda^2}$

3. (1) $\dfrac{2}{\pi}\int_0^{+\infty}\dfrac{\cos\lambda x}{1+\lambda^2}\mathrm{d}\lambda=\mathrm{e}^{-x}\quad(x\geqslant 0)$

(2) $\dfrac{2}{\pi}\int_0^{+\infty}\dfrac{\lambda\sin\lambda x}{1+\lambda^2}\mathrm{d}\lambda=\begin{cases}\mathrm{e}^{-x}, & x>0,\\ 0, & x=0\end{cases}$

5. $\dfrac{2\beta x\mathrm{i}}{\pi(\beta^2+x^2)^2}$

习题 12.3

2. $\dfrac{2a}{\pi}\sum_{n=1}^{\infty}\dfrac{1}{n}\sin\dfrac{n\pi x}{l}$

3. $\sum_{n=0}^{\infty}\left[\dfrac{(-1)^n4l}{(2n+1)\pi}-\dfrac{8l}{(2n+1)^2\pi^2}\right]\cos\dfrac{2n+1}{2l}\pi x$

附录 II　参考教学进度

第 7 章　无穷级数　(16+2)

- §7.1　数项级数　(6)
- §7.2　幂级数和 Taylor 展式　(5)
- *§7.3　函数列和函数项级数　(3)
- *§7.4　级数应用举例　(2)

第 8 章　多元函数的微分学　(20+2)

- §8.1　平面点集及 $\mathbf{R}^2$ 的完备性　(1.5)
- §8.2　映射及其连续性　(2)
- §8.3　多元函数的全微分和偏导数　(3.5)
- §8.4　复合函数的微分法　(4)
- §8.5　隐函数的微分法　(2)
- §8.6　向量值函数的微分法及几何应用　(3)
- §8.7　多元函数的 Taylor 公式与极值　(4)

第 9 章　重积分　(12+2)

- §9.1　二重积分　(4)
- §9.2　二重积分的变量代换　(3.5)
- §9.3　三重积分　(2.5)
- §9.4　重积分应用举例　(2)

第 10 章　曲线积分和曲面积分　(18+4)

- §10.1　第一型曲线积分　(2)
- §10.2　第一型曲面积分　(2)
- §10.3　第二型曲线积分　(3)
- §10.4　第二型曲面积分　(3)
- §10.5　Gauss 定理和 Stokes 定理　(4)
- §10.6　保守场　(3)
- §10.7　Hamilton 算符　(1)

第 11 章　广义积分和含参变量的积分　(9)

- §11.1　广义积分　(2)
- §11.2　含参变量的常义积分　(1.5)
- §11.3　含参变量的广义积分　(3.5)
- §11.4　Euler 积分　(2)

第 12 章　Fourier 分析　(9+2)

§12.1　周期函数的 Fourier 级数　(6)

§12.2　Fourier 积分与 Fourier 变换　(2)

*§12.3　广义 Fourier 级数与 Bessel 不等式　(1)

共计讲授课 84 学时, 习题课 12 学时.